Zelle und Energiestoffwechsel

... und seine Elemente

Schwerpunktvorhaben/Projekt „Biologie angewandt“:

fokussiert Inhalte aus verschiedenen Kapiteln unter einem ganzheitlichen, anwendungsbezogenen Aspekt

Einstieg aus **Mindmap** als Strukturierungshilfe und **Motivationstext**

Einführungstext: stellt das Thema in den Gesamtzusammenhang

Basisinformationen weisen auf obligatorische Inhalte aus den Kapiteln hin

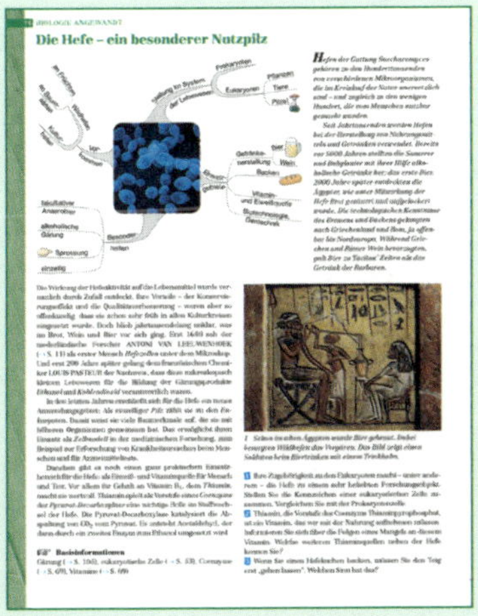
Biologie angewandt

Die Hefe – ein besonderer Nutzpilz

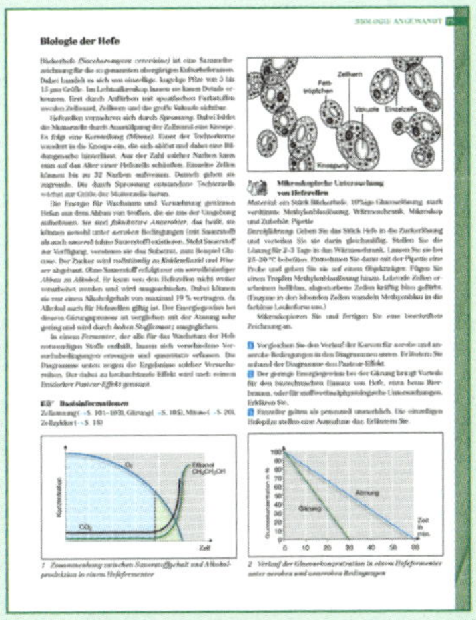
Biologie der Hefe

Sachtext zu ausgewählten Einzelaspekten

Aufgaben zur selbstständigen Erarbeitung der Inhalte

Schülerversuche als **Praktikumskurs**: Einüben fachspezifischer Arbeitsweisen

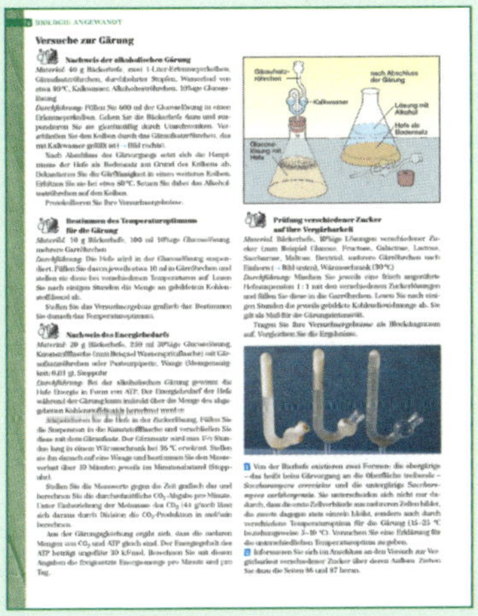
Versuche zur Gärung

Bierbrauen – eine alte Biotechnologie

Vorstellen von **Verfahrenstechniken**

Berücksichtigung von **Gesundheitsaspekten**

... und zum Nachschlagen:

Glossar wichtiger Fachbegriffe

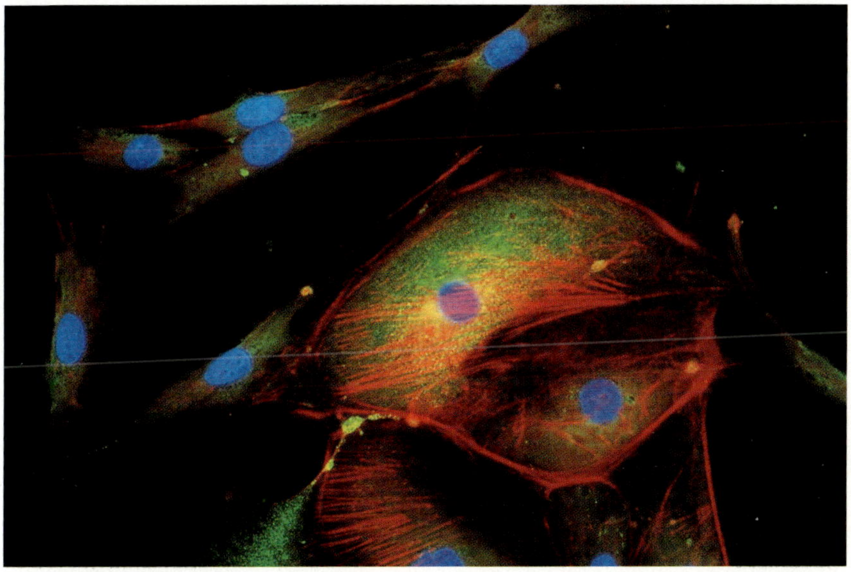

Einbandfoto: Carl Zeiss GmbH, Jena

Zellen der Schilddrüse des Menschen im Fluoreszenzmikroskop. Mithilfe einer neuen Technik, dem Immunfluoreszenzverfahren, ist es möglich, in einer Gewebeprobe verschiedene Zellbestandteile farbig sichtbar zu machen. Dabei binden spezifische Antikörper, an die jeweils in einer bestimmten Farbe fluoreszierende Substanzen gekoppelt sind, an die DNA im Zellkern (blau), an bestimmte Eiweiße im Cytoplasma (grün) und an die Bewegungs- und Festigungselemente der Zelle, das Cytoskelett (rot). Das Verfahren erlaubt sogar einzelne Moleküle zu lokalisieren. Damit trägt es wesentlich dazu bei, die Funktionsweise von Zellen aufzuklären.

Biologie Oberstufe
Zelle und Energiestoffwechsel

Entwickelt
von der Redaktion Biologie,
Heidelberg/Berlin

Autoren:
Anne Born, Dortmund
Axel Brott, Cornebarrieu
Dr. Andrea Gnoyke, Essen
Gabriele Gräbe, Sprockhövel
Dr. Walter Kleesattel, Schwäbisch Gmünd
Reiner Kleinert, Hainburg
Dr. Henning Kunze, Minden
Prof. Ulrich Weber, Süßen

Beratung:
PD Dr. Bernhard Huchzermeyer, Hannover
Dr. Johannes Thielen, Oberhausen

Redaktion:
Christine Braun, Jutta Waldow
Elke Schirok, Gudrun Spilger (Bildbeschaffung)

Mitarbeit:
Carola Lerch, Dr. Frank Scholz

Technische Umsetzung:
Chris Berten

Basislayout: Knut Waisznor

Cornelsen online http://www.cornelsen.de

1. Auflage €
Druck 6 5 4 3 Jahr 04 03 02 01

Alle Drucke dieser Auflage können im Unterricht nebeneinander verwendet werden.

Druck: CS-Druck Cornelsen Stürtz, Berlin

ISBN 3-464-04277-4

Bestellnummer 42774

gedruckt auf säurefreiem Papier,
umweltschonend hergestellt
aus chlorfrei gebleichten Faserstoffen

Biologie Oberstufe

Zelle und Energiestoffwechsel

Cornelsen

Inhaltsverzeichnis

Kennzeichen des Lebens

1 *Frisch geschlüpfter Schmetterling. In der Puppenhülle hat sich aus der Raupe ein erwachsenes Tier entwickelt.*

3 *Die Flugfrüchte des Löwenzahns dienen der Ausbreitung. Sie enthalten die Fortpflanzungseinheiten: die Samen.*

Bereits die Philosophen der Antike beschäftigte die Idee, dass alle Phänomene auf der Erde – Lebewesen ebenso wie Gesteine, Luft oder Feuer – aus gleichartigen Teilchen aufgebaut sind, den so genannten *Atomen* (von griech. *atomos*: unteilbar). Ihre Vorstellung davon, wie diese kleinsten, unteilbaren Einheiten aussehen, entsprach allerdings nur zum Teil dem, was wir heute unter Atomen verstehen.

Auch in der Biologie versuchte man schon früh kleine Einheiten zu finden, auf die sich die Vielfalt der Organismen zurückführen lässt. Zunächst hielt man Körner und Fasern, später Gewebe für diese kleinsten Einheiten. In der Mitte des 19. Jahrhunderts erkannten der Botaniker MATTHIAS SCHLEIDEN und der Mediziner THEODOR SCHWANN die *Zelle* als das „Elementarteilchen" der Lebewesen.

Grundeigenschaften des Lebendigen. Bei allen Organismen, vom Bakterium bis zum Menschen, stellt die Zelle die Grundeinheit dar. Der Aufbau aus Zellen ist jedoch nur *eine* der Eigenschaften, die Lebewesen kennzeichnen und von unbelebter Materie unterscheiden. Es gibt eine Reihe weiterer Merkmale, die zusammen nur bei Lebewesen vorkommen und als *Kennzeichen des Lebendigen* gelten.

2 *Die Venusfliegenfalle hat durch das blitzschnelle Zusammenklappen ihrer Blätter eine Fliege erbeutet.*

Gestalt. Lebewesen haben eine *charakteristische Gestalt*. Es ist kein Problem einen Vogel von einem Hund zu unterscheiden, eine Pflanze oder einen Pilz zu erkennen. Die Gestalt eines Lebewesens ist typisch für das Individuum, aber auch für die Art, zu der es gehört. Häufig stehen die Körpergestalt und die Form einzelner Körperteile direkt mit ihrer Funktion in Zusammenhang: Der Flügel hat die Form einer Tragfläche, der spindelförmige Fischkörper eignet sich für die Fortbewegung im Wasser, die Blütengestalt zur Anlockung von bestäubenden Insekten …

Entwicklung. Diese Gestalt ist zwar genetisch festgelegt, aber dennoch wandelbar. Sie verändert sich im Lauf der *Entwicklung* vom Ei oder Samen zum ausgewachsenen Lebewesen, bis sie zuletzt mit dem Tod aufgelöst wird. Die Entwicklung folgt ebenfalls bestimmten Mustern, die charakteristisch sind für Arten und Verwandtschaftsgruppen. Bei manchen Tiergruppen, beispielsweise Insekten und Amphibien, sind die einzelnen Entwicklungsstadien klar voneinander getrennt.

Wachstum. Mit der Entwicklung des Individuums ist stets auch *Wachstum* verbunden. Es ist nur dadurch möglich, dass Zellen sich teilen können. Aber auch Einzeller würden bei jeder Teilung in ihrer Größe halbiert, wenn sie nicht anschließend wieder auf ihr Normalmaß heranwachsen würden.

Stoffwechsel. Die Energie für Entwicklungsprozesse und Wachstum gewinnen Lebewesen entweder aus der Nahrung oder – wie im Fall der grünen Pflanzen – indem sie andere Energieformen nutzen, zum Beispiel Licht. Der *Stoffwechsel* dient dazu, die aufgenommene Energie in eine für den Organismus nutzbare Form umzuwandeln. Zusätzlich benötigt der Körper bestimmte Substanzen, aus der er körpereigene Materie aufbaut. Auch im ausgewachsenen Zustand werden die vorhandenen Stoffe ständig ausgetauscht und erneuert. Beim Menschen beispielsweise werden täglich die obersten zwei bis drei Zellschichten der Haut abgestoßen und aus darunter liegenden Schichten ersetzt. Durch den lebenden Organismus fließt also ein andauernder Strom von Stoffen und Energie.

Bewegung, Reizbarkeit, Verhalten. Die Fähigkeit zu *Bewegung* ist ein offensichtliches Merkmal von Lebewesen – zumindest der Tiere. Doch selbst die fest eingewurzelten, scheinbar regungslosen Pflanzen bewegen ihre Blätter und Sprosse in die Richtung des einfallenden Lichts. Manche Arten winden sich um Teile anderer Pflanzen herum. Einige Pflanzenorgane wie die Blätter der Venusfliegenfalle können sogar blitzschnelle Bewegungen ausführen. Die Pflanze reagiert damit auf die Reizung ihrer Fühlhaare auf den Blattinnenseiten. *Reaktionen auf Reize* aus der Umwelt sind ebenfalls typisch für Lebewesen. Bei Tieren wird die Gesamtheit aller Handlungen und Reaktionen als *Verhalten* bezeichnet.

Fortpflanzung, Vermehrung. Alle Lebewesen *pflanzen* sich *fort*. Dies geschieht zum Beispiel durch die Verschmelzung von Geschlechtszellen zweier Individuen. Viele Organismen pflanzen sich aber auch ungeschlechtlich fort, zum Beispiel durch Zweiteilung, Knospung oder Ableger. Fast immer ist mit der Fortpflanzung auch *Vermehrung* verbunden.

1 *Äußerliche Ähnlichkeit beruht auf Vererbung.*

Vererbung. Dabei kann man beobachten, dass aus einem Organismus stets ein gleichartiger Organismus hervorgeht. Aus einem Löwenzahnsamen wächst immer wieder eine Löwenzahnpflanze aus, niemals eine Birke. Dies liegt daran, dass der Same die Erbinformation für den Organismus enthält. Durch *Vererbung* werden die Eigenschaften eines Organismus auf seine Nachkommen übertragen.

Evolution. Trotz der Vererbung von Eigenschaften sind Arten nicht konstant. Im Laufe langer Zeiträume treten immer wieder Veränderungen in der Erbinformation auf, deren Auswirkungen sich in den Wechselbeziehungen der Lebewesen untereinander und mit ihrem Lebensraum durchsetzen können. Alle heute existierenden Arten sind das Ergebnis einer viele Millionen Jahre dauernden stammesgeschichtlichen Entwicklung. Die Entstehung neuer Arten wie auch ihr Aussterben prägen die Geschichte des Lebens, die *Evolution*.

Organismen sind offene Systeme. In jedem Lebewesen wirken die Grundeigenschaften in geordneter Weise zusammen. Man kann einen Organismus daher als *System* bezeichnen. Das System Organismus hat die Fähigkeit, den eigenen Zustand wahrzunehmen, ihn mit einem für ihn richtigen Wert zu vergleichen und wenn nötig zu korrigieren. Man bezeichnet diese Fähigkeit als *Regulation*. Verlieren wir zum Beispiel bei heißem Wetter oder beim Sport viel Wasser durch Schwitzen, dann meldet sich der Körper: Wir bekommen Durst. Durch Trinken wird der Flüssigkeitshaushalt des Körpers ausgeglichen und der Durst verschwindet. Nur durch ständige Regulation können Organismen trotz wechselnder Umwelteinflüsse einen stabilen Zustand aufrechterhalten.

2 *Im Frühtertiär – hier ein Fossil aus der Grube Messel – lebten Urpferde, deren Körperlänge rund 1 m betrug.*

Dieser stabile Zustand ist jedoch nicht statisch. Lebewesen stehen dauernd in Wechselbeziehungen mit ihrer Umgebung. Da sie nicht nur Energie, sondern auch Materie mit der Umwelt austauschen, bezeichnet man Lebewesen als *offene Systeme*. Dabei gleicht der Organismus Schwankungen in der Aufnahme und im Verbrauch der Stoffe so aus, dass deren Konzentration weitgehend konstant bleibt. Diesen ausbalancierten Zustand nennt man *Fließgleichgewicht*. Der menschliche Körper zum Beispiel hält seine Temperatur mit ganz geringen Schwankungen bei etwa 37 °C, auch wenn wir aus der geheizten Wohnung ins Freie gehen oder kalte Getränke und warme Nahrung zu uns nehmen.

3 *Um Hitzeschäden zu vermeiden, dreht der Eukalyptus die Blätter so, dass nur die Kanten der Sonne zugewandt sind.*

Organisationsebenen des Lebendigen

Untersucht man Lebewesen genauer, erkennt man ihre komplexe Ordnung. Im Unterschied zu Kristallen oder auch zu Maschinen, die ebenfalls ein hohes Maß an Ordnung aufweisen, sind Lebewesen in vielen *Strukturebenen* organisiert. Ein Organismus kann demnach in verschiedenen Dimensionen betrachtet werden. Je nachdem, ob man eher den Aufbau der Moleküle, bestimmte Stoffwechselprozesse, das Verhalten oder die Lebensgemeinschaft des Organismus untersuchen will, erfordert dies verschiedene Methoden und eventuell auch technische Hilfsmittel. Wer beispielsweise die Blätter der Wasserpest unter dem Mikroskop betrachtet, kann zwar den Aufbau der Zellen erforschen, er erfährt jedoch nur wenig über die Ansprüche der Pflanze an ihren Lebensraum.

Atome und Moleküle. Die Betrachtung der Lebensprozesse kann auf der Ebene der *Atome* einsetzen. Ihre Eigenschaften bestimmen Struktur und Reaktionsweise der *Moleküle*, aus denen Lebewesen aufgebaut sind. Einen Teil der Moleküle nehmen Organismen aus ihrer Umgebung auf. Andere werden im Stoffwechsel erst hergestellt. Dabei handelt es sich zum großen Teil um organische Stoffe. Das gemeinsame Kennzeichen organischer Moleküle ist ihr Grundgerüst aus Kohlenstoff. Dabei sind Kohlenstoffatome miteinander zu Ketten und Ringen verbunden. Die Moleküle des grünen Blattfarbstoffs Chlorophyll bestehen aus Kohlenstoff-, Wasserstoff-, Sauerstoff- und Stickstoffatomen sowie einem Magnesium-Ion (→ Bild 1). Die Abbildung vermittelt einen Eindruck von der komplexen Gestalt organischer Moleküle.

Lange Zeit herrschte die Überzeugung, dass solche organischen Stoffe nur von Lebewesen selbst gebildet werden können. Dem Chemiker Friedrich Wöhler gelang es jedoch 1828, im Reagenzglas Harnstoff zu erzeugen. Dies war die erste künstlich hergestellte organische Verbindung.

Organellen. Die Moleküle sind im Organismus nicht zufällig verteilt, sondern bilden Einheiten höherer Ordnung wie zum Beispiel Membranen oder andere Strukturen, die im Elektronenmikroskop sichtbar gemacht werden können. Aus diesen Strukturen setzen sich *Organellen* zusammen.

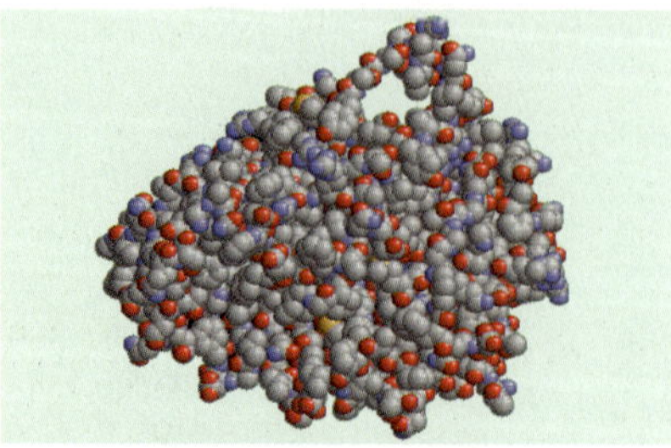

1 Der Blattfarbstoff Chlorophyll – hier das Kalottenmodell eines Moleküls

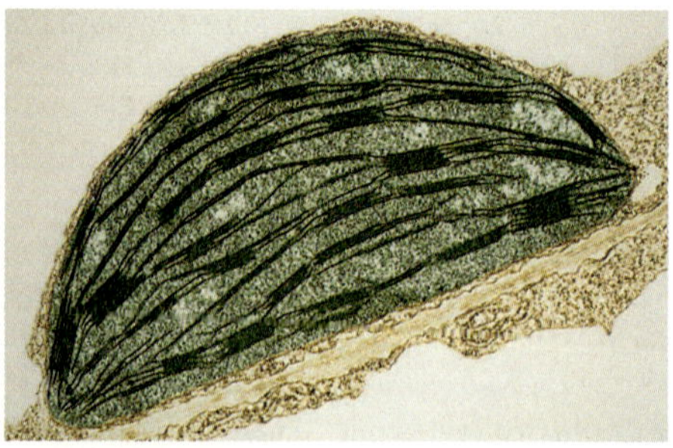

2 In Chloroplasten wird Licht in speicherbare chemische Energie umgewandelt.

Diese „Organe der Zelle“ nehmen jeweils ganz bestimmte Aufgaben wahr. So dienen Geißeln an der Oberfläche von Einzellern der Fortbewegung. Der Zellkern enthält die für den Aufbau und den Stoffwechsel der Zelle notwendigen Informationen. Enzymhaltige Bläschen im Zellplasma dienen dazu, die aufgenommene Nahrung zu verdauen. In den Zellen grüner Pflanzenteile findet sich Chlorophyll nur in den Chloroplasten (→ Bild 2). Diese wandeln die Energie des Sonnenlichts so um, dass sie für die Herstellung organischer Stoffe nutzbar wird.

Zellen. Die einzelnen Zellbestandteile wie der Zellkern und die Zellmembran besitzen für sich allein nicht die Eigenschaften des Lebendigen. Erst aus dem geordneten Zusammenwirken aller Zellorganellen entsteht ein lebendes System. Die *Zelle* ist das Organisationsniveau, auf dem erstmals eigenständiges Leben möglich ist. Viren beispielsweise erfüllen dieses Kriterium nicht: Sie weisen zwar einige Bauelemente der Zelle auf, haben aber keinen Stoffwechsel und können sich daher nicht ohne die Hilfe lebender Zellen vermehren.

Im vielzelligen Organismus unterscheiden sich die einzelnen Zellen stark in ihrem Aussehen. Das liegt daran, dass sie auf bestimmte Aufgaben spezialisiert sind. In den Blättern der Buche sind bestimmte Zellen für die Umwandlung von Lichtenergie in chemische Energie zuständig. Andere dagegen dienen der Wasserversorgung, dem Verdunstungsschutz oder der Regulation des Gasaustauschs (→ Bild 3). Häufig sind gleichartige Zellen zu *Geweben* zusammengeschlossen.

Organe. Das Pantoffeltier verdaut seine Nahrung innerhalb von kleinen Bläschen im Zellplasma. Diese Nahrungsvakuolen enthalten Verdauungsenzyme, die die Nahrung abbauen. Bei vielzelligen Organismen finden sich dieselben Lebensfunktionen wie beim Pantoffeltier. Sie laufen aber jeweils in *Organen* ab, die aus verschiedenen Geweben

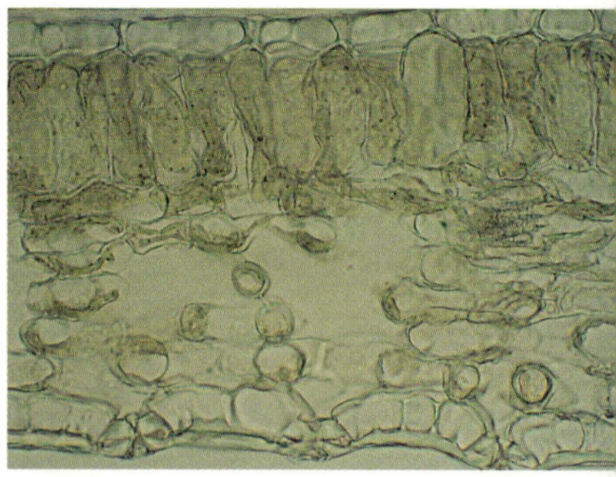

3 Die Zellen in den Blättern sind auf verschiedene Funktionen spezialisiert.

bestehen. Speicheldrüse, Zähne, Speiseröhre, Magen, Galle, Leber, Darm … – beim Menschen sind eine Vielzahl von Organen an der Verdauung beteiligt. Diese sind zu einem *Organsystem*, dem Verdauungssystem, zusammengefasst. Er stellt nur eines von mehreren Organsystemen des Menschen und auch vieler Tiere dar.

Im Körper der Buche ist die Hauptaufgabe des Organs Blatt die Fotosynthese (→ Bild 4). Durch die gezielte Abgabe von Wasserdampf halten die Blätter außerdem den Transport von Wasser und gelösten Stoffen im Pflanzenkörper in Gang.

Allerdings gibt es auch sehr einfach gebaute Vielzeller, bei denen keine Organe ausgebildet sind. Beim Süßwasserpolypen zum Beispiel lassen sich nur zwei Zellschichten unterscheiden: Die äußere Zellschicht oder Epidermis bildet die Körperdecke, die innere Zellschicht oder Gastrodermis kleidet den Darmraum aus. Dazwischen liegt eine stützende Gallertschicht. Beide Zellschichten enthalten zahlreiche Zelltypen, die für verschiedene Aufgaben zuständig sind. Die unterschiedlich spezialisierten Zellen sind auf dieser einfachen Stufe der Mehrzelligkeit noch nicht zu Geweben und Organen zusammengeschlossen.

Organismus. Der *Organismus* ist die Einheit, an der sich alle Merkmale des Lebendigen offensichtlich erkennen lassen. Er funktioniert nur durch das Zusammenwirken aller seiner Organisationsebenen, also der verschiedenen Moleküle und Organellen beim Einzeller beziehungsweise der Moleküle, Organellen, Zellen, Gewebe, Organe und Organsysteme beim Menschen. Die Vielfalt der Organismen spiegelt sich auch in ihren unterschiedlichen Dimensionen wider: Während die kleinsten einzelligen Lebewesen nur Bruchteile von Mikrometern messen, werden Blauwale bis 33 m lang. Dementsprechend sind auch für die Untersuchung der Organismen ganz unterschiedliche Methoden erforderlich.

Blätter sind die Organe der Fotosynthese und des Gasaustauschs.

5 *Der Organismus funktioniert durch das Zusammenwirken aller Strukturebenen.*

Lebensgemeinschaft. Die Organisationsebenen des Lebendigen gehen jedoch über den Organismus hinaus. Denn ein Lebewesen kommt in den seltensten Fällen alleine vor. Meist lebt es mit anderen Individuen derselben Art in einem Lebensraum zusammen. Diese lokal begrenzte Gruppe wird als *Population* bezeichnet. Sie bildet zusammen mit Populationen vieler anderer Arten eine *Lebensgemeinschaft.* Wie zwischen den Organellen einer Zelle oder den Organen eines Vielzellers bestehen auch zwischen den Arten einer Lebensgemeinschaft zahlreiche Wechselbeziehungen und Abhängigkeiten. So setzen zum Beispiel im Wald Pilze und Bakterien durch den Abbau der Laubstreu Nährstoffe frei, die wieder neues Pflanzenwachstum ermöglichen (→ Bild 6).

Das Ganze – mehr als die Summe der Teile. Jede Organisationsebene des Lebendigen weist Eigenschaften auf, die auf der darunter liegenden Ebene nicht vorhanden sind. Diese neu auftretenden Qualitäten, auch *emergente Eigenschaften* genannt (von lat. *emergere*: auftauchen), beruhen auf Wechselwirkungen zwischen den einzelnen Bestandteilen. Erst die spezielle Anordnung der Atome im Chlorophyllmolekül ermöglicht es, Lichtenergie „einzufangen" und auf weniger energiereiche Stoffe zu übertragen. Erst das geregelte Zusammenwirken vieler Moleküle bildet die Grundlage für Bewegung, Stoffwechsel, Teilung und andere Kennzeichen der Zelle. Besonders deutlich wird diese zusätzliche Qualität an den Leistungen des Organismus, die weit über die Funktionen seiner einzelnen Organe hinausgehen.

6 *Die Elemente einer Lebensgemeinschaft stehen miteinander in Wechselwirkung.*

Die Erforschung des Lebendigen. Die Biologie (von griech. *bios*: Leben, *logos*: Wort, Wissenschaft) beschäftigt sich mit der Erforschung der Lebenserscheinungen. Seit der Begründung der Biologie als Wissenschaft um 1800 haben die wissenschaftlichen Kenntnisse so stark zugenommen, dass eine immer stärkere Spezialisierung notwendig wurde. Es entstanden zahlreiche biologische Teilwissenschaften, von denen sich einige direkt bestimmten Organisationsebenen zuordnen lassen. Die Molekularbiologie untersucht beispielsweise die Eigenschaften und Funktionen der Moleküle, aus denen Lebewesen aufgebaut sind. Die Zellbiologie hingegen hat die Struktur und Funktionsweise von Zellen zum Gegenstand. Der Aufbau von Geweben ist das Thema der Histologie …

Allerdings betreffen Lebensprozesse immer mehrere Strukturebenen. Wenn die Blätter der Venusfliegenfalle blitzschnell zusammenklappen, beruht dies auf einer Änderung des elektrischen Potenzials in bestimmten Zellen der Fühlborsten und dem dadurch bedingten plötzlichen Abfall des osmotischen Drucks in Gelenkzellen. Durch die Wechselwirkungen von Verdauungssekreten mit den Molekülen, aus denen die Fliege besteht, kommt es zum Abbau von Makromolekülen. Die Fleisch fressende Ernährungsweise erschließt der Pflanze eine ergiebige Stickstoffquelle und ermöglicht ihr so, sehr nährstoffarme Lebensräume zu besiedeln. Gleichzeitig beeinflusst die Beutefangreaktion aber auch die lokale Fliegenpopulation. Um ein Lebewesen ganz zu erfassen, muss man also stets alle Ebenen biologischer Organisation im Blick behalten.

Zelle – Gewebe – Organismus

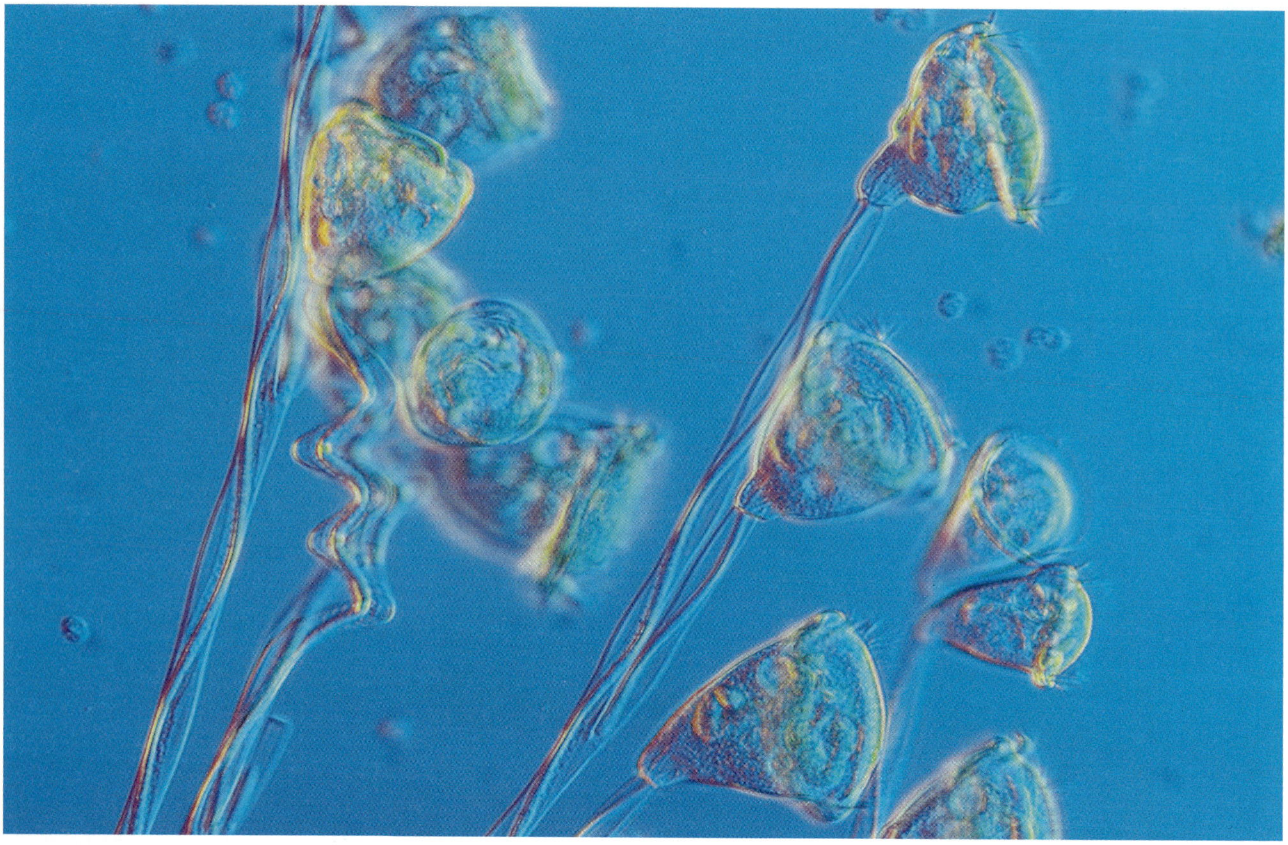

1 *Der Einzeller Zoothamnion gehört zu den Wimpertieren. Er bildet Kolonien, die aus einer einzelnen Zelle entstehen.*

Zoothamnion ist ein Einzeller. Er lebt in Zellkolonien, die rasenartig am Grund von Gewässern wachsen. Die beweglichen Stiele der Einzelzellen sind untereinander verwachsen. Bei Störungen knicken die Stiele der gesamten Kolonie blitzschnell ein, um so Fressfeinden auszuweichen. Die Tiere ernähren sich von Kleinstlebewesen, die sie aus dem Wasser herbeistrudeln. In der Kolonie besteht eine einfache Form der Arbeitsteilung: Einzelne, auffällig große Zellen nehmen selbst keine Nahrung auf, sie werden von den anderen Zellen miternährt. Diese Einzeltiere können sich aus dem Verband lösen und an anderer Stelle ansiedeln. Durch vielfache Längsteilungen entsteht aus ihnen eine neue Kolonie.

Im Blickpunkt:
- die Zelle als Einheit des Lebens
- Entwicklung der Zellbiologie: Forschung im Mikrokosmos
- Präparation tierischer und pflanzlicher Gewebe für die Untersuchung im Lichtmikroskop
- Arbeitsteilung und Spezialisierung: Veränderung der Zellgestalt entsprechend der Funktion im Organismus
- Zellteilung als Bedingung für Lebensprozesse
- der Zellzyklus: Abfolge von Wachstum und Teilung
- Erfolgskonzept Einzeller: Anpassungen der Zelle an unterschiedliche Lebensbedingungen
- Entstehung von Vielzelligkeit

Die Lebewesen auf der Erde sind äußerst vielgestaltig. Mehr als 1,2 Millionen Tier-, 320 000 Pflanzen-, 80 000 Flechten- und Pilzarten sowie über 5000 Bakterienarten besiedeln unterschiedlichste Lebensräume. Der Vielfalt im äußeren Erscheinungsbild entspricht im mikroskopischen Bereich eine große Einheitlichkeit: *Alle Lebewesen sind aus Zellen aufgebaut.*

Die *Zelle* ist die *kleinste lebens- und vermehrungsfähige Einheit*, ein Elementarorganismus, an dem sich alle Merkmale des „Lebendigseins“ untersuchen lassen. Größe und Gestalt der Zelle hängen von ihrer spezifischen Funktion ab. Während beim Einzeller eine einzige Zelle sämtliche Lebensfunktionen erfüllt, sind im vielzelligen Organismus die meisten Zellen spezialisiert, wodurch eine sehr effektive *Arbeitsteilung* erreicht wird. Zellen gleicher Funktion sind zu *Geweben* zusammengeschlossen. Unterschiedliche Gewebe bilden ein *Organ*, das seinerseits Teil eines *Organsystems* ist. Alle Organsysteme zusammen begründen die Eigenschaften eines *Organismus*.

Die *Zellbiologie* oder *Cytologie* ist ein Forschungsbereich mit enormem Wachstum. Ihre Erkenntnisse über den Aufbau und die Funktionsweise von Zellen beeinflussen fast alle biologischen Fachrichtungen. Auch moderne medizinische Diagnoseverfahren machen sich zellbiologische Methoden zunutze. Die Ergebnisse molekularbiologischer und genetischer Forschung tragen wiederum dazu bei, die komplexen Vorgänge in der Zelle besser zu verstehen.

Geschichte der Zellbiologie

Die Fortschritte in der Zellbiologie sind eng verknüpft mit der Erfindung neuer optischer Geräte. Um 1600 entwickelten die Brüder JANSSEN, zwei holländische Brillenmacher, durch die Kombination von mehreren Linsen das erste Mikroskop.

Die Geburtsstunde der Zellbiologie selbst lässt sich auf das Jahr 1665 datieren. Der englische Physiker ROBERT HOOKE untersuchte mit einem weiterentwickelten Mikroskop, das eine 30fache Vergrößerung ermöglichte, die Rinde von Korkeichen. In dünnen Schnitten erkannte er kästchenförmige Strukturen, „little boxes“. Da ihn diese Kästchen an Bienenwaben erinnerten, bezeichnete er sie als *„cells“*. HOOKE führte auch eine neue Untersuchungsmethode in die Biologie ein: Er hielt alle Beobachtungen in Form von Zeichnungen und Skizzen fest. 1667 veröffentlichte er das erste Lehrbuch zur Mikroskopie.

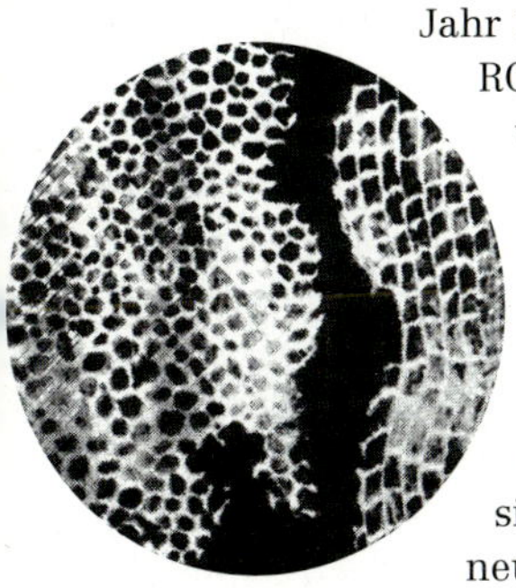

HOOKES „cells“

Etwa zur gleichen Zeit konstruierte der Holländer ANTONI VAN LEEUWENHOEK einlinsige Mikroskope mit extremen Linsenkrümmungen. Er erreichte bis zu 200fache Vergrößerungen. Damit war es ihm möglich, winzige Lebewesen in Wassertropfen zu entdecken: die *Einzeller*. Bei der Untersuchung eines menschlichen Zahns fand er mehr Kleinstlebewesen, „als es Untertanen in einem Königreich gibt“. Darüber hinaus beschrieb LEEUWENHOEK rote Blutkörperchen und „Samentierchen“ (Spermien).

In den folgenden Jahrzehnten verbesserten sich die optische und mechanische Qualität der Mikroskope, sodass nach und nach mehr Zellbestandteile im mikroskopischen Bild sichtbar wurden. Rund zwei Jahrhunderte nach den Entdeckungen von HOOKE und LEEUWENHOEK zogen die Biologen MATTHIAS SCHLEIDEN und THEODOR SCHWANN aus den Beschreibungen verschiedenster Zellen die entscheidende Schlussfolgerung. Sie erkannten, dass der Aufbau von Einzellern sowie allen tierischen und pflanzlichen Zellen grundsätzlich gleich ist. Die Bedeutung der *Zelle als strukturelle und funktionelle Einheit aller Lebewesen* hielten sie 1838/39 in der allgemeinen Zelltheorie fest. Diese Theorie wurde 1855 durch den Berliner Arzt RUDOLF VIRCHOW erweitert. Aus der Beobachtung von Zellteilungen folgerte er, dass alle Zellen immer nur aus schon vorhandenen Zellen entstehen: *Omnis cellula e cellula*.

Zwei Jahrzehnte später erkannten die Zellbiologen, dass sich bei der Zellteilung die Chromosomen genauso verhalten, wie es GREGOR MENDEL für die „Erbfaktoren“ vorausgesagt hatte. Durch die Fortschritte in der Zellbiologie wurde es möglich, die chemische Natur der Erbsubstanz aufzudecken.

Trotz immer ausgefeilterer Technik – durch die Ausnutzung physikalischer Effekte und den Einsatz von Färbemethoden konnten gezielt einzelne Strukturen sichtbar gemacht werden – gelangte die Lichtmikroskopie an eine Grenze. Erst die Entwicklung des Elektronenmikroskops 1931 ermöglichte es, den Feinbau der Zellbestandteile zu untersuchen.

1 Nachbau von HOOKES Mikroskop, nach einer Abbildung in seinem Buch „Micrographia“

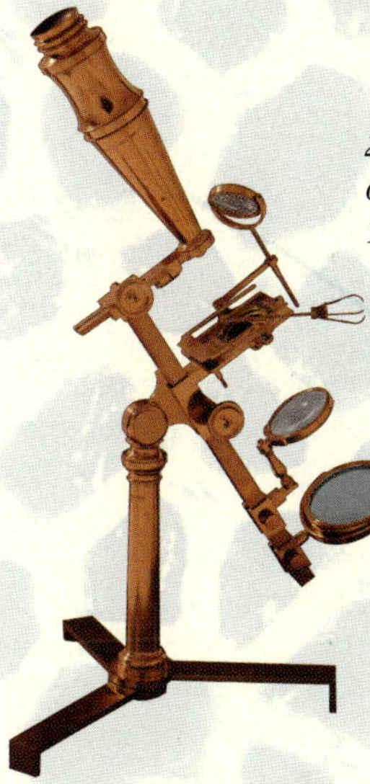

2 Mikroskop aus dem frühen 19. Jahrhundert

3 Modernes Lichtmikroskop

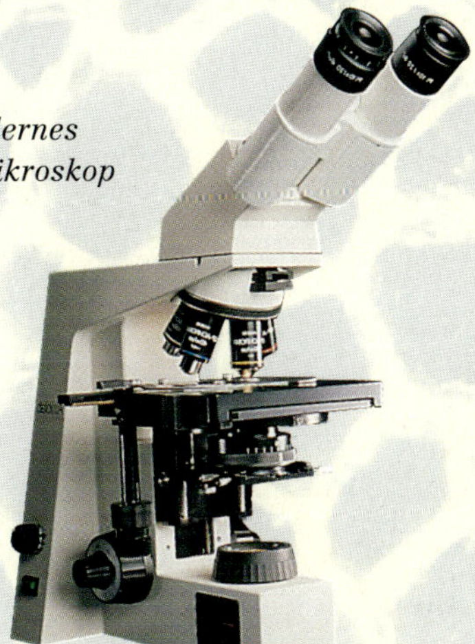

Das Lichtmikroskop

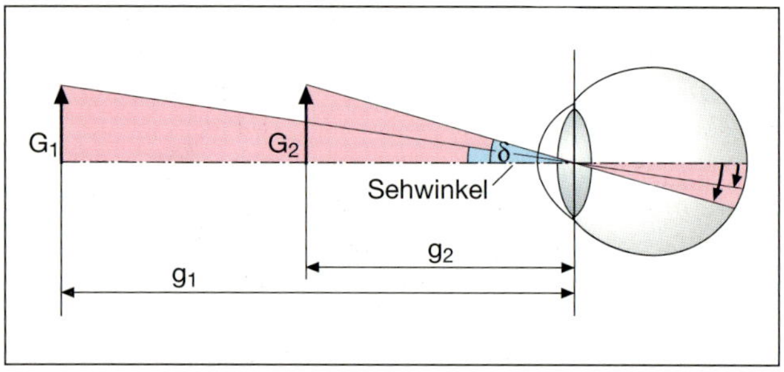

1 Perspektivische Vergrößerung: Je näher ein Gegenstand dem Auge kommt, desto größer wird er auf der Netzhaut abgebildet.

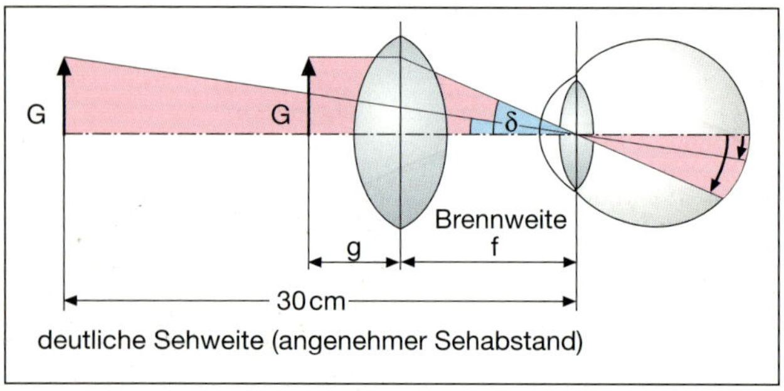

2 Lupenvergrößerung: Die Brechkraft der Lupe vergrößert den Sehwinkel und damit die Größe des Netzhautbilds.

Grenzen des Auflösungsvermögens

Betrachtungsmittel	noch sichtbar	Auflösungsgrenze
Auge	Haardurchmesser	0,1 mm = 100 µm
Lichtmikroskop	Zellen	5–10 µm
mit UV-Licht	Bakterien	0,25 µm
Elektronenmikroskop	Viren, Makromoleküle	0,001 µm = 1 nm
Röntgenstrahlen	Bau von Molekülen	0,1 nm

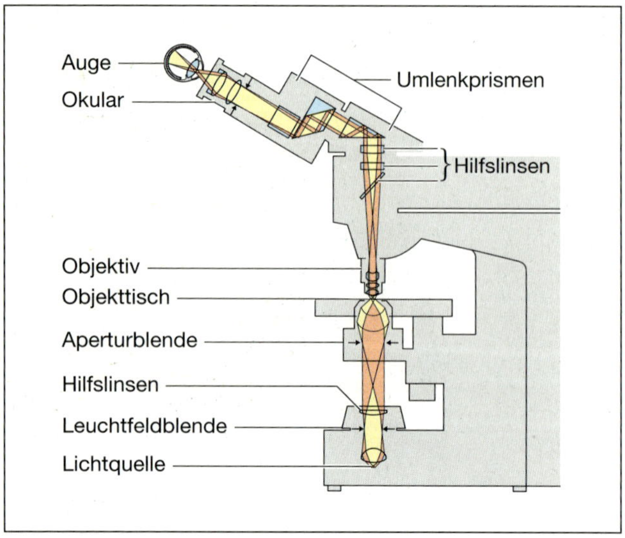

3 Strahlengang im Lichtmikroskop

Physikalische Grundlagen. Unser Auge nimmt nur solche Objekte wahr, die ein ausreichend großes Abbild auf der Netzhaut entwerfen. Dabei hängt die Größe des Netzhautbilds vom Sehwinkel ab, das heißt von der Größe des Gegenstands selbst und von seiner Entfernung zum Auge. Sehr kleine Objekte erkennen wir bestenfalls als Punkt. Je näher ein Objekt dem Auge kommt, desto größer wird es abgebildet *(perspektivische Vergrößerung).*

Die maximal erreichbare Größe wird vom *Nahpunkt* bestimmt. Dies ist die kleinste Entfernung zum Auge, bei der die Linse gerade noch ein scharfes Bild auf der Netzhaut erzeugt. Bei geringerer Entfernung können nicht mehr alle von einem Bildpunkt ausgehenden Lichtstrahlen auf denselben Punkt auf der Netzhaut gebrochen werden. Das Bild wird unscharf.

Der Sehwinkel ist auch ein Maß für das *Auflösungsvermögen* des Auges. Es bezeichnet die Fähigkeit, zwei nahe beieinander liegende Punkte getrennt wahrzunehmen. Aus einer Entfernung von 30 cm betrachtet, müssen die Punkte mindestens 0,1 mm Abstand haben. Dies entspricht einem Sehwinkel von 50 Bogensekunden.

Mithilfe von optischen Geräten wie einer Lupe ist es möglich, den Sehwinkel zu vergrößern. Da sich die Brechkraft von Auge und Lupe addieren, können Objekte näher an das Auge herangeführt werden. Dadurch entsteht ein vergrößertes Bild auf der Netzhaut. Durch das Hintereinanderschalten von mehreren Linsen lässt sich die Vergrößerung weiter steigern.

Eine Linse vergrößert umso besser, je stärker sie gekrümmt ist. Mit der Krümmung nehmen jedoch auch die für Linsen charakteristischen Abbildungsfehler, die *Aberrationen*, zu. Parallele Strahlen, die auf eine Sammellinse fallen, werden im Randbereich stärker gebrochen als im Zentrum der Linse, es kommt zu Unschärfen *(sphärische Aberration).* Fällt weißes Licht auf eine Sammellinse, werden die blauen Anteile stärker gebrochen als die roten *(chromatische Aberration).* Beide Fehler können durch eine geeignete Kombination von Sammel- und Zerstreuungslinsen korrigiert werden.

Das Lichtmikroskop. Der vergrößernde optische Apparat besteht aus zwei Linsensystemen: dem Objektiv und dem Okular. Unterhalb des Objekttischs befindet sich der Kondensor, ein weiteres Linsensystem mit Blende. Er dient zur Regelung der Bildhelligkeit und einer möglichst gleichmäßigen Ausleuchtung. Ein Untersuchungsobjekt, das auf dem Objekttisch liegt, wird von unten her durchstrahlt. Das Objektiv erzeugt im Tubus ein vergrößertes Zwischenbild des Objekts *(Primärvergrößerung).* Dieses wird vom Okular wie von einer Lupe nochmals vergrößert *(Sekundärvergrößerung).* Mit Grob- und Feintrieb lässt sich die Entfernung zwischen Objekttisch und Objektiv so verändern, dass im Auge eine scharfe Abbildung entsteht. Das Produkt der Vergrößerungen von Objektiv und Okular ergibt die Gesamtvergrößerung des Mikroskops.

Entscheidend für die Leistungsfähigkeit des Geräts ist jedoch sein Auflösungsvermögen. Es hängt außer von der Qualität der Linsen von der Art der verwendeten Lichtquelle ab. Die theoretische Auflösungsgrenze des Lichtmikroskops liegt bei etwa 0,2 µm.

Präparationstechniken. Objekte, die im Lichtmikroskop untersucht werden sollen, müssen für Lichtstrahlen durchlässig sein. Bei sehr dünnen, lichtdurchlässigen Objekten ist keine Präparation erforderlich. Sie werden in einen Wassertropfen auf dem Objektträger eingebracht und mit einem Deckgläschen abgedeckt. So lassen sie sich auch im lebenden Zustand beobachten. Dickere Objekte müssen erst geschnitten werden, zum Beispiel mit einer Rasierklinge. Im Labor werden spezielle Schneidegeräte, *Mikrotome*, verwendet, mit denen sich Schnitte in großer Zahl und in gleicher Dicke herstellen lassen (→ S. 34). Das Untersuchungsobjekt wird abgetötet, gefärbt, in Paraffin oder Kunststoff eingebettet und im Mikrotom mithilfe einer Metallklinge geschnitten. Für die Herstellung von *Dauerpräparaten* werden die Objekte zusätzlich fixiert und entwässert um die Zersetzung zu verhindern. Die fertigen Schnitte werden mit Kunstharz versiegelt.

Lichtmikroskopische Untersuchungstechniken. Die gängigste Methode, die sich auch mit einfacher Ausrüstung in der Schule realisieren lässt, ist die Untersuchung im *Hellfeld*. Hierbei fängt das Objektiv das durch das Präparat fallende Licht direkt auf. Bei geeigneten Immersionsobjektiven kann ein Tropfen Immersionsöl, das die gleichen Brechungseigenschaften hat wie Glas, Reflexionen am Deckglas verhindern. Da viele biologische Objekte nicht pigmentiert sind und das Licht daher nur wenig absorbieren oder brechen, zeigen die Abbilder nur geringe Kontraste. *Farbstoffe*, die sich an unterschiedlichen Zellstrukturen anlagern, verstärken die optischen Unterschiede.

Alle anderen Untersuchungstechniken erfordern spezielles Zubehör oder andere Mikroskoptypen.

Bei der *Dunkelfeldmikroskopie* lenkt ein Dunkelfeldkondensor den Beleuchtungsstrahl am Objektiv vorbei. Nur das vom Untersuchungsobjekt abgelenkte Streulicht gelangt zum Auge des Betrachters. Dadurch erscheinen die Objekte hell leuchtend vor dunklem Hintergrund. Diese Technik ermöglicht es, auch sehr feine Strukturen ohne spezielle Färbung sichtbar zu machen.

Im *Polarisationsmikroskop* sorgt ein Polarisationsfilter dafür, dass die Lichtstrahlen, die das Präparat beleuchten, in einer Ebene schwingen. Ein zweiter Filter absorbiert das polarisierte Beleuchtungslicht. Liegt kein Präparat auf, so bleibt das Bild völlig dunkel. Ein durchstrahltes Objekt dreht jedoch die Schwingungsebene der Lichtstrahlen. Lichtbrechende Strukturen sind im Bild als Aufhellungen zu erkennen. Unter bestimmten Umständen können physikalische Effekte, so genannte Interferenzen, entstehen. Dadurch erscheint das Präparat farbig leuchtend.

Lebende, ungefärbte Objekte sind oft so transparent, dass sie das durchfallende Licht kaum absorbieren. Sie „bremsen" die Lichtwellen jedoch ab, sodass sich deren Schwingungsrhythmus verschiebt. Das *Phasenkontrastmikroskop* setzt diese Verschiebung der Schwingungsphase mithilfe von Phasenkontrastkondensoren und -objektiven in Helligkeitskontraste um. Die Helligkeitsunterschiede im Abbild entsprechen den Dichteunterschieden innerhalb des Objekts.

Die *Interferenzkontrastmikroskopie* nutzt ebenfalls die Dichte- und Dickenunterschiede des Objekts aus. Unterschiedliche Brechungseigenschaften werden in Farbunterschiede umgewandelt. Die spezielle Lichtführung erzeugt ausgesprochen plastisch wirkende, farbige Abbilder.

Im *Fluoreszenzmikroskop* bestrahlt man Objekte mit ultraviolettem Licht. Manche Substanzen geben einen Teil der absorbierten Energie als Fluoreszenzstrahlung wieder ab. Durch Behandlung mit fluoreszierenden Farbstoffen, die an biologische Substrate wie Antikörper oder Genmarker gekoppelt sind, lassen sich gezielt bestimmte Strukturen hervorheben.

Die *Rasterkonfokaltechnik* basiert darauf, dass Einzelbilder im Computer zu einem Gesamtbild vereinigt werden. Mithilfe von Laserstrahlen und Spezialobjektiven werden die einzelnen Ebenen eines Objekts punktgenau abgetastet. Der Rechner setzt die Rasterpunkte Zeile für Zeile zu einem Schnittbild zusammen. Aus der Schnittserie errechnet er ein dreidimensionales Bild des Objekts.

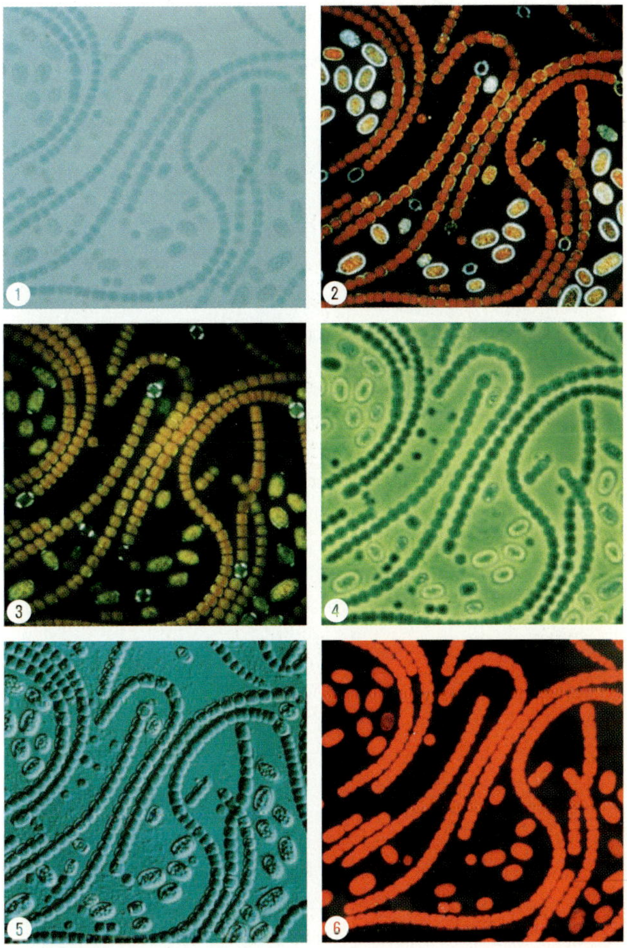

1–6 Aufnahmen der Blaualge Anabaena variabilis bei unterschiedlicher Mikroskopiertechnik.
1: im Hellfeld; 2: im Dunkelfeld; 3: in polarisiertem Licht; 4: im Phasenkontrast; 5: im Differenzial-Interferenz-Kontrast; 6: im Fluorenszenzmikroskop

Material – Methode – Praxis: **Der Einsatz des Lichtmikroskops**

Das *Lichtmikroskop* erlebt eine Renaissance. Durch die Kombination zellbiologischer Verfahren mit *gentechnischen* und *immunbiologischen Methoden* ist es möglich geworden, einzelne Krebszellen in gesundem Gewebe zu erkennen und ihre Herkunft aufzukären. Außer in der medizinischen Diagnostik werden Lichtmikroskope nach wie vor in der biologischen Forschung eingesetzt sowie zur Kontrolle der Wasser- und Bodenqualität.

Doch nicht nur in medizinischen und biologischen Labors gehören Lichtmikroskope zur Standardausrüstung. Auch bei der industriellen Fertigung von Mikrochips, wie sie in Computern, Fernsehern und zahlreichen Haushaltsgeräten verwendet werden, oder in der Werkstoffentwicklung ist die mikroskopische Überprüfung ein unverzichtbares Mittel der Qualitätskontrolle (→ Bild unten). Darüber hinaus kommen so genannte *Stereomikroskope* auch bei mikrochirurgischen Eingriffen wie Augen- und Herzoperationen zum Einsatz.

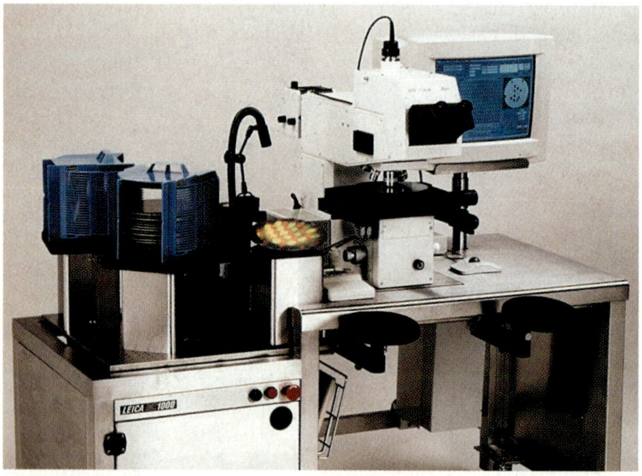

Um beim Mikroskopieren verwertbare Ergebnisse zu erzielen, sollten einige Grundregeln beachtet werden:

- Immer sauber arbeiten. Objekte stets mit einem Deckgläschen abdecken.
- Den Kondensor in die höchste Stellung bringen, zunächst mit offener Blende arbeiten; höchstens halb zuziehen.
- Immer mit dem kleinsten Objektiv beginnen, auf das Einrasten der Objektive am Objektivrevolver achten und bei jeder neuen Vergrößerung die Schärfe nachstellen.
- Beim Scharfstellen mit dem Grobtrieb den Objekttisch immer vom Objektiv wegbewegen (Gefahr von Glasbruch)!
- Durch Fokussieren – leichtes Drehen am Feintrieb – einen räumlichen Eindruck des Objekts gewinnen.

Von allen Untersuchungen sollte grundsätzlich ein Protokoll angefertigt werden. Darauf ist der eigene Name, das Datum, das Präparat und die Untersuchungsmethode zu vermerken. Die Zeichnung wird mit Bleistift ausgeführt, sorgfältig beschriftet und mit einem Maßstab versehen. Bei komplizierten Objekten kann eine Übersichtsskizze sinnvoll sein. Im Textteil werden Methode und eigene Beobachtungen genauer beschrieben.

Das Abziehpräparat

Material: Küchenzwiebel, Mikroskop und Zubehör (Objektträger, Deckgläser, Pinzette, Pipette, Präpariernadel, Messer, Rasierklinge, Leitungswasser, Haarpinsel)

Durchführung: Bringen Sie mit der Pipette einen Wassertropfen auf einen sauberen Objektträger. Ritzen Sie die konkave Innenseite einer Zwiebelschuppe mit der Rasierklinge rechteckig ein. Ziehen Sie das dünne Häutchen ab und legen Sie es auf den Objektträger. Gegebenenfalls muss das Gewebestück mit Präpariernadel und Haarpinsel glatt gestrichen werden. Das Deckgläschen wird nun am Rand des Wassertropfens angesetzt und vorsichtig abgesenkt. Überschüssiges Wasser saugen Sie mit Filterpapier ab. Falls zu wenig Wasser vorhanden ist, geben Sie mit der Pipette von der Seite einen Tropfen zu. Nutzen Sie dabei die Kapillarwirkung. Legen Sie das Präparat auf den Objekttisch und skizzieren Sie bei schwächster und stärkster Vergrößerung.

Das Quetschpräparat

Material: Mikroskop und Zubehör, Banane

Durchführung: Bringen Sie ein dünn geschnittenes Stückchen Fruchtfleisch einer Banane auf einen vorbereiteten Objektträger. Zerquetschen Sie das Fruchtfleisch mithilfe eines zweiten Objektträgers, indem Sie die Glasscheiben vorsichtig gegeneinander verschieben. Dabei werden die Zellen der Banane teilweise zerstört. Färben Sie das Präparat mit einer Iod-Kaliumiodid-Lösung an. Skizzieren und beschreiben Sie ihre Beobachtungen.

Besorgen Sie sich in einer Metzgerei tierisches Gewebe (zum Beispiel Knochenmark, Hoden) und stellen Sie wie oben beschrieben ein Quetschpräparat her. Nach einer geeigneten Färbung (wie etwa Azur-Eosin nach GIEMSA) untersuchen Sie das Objekt unter dem Mikroskop.

Das Abstrichpräparat

Material: Mikroskop und Zubehör, Holzspatel oder Löffelstiel

Durchführung: Schaben Sie mit Holzspatel oder Löffelstiel vorsichtig über die Oberfläche der ausgestreckten Zunge. Hierdurch lösen sich eine große Zahl Schleimhautzellen ab und bleiben am Spatel hängen. Bereiten Sie einen Objektträger vor und bringen Sie die Zellen in den Wassertropfen ein. Das Präparat wird mit einem Deckglas versehen und wie oben beschrieben mikroskopiert.

Um Zellgrenzen und Zellstrukturen besser zu erkennen, färben Sie das Präparat an: 0,1%ige Methylenblaulösung an den Rand des Deckglases tropfen und mit einem Filterpapier unterziehen. Beobachten Sie bei stärkster Vergrößerung und halten Sie Veränderungen fest.

Das Zupfpräparat

Material: Mikroskop und Zubehör, Wasserpest

Durchführung: Zupfen Sie mit einer Pinzette ein Blättchen der Pflanze ab und bringen Sie es auf einen vorbereiteten Objektträger in einen Wassertropfen. Legen Sie ein Deckglas auf. Mikroskopieren und skizzieren Sie bei stärkster Vergrößerung.

Dünnschnitte mit der Rasierklinge

Material: Mikroskop und Zubehör, junge Triebe der Waldrebe
Durchführung: Schneiden Sie den Trieb etwa 15 cm unterhalb der Knospe quer durch. Mit einer Rasierklinge werden nun – wie in den Fotos rechts gezeigt – möglichst dünne Querschnitte hergestellt. Die Scheibchen müssen nicht vollständig sein, selbst kleinste „Fetzen“ genügen. Ziehen Sie die Klinge stets parallel zur Tischkante und fertigen Sie immer mehrere Schnitte an. Vergleichen Sie Ihr Präparat mit dem Gesamtquerschnitt im Bild unten. Zeichnen Sie mehrere Zellen aus dem Randbereich des Marks.

Das Ausstrichpräparat

Material: Mikroskop und Zubehör, Tierblut
Durchführung: Vorsicht! Menschliches Blut darf nicht verwendet werden. Besorgen Sie sich beim Schlachthof Schweine- oder Rinderblut. Bringen Sie einen Tropfen Blut auf einen gut gereinigten, fettfreien Objektträger auf, etwa 1 cm vom Rand entfernt. Mit einem schräg angesetzten zweiten Objektträger oder einem Deckglas wird das Blut möglichst ohne Druck verstrichen, sodass ein dünner Film entsteht. Den fertigen Ausstrich an einem staubfreien Ort lufttrocknen lassen. Anschließend in einer flachen Glaswanne mit Eosin-Methylenblau oder Azur-Eosin nach GIEMSA färben, erneut trocknen lassen und mit oder ohne Deckglas mikroskopieren. Die Präparate sind, in staubdichten Kästen aufbewahrt, ohne weitere Fixierung gut haltbar.

Das Dauerpräparat

Grundsätzlich lässt sich aus jedem Präparat ein Dauerpräparat anfertigen. Zunächst sollte das Präparat sorgfältig unter dem Mikroskop betrachtet werden um seine Güte zu kontrollieren. Danach stellt man das Präparat mit Deckglas in eine Glaswanne, die so weit mit 80- bis 95%igem Alkohol gefüllt ist, dass eine Kante des Deckglases in die Flüssigkeit eintaucht. Meist fällt nach kurzer Zeit das Deckglas ab, andernfalls muss es vorsichtig mit einer Rasierklinge als Hebel entfernt werden. Führen Sie das Präparat nun zum Entwässern eine aufsteigende Alkoholreihe entlang. Anschließend wird das Präparat mit Kunstharz bedeckt und mit einem Deckglas versehen.

Für vorübergehende Haltbarmachung reicht es aus, die vollständig getrockneten Präparate durch einen Lackring am Deckglasrand zu verschließen.

1 Zur Herstellung von Dauerpräparaten ist die vollständige Entwässerung notwendig. Warum?
2 Weshalb sollte in der Schule nicht mit menschlichem Blut experimentiert werden?
3 Bestimmen Sie die mittleren Zellgrößen der untersuchten Präparate anhand Ihrer Skizzen. Achten Sie dabei auf den Maßstab! Vergleichen Sie pflanzliche und tierische Gewebe.

☞ Stichworte zu weiteren Informationen
Immunhistochemie, Stereomikroskop, Mikrochips, Blattepidermis, Schleimhaut, Stärke, Spross, Blut

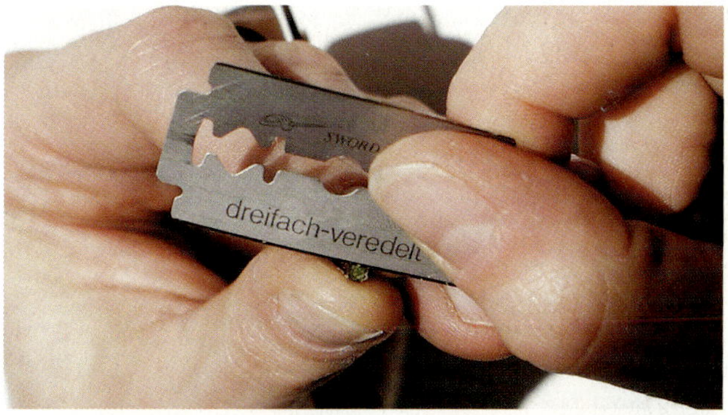

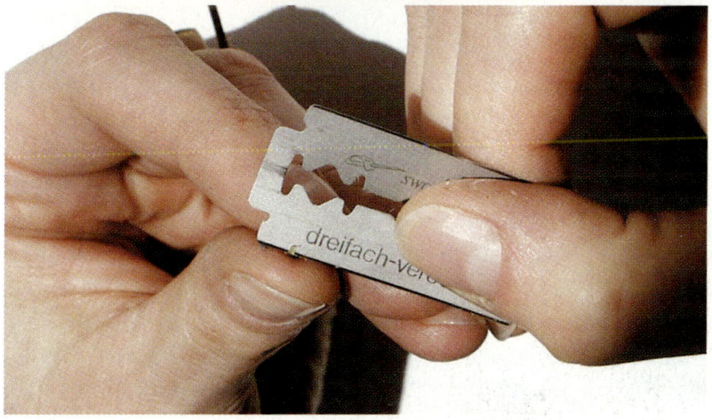

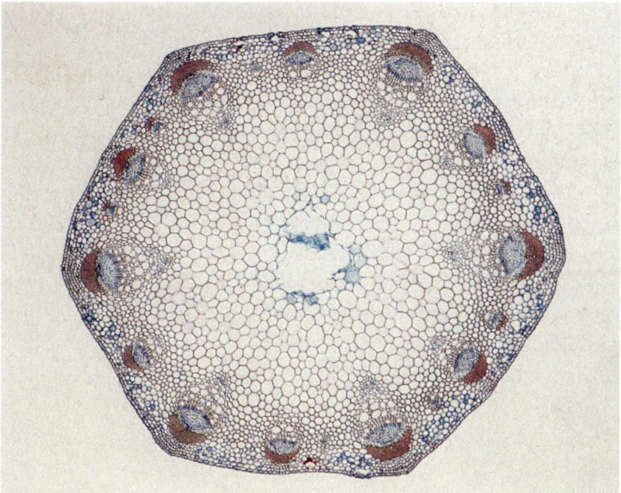

Häufig verwendete Färbemittel in der Lichtmikroskopie und ihre spezifischen Nachweise

Methylenblau	Zellkern
Hämatoxilin-Eosin (HE)	Zellkern und Cytoplasma
Karmin-Essigsäure	Chromosomen
GIEMSA	Chromosomen
Iod-Kaliumiodid-Lösung	Stärkekörner
Phloroglucin/Salzsäure	Lignin (Holzstoff)
Neutralrot	Zellsaftvakuole
Chlorzinkiod	Cellulose
Sudan-III-Glycerin	Cuticula
GRAM-Färbung	Bakterienzellwand

Das lichtmikroskopische Bild der Zelle

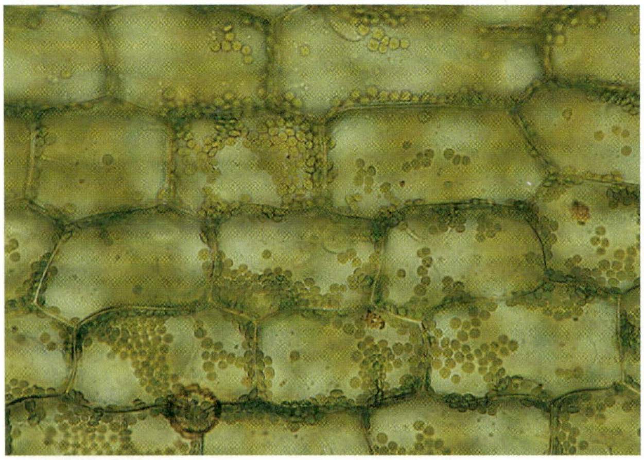

1 Zellen der Wasserpest im Lichtmikroskop

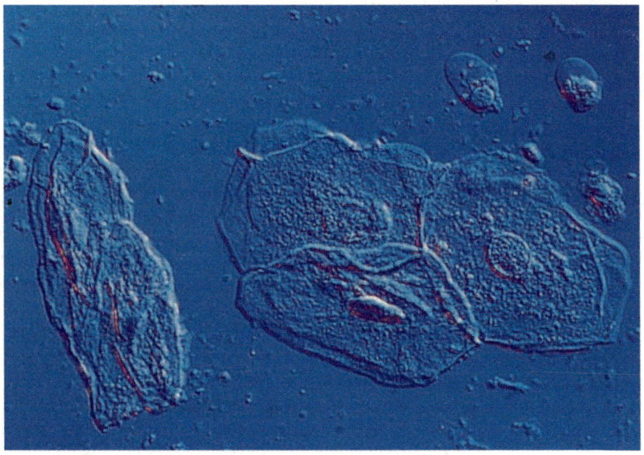

2 Zellen der menschlichen Mundschleimhaut

Die pflanzliche Zelle. Beim Mikroskopieren von Wasserpestblättchen fällt die regelmäßige Struktur des Gewebes auf. Die *Zellwände* treten als Zellgrenzen deutlich hervor. Im Innern sind die *Chloroplasten* zu erkennen, die sich in der lebenden Zelle mit der Plasmaströmung bewegen. Das *Cytoplasma* scheint relativ strukturlos. Der *Zellkern* ist als meist rundlicher, etwas dunklerer Körper nur schwer zu erkennen. Die vom Cytoplasma umgebene *Zellsaftvakuole* kann durch Farbstoffe sichtbar gemacht werden. Sie enthält eine wässrige Lösung aus organischen und anorganischen Stoffen. Eine Membran, der *Tonoplast,* begrenzt sie gegen das Cytoplasma.

Die tierische Zelle. Zellen der menschlichen Mundschleimhaut sind unregelmäßig geformt. Da sie nur durch die *Zellmembran* begrenzt sind, erscheinen die Zellgrenzen undeutlich. Das Cytoplasma ist fein granuliert. Im Zentrum liegt der Zellkern. Nur bei sehr hoher Vergrößerung werden im Plasma weitere Strukturen sichtbar: *Nahrungsvakuolen* und *Zellorganellen*. Ihr Aussehen ist im Lichtmikroskop nicht genauer zu erkennen. In der intakten Mundschleimhaut sind die Zellen zu einem Gewebe, dem *Plattenepithel* (→ S. 25), verbunden.

Zellgröße. Pflanzliche Zellen sind meist zwischen 10 und 100 µm groß, tierische Zellen sind mit 10 bis 30 µm deutlich kleiner. Allerdings gibt es auch Ausnahmen: Das Eigelb des Straußeneies, das einer einzigen Zelle entspricht, misst 7,5 cm im Durchmesser; Nervenzellen großer Tiere können sogar mehrere Meter lang werden.

Zellen können jedoch nicht jede beliebige Größe annehmen. Die lebende Zelle ist vom Stoffaustausch mit der Umgebung abhängig. Durch ihre Oberfläche tritt eine bestimmte Menge an Molekülen hindurch. Je größer die Zelle, desto ungünstiger wird das Verhältnis der Oberfläche zum Volumen, das versorgt werden muss. Mit der Zellgröße wächst auch der Weg der Moleküle von der Oberfläche zum Zellinnern. In kleinen Zellen dagegen sind die Diffusionswege kurz (→ S. 42), der Austausch mit der Umgebung wird begünstigt.

Zu den kleinsten Zellen gehören die *Mykoplasmen*, wandlose Bakterien mit Zelldurchmessern von 0,2–0,3 µm. Diese Gebilde enthalten gerade noch genügend Erbinformation und andere Zellbestandteile um alle Stoffwechselprozesse aufrechtzuerhalten.

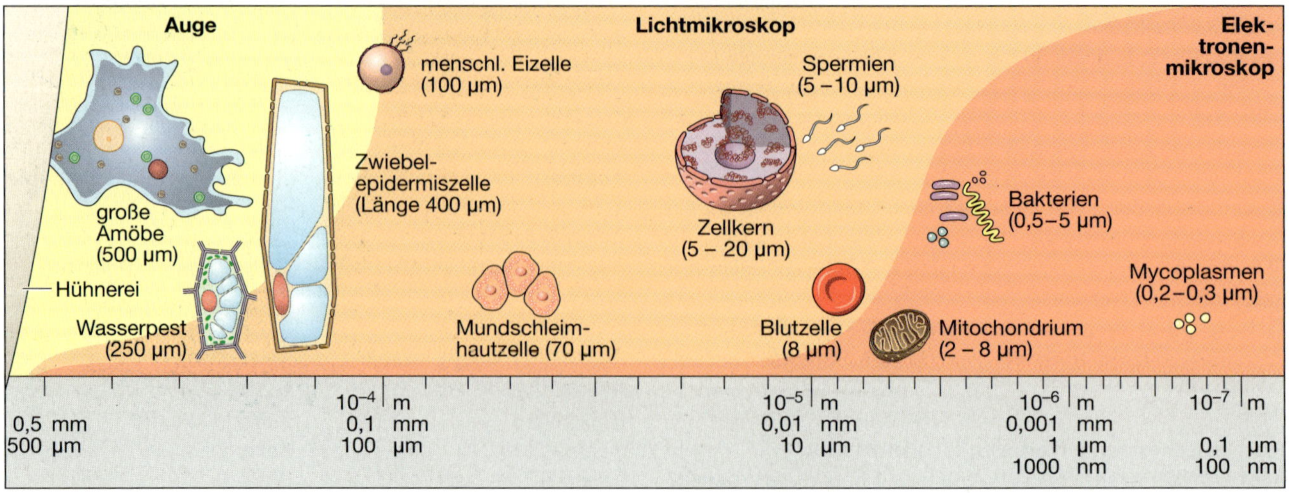

3 Größenvergleich verschiedener Zelltypen und -bestandteile im lichtmikroskopischen bzw. elektronenmikroskopischen Bild

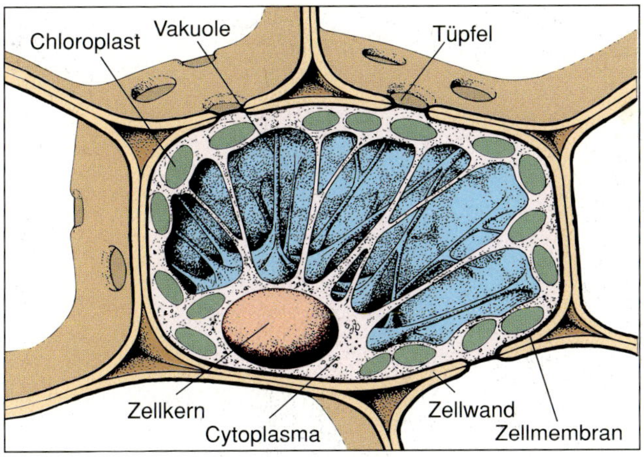

1 *Im Lichtmikroskop sichtbare Strukturen der Pflanzenzelle*

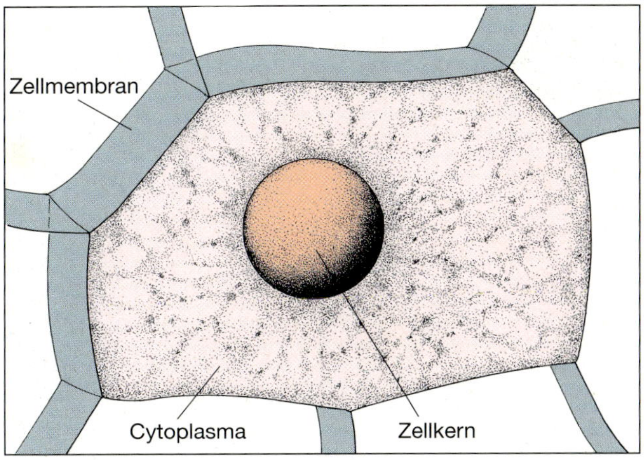

2 *Im Lichtmikroskop sichtbare Strukturen der Tierzelle*

Tier und Pflanzenzelle im Vergleich. Die einzelnen Zellbestandteile, denen jeweils eine bestimmte Struktur und Funktion eigen ist, werden *Organellen* genannt. Obwohl einige Organellen nur in pflanzlichen Zellen vorkommen, ist die Funktionsweise von Tier- und Pflanzenzelle sehr ähnlich.

Plastiden gibt es nur in pflanzlichen Zellen. Je nach der Funktion des Gewebes können Plastiden unterschiedlich ausgebildet sein. Die Zellen grüner Pflanzenteile enthalten *Chloroplasten,* denen eine besondere Funktion bei der Fotosynthese zukommt (→ S. 118). *Chromoplasten* sind Träger roter und gelber Farbstoffe. Sie sind für die Färbung von Blüten, Früchten und Blättern verantwortlich. Die Farbveränderung beim Reifen von Früchten oder in Herbstlaub kommt dadurch zustande, dass sich Chloroplasten in Chromoplasten umwandeln. Die farblosen *Leukoplasten* dienen als Speicherorganellen zum Beispiel für Stärke. Sie kommen in ungefärbten Pflanzenteilen wie Wurzeln und Getreidekörnern vor.

Zellsaftvakuolen finden sich nur in pflanzlichen Zellen. Neben ihrer Bedeutung für den Zelldruck (*Turgor* → S. 42), der die Zelle und den gesamten Pflanzenkörper festigt, dienen sie auch der Stoffspeicherung.

Der Zellleib oder *Protoplast* der Pflanzenzelle ist von einer festen *Zellwand* aus Cellulose umgeben (→ S. 49). Sie wird von der Zellmembran nach außen abgegeben und gehört nicht zu den Organellen der lebenden Zelle. Die Zellwand verleiht der Zelle eine unveränderbare Form. Lichtmikroskopisch erkennbare Aussparungen, die *Tüpfel*, ermöglichen direkte Verbindungen zwischen den Protoplasten benachbarter Zellen.

Die *Zellmembran* ist im Lichtmikroskop nicht deutlich sichtbar. Für die tierische Zelle stellt sie die einzige Begrenzung dar. In der Pflanzenzelle liegt sie der Zellwand direkt an. In beiden Fällen begrenzt die Zellmembran den Protoplasten als physiologische Barriere.

Auffälligstes Organell in beiden Zellarten ist der Zellkern *(Nucleus)*. In seinem Innern finden sich oft ein oder mehrere Kernkörperchen oder *Nucleoli* (Einzahl *Nucleolus*), die bei gefärbten Präparaten in eine netzartige Struktur, das *Chromatin*, eingebettet sind. Das Chromatin enthält die Erbinformation.

Im Lichtmikroskop kaum mehr zu erkennen sind die *Mitochondrien*, kugel- bis stäbchenförmige Organellen von etwa 10 µm Größe, die in Pflanzen- und Tierzellen vorkommen. Ihr gehäuftes Auftreten in besonders stoffwechselaktiven Zellen – Leberzellen zum Beispiel enthalten bis zu 1000 Mitochondrien – deutet auf ihre Beteiligung an der Zellatmung hin (→ S. 96).

Die Dreidimensionalität des Zellkörpers. Ähnlich wie in der Fotografie werden im Mikroskop nur solche Strukuren scharf abgebildet, die in der Schärfeebene liegen. Da die Schärfentiefe jedoch sehr gering ist, entsteht ein zweidimensionaler Eindruck. Um zu einer räumlichen Vorstellung von der Zelle zu kommen, müssen die Bilder der unterschiedlichen Schärfeebenen zu einem dreidimensionalen Gesamtbild zusammengefügt werden.

1 Stellen Sie die Merkmale von Tier- und Pflanzenzelle zusammen und vergleichen Sie.

2 Erklären Sie die Bedeutung der Zellwand. Überlegen Sie, warum tierische Zellen ohne Zellwand auskommen.

3 *Mehrere Zellfäden der Fadenalge Spirogyra. Erst aus der Projektion verschiedener Schärfeebenen lässt sich ein räumliches Bild der Zelle gewinnen.*

Der Zellzyklus

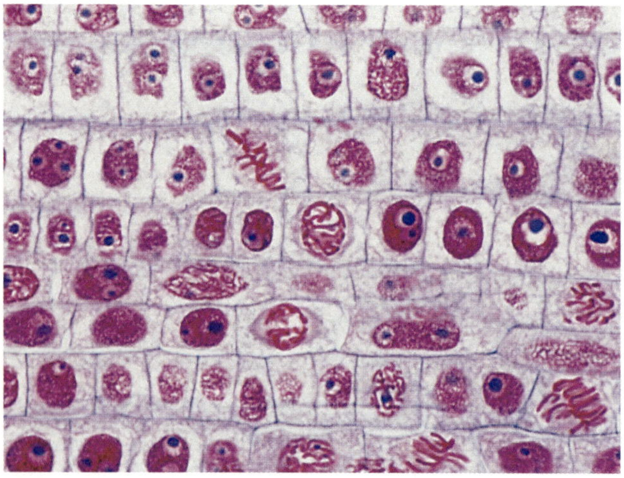

1 *Zellen in verschiedenen Phasen des Zellzyklus*

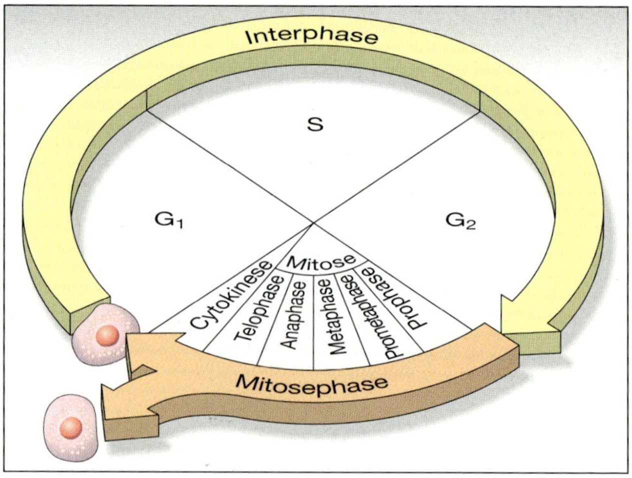

2 *Die Phasen des Zellzyklus*

Vielzellige Lebewesen entwickeln sich in der Regel aus einer einzigen Zelle, der befruchteten Eizelle. Während des Wachstums laufen eine Vielzahl von Zellteilungen ab. Im ausgewachsenen Organismus dient die Zellteilung zur Erneuerung und Reparatur. Der Körper eines erwachsenen Menschen beispielsweise besteht aus etwa 60 Billionen Zellen, von denen täglich rund 2% absterben und wieder ersetzt werden. Ohne die Fähigkeit zur Zellteilung wären Organismen nicht in der Lage sich zu vermehren, zu wachsen und sich zu regenerieren.

Teilungsfähigkeit verschiedener Zellen. Im Labor können Zellen unter idealen Wachstumsbedingungen kultiviert werden. So lässt sich die *Teilungsfähigkeit* verschiedener Zellen gut vergleichen. Einzeller teilen sich sehr schnell, sie verdoppeln ihre Anzahl innerhalb von 1 bis 2 Stunden. Bei Säugetierzellen dauert die Zellteilung dagegen zwischen 10 und 24 Stunden. Die *Zellteilungsaktivität* verschiedener Gewebe eines Organismus ist sehr unterschiedlich. Leberzellen des Menschen zum Beispiel teilen sich nur sehr selten, sie werden in der Regel erst durch eine Schädigung zur Teilung angeregt. Manche Darmepithelzellen, die einem hohen Verschleiß unterliegen, teilen sich dagegen mehrmals pro Tag. Die Zellen des Herzmuskels und der Augenlinse sowie Gehirnzellen haben ihre Teilungsfähigkeit verloren.

Der Zellzyklus. Aus der Zellteilung gehen zwei *genetisch identische* Zellen hervor. Dazu werden die Zellbestandteile zusammen mit dem Cytoplasma gleichmäßig auf die Tochterzellen verteilt. Die DNA nimmt hierfür eine *Transportform* ein, sodass sie bei der Aufteilung auf die Tochterzellen weniger leicht beschädigt werden kann. Die Moleküle kondensieren dabei so stark, dass die genetische Information nicht mehr abgelesen werden kann. Der Zellstoffwechsel kommt dadurch weitgehend zum Erliegen.

Damit jedoch überhaupt genetisch identische Zellen entstehen können, muss die Erbsubstanz zuvor verdoppelt werden. Dies setzt eine intensive Stoffwechselaktivität der Zelle voraus. Die Verdopplung der DNA ist ebenso wie Zellwachstum nur dann möglich, wenn die im Zellkern enthaltene genetische Information abgelesen werden kann, die DNA also in ihrer *Arbeitsform*, nicht in der Transportform vorliegt.

Das Wachstum und die Teilung von Zellen erfordern demnach unterschiedliche Prozesse, die nur zeitlich voneinander getrennt ablaufen können. Die regelmäßige Abfolge dieser Prozesse wird als *Zellzyklus* bezeichnet. Der Zellzyklus gliedert sich in zwei Abschnitte: die Wachstums- oder *Interphase* und die Teilungs- oder *Mitosephase*. In der Mitosephase lässt sich die Kernteilung *(Mitose)* von der eigentlichen Zellteilung *(Cytokinese)* unterscheiden (→ Bild 1, S. 21).

Interphase. Die weitaus längste Zeit liegen Zellen in der Interphase vor, die im lichtmikroskopischen Bild ruhig und ereignislos erscheint. Tatsächlich ist die Zeit zwischen zwei Zellteilungen eine „Arbeitsphase" mit intensiver Stoffwechselaktivität. In einem mittleren Zeitabschnitt der Interphase wird die Erbinformation verdoppelt. Dieser Abschnitt heißt *S-Phase* (S für Synthese, gemeint ist die Synthese von DNA). Die direkt vor und nach der S-Phase liegenden Abschnitte werden als G_1- beziehungsweise G_2-*Phase* bezeichnet (G für engl. *gap*: Lücke). Während dieser Zeit wachsen die Zellen stark. Hierfür wird die genetische Information abgelesen und in Proteine umgesetzt. Bei teilungsaktiven Zellen macht die Interphase zeitlich oft mehr als 90% des Zellzyklus aus (→ Tabelle). Im vielzelligen Organismus haben die meisten Zellen ihre Teilungsaktivität sogar ganz eingestellt und verharren in der Arbeitsphase. Dieser Zustand wird als G_0-Phase bezeichnet.

Ungefähre Dauer der Phasen des Zellzyklus bei menschlichen Körperzellen
(in Stunden)

Zelltyp	Gesamtzyklus	G1	S	G2	M
Knochenmark (Bildung der Blutzellen)	13	2	8	2	1
Dünndarm	17	6	8	2	1
Dickdarm	33	22	8	2	1
Haut	1000	989	8	2	1
Leber	10000	9989	8	2	1

Mitosephase. In der Mitosephase entstehen durch Kern- und Zellteilung zwei neue Zellen. Im Lichtmikroskop kann man verfolgen, wie sich der scheinbar strukturlose Kerninhalt allmählich verdichtet, sodass die Chromosomen sichtbar werden. Die Schwesterchromatiden jedes Chromosoms werden auf die beiden entgegengesetzten Zellpole verteilt (→ S. 20).

Cytokinese. Nach der Kernteilung findet die eigentliche Zellteilung oder Cytokinese statt (→ Bild 1). Tierische Zellen werden im Bereich der Zellmitte durchgeschnürt. Hierfür sind *kontraktile Fasern* aus *Aktin* und *Myosin* verantwortlich (→ S. 49). Diese Proteine spielen auch bei der Muskelkontraktion eine Rolle (→ S. 107). Aktin- und Myosinfilamente bilden unter der Zellmembran einen Ring, der die Membran nach innen zieht, bis die Tochterzellen vollständig getrennt sind.

In Pflanzenzellen, die von einer festen Zellwand umgeben sind, teilt sich das Cytoplasma, indem senkrecht zwischen den entstehenden Tochterzellen eine Zellwand aufgebaut wird. Hierbei lagern sich im Innern der Ursprungszelle membranumhüllte Bläschen zusammen, die „Baumaterial" für die neue Zellwand enthalten, und verschmelzen zu einer Platte. Aus den Membranbestandteilen der Zellplatte gehen die Zellmembranen hervor, zwischen denen die neue Zellwand entsteht.

Kern- und Zellteilung sind normalerweise gekoppelte Vorgänge. Nicht immer jedoch folgt auf die Kernteilung auch automatisch eine Zellteilung. Während der Embryonalentwicklung der Fruchtfliege zum Beispiel entstehen Zellen mit bis zu 6000 Kernen; erst nachträglich teilt sich auch das Cytoplasma.

Steuerung und Regelung des Zellzyklus. Ein vielzelliger Organismus kann nur bestehen, wenn der Zellzyklus einer Kontrolle unterliegt. Dies bedeutet, dass die *Vermehrung der einzelnen Zellen eingeschränkt* ist und nur *bei Bedarf aktiviert* wird. In Experimenten mit Zellkulturen wurde eine Reihe von Faktoren ermittelt, die den Zellzyklus beeinflussen. Fehlen zum Beispiel wichtige *Nährstoffe*, erfolgt keine Zellteilung. Aber auch bei optimaler Nähstoffversorgung teilen sich die Zellen nur, wenn zusätzlich ein als *Wachstumsfaktor* bezeichneter Regulatorstoff vorhanden ist. Ein solcher Wachstumsfaktor wird zum Beispiel von Blutplättchen freigesetzt, die in der Nähe einer Wunde zerfallen. Dieser löst bei den Zellen, die den Wundverschluss bilden, Zellteilungen aus.

Auch eine zu hohe *Zelldichte* hemmt die Zellteilung, was dazu beiträgt, dass in Geweben die Anzahl der Zellen einer Sorte annähernd konstant bleibt. Umgekehrt regt die Abnahme der Zelldichte die Teilung an. Starker Blutverlust hat zum Beispiel zur Folge, dass verstärkt Blutzellen gebildet werden.

Der korrekte Ablauf des Zellzyklus ist für das Überleben eines Organismus von entscheidender Bedeutung. In der Zelle finden offenbar am Übergang von einer Phase zur nächsten „Qualitätsprüfungen" statt. Diese *Kontrollpunkte* werden nur dann passiert, wenn der vorhergehende Arbeitsschritt vollständig und korrekt ausgeführt wurde. Als Taktgeber für diese Übergänge dienen molekulare „Schalter". Dabei handelt es sich um spezielle *Enzyme* (→ S. 60), die in einer inaktiven Form in der Zelle vorliegen. Sie werden durch Regulatorstoffe aktiviert, die jeweils in der vorhergehenden Phase des Zyklus entstehen. Erst dann setzen die Enzyme den nächsten Arbeitsschritt in der Zelle in Gang. Durch die Kontrollpunkte ist sichergestellt, dass die einzelnen Prozesse korrekt und in ihrer festgelegten Reihenfolge ablaufen.

Ein solcher Kontrollpunkt befindet sich am Ende der G_1-Phase. Hier wird „geprüft", ob die Zelle groß genug ist. Die Zelle nimmt ihre Größe offenbar indirekt über das Mengenverhältnis von Cytoplasma zu Zellkern wahr. Erreicht dieses Verhältnis einen bestimmten Schwellenwert, überschreitet die Zelle den so genannten *Restriktionspunkt* und tritt in die S-Phase ein. Die DNA wird verdoppelt und die Zelle teilt sich. Entspricht die Zelle jedoch nicht den für eine Teilung notwendigen Kriterien, verlässt sie am Restriktionspunkt den Zellzyklus und tritt in den G_0-Zustand ein.

Ein weiterer „Schalter" liegt am Ende der G_2-Phase. Die Zelle kann nur dann in die Mitosephase eintreten, wenn zuvor die gesamte DNA verdoppelt wurde. Die Zellgroße spielt hier ebenfalls eine Rolle.

Zellalterung. In Zellkulturen setzen die Körperzellen von Tieren ihre Vermehrung nicht unbegrenzt fort, selbst wenn das Medium genügend Nährstoffe und Wachstumsfaktoren enthält. Dabei ist die Zahl der Teilungen von der Art und vom Alter des Tieres abhängig, dem die Zellen entnommen wurden. Menschliche Bindegewebszellen aus einem Embryo durchlaufen in Kultur etwa 60 Zellzyklen, diejenigen eines 80-Jährigen teilen sich nur noch rund 30-mal. Die Zyklen verlaufen immer langsamer und kommen schließlich zum Stillstand. Dieses Phänomen wird als *Zellalterung* bezeichnet.

Bei Tumorzellen sind die *Regulationsmechanismen des Zellzyklus außer Kraft* gesetzt. Sie reagieren nicht mehr auf äußere und innere Signale, die normalerweise die Zellteilung unterbinden. In Kultur teilen sie sich unbegrenzt weiter. Tumorzellen sind *potenziell unsterblich*.

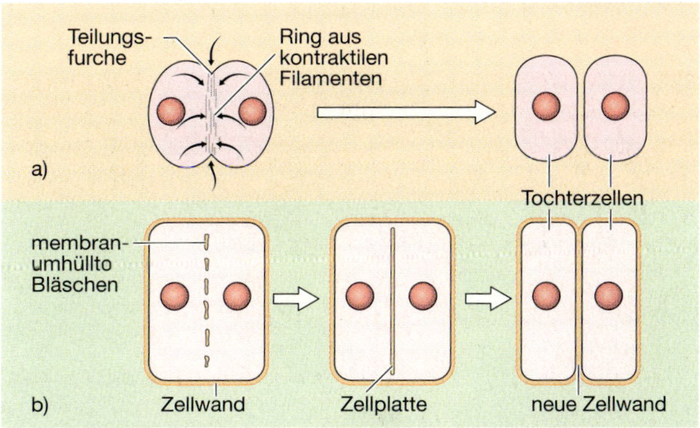

1 Cytokinese bei tierischen und pflanzlichen Zellen

1 Erklären Sie, wodurch sich die Chromosomen in G_1- und G_2-Phase der Interphase voneinander unterscheiden.

2 Welche Faktoren spielen eine Rolle dafür, dass die Zelle die Kontrollpunkte im Zellzyklus überschreitet?

3 Erstellen Sie ein Schema, das verdeutlicht, welche Einflussgrößen an der Steuerung des Zellzyklus beteiligt sind.

Der Ablauf der Mitose

Die Ablauf der Mitose lässt sich anhand lichtmikroskopischer Aufnahmen gut rekonstruieren (→ Bild 1 auf der nächsten Seite). Um den an sich kontinuierlichen Prozess besser beschreiben zu können, wird er in die Abschnitte *Prophase*, *Prometaphase*, *Metaphase*, *Anaphase* und *Telophase* unterteilt.

Prophase. In der Prophase beginnt sich das Chromatin zu verdichten, sodass einzelne fadenartige Strukturen, die *Chromosomen*, erkennbar werden. Ihre Anzahl ist typisch für die jeweilige Art. In diesem Stadium besteht jedes Chromosom aus zwei identischen Hälften, den *Chromatiden*. Die Verbindungsstelle, an der die beiden Schwesterchromatiden zusammenhängen, heißt *Centromer*.

Da das Chromatin stets in der gleichen Weise „aufgewickelt" wird, sind alle Chromosomen gleich dick. Ihre Längen unterscheiden sich allerdings – sie sind dem DNA-Gehalt proportional. Durch die Kondensation der Chromosomen entstehen kompakte, gut zu transportierende Einheiten. Dadurch wird die Gefahr, dass bei der Kernteilung Teile des DNA-Moleküls abreißen, so gering wie möglich gehalten.

Im Lauf der Prophase lösen sich die Nucleoli und die Kernhülle auf.

Prometaphase. Während der Prometaphase treten die Chromosomen allmählich deutlicher hervor. Oft sind heftige, unregelmäßige Bewegungen zu beobachten. Dabei werden die Centromeren zur Zellmitte hin verlagert.

Metaphase. Die Metaphase ist ein bewegungsarmes Stadium. Alle Chromosomen sind in der Zellmitte in einer Ebene, der *Äquatorialplatte*, angeordnet. Man spricht auch von *Metaphaseplatte*. Die Chromatiden haben ihre maximale Verkürzung erreicht. In diesem Stadium kann der Chromosomenbestand gut untersucht werden, indem man den weiteren Ablauf der Mitose zum Beispiel durch Colchicin blockiert (→ S. 23).

Anaphase. Auf ein Signal hin – wahrscheinlich handelt es sich dabei um einen Anstieg der Ca^{2+}-Konzentration – löst sich gleichzeitig bei allen Chromosomen die Verbindung der Schwesterchromatiden am Centromer. Die Chromatiden bewegen sich auf die entgegengesetzten Pole der Zelle zu. Dabei beträgt ihre Geschwindigkeit etwa 1 µm pro Minute.

Telophase. Die Chromatiden sind an den Zellpolen angekommen. An jedem Pol liegt nun der *vollständige Satz Einchromatid-Chromosomen* vor. Die Chromosomen entspiralisieren sich und gehen von der lichtmikroskopisch erkennbaren Transportform wieder in die scheinbar unstrukturierte Arbeitsform des Chromatins über. Die beiden neuen Kernmembranen bilden sich, nach und nach werden die Nucleoli wieder sichtbar. Die Telophase entspricht also weitgehend einer Umkehrung der Prophase.

Gleichzeitig bildet sich zwischen den beiden neu entstandenen Tochterzellen etwa auf der Höhe der ursprünglichen Äquatorialplatte eine neue Zellmembran aus – ein Prozess, der im Lauf der Cytokinese abgeschlossen wird. Damit ist die Kernteilung beendet.

Die Mechanik der Chromosomenbewegung. Für den Transport der Chromatiden bei der Mitose ist der *Spindelapparat* verantwortlich (→ Bilder 1 u. 2). Diese Struktur aus Proteinfasern (*Mikrotubuli* → S. 49) bildet sich zu Beginn der Prophase und wird nach Beendigung der Kernteilung wieder abgebaut. Die Fasern gehen von einem Organisationszentrum aus, dem *Centrosom*. Noch während der Interphase teilt sich das Centrosom. Mit Beginn der Prophase rücken die Tochtercentrosomen auseinander und bewegen sich zu den Zellpolen hin. Von dort aus „wachsen" die Spindelfasern in Richtung Zellmitte. Von beiden Seiten heften sie sich an die Centromeren der Chromosomen an. Andere, als *Polfasern* bezeichnete Mikrotubuli verbinden sich im Bereich der Zellmitte mit Fasern vom gegenüberliegenden Pol. Die Trennung der Schwesterchromatiden in der Anaphase kommt dadurch zustande, dass sich die Spindelfasern verkürzen; die Chromatiden werden zu den Zellpolen hin gezogen. Gleichzeitig „schieben" die überlappenden Fasern die Pole auseinander.

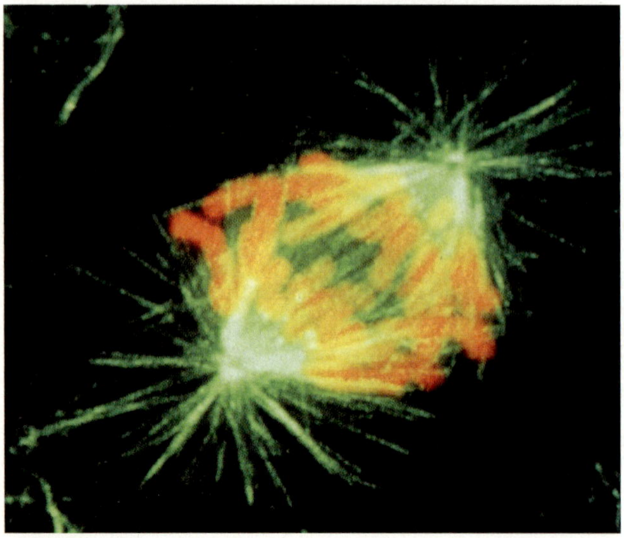

1 *Fluoreszenzaufnahme des Spindelapparats*

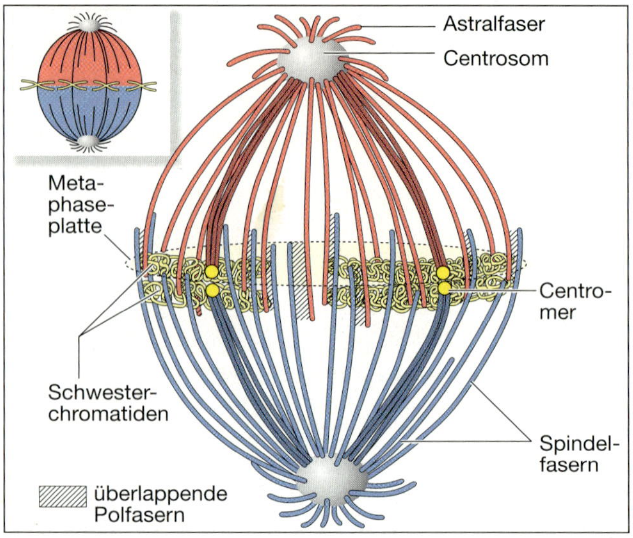

2 *Aufbau des Spindelapparats*

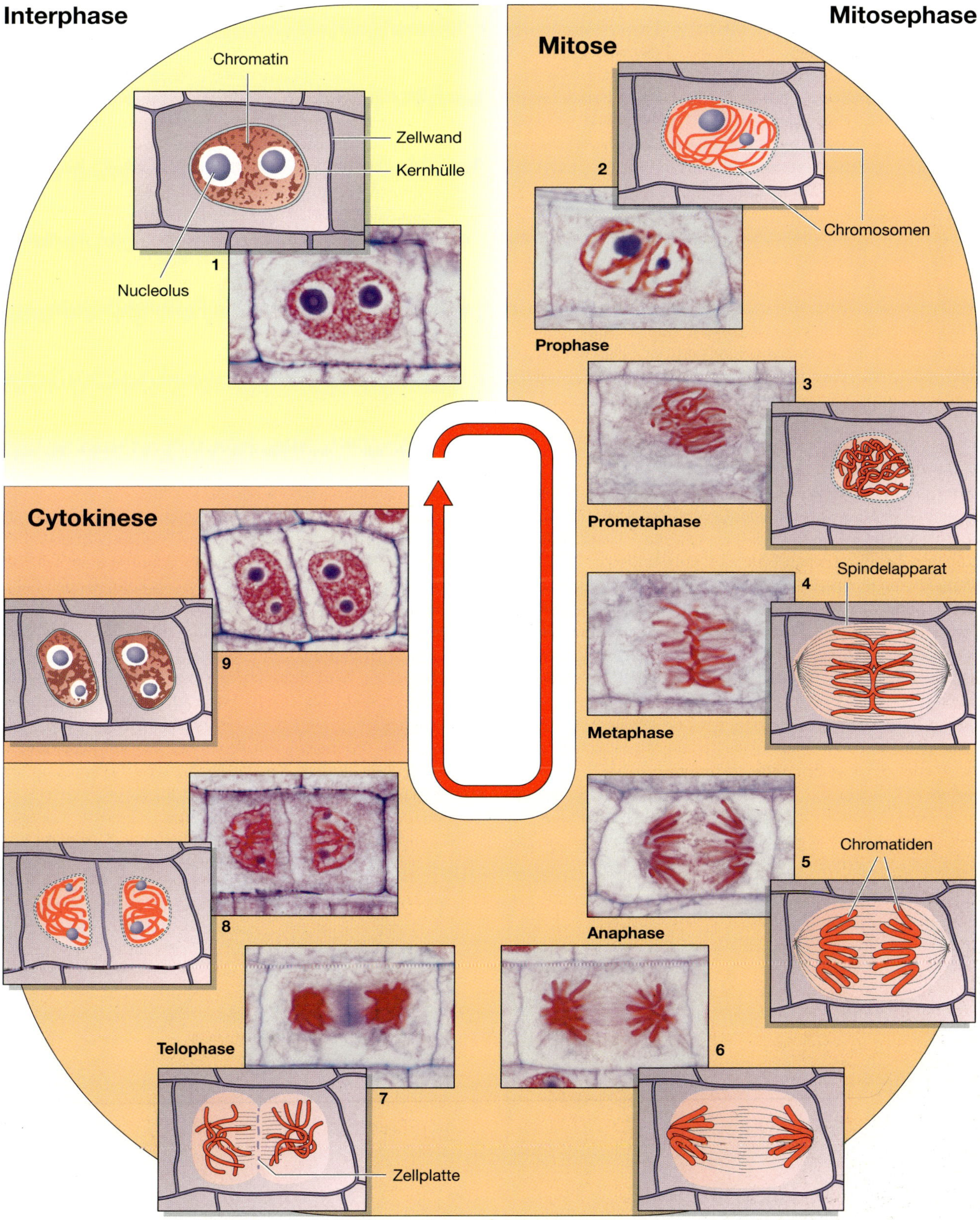

1 Die Phasen des Zellzyklus in der Übersicht am Beispiel der Küchenzwiebel Allium cepa. Die Darstellung berücksichtigt nicht die Zeitdauer der einzelnen Stadien.

Material – Methode – Praxis: **Untersuchung von Mitosestadien**

Zellteilungen lassen sich besonders gut in denjenigen Teilen eines Organismus beobachten, die durch ständiges Wachstum gekennzeichnet sind. Bei Pflanzen sind dies zum Beispiel die so genannten *Vegetationspunkte*, die Spitzen von Spross und Wurzel. Hier findet man nebeneinander Zellen in den unterschiedlichsten Teilungsstadien. Als Untersuchungsobjekte eignen sich die Wurzeln der gewöhnlichen Küchenzwiebel, da diese leicht zu ziehen und zu präparieren sind.

Mitoseindex

Die Anzahl der Zellen, die sich in Teilung befinden, ist ein Maß für die Wachstumsgeschwindigkeit des betreffenden Gewebes. Sie wird als *Mitoseindex* ausgedrückt. Der Mitoseindex bezeichnet den Prozentsatz an Zellen, deren Kerne ein Teilungsstadium zeigen. Krebsgewebe zum Beispiel weist einen deutlich höheren Anteil teilungsaktiver Zellen auf als gesundes Gewebe. In der Tumordiagnostik wird der Mitoseindex verwendet um das Wachstum einer Zellkultur zu messen.

Mitoseindex im Wurzelgewebe der Küchenzwiebel

Material: mehrere Küchenzwiebeln, Bechergläser, Reagenzgläser mit Stopfen, Karmin- oder Orcein-Essigsäure *(Achtung: Dämpfe ätzend!)*, Essigsäure 50 % *(Achtung: ätzend!)*, Mikroskop und Zubehör (Fotoaufsatz, falls vorhanden)

Anzucht. Von mehreren Zwiebeln werden die trockenen Hüllblätter entfernt. Die Zwiebeln werden so auf wassergefüllte Bechergläser gesetzt, dass die Wurzelscheiben gerade die Wasseroberfläche erreichen. Bei Zimmertemperatur haben sich nach 3 oder 4 Tagen einige Zentimeter lange Wurzeln gebildet.

Vorbereitung. Schneiden Sie an jeder Zwiebel die Wurzeln ab. Behandeln Sie im Folgenden jede Zwiebel als einzelne Probe. Verwenden Sie jeweils mehrere Wurzeln.

Färbung. Trennen Sie zunächst mit einer Rasierklinge die äußersten 1–2 mm der Wurzelspitzen ab. Entnehmen Sie weitere 1–2 mm lange Stückchen in der Wurzelmitte und am Wurzelansatz. Bringen Sie jeweils mehrere Stücke getrennt nach Wurzelspitze, -mitte und -ansatz in verschiedene Reagenzgläser. Jedes Glas wird mit einem Tropfen Färbelösung (Karmin- oder Orcein-Essigsäure) versehen und verschlossen.

Nach etwa 24 Stunden wird die Lösung einmal kurz aufgekocht. Achten Sie dabei unbedingt darauf, dass die ätzende Färbelösung nicht herausspritzt! Verwenden Sie Siedesteinchen. Arbeiten Sie mit Schutzbrille, atmen Sie keine Dämpfe ein. Benutzen Sie Reagenzglashalter und achten Sie darauf, die Reagenzglasöffnung vom Körper weg und nicht auf einen Mitschüler zu richten!

Präparation. Die gefärbten Wurzelspitzen werden mit einer Pipette (nicht mit dem Mund pipettieren!) aus den Reagenzgläsern entnommen und zu mehreren – drei bis vier pro Objektträger – nebeneinander auf einen sauberen Objektträger aufgebracht. Legen Sie ein Deckgläschen auf. Die Färbelösung wird möglichst vollständig abgesaugt und durch einen Tropfen Essigsäure ersetzt.

Decken Sie das Präparat mit mehreren Lagen Filterpapier ab und zerquetschen Sie die Wurzelspitzen durch einen kräftigen Daumendruck. Achtung: Deckgläschen dabei nicht verschieben! Herausgequetschte Flüssigkeit absaugen und gegebenenfalls neue Essigsäure hindurchziehen.

Untersuchung im Mikroskop. Betrachten Sie die Präparate zunächst bei 100facher Vergrößerung. Welche Mitosestadien erkennen Sie? Zeichnen Sie für jedes Stadium eine Zelle bei 400facher Vergrößerung. (Gegebenenfalls können auch Fotos angefertigt und später ausgewertet werden.)

Ermitteln Sie für 100 Zellen, in welcher Phase des Zellzyklus sie sich befinden. Berechnen Sie den Mitoseindex der verschiedenen Wurzelabschnitte (Anzahl der Zellen in Teilung : Gesamtzahl der Zellen). Welche Schlüsse bezüglich des Wurzelwachstums ziehen Sie aus Ihren Ergebnissen?

Hinweis: Die Zwiebelwurzelzellen teilen sich vor allem nachts und am frühen Morgen. Um den Einfluss der Tageszeit auf die Teilungsaktivität zu ermitteln, fixieren Sie Zwiebelwurzeln zu unterschiedlichen Uhrzeiten mit Alkohol-Eisessig-Gemisch (3 Volumenanteile Alkohol, 1 Volumenanteil Eisessig). Verfahren Sie mit den fixierten Präparaten wie oben angegeben.

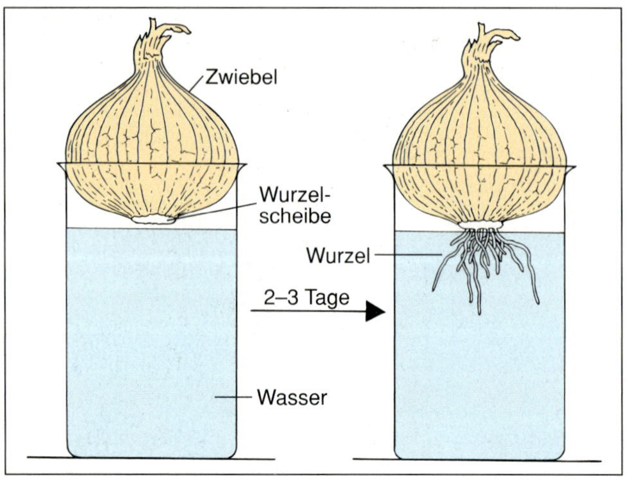

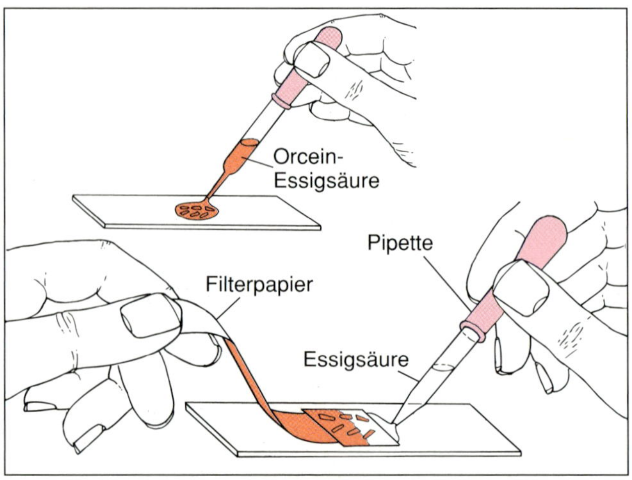

Karyogramme

Zellen, die sich in Teilung befinden, werden auch dazu herangezogen, die Chromosomen eines Organismus näher zu untersuchen. Mithilfe so genannter *Karyogramme* können die Zahl der Chromosomen und deren Struktur – Größe, Lage des Centromers und weiterer Einschnürungen, Länge der Schenkel – ermittelt werden.

Für die Darstellung in Karyogrammen eignen sich besonders die Metaphasechromosomen. Dazu werden sich teilende Zellen mit Colchicin, dem Gift der Herbstzeitlose, behandelt. Da Colchicin den Aufbau des Spindelapparats hemmt, kommt es nicht zur Trennung der Chromatiden. Die Chromosomen liegen in der typischen X-Form vor. Anhand von Mikrofotos des Chromosomensatzes werden die Chromosomen zu Paaren geordnet und nach ihrer Größe sortiert. Das Bild rechts zeigt das Karyogramm der Pferdebohne.

Karyogramme werden beispielsweise in der Pflanzengenetik dazu verwendet, den Erfolg bei der Züchtung von Pflanzen mit vervielfachtem Chromosomensatz zu überprüfen. Menschliche Karyogramme dienen dazu, Erbkrankheiten festzustellen, die durch Veränderungen der Anzahl oder in der Struktur einzelner Chromosomen erkennbar sind. Sie spielen bei der genetischen Beratung eine Rolle.

Karyogramm der Küchenzwiebel

Material: wie oben, 0,1%ige 8-Hydroxychinolin-Lösung (als Ersatzstoff für das stark giftige Colchicin)

Durchführung: Ziehen Sie mehrere Zwiebeln an wie im Versuch links angegeben. Wenn die Wurzeln etwa 1 bis 3 cm lang sind, setzen Sie die Zwiebeln für 24 Stunden auf Bechergläser mit Hydroxychinolin-Lösung. Fertigen Sie anschließend von den äußersten 1–2 mm der Wurzelspitze wie links beschrieben Quetschpräparate an.

Untersuchen Sie zunächst bei 100facher Vergrößerung. Welche Mitosestadien erkennen Sie? Erklären Sie Ihre Beobachtungen. Versuchen Sie zu ermitteln, wie groß der Chromosomensatz der Zwiebel ist. Falls Sie die Möglichkeit haben Ihr Präparat zu fotografieren, fertigen Sie anhand eines Fotos ein Karyogramm an.

1 In der Grafik oben sind typische Abschnitte des Zellzyklus mit Buchstaben bezeichnet. Ordnen Sie diese Abschnitte den Phasen des Zellzyklus zu, ermitteln Sie deren ungefähre Dauer und beschreiben Sie, wodurch die einzelnen Phasen gekennzeichnet sind. Um welchen Zelltyp handelt es sich? Vergleichen Sie mit den Angaben in der Tabelle auf Seite 18.

2 Vergrößern Sie den menschlichen Chromosomensatz (→ Bild rechts) mit dem Kopierer, schneiden Sie die Chromosomen aus und versuchen Sie sie zu einem Karyogramm zu ordnen. Handelt es sich um die Chromosomen eines Mannes oder einer Frau?

Stichworte zu weiteren Informationen

Meristem, Zellkultur, mikroskopische Färbemethoden, Hemmung der Chromosomenbewegung, genetische Beratung

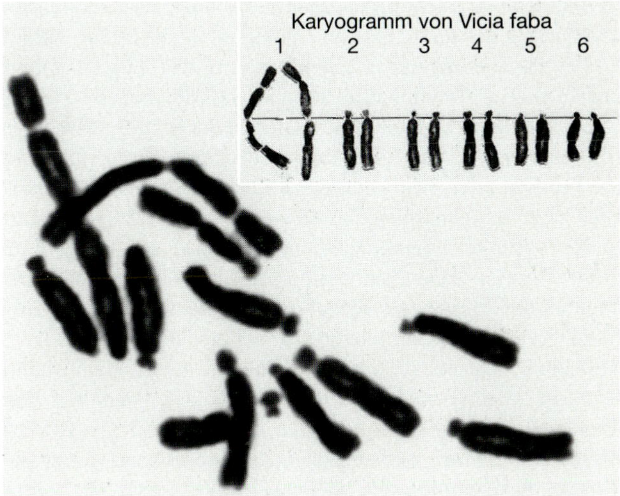

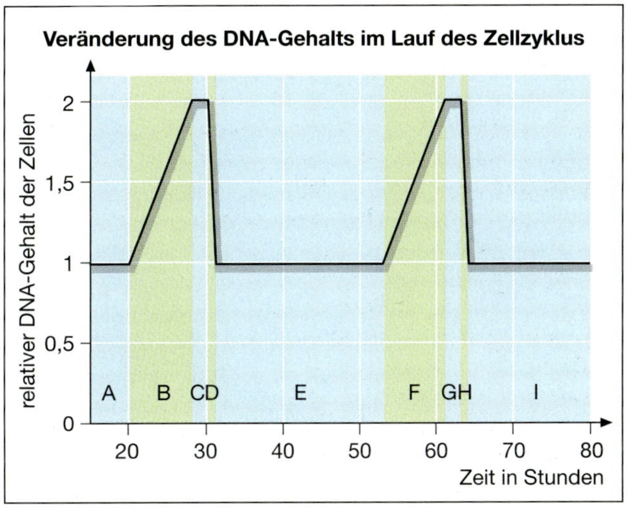

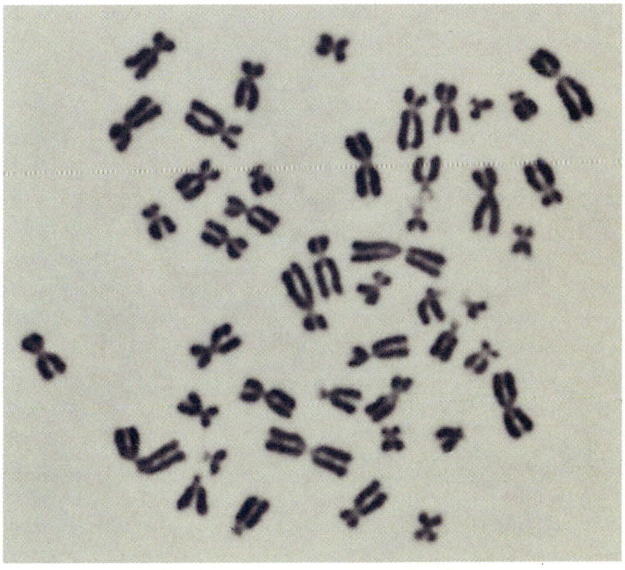

Zell- und Gewebetypen

In der Regel entstehen bei einer Zellteilung zwei identische Tochterzellen. Anders bei den Zellteilungen, die in der frühen Embryonalentwicklung stattfinden: Aus der Zygote gehen durch rasche Teilungen Zellen hervor, die bereits Unterschiede in der Größe aufweisen. Dies ist der erste Schritt einer *Differenzierung*: die Zellgestalt entwickelt sich so, dass sie der Funktion der Zelle entspricht. Durch weitere *asymmetrische Zellteilungen* entstehen Zellen, die sich in ihrer Gestalt und Struktur stark unterscheiden. Aus diesen unterschiedlich differenzierten Zellen gehen die verschiedenen *Gewebe* eines Organismus hervor. Als Gewebe bezeichnet man einen Verband von Zellen mit ähnlicher Größe, Form und Funktion.

Zelltypen. Die Gestalt einer Zelle ist ihrer spezifischen Leistung angepasst: Pflanzenzellen, die der *Wasserleitung* dienen, haben zum Beispiel einen deutlich größeren Durchmesser als andere Gewebezellen. Sie sind extrem lang gestreckt, oft verbinden sich sogar viele Zellen zu Gefäßen. Ihre Zellwände sind an bestimmten Stellen verstärkt. In voll funktionsfähigen Gefäßen sind die Querwände der aneinander stoßenden Zellen durchbrochen. Die Zellen sterben dann ab.

Auch *Faserzellen*, die dem Pflanzenkörper Festigkeit verleihen, haben eine lang gestreckte Form. Ihre Zellwand ist so stark verdickt, dass der Zellinnenraum im Vergleich zum Gesamtdurchmesser der Zelle winzig erscheint.

Fotosynthese betreibende Zellen in den Blättern sind durch eine Vielzahl an Chloroplasten charakterisiert. *Speicherzellen* in der Wurzel weisen dagegen vermehrt Leukoplasten zur Stärkespeicherung auf.

Nervenzellen, die nur bei Tieren vorkommen, haben lange, vielfach verzweigte Ausläufer. Über diese *Dendriten* nehmen sie von anderen Nervenzellen oder Sinneszellen Informationen auf. Der längste dieser Ausläufer, das *Axon*, steht mit anderen Nervenzellen, Drüsen und Muskeln in Verbindung.

Rote Blutkörperchen *(Erythrocyten)* sind im reifen Zustand durch eine abgeflachte Form charakterisiert. Sie enthalten weder einen Zellkern noch andere Organellen. Ihr Hauptbestandteil ist Hämoglobin, was sie für die Funktion des Gastransports optimiert. Da Erythrocyten sehr biegsam sind, können sie selbst durch die engsten Kapillaren „schlüpfen".

Bestimmte *Zellen aus dem Dünndarm* sind für Transportaufgaben zuständig. Sie sind asymmetrisch gebaut: Die Zellmembran bildet auf der dem Darm zugewandten Seite Tausende fingerförmige Ausstülpungen, so genannte *Mikrovilli*. Dadurch wird die Zelloberfläche etwa 30fach vergrößert. Diese Oberflächenvergrößerung erhöht die Transportkapazität für Moleküle aus dem Dünndarm erheblich.

Gewebetypen bei Pflanzen. Anders als Tiere zeigen Pflanzen ein lebenslanges Wachstum. Allerdings behalten nur die Zellen bestimmter Gewebe dauerhaft ihre Teilungsfähigkeit. Diese Gewebe heißen *Meristeme*. Sie befinden sich unter anderem in den Spitzen von Wurzel und Spross. Die Zellen sind annähernd würfelförmig (isodiametrisch), haben nur dünne Zellwände und kaum Vakuolen. Oft lassen sich in ihnen Zellteilungen beobachten. Diese wenig differenzierten Zellen entwickeln sich zu den ausdifferenzierten Zellen der *Dauergewebe*.

Grundgewebe oder *Parenchyme* sind die am wenigsten spezialisierten pflanzlichen Gewebe. Sie finden sich in allen Organen der Pflanze. Die anderen Gewebe sind in das Parenchym eingebettet.

Vor allem bei ausdauernden, großen Pflanzen spielen *Festigungsgewebe* eine wichtige Rolle. Sie verleihen dem Pflanzenkörper Stabilität gegenüber Zug- und Druckbelastung. Festigungsgewebe bestehen aus Zellen mit stellenweise oder vollständig verdickten Wänden. Häufig sind die Zellen abgestorben, vor allem wenn die Zell-

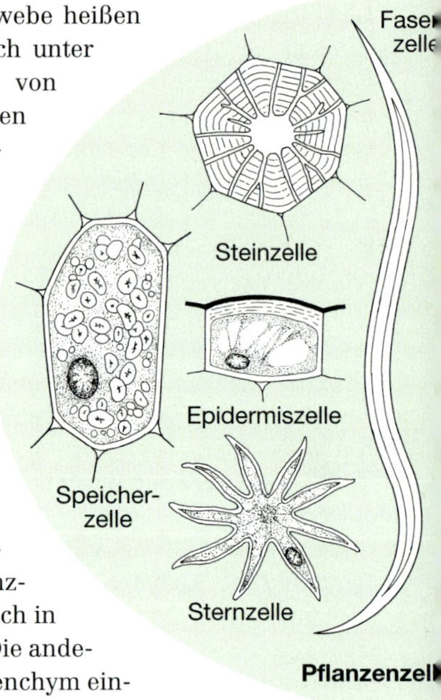

1 Differenzierung von tierischen und pflanzlichen Zellen

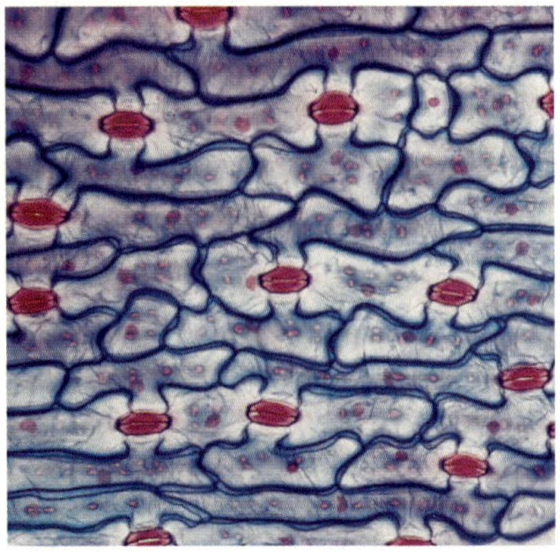

2 Blattepidermis der Tulpe mit Spaltöffnungen (Aufsicht)

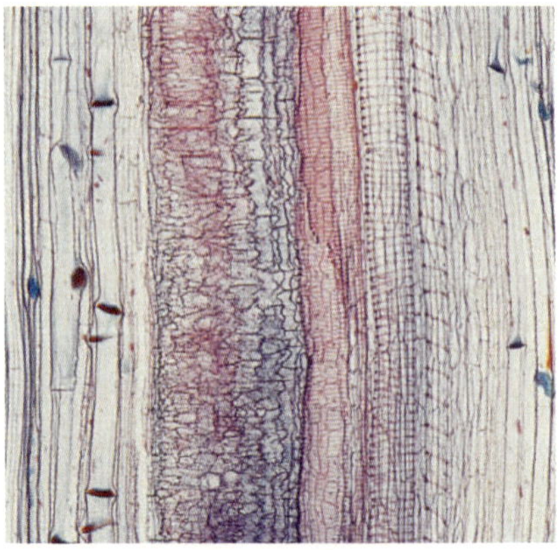

3 Leitgewebe des Kürbis im Längsschnitt

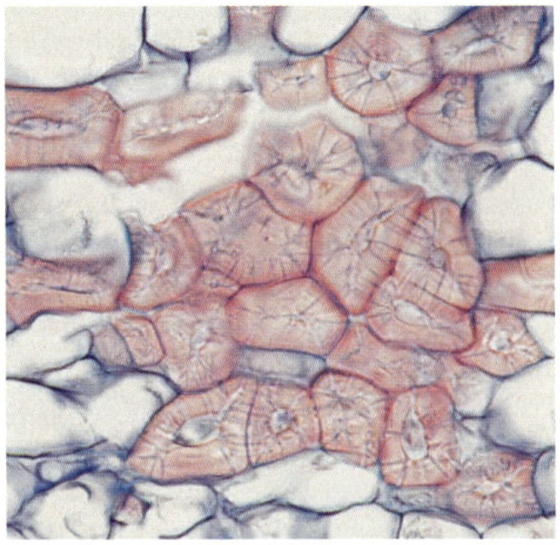

4 Steinzellen im Fruchtfleisch der Birne haben Festigungsfunktion.

wände durch Einlagerung von Kristallen oder anderen Stoffen zusätzlich verfestigt sind. Solche Zellen bilden zum Beispiel die harte Schale von Nüssen und Samen.

Festigungselemente wie beispielsweise Faserzellen sind jedoch auch im *Leitgewebe* enthalten, das den gesamten Pflanzenkörper durchzieht. Es dient zum einen der Versorgung der Pflanze mit Wasser und darin gelösten Mineralstoffen, zum anderen dem Transport von Fotosyntheseprodukten.

Die *Abschlussgewebe* begrenzen den Pflanzenkörper nach außen. Zu ihnen zählt die Epidermis. Die Außenwände der Zellen sind oft deutlich verdickt und mit einem zusätzlichen Verdunstungsschutz, einer Cuticula aus wachsartiger Substanz, versehen. Epidermiszellen der Wurzelhaare sind dagegen dünnwandig und ermöglichen so die Aufnahme von Wasser und darin gelösten Nährsalzen.

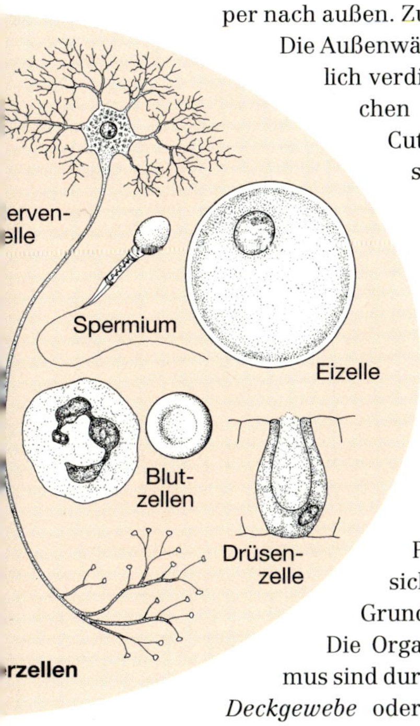

Gewebetypen bei Tieren. Die Vielfältigkeit der Zellen und Gewebe bei höheren Tieren ist deutlich größer als bei den Pflanzen. Trotzdem lassen sich die Gewebe wenigen Grundtypen zuordnen:

Die Organe des tierischen Organismus sind durch ein- oder mehrschichtige *Deckgewebe* oder *Epithelien* begrenzt. Zur Außenwelt hin ist häufig eine Cuticula in Form einer Hornschicht oder Kalkschale aufgelagert. Zu den Epithelien zählen neben der Haut auch Drüsen und die Auskleidung der Blutgefäße.

Dem *Bindegewebe* kommen vielfältige Aufgaben zu, entsprechend verschiedenartig kann es ausgeprägt sein. Meist enthält es in unterschiedlichen Anteilen Zellen und Fasern, die in eine Grundsubstanz eingebettet sind. Zum Bindegewebe zählen Bänder und Sehnen, die auf Zugfestigkeit und Elastizität hin ausgelegt sind, aber auch Knorpel- und Knochengewebe.

Das *Muskelgewebe* besteht aus lang gestreckten Muskelzellen, die in ihrem Cytoplasma eine Vielzahl von kontraktilen Fasern aufweisen. In glatter Muskulatur, wie sie in der Haut oder in den inneren Organen vorkommt, finden sich einzelne, oft verzweigte Zellen. Bei der quer gestreiften Skelettmuskulatur dagegen spricht man von Muskelfasern; die Zellen sind zu einem vielkernigen Gebilde „verschmolzen" (→ S. 106).

Nervengewebe dient der Signalübermittlung. Während die Nervenzellen auf Erregungsleitung spezialisiert sind, dienen andere Zellen deren Schutz und Versorgung mit Nährstoffen.

Spezialisierung und Arbeitsteilung. Die Ausbildung verschiedener Zell- und Gewebeformen ermöglicht dem Organismus eine effektive Arbeitsteilung. Beim Menschen unterscheidet man zum Beispiel mehrere Hundert Zelltypen. Insgesamt nimmt mit der Organisationshöhe der Organismen auch die Vielfalt der Gewebetypen zu. Diese Verschiedenartigkeit bei gleicher genetischer Ausstattung kommt dadurch zustande, dass bei verschiedenen Zellen jeweils andere Gene aktiv sind; die restlichen Gene bleiben passiv.

Die Differenzierung ist meist ein irreversibler Vorgang und mit dem Verlust der Teilungsfähigkeit verbunden.

1 Im Bild links sind neben den oben beschriebenen Zelltypen weitere Zellen dargestellt. Beschreiben Sie ihre spezifischen Merkmale und versuchen Sie diese mit der Funktion der Zellen im Organismus in Zusammenhang zu bringen.

2 Stellen Sie in einer Tabelle die grundsätzlichen Veränderungen der Zellgestalt zusammen, die zu den unterschiedlichen Zelltypen bei Tieren und Pflanzen geführt haben.

3 Auf welche Merkmale der Zellen lassen sich die wesentlichen Unterschiede zwischen pflanzlichen und tierischen Vielzellern zurückführen?

4 Informieren Sie sich, welche Zellen und Gewebe pflanzlicher und tierischer Herkunft als natürliche Rohstoffe Verwendung finden.

1 Quer gestreifter Muskel im Längsschnitt

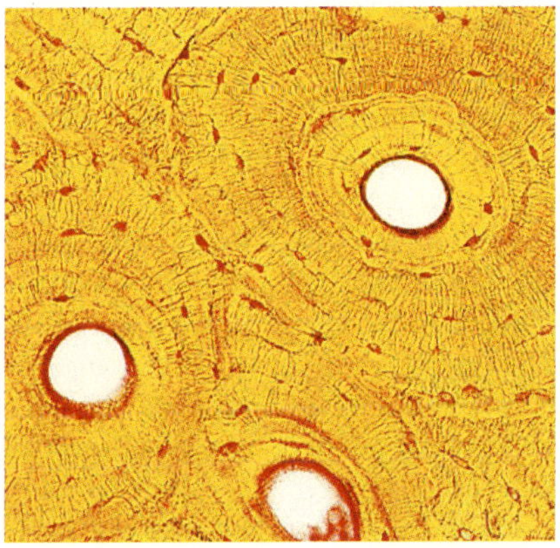

2 Knochenzellen in einem Röhrenknochen, umgeben von Grundsubstanz

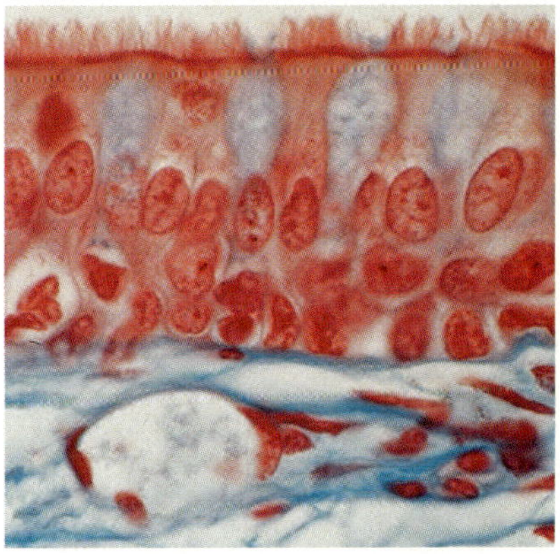

3 Beim Frosch ist der Gaumen mit einem Flimmerepithel ausgekleidet.

Einzeller

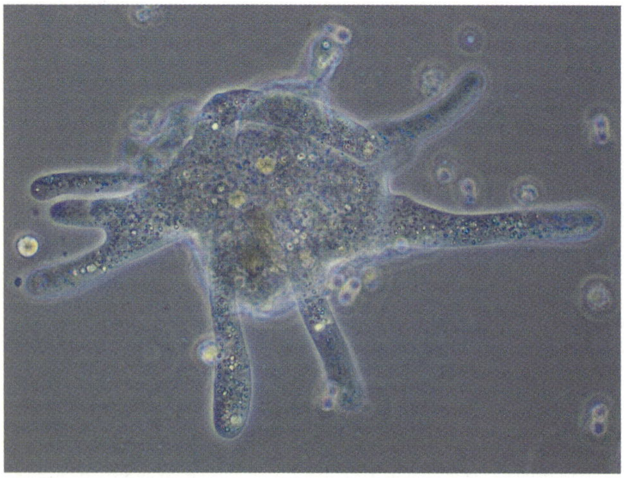

1 *Amoeba proteus bewegt sich mithilfe von Scheinfüßchen fort, den Pseudopodien.*

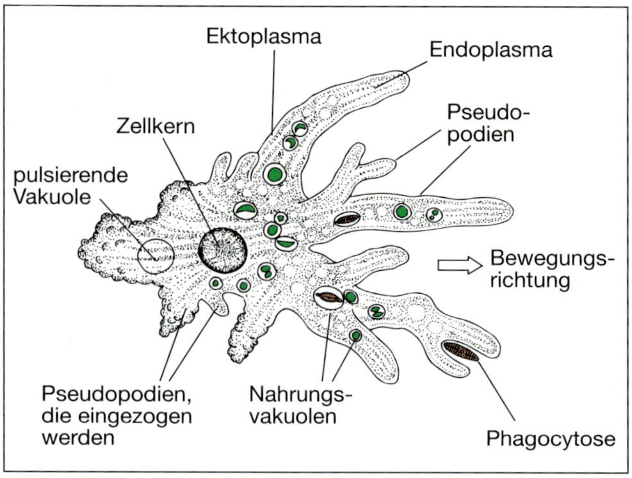

2 *Das Cytoplasma enthält neben den verschiedenen Zellorganellen in Vakuolen eingeschlossene Nahrungspartikel.*

Bei *Einzellern* finden alle Lebensvorgänge innerhalb der einzigen Zelle statt. *Die kleinste selbstständige Einheit des Lebens ist damit die Zelle.* Während Vielzeller ihre Leistungsfähigkeit durch Arbeitsteilung zwischen verschieden differenzierten Zellen erzielen, zeigen Einzeller Differenzierungen innerhalb der Zelle, zum Beispiel besondere Zellorganellen.

Es gibt sehr viele verschiedene Arten von Einzellern. Sie leben vor allem im Süßwasser, in wassergefüllten Hohlräumen im Boden sowie im Meer. Früher wurden sie vor allem nach der äußeren Gestalt klassifiziert: *Amöben* besitzen Plasmafortsätze, Scheinfüßchen oder Pseudopodien genannt, die zur Bewegung und Nahrungsaufnahme vorgeschoben werden können. Einzeller mit Geißeln wurden als *Geißelträger* zusammengefasst, mit Wimpern bedeckte Einzeller als *Wimpertiere*. Die Erforschung der tatsächlichen Verwandtschaftsbeziehungen ist aber noch längst nicht abgeschlossen.

Am Beispiel der besonders gut untersuchten einheimischen Süßwasseramöbe *Amoeba proteus* wird deutlich, dass Einzeller alle Kennzeichen des Lebens aufweisen:

Zellaufbau und Gestalt. Mit 0,5 mm Größe ist *Amoeba proteus* mit bloßem Auge gerade noch erkennbar. Wie alle Amöben hat sie keine feste Körperform, sondern verändert ihre Gestalt ständig. Sie wird deshalb auch Wechseltier genannt. Die Zelloberfläche stülpt sich an manchen Stellen zu *Pseudopodien* aus, in die Teile des Cytoplasmas einfließen, während sich anderswo das Plasma zurückzieht. Direkt unter der Zellmembran liegt das klare, durchsichtige *Ektoplasma*. Das zentral gelegene *Endoplasma* ist körniger und trüber. Es enthält den Zellkern und die übrigen Zellorganellen.

Stoffwechsel. Zur Nahrungsaufnahme umfließen die Pseudopodien kleinere Einzeller, Algen oder Pflanzenreste und schließen diese wie in einer Höhle ein. Diesen Vorgang nennt man *Phagocytose* (→ S. 45). Es entstehen dabei von Zellmembran umgebene *Nahrungsvakuolen*. Sie wandern ins Zellinnere und verschmelzen dort mit *Lysosomen*, kleinen Zellorganellen, die Enzyme zur Verdauung von Fett, Eiweiß und Kohlenhydraten enthalten (→ S. 47). Die Nährstoffe werden dann über die Vakuolenmembran ins Cytoplasma abgegeben. Die Vakuolen selbst wandern zur Zellmembran und befördern die unverdaulichen Reste über die Zellmembran nach außen (*Exocytose* → S. 45). Flüssigkeit wird durch *Pinocytose* aufgenommen. Dabei stülpt sich die Zellmembran ein und schnürt kleine flüssigkeitsgefüllte Vakuolen ab.

Da der osmotische Druck innerhalb der Amöbe höher ist als im umgebenden Süßwasser, dringt ständig Wasser in die Zelle ein. Durch die *pulsierende Vakuole,* ein besonderes Organell bei im Süßwasser lebenden Einzellern, wird eingedrungenes Wasser unter Energieverbrauch rhythmisch wieder nach außen gepumpt.

Fortbewegung. Amöben bewegen sich mithilfe der Pseudopodien fort, die an jeder Stelle der Zelloberfläche entstehen können. Einzelne Pseudopodien greifen nach vorn, heften sich am Untergrund an und ziehen den übrigen Zellkörper nach. Die amöboide Bewegung wird durch lokale *Kontraktion von Mikrofilamenten* des Cytoskeletts bewirkt (→ S. 49), die ein Strömen des Cytoplasmas zur Folge hat.

Reizbarkeit. Amöben überfließen Sandkörner, Pflanzenreste, Bakterien und andere Einzeller. Dabei können sie zwischen Nahrung und anorganischem Material unterscheiden. Sie reagieren sowohl auf chemische Reize wie auf Lichtreize. Auch Berührungsreize und Temperaturreize werden mit entsprechenden Reaktionen beantwortet.

Wachstum und Fortpflanzung. Hat eine Amöbe eine bestimmte Zellgröße erreicht, kugelt sie sich ab. Der Zellkern teilt sich, anschließend schnürt sich der Zellleib durch. Durch *ungeschlechtliche Vermehrung* sind so zwei Tochteramöben entstanden, die bald zur Größe der Mutterzelle heranwachsen. Sexuelle Fortpflanzung kommt nur in Ausnahmefällen vor.

Alle diese Kennzeichen des Lebens sind *Systemeigenschaften*, die erst durch das Zusammenwirken der verschiedenen Zellbestandteile entstehen. Sie sind nur am lebenden Einzeller, nicht aber an isolierten Zellbestandteilen zu beobachten.

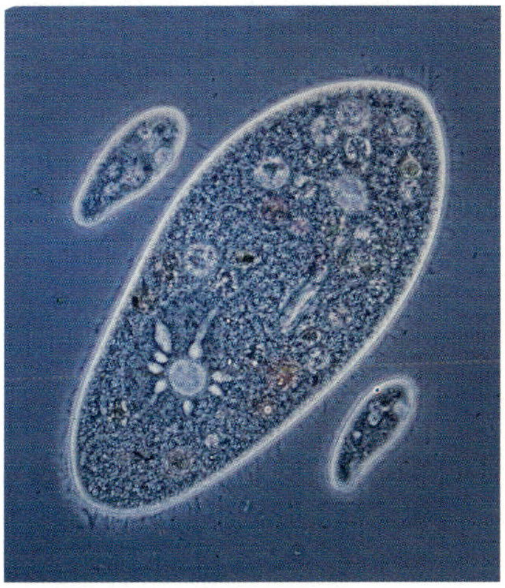

1 Bei Paramecium caudatum ist die Lage der Organellen festgelegt.

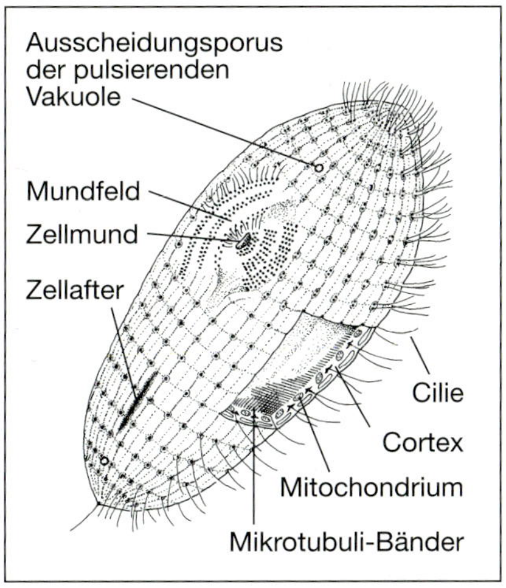

2 Der Cortex verleiht den Wimpertieren eine arttypische Zellgestalt.

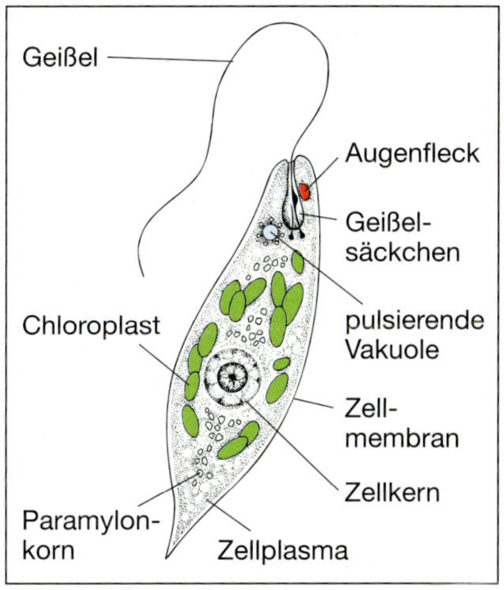

3 Euglena viridis – ein fakultativ autotropher Einzeller

Viele Einzeller haben eine höchst *komplexe Zellstruktur*. Sie steht in Zusammenhang damit, dass bei ihnen die einzelne Zelle bewerkstelligen muss, was bei vielzelligen Organismen unterschiedlich spezialisierte Gewebe leisten.

Beispiel Pantoffeltier. Das Pantoffeltier *Paramecium caudatum* gehört zu den Wimpertieren. Es wird bis 0,3 mm lang und lebt in allen Gewässern, in denen genügend Bakterien – seine Nahrung – vorkommen. Wie alle Wimpertiere hat es eine konstante, arttypische Zellgestalt. Sie wird durch die äußere Cytoplasmaschicht, den *Cortex*, bewirkt, in dem neben den Wurzeln der *Wimpern* zahlreiche weitere Festigungselemente enthalten sind, zum Beispiel längs und quer verlaufende *Mikrotubuli*-Bänder (→ S. 49). Auch zahlreiche Mitochondrien (→ S. 48) finden sich hier.

Paramecium ist von Tausenden von Wimpern oder *Cilien* bedeckt, die in Längsreihen stehen. Ihr fortwährender rhythmischer Schlag treibt die Zelle durch das Wasser. Bis zu fünfzigmal in der Sekunde holt eine einzelne Wimper zum Ruderschlag aus. Unter dem Mikroskop sieht man, wie über die Zelloberfläche des dicht bewimperten Pantoffeltiers Schlagwellen verlaufen, die an ein Getreidefeld im Wind erinnern. Dadurch entsteht eine vorwärts gerichtete Drehbewegung.

Wimpern um das *Mundfeld*, eine trichterförmige Vertiefung, strudeln Bakterien herbei. Am Grund der Vertiefung befindet sich der *Zellmund*, ein Bereich ohne die Festigungselemente des Cortex. Nur hier ist *Phagocytose* möglich. Die entstehenden Nahrungsvakuolen verschmelzen mit Lysosomen und wandern auf einer festen Bahn durch die Zelle. Dabei wird die Nahrung verdaut. Unverdauliche Reste scheidet Paramecium am *Zellafter* durch *Exocytose* aus. Wasser wird über den *Porus* der pulsierenden Vakuole ausgeschieden.

Bei starker Reizung stößt Paramecium lange, pfeilförmige Proteinfäden aus den *Trichocysten* aus. Diese im Cortex liegenden Organellen dienen vermutlich der Feindabwehr.

Für Wimpertiere sind zwei oder mehr Zellkerne typisch sowie eine besondere Form der *geschlechtlichen Fortpflanzung*, die *Konjugation*. Paramecien haben einen diploiden *Kleinkern* und einen *Großkern*, in dem die Gene vielfach vorliegen. Bei der Konjugation legen sich zwei Paramecien längs aneinander. Zwischen ihnen bildet sich eine Cytoplasmaverbindung. Die Großkerne werden aufgelöst, die Kleinkerne teilen sich mehrfach (Meiose). Ein Teil dieser Kerne geht zugrunde. Am Ende liegen jeweils zwei haploide Kleinkerne vor. Über die Plasmaverbindung wird je ein Kleinkern ausgetauscht. Er verschmilzt mit dem stationären Kleinkern. Die Konjugation entspricht also einer *wechselseitigen Befruchtung*. Nach der Trennung der Konjugationspartner entsteht je ein neuer Großkern. Er steuert den Zellstoffwechsel. In der Regel *vermehrt* sich Paramecium *ungeschlechtlich* durch Querteilung.

Beispiel Euglena. Während sich Pantoffeltier und Amöbe durch Aufnahme organischer Nahrung *heterotroph* ernähren, lebt der begeißelte Einzeller *Euglena viridis* normalerweise *autotroph* (→ S. 118). Er besitzt *Chloroplasten* und betreibt Fotosynthese. Dabei entsteht das stärkeähnliche *Paramylon*. Bei längerer Dunkelhaltung im Labor werden die Chloroplasten farblos oder verschwinden ganz. Euglena ernährt sich dann heterotroph wie viele nah verwandte begeißelte Einzeller, die keine Chloroplasten besitzen. Euglena lässt sich weder den Pflanzen noch den Tieren eindeutig zuordnen.

Euglena bewegt sich durch den schraubenförmig kreisenden Schlag einer langen *Geißel* vorwärts. Die Geißel entspringt – zusammen mit einer zweiten, ganz kurzen – in einer sackförmigen Vertiefung am Vorderende der Zelle, dem *Geißelsäckchen*. Innerhalb des Geißelsäckchens ist die Geißel an einer Stelle verdickt. Dieser Bereich ist *lichtempfindlich*. Ein *Augenfleck* aus Fetttröpfchen, die mit Carotinen rot gefärbt sind, sitzt an der Wand des Geißelsäckchens. Er schirmt Licht ab. Durch den Beschattungsgrad nimmt Euglena die Richtung des einfallenden Lichts wahr. Sie bewegt sich zum Licht hin.

Als weitere Organellen besitzt Euglena ebenfalls *pulsierende Vakuolen*.

Euglena vermehrt sich *ungeschlechtlich* durch Längsteilung.

Material – Methode – Praxis: **Bedeutung und mikroskopische Untersuchung von Einzellern**

Weit mehr als 27 000 verschiedene Arten von Einzellern sind wissenschaftlich beschrieben. Die kleinsten unter ihnen messen nur wenige Tausendstelmillimeter, die größten erreichen bis zu 13 cm. Sie besiedeln alle Gewässer-Lebensräume der Erde, selbst wassergefüllte Bodenporen und die Körper anderer Lebewesen. In Boden und Gewässern der Polargebiete kommen sie ebenso vor wie in heißen Quellen.

Bei vielen Arten gibt es unmittelbare Bezüge zum Leben des Menschen: Einzeller haben an der Selbstreinigung der Gewässer wie auch an der Abwasserreinigung in Kläranlagen großen Anteil. Sie bilden als Planktonorganismen den Anfang von Nahrungsketten, ermöglichen Wiederkäuern die Verdauung von Cellulose und sind über die Humusbildung wesentlich an der Bodenfruchtbarkeit beteiligt. Nicht zuletzt spielen sie als Krankheitserreger in weiten Teilen der Welt eine beachtliche Rolle.

Sukzession im Heuaufguss

Material: 1–2 g Heu, 1-*l*-Glas mit Leitungswasser, Glasplatte als Abdeckung, Tümpelwasser, Mikroskopierausrüstung

Durchführung: Geben Sie das Heu in das Glas mit Leitungswasser. „Impfen" Sie dann den Aufguss mit wenig Tümpelwasser. Im Heuaufguss treten ständig neue Einzellerarten auf. Auch ihre Häufigkeit ändert sich. Planen Sie möglichst eine Versuchsdauer von zwei bis drei Monaten ein und mikroskopieren Sie Proben aus dem Heuaufguss etwa alle drei Tage. Sie können dazu einfach ein Deckgläschen auf die Kahmhaut an der Oberfläche des Heuaufgusses legen. Mehrere Stunden liegen lassen, dann erst mikroskopieren! Häufig vorkommende Arten lassen sich mit dem Bild unten näherungsweise bestimmen. Ziehen Sie zusätzlich Bestimmungsbücher heran, wenn nötig. Protokollieren Sie Ihre Beobachtungen.

Mit exakten quantitativen Protokollen, wie sie dem Diagramm unten rechts zugrunde liegen, kann man die Veränderung des „Mini-Ökosystems" Heuaufguss belegen. Die Veränderung eines Ökosystems von einem Ausgangszustand zu einem Endzustand wird allgemein als *Sukzession* bezeichnet. Werten Sie das Diagramm aus. Was lässt sich danach über den Verlauf einer Sukzession aussagen?

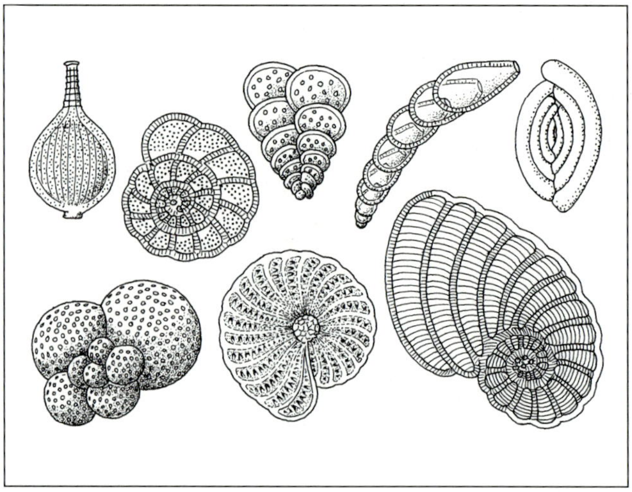

Foraminiferen

Kammerlinge oder *Foraminiferen* sind Einzeller mit gekammertem Gehäuse. Sie leben im Meer, meist in Bodennähe. Ihre Gehäuse (→ Bild oben) bestehen oft aus Kalk. Durch zahlreiche Poren ragen beim lebenden Tier lange, dünne Pseudopodien (→ Foto). Sie dienen zum Schweben im Meerwasser und zur Nahrungsaufnahme.

Foraminiferen kommen in großer Formenfülle besonders im Meeresschlamm vor. 90 % der bekannten Foraminiferenarten sind fossil, darunter Riesenformen aus der Gruppe der Nummuliten mit bis zu 32 cm Durchmesser. In warmen Flachmeeren bildete sich aus den abgelagerten Schalenskeletten der Nummulitenkalk, ein Sedimentgestein, das zum Beispiel als Baumaterial für die ägyptischen Pyramiden diente. Die fossilen Arten eignen sich als *Leitfossilien* beim Vergleich von Sedimenten aus verschiedenen Erdteilen und haben für die Erdölsuche große Bedeutung.

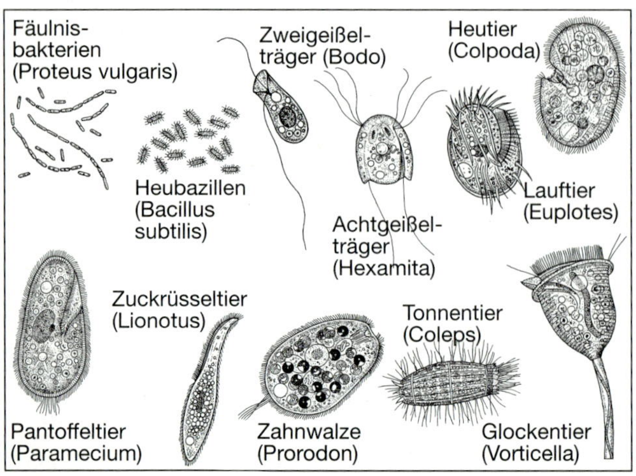

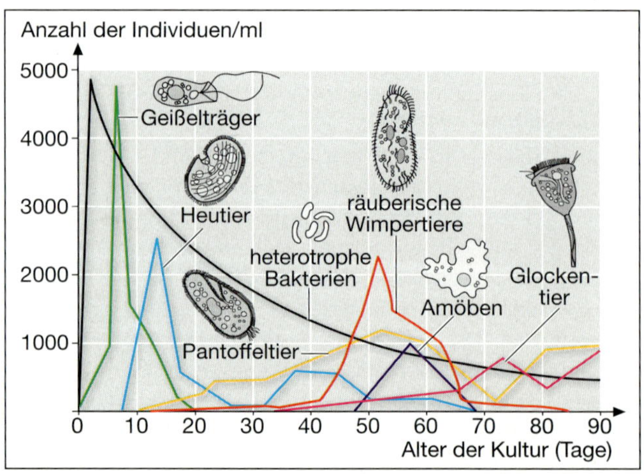

Beobachtungen an Paramecien

Material: Mikroskopierausrüstung, Stereomikroskop, Pantoffeltierkultur, Pipette, Konstantandraht, Netzgerät mit Stromkabel und Krokodilklemmen, Hefe, Kongorot, $KMnO_4$ (Kaliumpermanganat), Watte, Heu und Tümpelwasser

Durchführung: Steht keine Reinkultur zur Verfügung (zum Beispiel von biologischen Laboratorien zu beziehen), muss man erst eine Kultur anlegen. Einzelne Pantoffeltiere werden aus einem schon länger stehenden Heuaufguss isoliert. Dann wird eine geringe Menge Heu (ca. 2 g) im Trockenschrank kurz auf 120 °C erhitzt und danach in einen Erlenmeyerkolben mit Wasser gegeben. Nun fügt man die vorher isolierten Pantoffeltiere hinzu. Sie vermehren sich rasch.

Um die Beobachtungen zügig durchführen zu können, sind weitere Vorbereitungen nötig: Ein erbsengroßes Stück Hefe wird in einem Reagenzglas mit 2%iger Kongorot-Lösung kurz aufgekocht. Basteln Sie auch die Apparatur zum Nachweis der Thermotaxis vorab: Ein 0,2 mm starker Konstantandraht wird auf einem Objektträger festgeklebt und über Krokodilklemmen und Kabel mit dem Netzgerät verbunden (→ Bild unten).

Protokollieren Sie Ihre Beobachtungen.

Bewegung. Geben Sie mit der Pipette einen Tropfen der Paramecienkultur auf den Objektträger. Bringen Sie zuvor einige Wattefäden auf um die Bewegung der Tiere einzuschränken. Decken Sie das Präparat mit dem Deckglas ab und betrachten Sie bei stärkster Mikroskopvergrößerung.

Nahrungsaufnahme. Zu einem Tropfen der Paramecienkultur auf dem Objektträger gibt man einen Tropfen der erkalteten, angefärbten Hefeaufschwemmung. Das Einstrudeln der Hefezellen lässt sich ebenso beobachten wie die Bildung von Nahrungsvakuolen. Ändert sich die Farbe der Nahrungsvakuole beim Transport durch die Zelle? Erklärung?

Pulsierende Vakuole. Beobachten Sie bei einem ruhig liegenden Pantoffeltier das Auffüllen und die Kontraktion der pulsierenden Vakuole. Achten Sie auch auf die Zuführungskanäle.

Chemotaxis. Geben Sie zu einem Tropfen der Pantoffeltierkultur auf dem Objektträger einen kleinen $KMnO_4$-Kristall. Beobachten Sie unter dem Stereomikroskop, welche Zonen der $KMnO_4$-Konzentration gemieden werden.

Thermotaxis. Geben Sie einen großen Tropfen der Paramecienkultur auf die Apparatur zum Nachweis der Thermotaxis. Legen Sie für wenige Sekunden 2 V Spannung an um den Konstantandraht aufzuheizen. Beobachten Sie unter dem Stereomikroskop die Reaktion der Pantoffeltiere.

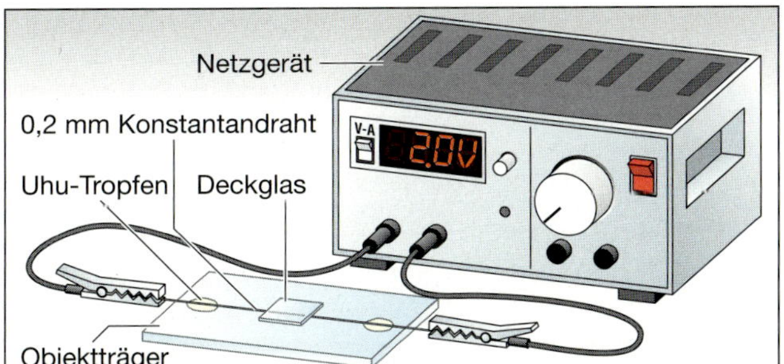

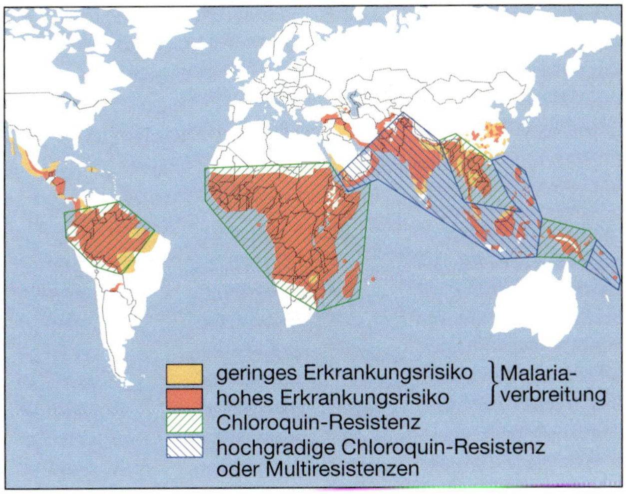

Malaria – von Einzellern verursacht

Jährlich erkranken rund 250 Millionen Menschen an Malaria, vor allem in den Tropen. Allein in Afrika sterben 500000 Kinder pro Jahr an der Krankheit. Der Malariaerreger, der Einzeller *Plasmodium*, wird durch Stechmücken der Gattung Anopheles in den menschlichen Blutkreislauf übertragen. Zunächst befallen die Einzeller Leberzellen und vermehren sich dort ungeschlechtlich. Dann dringen sie in rote Blutkörperchen ein, wo sie sich erneut ungeschlechtlich vermehren (→ Foto). Nach 48 Stunden platzen die Blutzellen auf und entlassen neue Erreger, die weitere Blutzellen befallen. Als äußeres Symptom erleidet der an Malaria Erkrankte einen Fieberanfall. Dieses *Wechselfieber* wiederholt sich in unregelmäßigen Schüben so lange, bis das Abwehrsystem des Menschen oder ein Medikament die Erreger eindämmt oder der Infizierte stirbt.

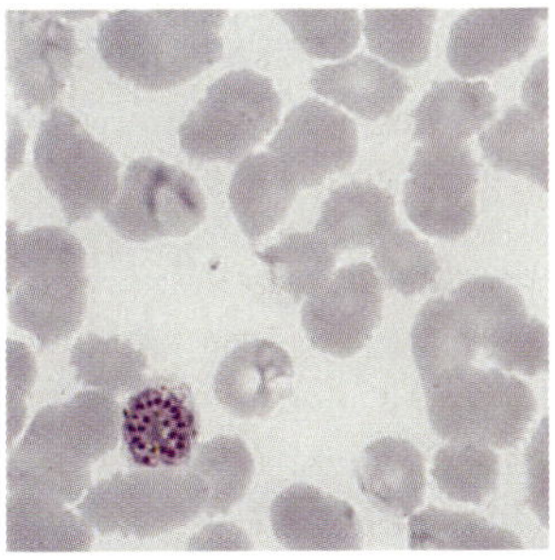

Wer in tropische Gegenden reisen will, sollte sich unbedingt *rechtzeitig* bei einem Institut für Tropenmedizin (Adressen nennt der Hausarzt) über die aktuell für das Reisegebiet vorgeschlagenen Prophylaxemaßnahmen informieren. Mit der vorbeugenden Medikamenteneinnahme muss frühzeitig begonnen werden!

1 Foraminiferen und andere Meeres-Einzeller besitzen keine pulsierende Vakuole. Versuchen Sie dies zu erklären.

2 Gegen Malaria gibt es bislang keine Impfung, sondern nur verschiedene Medikamente. Begründen Sie mithilfe der Karte oben, woshalb man sich vor jeder Reise in tropische Gebiete neu über Vorbeugungsmaßnahmen informieren muss.

Stichworte zu weiteren Informationen

Abwasserreinigung, Sukzession, Erdölentstehung, Leitfossilien, Tropenkrankheiten, Malaria-Prophylaxe, Resistenz

Vom Einzeller zum Vielzeller

Die große Zahl heute lebender Einzeller zeigt, dass die unterschiedliche innere Differenzierung einer Einzelzelle ein erfolgreiches Konzept darstellt. Dennoch überwiegen insgesamt die Vielzeller bei weitem.

Wie soll man sich die Entwicklung zu den ersten vielzelligen Organismen vorstellen? Die Betrachtung heute lebender Arten aus den Gruppen der *Grünalgen* und der *Kragengeißelflagellaten* kann dazu Hinweise und Modellvorstellungen liefern.

Grünalgen. *Chlamydomonas* ist eine *einzellige Grünalge.* Sie hat zwei Geißeln zur Fortbewegung, einen roten Augenfleck und einen becherförmigen Chloroplasten. Ihre Zellwand ist von einer schleimigen Gallertschicht umgeben. Bei der ungeschlechtlichen Vermehrung entstehen in zwei Teilungsschritten vier Zellen. Sie werden kurzzeitig von der gemeinsamen Gallerte zusammengehalten, trennen sich aber dann.

Die Grünalge *Gonium* bildet eine flache Scheibe aus 4 bis 16 chlamydomonasähnlichen Zellen. Die Zellen sind durch eine gemeinsame Gallerthülle dauerhaft zu einer *Zellkolonie* verbunden. Dabei ist jede Zelle weitgehend eigenständig und kann durch Zellteilung ihrerseits eine Tochterkolonie bilden. Untereinander zeigen die einzelnen Zellen keine Differenzierung. Zwischen ihnen sind aber Plasmodesmen (→ S. 41) ausgebildet, sodass sie zu gemeinsamer Leistung fähig sind. Beim Schwimmen schlagen ihre Geißeln synchron. Werden die Zellen getrennt, ist jede für sich allein lebensfähig.

Die Grünalge *Volvox* steht an der Schwelle zum Vielzeller. Bei ihr bilden bis zu 20 000 chlamydomonasähnliche Zellen einen *Zellverband.* Die innen mit Schleim ausgefüllte Hohlkugel erreicht einen Durchmesser von 0,5 bis 2 mm. Die einzelnen Zellen sind durch breite Plasmodesmen miteinander verbunden. Zwischen den Zellen besteht eine *Arbeitsteilung.* Die meisten dienen als *Körperzellen* dem Stoffwechsel und der Fortbewegung. Sie sind nicht mehr teilungsfähig und haben eine *beschränkte Lebensdauer.* Wenige Zellen der hinteren Kugelhälfte sind deutlich größer und als *Fortpflanzungszellen* zur Teilung fähig. Meist teilen sie sich ungeschlechtlich und wachsen im Innern der Mutterkugel zu neuen Volvoxkugeln heran. Erst wenn die Mutterkugel zerfällt, werden sie frei. Volvox weist damit bereits einige für Vielzeller typische Merkmale auf:

- Stoffaustausch und Erregungsleitung zwischen den Zellen werden durch Plasmodesmen ermöglicht.
- Eine Differenzierung in Körperzellen und Fortpflanzungszellen ist vorhanden.
- Die Körperzellen sterben den Alterstod.

Kragengeißelflagellaten. Auch im Tierreich gibt es Hinweise darauf, dass die Entwicklung vom Einzeller zum Vielzeller über das Stadium der Zellkolonie geführt haben könnte. So finden sich in der Gruppe der *Kragengeißelflagellaten* sowohl Einzeller als auch Zellkolonien. Die *Schwämme,* sehr einfach organisierte vielzellige Tiere ohne echte Gewebe und Organe, enthalten in ihrem Innern *Kragengeißelzellen,* die den Kragengeißelflagellaten sehr ähnlich sehen (→ Bild 1). Ob zwischen den Schwämmen und den Kragengeißelflagellaten jedoch tatsächlich verwandtschaftliche Beziehungen bestehen, ist bislang ungeklärt.

1 Grenzen Sie Zellkolonien nach Struktur und Funktion von echten Vielzellern ab.

2 Begründen Sie, weshalb man heute lebende Zellkolonien und einfach organisierte Vielzeller nur als Modelle für die Entwicklung zu vielzelligen Pflanzen und Tiere betrachten darf.

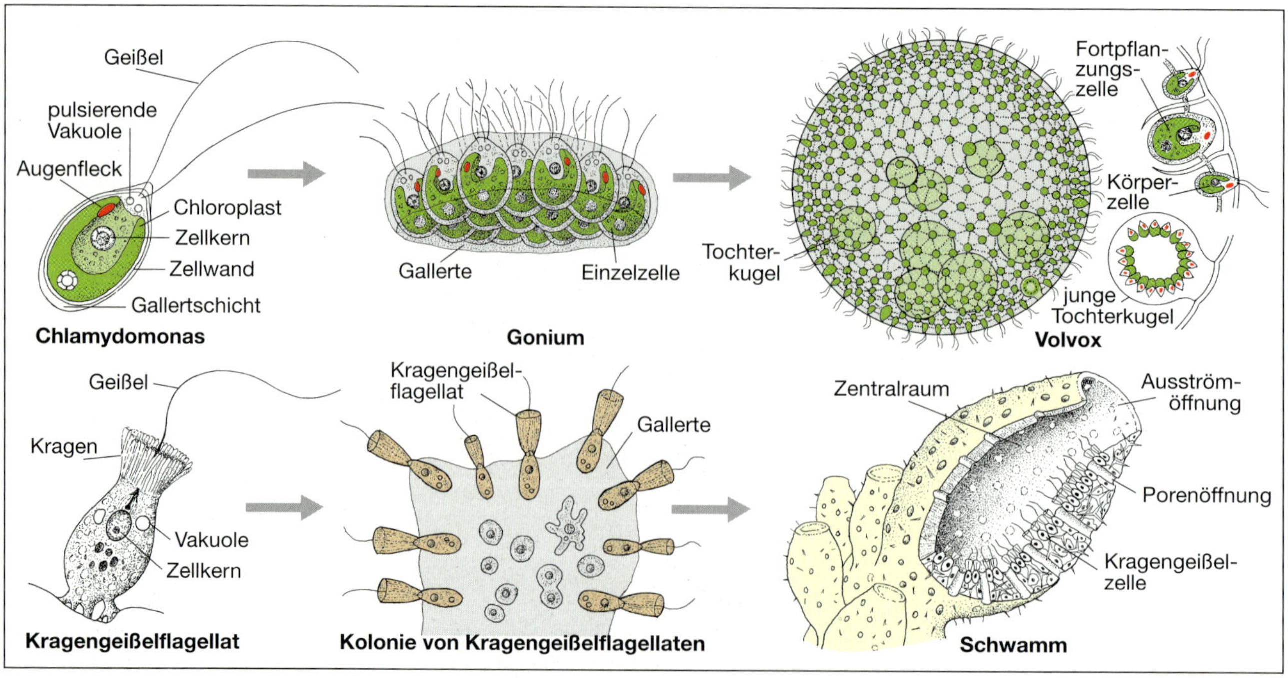

1 *Heute lebende Arten können Modellvorstellungen für die Entwicklung vom Einzeller zum Vielzeller liefern.*

Überblick

- Im Jahr 1665 entdeckte Robert Hooke mit einem einfachen Lichtmikroskop in Eichenrinde Strukturen, die er als „cells“ bezeichnete. Er begründete damit die Zellbiologie. → S. 11
- Die Zellen von Tieren und Pflanzen stimmen in ihrem Aufbau grundsätzlich überein. Zellwand, Vakuole und Plastiden kommen nur bei pflanzlichen Zellen vor. → S. 11, 16, 17
- Mithilfe von Lupe und Mikroskop lässt sich der Sehwinkel des Auges so erweitern, dass Objekte vergrößert auf der Netzhaut abgebildet werden. → S. 12
- Im Lichtmikroskop können nur sehr dünne, lichtdurchlässige Präparate betrachtet werden. Meist werden die Objekte mithilfe von Mikrotomen geschnitten. Spezielle Färbetechniken und Beleuchtungsarten ermöglichen es, einzelne Strukturen hervorzuheben. → S. 13
- Je nach Art des zu untersuchenden Gewebes sind unterschiedliche Präparationstechniken erforderlich. → S. 14, 15
- Pflanzliche Zellen sind im Durchschnitt größer als tierische Zellen. Zellen können jedoch nicht beliebig groß werden, da sie vom Stoffaustausch mit der Umgebung abhängen. → S. 16
- Im mikroskopischen Bild erscheinen Zellen zweidimensional. Eine Vorstellung von ihrer Dreidimensionalität erhält man durch die Kombination mehrerer Bildebenen. → S. 17
- Die Zellteilung ist die Voraussetzung für Wachstum, Vermehrung und Regeneration der Organismen. → S. 18
- Die regelmäßige Abfolge von Wachstums- und Teilungsphasen wird als Zellzyklus bezeichnet. → S. 18
- Der Zellzyklus erfordert eine genaue Steuerung. Chemische Signale lösen den Beginn der einzelnen Phasen aus. → S. 19
- Bei der Mitosephase unterscheidet man fünf Abschnitte: Prophase, Prometaphase, Metaphase, Anaphase und Telophase. → S. 20
- Der Spindelapparat sorgt während der Mitose für die Verteilung der Schwesterchromatiden auf die beiden entstehenden Zellen; diese sind genetisch identisch. → S. 18, 20, 21
- Nur in bestimmten Geweben wie den Vegetationspunkten der Pflanzen finden regelmäßige Zellteilungen statt. Anhand geeigneter Präparate lassen sich die Chromosomenzahlen ermitteln und Karyogramme erstellen. → S. 18, 22, 23
- In vielzelligen Organismen haben die Zellen unterschiedliche Aufgaben. Zellen ähnlicher Größe, Form und Funktion sind zu Geweben zusammengeschlossen. → S. 24, 25
- Bei Einzellern laufen alle Lebensvorgänge in einer einzigen Zelle ab. Sie sind auf wässriges Milieu angewiesen. Nach ihrer Gestalt werden Einzeller als Amöben, Geißelträger und Wimpertiere klassifiziert. → S. 26
- Einzeller sind vor allem als Nahrung für andere Organismen und als Zersetzer von Bedeutung. Einige Arten sind Krankheitserreger des Menschen. → S. 28, 29
- Vielzellige Organismen sind vermutlich aus Einzellern entstanden. Über Zellkolonien aus gleichartigen, weitgehend eigenständigen Zellen entwickelten sich allmählich Zellverbände mit Differenzierung und Arbeitsteilung. → S. 30

Aufgaben und Anregungen

1 Erläutern Sie anhand der Abbildung unten die Kennzeichen des Lebendigen. Welche weiteren Merkmale von Organismen kennen Sie?

2 Nennen Sie die wissenschaftlichen Erkenntnisse, die zur Formulierung der allgemeinen Zelltheorie notwendig waren. Welche Bedeutung hat diese Theorie für die Biologie?

3 In welchen wesentlichen Eigenschaften unterscheiden sich die rechts abgebildete Alge und der tierische Einzeller?

4 Bei Tumorzellen sind die Regulationsmechanismen des Zellzyklus außer Kraft gesetzt. Erläutern Sie die Konsequenzen. Weshalb werden in der Krebstherapie Medikamente eingesetzt, die den Aufbau der Mikrotubuli stören?

5 Definieren Sie die Begriffe Gewebe, Organ und Organismus. Führen Sie jeweils mehrere Beispiele an

6 Größe und Gestalt einer Zelle sowie ihre Ausstattung mit Organellen hängen mit der Funktion der Zelle im Organismus zusammen. Nennen Sie Beispiele für verschiedene Zelltypen. Erklären Sie, wie die jeweilige Struktur und die Funktion der Zellen wechselseitig voneinander abhängen.

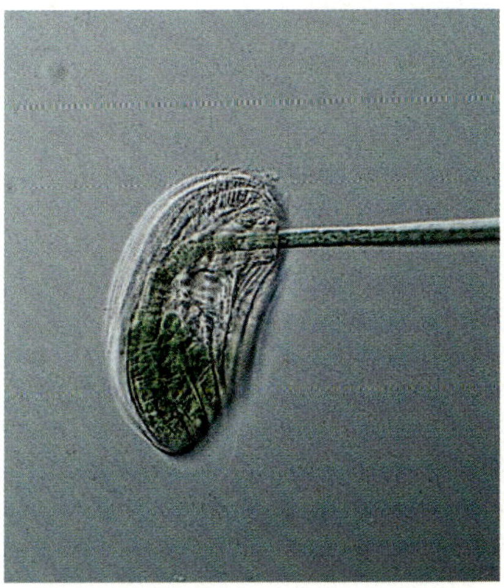

Bei Vielzellern können auch tote Zellen eine Funktion im Organismus erfüllen. Belegen Sie dies mit Beispielen aus dem Tier- und Pflanzenreich.

7 Die Grünalge Volvox ist ein einfacher Vielzeller. Seine Körperzellen gehen nach einiger Zeit zugrunde. Die Zellen von Chlamydomonas sind dagegen potenziell unsterblich. Erläutern Sie den Zusammenhang. Nennen Sie weitere Unterschiede zwischen den Einzelzellen eines Organismus und einem Einzeller. Welche Zellen eines Vielzellers sind ebenfalls potenziell unsterblich?

8 Fertigen Sie eine Skizze eines Pantoffeltiers an. Beschriften Sie die im Lichtmikroskop sichtbaren Strukturen und nennen Sie deren Funktion.

9 Der Geißelträger Euglena lässt sich weder den Pflanzen noch den Tieren eindeutig zuordnen. Begründen Sie anhand der Eigenschaften des Einzellers.

Feinbau der Zelle

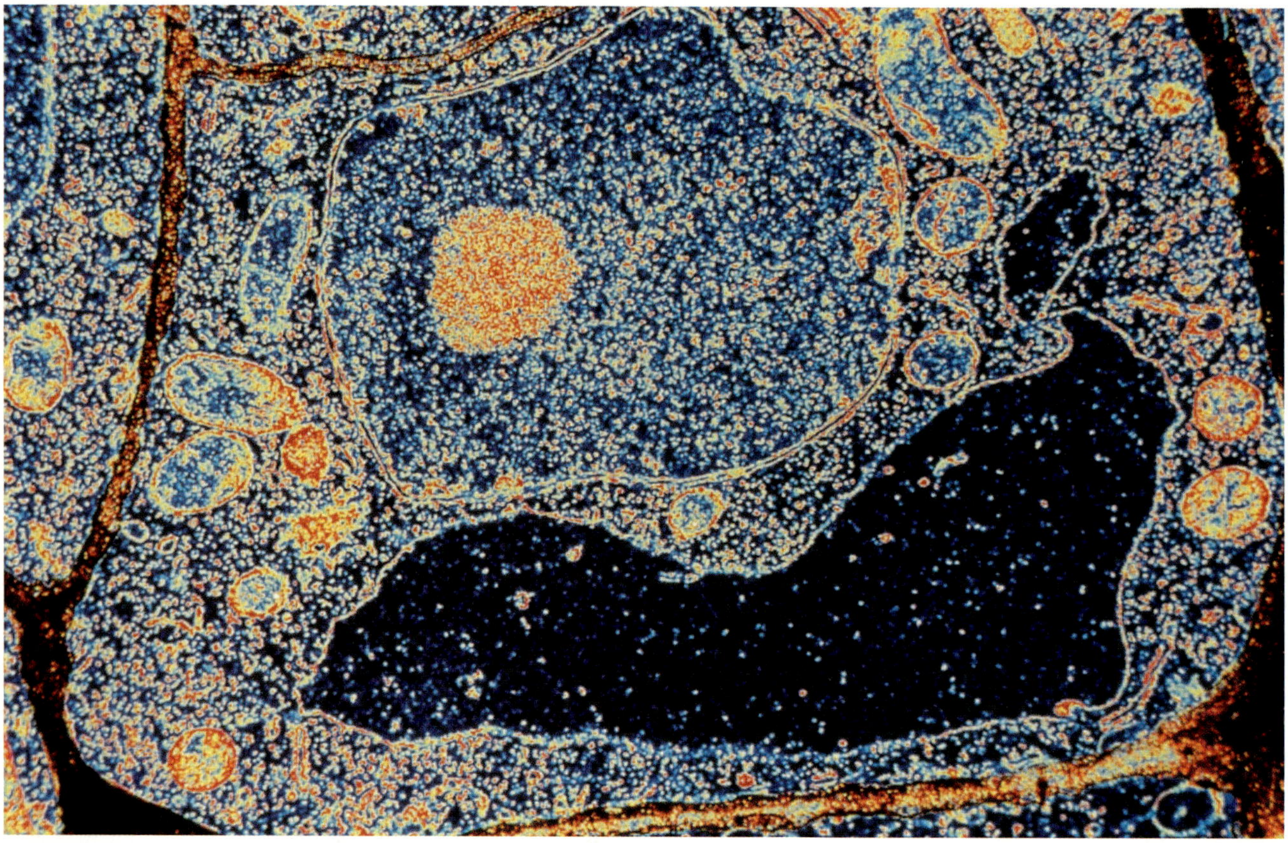

1 Im EM-Bild einer Wurzelzelle sind Zellwand, Zellkern, Vakuole, Mitochondrien und andere Organellen zu sehen.

Die elektronenmikroskopische Aufnahme zeigt eine Zelle aus der Wurzelspitze der Schotenkresse Arabidopsis thaliana. Im Vergleich zum lichtmikroskopischen Bild sind deutlich mehr Einzelheiten und feine Strukturen zu erkennen. Auffällig sind die als helle Linien sichtbaren Membranen.

Das Elektronenmikroskop liefert nur Hell-Dunkel-Bilder. Sie kommen dadurch zustande, dass die einzelnen Zellstrukturen die Elektronenstrahlen unterschiedlich stark ablenken. Die Farbe in der Aufnahme oben wurde am Computer erzeugt, indem den verschiedenen Helligkeitswerten jeweils unterschiedliche Farbwerte zugeordnet wurden.

Im Blickpunkt:

- Feinbau der Zelle: die Ultrastruktur im elektronenmikroskopischen Bild
- Kompartimentierung der Zelle durch Membranen
- Lipide und Proteine als Bausteine für Biomembranen
- Wie Forschung funktioniert – Aufstellung von Hypothesen und Modellbildung am Beispiel der Biomembran
- Eigenschaften der Biomembran, ihre Bedeutung für Transportvorgänge und für die Kommunikation zwischen Zellen
- Mechanismen des Stofftransports
- Struktur und Funktion der Zellorganellen
- die Entwicklung der Eukaryotenzelle aus Prokaryoten

Elektronenmikroskopische Aufnahmen zeigen, dass das Cytoplasma jeder Zelle von einer *Membran* umgeben ist. Im Cytoplasma liegen *Organellen* und Zelleinschlüsse, die im lichtmikroskopischen Bild nicht sichtbar sind. Anhand dieser „neuen" Strukturmerkmale lassen sich weitere Einzelheiten in der Funktionsweise der Zelle erklären.

Membranen als Strukturmerkmal der Zelle. Das Innere der Zellen ist durch zahlreiche Membranen untergliedert. Sie grenzen Organellen voneinander ab, die jeweils bestimmte Funktionen in der Zelle erfüllen. Membranen steuern den Austausch von Stoffen innerhalb der Zelle, aber auch den Kontakt der Zelle mit ihrer Umgebung. Zur Unterscheidung von technisch erzeugten Membranen werden die Membranen der Zelle auch als *Biomembranen* bezeichnet.

Ähnlich wie die Erbinformation sind auch die Membranen aller Lebewesen *grundsätzlich gleich* aufgebaut. Die spezifischen Eigenschaften der Membranen lassen sich nur auf der Grundlage ihrer molekularen Bestandteile erklären.

Zellorganisation und Evolution. Man geht davon aus, dass die Entstehung von Membranbläschen, die gezielt Stoffe aufnehmen und abgeben konnten, einer der ersten Schritte zur Entwicklung der Lebewesen war. Im Lauf der Evolution wurde die Gliederung der Zelle zunehmend komplexer. Der Bau der Organellen und die Zusammensetzung der Membranen erlauben es, die Evolution der Organismen zu rekonstruieren.

Das Elektronenmikroskop

Das *Auflösungsvermögen* von Mikroskopen ist durch die *Wellenlänge* der verwendeten Strahlung begrenzt. Um die lichtmikroskopisch erreichbare Auflösungsgrenze zu unterschreiten, war es notwendig, Geräte zu konstruieren, die mit kurzwelligen Strahlen arbeiten. Dies gelang ERNST RUSKA und seinen Mitarbeitern in den 30er-Jahren des 20. Jahrhunderts mit der Entwicklung des *Elektronenmikroskops.*

Anstelle von Lichtstrahlen werden *Elektronenstrahlen* benutzt. Als Elektronenquelle dient normalerweise eine Wolfram-Glühkathode. Die aus der *Kathode* austretenden Elektronen werden durch eine sehr hohe Spannung beschleunigt. Je höher diese Beschleunigungsspannung ist – bei Hochspannungselektronenmikroskopen bis zu 3000 kV –, desto kleiner ist die Wellenlänge der Elektronen. Entsprechend nimmt das Auflösungsvermögen zu. Die Grenzauflösung liegt dabei im Bereich von 0,1 Nanometer, was dem Abstand von Atomkernen in chemischen Verbindungen entspricht. Moderne Elektronenmikroskope erreichen etwa die 1000fache Leistung eines Lichtmikroskops, sie vergrößern bis zu 2 000 000fach.

Das Transmissionselektronenmikroskop (TEM). Das *TEM* funktioniert im Prinzip ähnlich wie das Lichtmikroskop. Damit die Elektronenstrahlen jedoch nicht absorbiert werden, muss das Präparat extrem dünn geschnitten sein. Das Bild kommt dadurch zustande, dass die Elektronen durch die Atome des Objekts abgelenkt, *„gestreut"* werden. Um die Streuung biologischer Präparate zu verstärken, werden diese meist mit *Schwermetallsalzen* behandelt. Die angelagerten Schwermetallionen erhöhen die *Kontraste* zwischen den Zellstrukturen. Da Elektronenstrahlen für das Auge unsichtbar sind, kann das Bild nur indirekt auf einem Leuchtschirm betrachtet werden.

Statt Glaslinsen dienen *Elektromagnete* zur Ablenkung und Bündelung der Strahlen: Ringförmige Spulen erzeugen elektromagnetische Felder, die die parallel einfallenden Elektronenstrahlen in einem Brennpunkt sammeln. Durch Veränderung der Stromstärke lässt sich die Brennweite und damit die Vergrößerung variieren. Da die Elektronen durch Zusammenstöße mit Luftmolekülen abgebremst und abgelenkt würden, muss bei allen Untersuchungen im *Hochvakuum* gearbeitet werden.

Das TEM wird hauptsächlich in der Zellbiologie eingesetzt um die *Ultrastruktur von Zellen und Zellorganellen* zu untersuchen.

Das Rasterelektronenmikroskop (REM). Das *REM* eignet sich besonders zur Analyse von *Oberflächenstrukturen.* Die Untersuchungsobjekte werden nicht durchstrahlt, sondern mit einem gebündelten Primärelektronenstrahl zeilenförmig abgetastet. Dadurch werden aus der dünnen Goldschicht, die das Präparat überzieht, *Sekundärelektronen* freigesetzt. Ein seitlich angebrachter Kollektor, eine *Anode*, saugt diese Sekundärelektronen ab. Ein Rechner setzt die Zahl der herausgelösten Elektronen in Helligkeitswerte um und fügt diese Punkt für Punkt zu einem *Rasterbild* zusammen. Es entstehen Bilder von extrem großer Schärfentiefe, die einen räumlichen Eindruck von den Oberflächenstrukturen vermitteln.

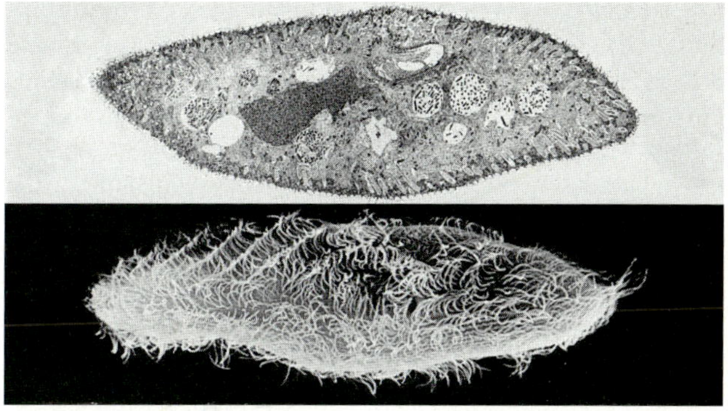

1 Paramecium, oben im TEM-, unten im REM-Bild

1 Stellen Sie tabellarisch die einander entsprechenden Teile von Licht- und Elektronenmikroskop gegenüber.

2 Erklären Sie, weshalb die Präparate bei der Arbeit im Hochvakuum vollständig entwässert sein müssen.

3 Eine kreisförmige Struktur von 0,1 nm, die im Elektronenmikroskop gerade noch auflösbar ist, erscheint auf dem Bildschirm etwa so groß wie ein Stecknadelkopf (rund 1 mm). Welchen Durchmesser hätte das Bild eines Stecknadelkopfs bei gleicher Vergrößerung?

2 Moderne Elektronenmikroskope werden über einen Computer gesteuert.

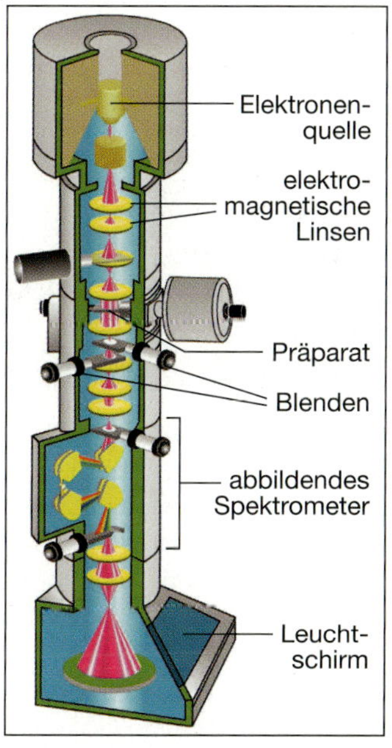

3 Strahlengang im Transmissionselektronenmikroskop

Material – Methode – Praxis: **Elektronenmikroskopische Präparationsmethoden**

Elektronenmikroskope werden vor allem in der *Grundlagenforschung* eingesetzt. Elektronenmikroskopische Aufnahmen dienen zum Beispiel dazu, die Struktur unbekannter Moleküle aufzuklären. Mithilfe von goldmarkierten Antikörpern können seltene Krankheitserreger identifiziert werden. In der biologischen Forschung ermöglicht die Ultrastruktur einzelner Zellen Rückschlüsse auf die Verwandtschaft von Tiergruppen oder die Entwicklung bestimmter Organe. Aber auch einige Industriezweige wie die *Materialentwicklung* oder die *Halbleiterindustrie* nutzen elektronenmikroskopische Techniken.

Ultradünnschnitttechnik

Selbst einzelne Zellen sind viel zu dick um im Elektronenmikroskop durchstrahlt zu werden. Die Schnitte sollten *zwischen 20 und 80 nm dick* sein. Eine Zelle der menschlichen Mundschleimhaut zum Beispiel muss dazu in 1000 Scheiben geschnitten werden. Zunächst wird das Objekt jedoch *fixiert* und vollständig *entwässert*, zum Beispiel in reinem Alkohol oder in Aceton. Anschließend bettet man es in festes, elastisches Material ein, beispielsweise in Epoxidharz. Dann wird das in Kunstharz eingeschlossene Präparat mithilfe eines *Ultramikrotoms* in extrem dünne Scheiben geschnitten. Hierbei wird das Objekt an der frischen Bruchkante eines Glasmessers vorbeigeführt und nach jedem Schnitt automatisch nach vorn geschoben (→ Bild unten). Die Schnitte gelangen in eine kleine, wassergefüllte Wanne, die an dem Glasblock befestigt ist, und schwimmen auf der Wasseroberfläche. Von hier werden die Schnitte auf Kupfernetze übertragen.

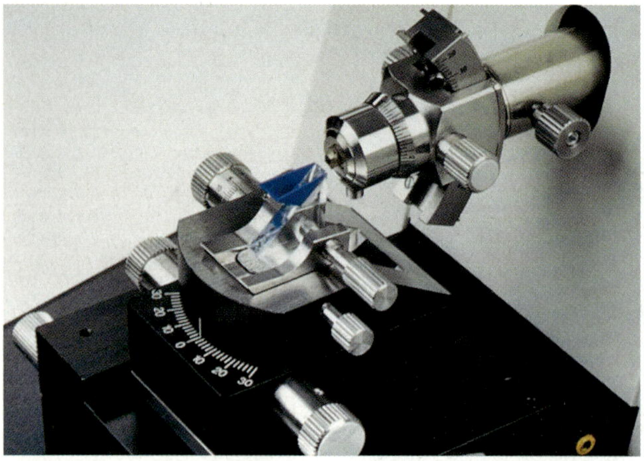

Gefrierbruch und Gefrierätzung

Das Gefrierbruchverfahren dient dazu, plastische Eindrücke von *Oberflächenstrukturen* zu gewinnen. Das Objekt wird extrem schnell auf bis zu –196 °C abgekühlt. Dadurch bleiben die Zellstrukturen weitgehend erhalten. Dann wird das Präparat im Vakuum mit einem tiefgekühlten Messer aufgebrochen, nicht geschnitten. Die *Bruchfläche* verläuft dabei oft an den Grenzen der Zellorganellen. Die Oberfläche wird mit einer feinkörnigen Kohle-Platin-Schicht bedampft. Diese Schicht gibt wie eine Matrize alle Strukturen der Oberfläche wieder. Lässt man das Präparat nach dem Aufbrechen einige Zeit ste-

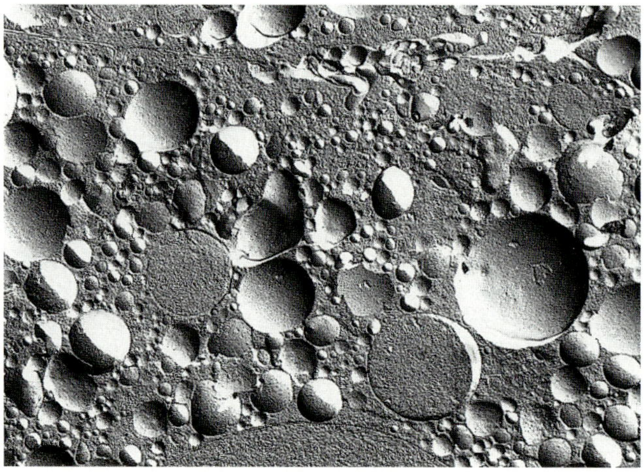

hen, so sublimiert das Eis an der Oberfläche. Dieser als *Ätzen* bezeichnete Vorgang verstärkt die Reliefunterschiede. Die Kohle-Platin-Schicht wird vom Objekt abgelöst, gereinigt und kann dann im Elektronenmikroskop als *Abdruck* der aufgebrochenen Oberfläche betrachtet werden.

1 Vergleichen Sie die Herstellung von Präparaten für Licht- und Elektronenmikroskop. Erklären Sie die Unterschiede.
2 Ein Blatt Papier ist rund 0,01 mm dick. In wie viele Scheiben müssten Sie es für eine Untersuchung im TEM schneiden?

☞ Stichworte zu weiteren Informationen
elektromagnetische Wellen, Fixierung, Immun-Elektronenmikroskopie, Rastertunnelmikroskop, Rasterkraftmikroskop

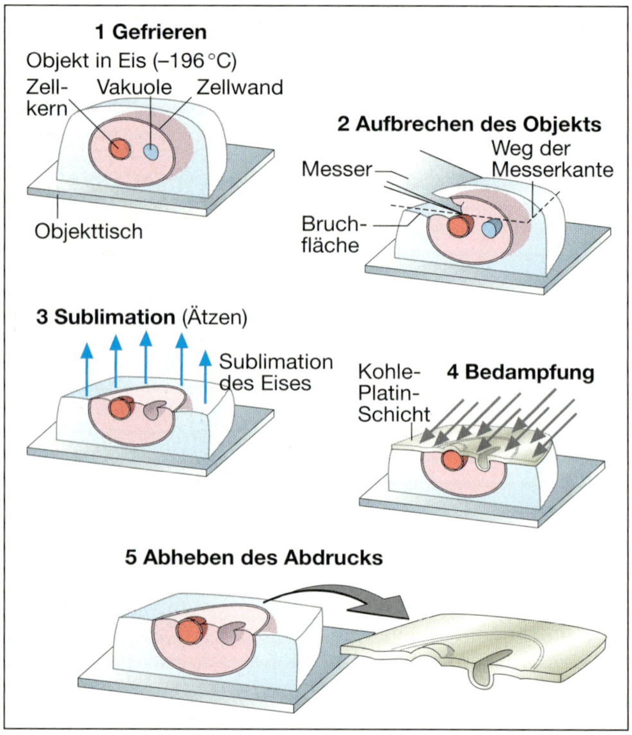

Kompartimentierung durch Membranen

Das elektronenmikroskopische Bild zeigt, dass nicht nur die Zelle als Ganzes, sondern auch viele Zellorganellen von Membranen umgeben sind. Das Cytoplasma ist von einem ausgedehnten Membransystem durchzogen. Dadurch wird das Zellinnere in zahlreiche voneinander abgegrenzte Räume, die *Zellkompartimente*, untergliedert. Membranen können bis zu 90 % der Trockenmasse einer Zelle ausmachen. Daran zeigt sich, welche enorme Bedeutung die Kompartimentierung für die Abläufe in der Zelle hat.

Funktionen von Membranen. Membranen haben unterschiedliche Aufgaben. Die Zellmembran grenzt die Zelle nach außen, gegen den extrazellulären Raum, ab. Sie ist sowohl eine *Barriere* gegen die Umgebung, die unbelebt sein kann oder aus Nachbarzellen besteht, als auch ein *Vermittler* zwischen der Außenwelt und dem Zellinnern.

Membranen im Innern der Zelle schaffen *„Reaktionsräume"*, die jeweils unterschiedliche Stoffwechselprozesse begünstigen. Dies geschieht zum einen dadurch, dass Membranen den Stoffaustausch regulieren. Die Konzentration an gelösten Teilchen und damit der pH-Wert unterscheiden sich zum Teil stark zwischen den einzelnen Kompartimenten. Die Kompartimentierung ermöglicht, dass in der Zelle gegenläufige Prozesse zur gleichen Zeit ablaufen. Während beispielsweise in bestimmten Zellorganellen Eiweiß aufgebaut wird, kann in anderen Organellen der gleichen Zelle ein Eiweißabbau erfolgen. Zum anderen sind Membranen über eingelagerte *Enzyme* auch direkt am Stoffwechselgeschehen beteiligt.

Die Untergliederung der Zelle in Kompartimente trägt dazu bei, die *innere Oberfläche* der Zelle beträchtlich zu vergrößern. Bei Zellen, die große Stoffmengen aus der Umgebung aufnehmen, ist auch die *Zelloberfläche* durch feine Ausstülpungen, die *Mikrovilli*, vergrößert. Dadurch ist ein schneller und effektiver Stoffaustausch möglich. Je nach ihrer Funktion unterscheidet sich die Durchlässigkeit von Membranen für verschiedene Stoffe.

Die Struktur der Biomembran. Elektronenmikroskopische Bilder von Zellmembranen zeigen bei starker Vergrößerung einen *dreischichtigen Aufbau*: Eine mittlere helle Schicht ist von zwei dunkleren Schichten umgeben (→ Bild 2). Auch die Membranen, die die Zellorganellen gegen das Cytoplasma abgrenzen, zeigen diese Grundstruktur, bei der zwei elektronendichte, dunkle Linien von jeweils 2 bis 3 nm Dicke eine helle Linie von etwa 3 bis 4 nm Dicke umgeben.

Mithilfe der *Gefrierbruchtechnik* kann die Oberfläche einer Membran sichtbar gemacht werden. In der Aufsicht sind dann zahlreiche unregelmäßig angeordnete Partikel zu erkennen (→ Bild 3). Da alle Membranen im elektronenmikroskopischen Bild sowohl im Querschnitt als auch in der Aufsicht einen prinzipiell gleichen Bau zeigen, spricht man auch von der *Elementar-* oder der *Einheitsmembran* (engl. *unit membrane*).

Wie man aus Untersuchungen an Erythrocyten weiß, bestehen Membranen hauptsächlich aus Lipiden und Proteinen.

1 Neben der Abgrenzung gegenüber der Umgebung haben Membranen weitere wichtige Funktionen. Was bedeutet in diesem Zusammenhang der Struktur-Funktions-Aspekt?

2 Erklären Sie, welche biologische Bedeutung der Untergliederung der Zelle in Kompartimente zukommt.

3 Vielzellige Organismen sind in Kompartimente untergliedert. Nehmen Sie Stellung zu dieser Aussage.

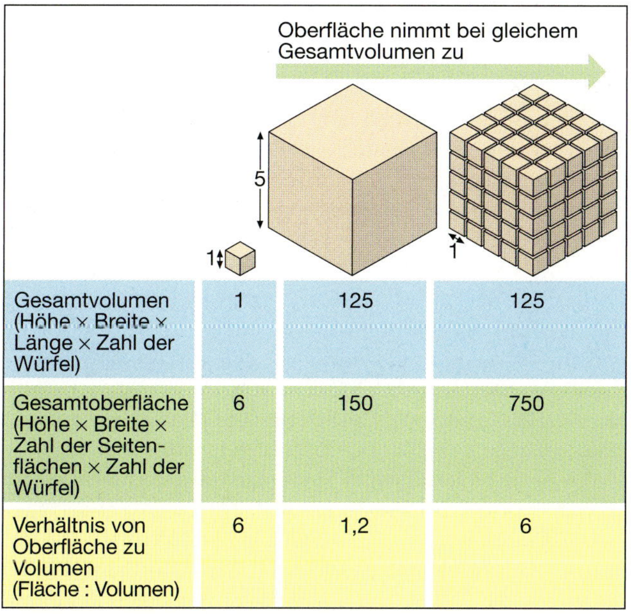

Gesamtvolumen (Höhe × Breite × Länge × Zahl der Würfel)	1	125	125
Gesamtoberfläche (Höhe × Breite × Zahl der Seitenflächen × Zahl der Würfel)	6	150	750
Verhältnis von Oberfläche zu Volumen (Fläche : Volumen)	6	1,2	6

1 Die Untergliederung der Zelle in Kompartimente bewirkt, dass die Transportwege zwischen den „Reaktionsräumen" klein sind. Gleichzeitig wird die Oberfläche, über die der Austausch stattfindet, vergrößert.

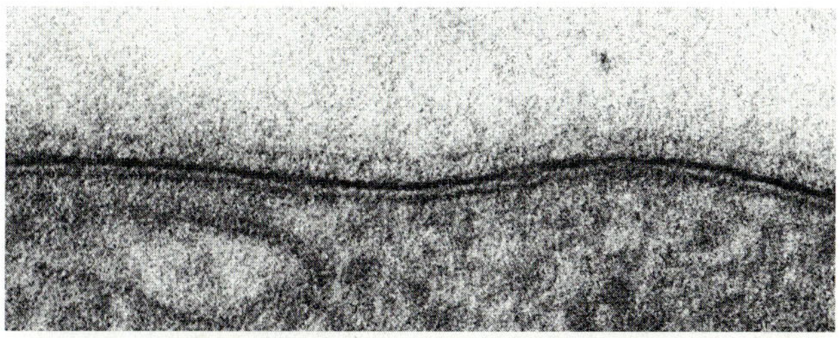

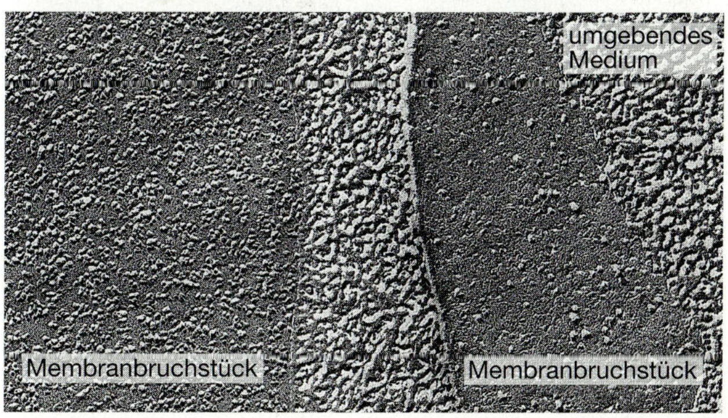

2 und 3 Alle Biomembranen zeigen im elektronenmikroskopischen Bild einen einheitlichen Bau. Oben: dreischichtige Struktur der Zellmembran eines Erythrocyten. Unten: unregelmäßige Anordnung der Bestandteile in der Membran.

Chemische Grundlagen: Lipide

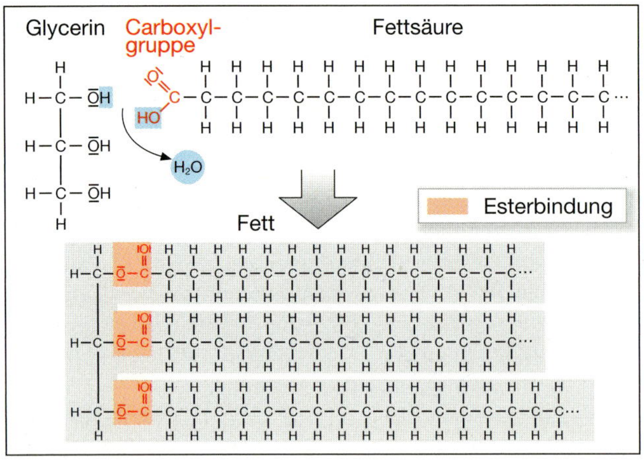

1 *Bildung eines Fettmoleküls aus Fettsäuren und Glycerin*

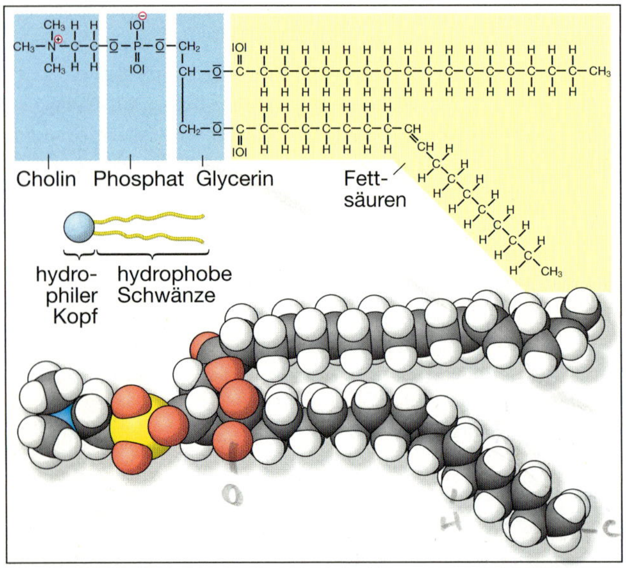

2 *Strukturformel und Modell des Phospholipids Lecithin*

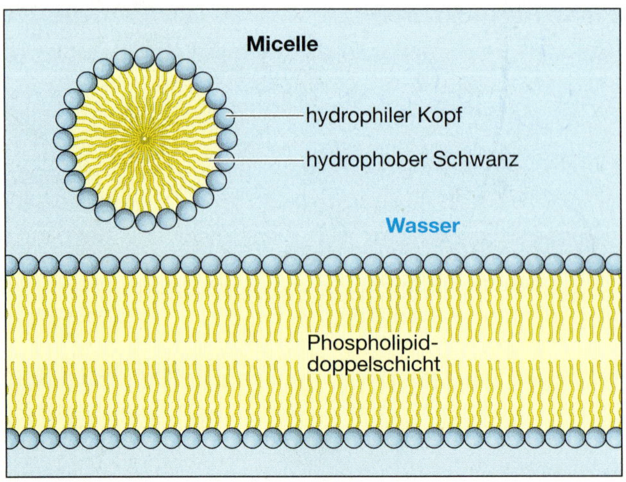

3 *Lipide bilden in Wasser Micellen oder Doppelschichten.*

Als *Lipide* werden sehr verschiedenartige Stoffe bezeichnet, zu denen unter anderem Fette, Öle und Wachse zählen. Diese in Pflanzen und Tieren vorkommenden Substanzen sind dadurch gekennzeichnet, dass sie sich schlecht oder gar nicht in Wasser lösen.

Fette sind vor allem als *Energiespeicher* von Bedeutung. Für wirtschaftliche Zwecke gewinnt man sie aus Raps, Sonnenblumenkernen, Nüssen und Oliven, aber auch aus Schweinen und Walen. Den Tieren dienen Fettpolster nicht nur als Energiereserve, sondern auch als *Wärmeisolierung* und *Schutz* vor Verletzungen. *Wachse* schützen vor Verdunstung und bilden *Wasser abweisende Schichten*. Andere Lipide erfüllen spezifische Funktionen im Stoffwechsel, so zum Beispiel bestimmte *Hormone*, *Farbstoffe* und manche *Vitamine*.

Fette. Fettmoleküle sind Verbindungen aus einem dreiwertigen Alkohol, dem *Glycerin*, und *Fettsäuren*. Eine Fettsäure ist ein langkettiger Kohlenwasserstoff, der an seinem Ende eine *Carboxylgruppe* trägt. Diese kann unter Wasserabspaltung mit einer OH-Gruppe des Glycerins eine *Esterbindung* bilden (→ Bild 1). Drei verschiedene Fettsäuren können am Aufbau eines Fettmoleküls beteiligt sein. Die Esterbindungen des Fettes sind unter Wasseraufnahme wieder spaltbar.

In den langen Kohlenstoffketten der Fettsäuren liegen nur *unpolare* C–C- und C–H-Bindungen vor. Daher sind Fette nur in Flüssigkeiten löslich, die ebenfalls Kohlenwasserstoffketten besitzen. Diese Löslichkeitseigenschaft nennt man *lipophil*.

Fettsäuren, in denen nur Einfachbindungen zwischen den Kohlenstoffatomen bestehen, nennt man *gesättigt*, während *ungesättigte* Fettsäuren eine oder mehrere *Doppelbindungen* (–C=C–) aufweisen. Je höher der Anteil an ungesättigten Fettsäuren, desto niedriger liegt der Schmelzpunkt. Tierische Fette bestehen überwiegend aus gesättigten Fettsäuren, sie sind bei Zimmertemperatur fest. Pflanzliches Fett enthält dagegen mehr ungesättigte Fettsäuren, es liegt als Öltröpfchen in der Zelle vor. Mehrfach ungesättigte Fettsäuren sind für den Menschen lebensnotwendig und müssen mit der Nahrung aufgenommen werden.

Phospholipide. *Phospholipide* sind ähnlich aufgebaut wie Fette. Allerdings ist bei ihnen das Glycerin mit zwei Fettsäuren und einer Phosphorsäure verestert (→ Bild 2). An die Phosphatgruppe, die eine negative Ladung trägt, sind meist weitere polare oder geladene Moleküle gebunden. Dieser Phosphatrest mit den angehängten Gruppen bildet einen *hydrophilen* „Kopf", einen Teil des Moleküls, das in Wasser und anderen *polaren* Flüssigkeiten gut löslich ist. Die Fettsäure„schwänze" sind dagegen *hydrophob*, sie lösen sich in *unpolaren* Stoffen.

In Wasser bilden Phospholipide eine von der Umgebung getrennte Phase. Dabei ordnen sich die Moleküle stets so an, dass nur die Köpfe mit Wassermolekülen in Kontakt treten. Die unpolaren Fettsäureketten werden vom Wasser ausgeschlossen. Dadurch entstehen spontan tröpfchenartige Strukturen, die *Micellen*, oder *Lipiddoppelschichten*, bei denen sich die Schwänze gegeneinander, die Köpfe dagegen zum Wasser ausrichten (→ Bild 3). Phospholipide sind wesentlich am Aufbau biologischer Membranen beteiligt.

Chemische Grundlagen: Proteine

Proteine oder *Eiweiße* bilden den größten Anteil aller organischen Substanzen im Körper. Sie sind an fast allen Lebensprozessen beteiligt. Die Funktion vieler Proteine beruht darauf, dass sie andere Moleküle *erkennen*, an sich *binden* und diese Bindung wieder *lösen* können.

Der rote Blutfarbstoff zum Beispiel, das Eiweiß *Hämoglobin*, bindet Sauerstoff, transportiert ihn durch den Körper und setzt ihn am Ort des Sauerstoffbedarfs frei (→ S. 92). Proteine in der Zellmembran ermöglichen die *Signalübermittlung* und den *Stoffaustausch* zwischen Zellen (→ S. 40). Auch für die *Bewegung* des Körpers und von Zellen sind Proteine verantwortlich (→ S. 49). Andere Proteine spielen als *Hormone, Antikörper* und *Enzyme* (→ S. 60) eine wichtige Rolle bei der Regulation von Körperfunktionen und des Zellstoffwechsels. *Strukturproteine* sorgen für die Festigkeit und Elastizität des Körpers. Keratin, das in Fingernägeln, Haaren, Horn und Federn vorkommt, ist eine besonders widerstandsfähige Gerüstsubstanz. In Eiern und Milch sowie in vielen Pflanzensamen sind Proteine als *Nährstoffreserven* gespeichert.

Aufbau der Proteine. Im menschlichen Körper kommen mehrere Tausend verschiedene Proteine vor. Alle diese Proteine bestehen aus nur 20 *Aminosäuren*, die in unterschiedlicher Anordnung zu langen Ketten, den *Polypeptiden*, verknüpft sind. Eine oder mehrere Polypeptidketten zusammen bilden das Protein.

Bereits für sehr kleine Proteine wie zum Beispiel Insulin, das aus nur 51 Aminosäuremolekülen besteht, ergeben sich rechnerisch mit $20^{51} \approx 10^{66}$ eine unvorstellbar große Zahl von Kombinationsmöglichkeiten. Die meisten Proteine sind jedoch sehr große Makromoleküle aus mehreren Hundert oder Tausend Aminosäure-Monomeren.

Alle Aminosäuren zeigen einen prinzipiell einheitlichen Bau (→ Bild 1): An ein zentrales Kohlenstoffatom ist jeweils eine Aminogruppe ($-NH_2$), eine Carboxylgruppe ($-COOH$), ein Wasserstoffatom ($-H$) und ein Rest ($-R$) gebunden. Dieser Rest, auch als *Seitenkette* bezeichnet, ist charakteristisch für die jeweilige Aminosäure. Er kann aus einem einzelnen Wasserstoffatom bestehen – wie bei Glycin – oder verschiedene funktionelle Gruppen tragen (→ Bild 3). Die Seitenketten der Aminosäuren unterscheiden sich unter anderem in ihrer *Säure-Base-Reaktion*, ihrer *Polarität* und ihrer *Ladung*.

Peptidbindung. Die Carboxylgruppe einer Aminosäure kann sich mit der Aminogruppe einer anderen Aminosäure unter Wasserabspaltung zu einem Dipeptid verbinden (→ Bild 2). Diese Bindung bezeichnet man als *Peptidbindung*. Sie ist das grundlegende Bauprinzip aller Proteine. Durch die Verbindung vieler Aminosäuren entstehen Polypeptidketten. Die Kette der Peptidbindungen nennt man das *Polypeptidrückgrat* des Proteins.

Primärstruktur. Die Reihenfolge oder *Sequenz* der Aminosäuren in der Kette ist für jedes Protein einzigartig. Diese Aminosäuresequenz wird auch als *Primärstruktur* des Proteins bezeichnet. Sie ist durch die genetische Information festgelegt. Die Primärstruktur eines Proteins bestimmt seine spezifischen Eigenschaften.

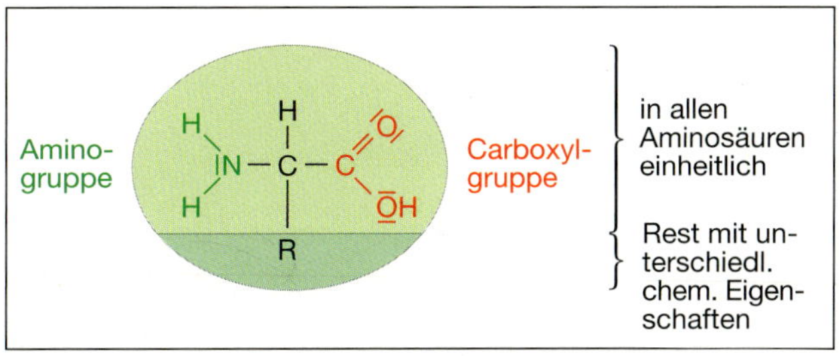

1 Allgemeines Schema einer Aminosäure

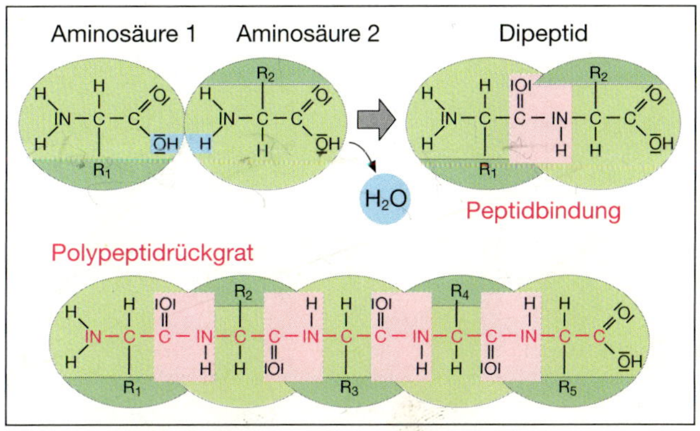

2 Die Peptidbindungen bilden das Rückgrat des Proteins.

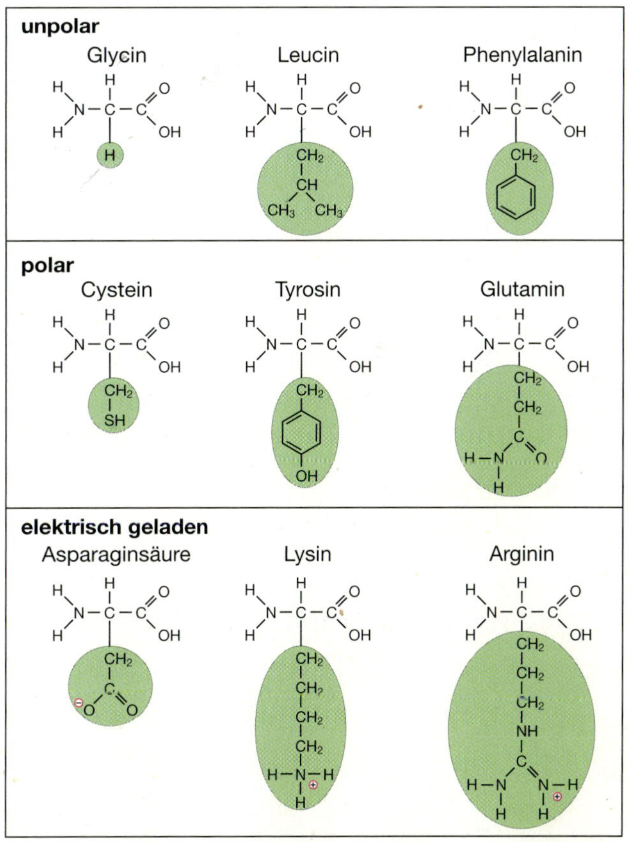

3 Aminosäuren und die Eigenschaften ihrer Seitenketten

Raumstruktur der Proteine

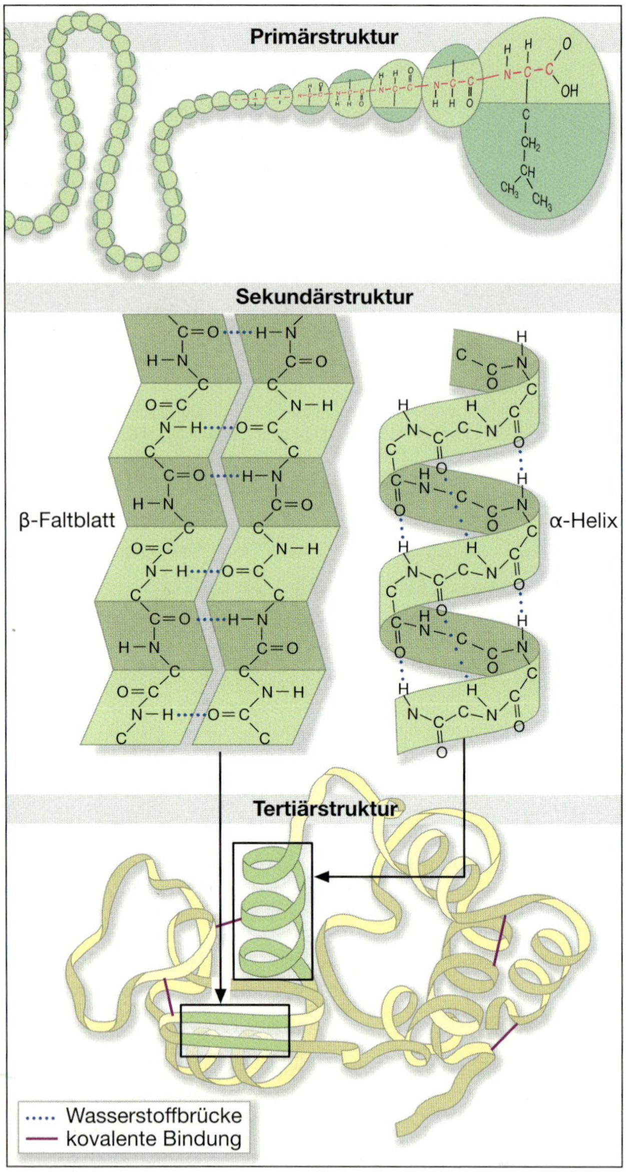

1 Die drei Strukturebenen des Lysozyms

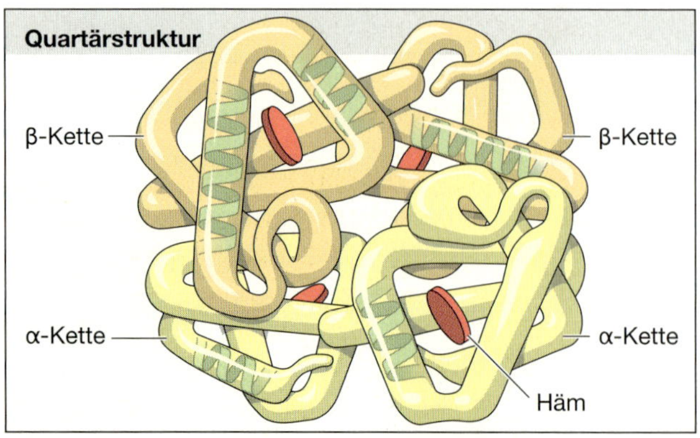

2 Hämoglobin ist aus 4 Untereinheiten zusammengesetzt.

Jedes Polypeptid oder Protein hat eine spezifische Raumstruktur oder *Konformation*. Sie kommt dadurch zustande, dass sich zwischen den Seitenketten der Aminosäuren in der Polypeptidkette chemische Bindungen ausbilden.

Sekundärstruktur. In der Aminosäuresequenz vieler Proteine treten bestimmte sich wiederholende Abschnitte auf, die jeweils einem räumlichen Muster entsprechen. Häufig sind schraubige Anordnungen, so genannte *α-Helices* (Einzahl *α-Helix*), und gefaltete Abschnitte, die als *β-Faltblatt-Struktur* bezeichnet werden. Diese Windungen und Faltungen machen die Sekundärstruktur des Eiweißes aus. Sie basieren auf *Wasserstoffbrückenbindungen* entlang des Polypeptidrückgrats.

Tertiärstruktur. Die dreidimensionale Anordnung *aller* Moleküle eines Proteins nennt man *Tertiärstruktur*. Sie beruht ebenfalls auf Wechselwirkungen zwischen den Seitenketten der Aminosäuren. Dabei handelt es sich vor allem um *schwache Wechselwirkungen*: Wasserstoffbrückenbindungen, Ionenbindungen zwischen sauren und basischen Aminosäure-Resten und hydrophobe Wechselwirkungen. *Kovalente Bindungen* zwischen Schwefelatomen können die räumliche Struktur zusätzlich stabilisieren. Proteine wie das Lysozym (→ S. 62), die eine annähernd kugelige Gestalt annehmen, bezeichnet man als *globuläre* Proteine. Sie weisen meist eine Abfolge von α-Helix- und β-Faltblatt-Bereichen auf. Andere Proteine sind dagegen lang gestreckt, zum Beispiel Kollagen oder Keratin. In solchen *Faserproteinen* wiederholt sich oft eine bestimmte räumliche Anordnung über die gesamte Länge des Moleküls hinweg.

Quartärstruktur. Viele Proteine sind aus mehreren Untereinheiten zusammengesetzt. Die Untereinheiten – Polypetidketten, die jeweils in ihrer Tertiärstruktur vorliegen – lagern sich zu einem noch größeren Molekül zusammen (→ Bild 2). Ihre Anordnung im Raum nennt man *Quartärstruktur*.

Struktur und Funktion als Einheit. Die *Konformation* eines Proteins *bestimmt seine Funktion*: Ein Rezeptorprotein in der Zellmembran bindet nur ein ganz bestimmtes Signalmolekül, das wie ein Schlüssel zum Schloss passt (→ S. 40); die Eiweißfäden der Spinnen-Seide verbinden sich an der Luft zu extrem stabilen Faltblatt-Bändern. Sekundär-, Tertiär- und gegebenenfalls Quartärstruktur des Proteins sind durch die Aminosäuresequenz festgelegt.

Temperatur, pH-Wert und Ionenkonzentration beeinflussen die Konformation eines Proteins. Je nach den Bedingungen in seiner Umgebung kann das Eiweiß biologisch inaktiv werden. Unter Umständen, zum Beispiel bei zu großer Hitze und unter Einwirkung von Schwermetallen, kommt es auch zur *irreversiblen Denaturierung*. Dabei wird die Raumstruktur vollständig zerstört.

1 Bei der Sichelzellenanämie, einer Erbkrankheit des Menschen, ist im Hämoglobin eine Aminosäure gegen eine andere ausgetauscht. Informieren Sie sich über die Auswirkungen.

2 Erklären Sie, weshalb selbst eine geringfügige Änderung der Primärstruktur die Funktionsfähigkeit eines Proteins beeinträchtigen kann.

Wie Forschung funktioniert: Modellvorstellungen von der Biomembran

Das Bilayer-Modell. Die niederländischen Wissenschaftler GORTER und GRENDEL extrahierten um 1925 den gesamten Lipidanteil aus einer bekannten Zahl von Erythrocyten. Auf Wasser aufgebracht, bildeten die Lipide einen Fleck, der etwa doppelt so groß war wie die Gesamtoberfläche aller verwendeten Erythrocyten. Die Forscher schlossen daraus, dass die Lipide in der Membran als *Doppelschicht* angeordnet sind, wobei die hydrophilen Gruppen der Lipide jeweils nach außen, die hydrophoben in das Innere der Doppelschicht zeigen. Das elektronenmikroskopische Bild künstlich erzeugter Lipiddoppelschichten stimmt relativ gut mit dem der Biomembran überein. Das von GORTER und GRENDEL entwickelte *Bilayer-Modell* ließ allerdings den relativ großen Proteinanteil aller bekannten Biomembranen völlig außer Acht.

Das Davson-Danielli-Modell. H. DAVSON und J. F. DANIELLI stellten 1936 ein Modell vor, das auch die Proteine mit berücksichtigt. Sie nahmen an, die Proteinmoleküle seien den hydrophilen Außenseiten der Lipiddoppelschicht aufgelagert. Diese Vorstellung stellte eine gute Basis dar um die physiologischen Eigenschaften von Membranen zu erklären. Röntgenuntersuchungen und elektronenmikroskopische Forschung unterstützten das Modell von DAVSON und DANIELLI.

Ende der 60er-Jahre offenbarten weitere Untersuchungen jedoch die Schwachpunkte des bis dahin allgemein akzeptierten Modells: Zum einen erkannte man, dass keineswegs alle Membranen genau gleich aufgebaut sind. Während die Zellmembran zum Beispiel 7 bis 8 nm dick ist, misst die innere Mitochondrienmembran nur 6 nm. Darüber hinaus ist ihr Proteingehalt deutlich höher als der anderer Membranen. Diese Beobachtung legte den Schluss nahe, dass die Struktur und die chemische Zusammensetzung einer Membran *je nach ihrer Funktion unterschiedlich* sein können.

Das zweite Problem betraf die Lage der Proteine. Im Davson-Danielli-Modell grenzen die Proteine auf beiden Seiten an hydrophile Bereiche. Aus Membranen isolierte Proteine zeigten jedoch – genau wie die Lipide, mit denen sie verbunden sind – sowohl hydrophile als auch hydrophobe Eigenschaften.

Mit der Gefrierbruchtechnik war es möglich, die beiden Lipidschichten voneinander zu trennen. So wurden unregelmäßig angeordnete Erhebungen und Vertiefungen sichtbar. Diese Partikel sind auf den beiden Schichten *asymmetrisch* verteilt. Versuche, bei denen bestimmte Proteine in der Zellmembran mit Farbstoffen markiert worden waren, erwiesen darüber hinaus, dass die Proteine in der Membran *beweglich* sind. Alle diese Befunde konnte das Davson-Danielli-Modell nicht erklären.

Das Flüssig-Mosaik-Modell der Biomembran. S. J. SINGER und G. L. NICOLSON entwickelten auf der Grundlage dieser Erkenntnisse 1972 ein neues, als *Flüssig-Mosaik-Modell* bezeichnetes Konzept. Danach besteht die Membran aus einer zähflüssigen Lipiddoppelschicht, in der Proteine „schwimmen". Während manche Proteine nur teilweise in die Doppelschicht eintauchen, durchdringen andere die Lipidschicht und ragen auf beiden Seiten der Membran in wässriges Milieu.

Naturwissenschaftliche Modelle. Jedes *naturwissenschaftliche Modell* stellt eine Annäherung an die Wirklichkeit dar. Es versucht möglichst viele *Beobachtungen* und bekannte Sachverhalte zu *erklären*. Außerdem ermöglicht es *Voraussagen*, an denen sich die weitere Forschung orientiert. Neue Befunde machen es häufig notwendig, das gültige Modell weiterzuentwickeln oder gar durch ein neues zu ersetzen. Das Flüssig-Mosaik-Modell stellt die derzeit gültige, allgemein akzeptierte Vorstellung von der Biomembran dar. Es dient als Grundlage der aktuellen zellbiologischen Forschung.

1 Definieren Sie den Begriff „Modell". Lässt sich Ihre Definition auf die verschiedenen Membranmodelle anwenden?

2 Erläutern Sie, welche Schritte beim Arbeiten mit Modellen unterschieden werden können. Bringen Sie die einzelnen Schritte in eine logische Reihenfolge.

3 Stellen Sie die Eigenschaften von Biomembranen zusammen und überprüfen Sie, welche sich mithilfe der beschriebenen Modelle erklären lassen.

4 Aus welchen anderen Bereichen der Biologie kennen Sie die Verwendung von Modellvorstellungen?

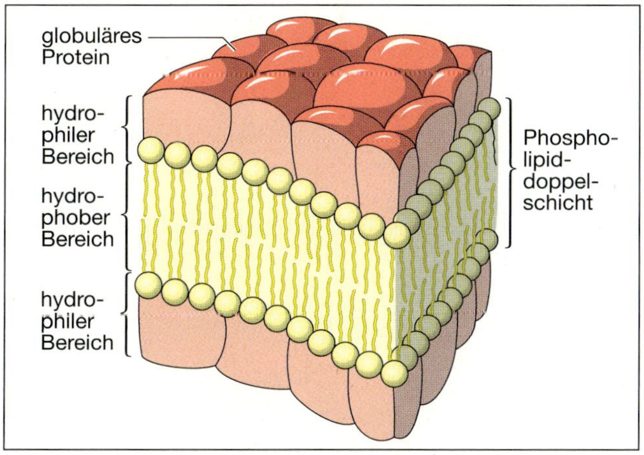

1 *Davson-Danielli-Modell*

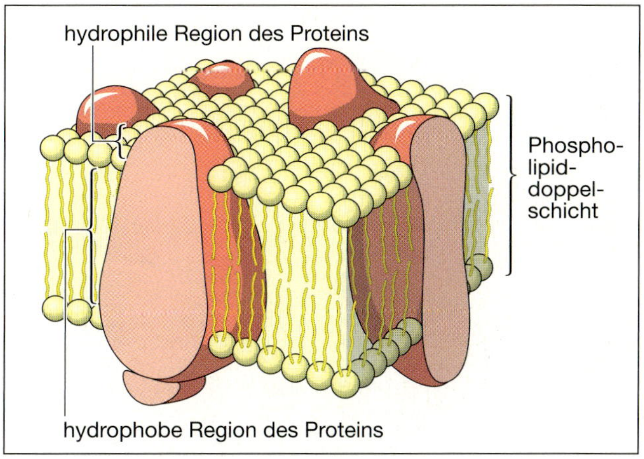

2 *Flüssig-Mosaik-Modell*

Feinbau der Biomembran

Membranlipide. Die Lipiddoppelschicht stellt die *Grundstruktur* der Biomembran dar. Sie bestimmt ihre wesentlichen Eigenschaften wie *Stabilität, Flexibilität* und *Durchlässigkeit*. Die unpolaren Bereiche der Lipide weisen zum Innern der Membran hin, während die polaren „Köpfe" nach außen zur wässrigen Phase hin gerichtet sind. Für den Zusammenhalt zwischen den Molekülen sind *hydrophobe Wechselwirkungen* verantwortlich. Daher können sich die Moleküle um ihre eigene Achse und horizontal innerhalb der Membranebene gut bewegen. Mit den in der Doppelschicht gegenüberliegenden Lipiden findet dagegen kaum ein Austausch statt.

Die Membran hat eine *zähflüssige Konsistenz*. Mit steigender Temperatur nimmt die Beweglichkeit der Moleküle zu, die Membran wird flüssiger. Bei sinkender Temperatur verfestigt sie sich gelartig. In den Membranen tierischer Zellen sorgt das Lipid *Cholesterin* dafür, dass der Flüssigkeitszustand auch bei Temperaturschwankungen weitgehend konstant bleibt.

Membranproteine. Die *Membranproteine* sind in unregelmäßigen Abständen in die Lipiddoppelschicht eingebettet. Sie sind viel größer und weitaus weniger beweglich als die Lipidmoleküle. Proteine, die mehr oder weniger weit in die Lipidschicht hineinragen *(integrale Proteine)*, sind durch hydrophobe Wechselwirkungen an Lipidmoleküle gebunden. Sie sind daher in der Membran verankert. So genannte *periphere Proteine* stehen hingegen nur locker mit der Membran in Kontakt. Proteine sind ungleichmäßig auf die beiden Lipidschichten verteilt, sodass sich die Struktur der äußeren und inneren Membranebene unterscheidet.

Membranproteine erfüllen sehr verschiedene Aufgaben. In der Zellmembran und in den Membranen der einzelnen Organellen finden sich daher ganz verschiedene Arten von Proteinen. Auch ihre Anteile unterscheiden sich sehr stark. Dies weist darauf hin, dass Proteine die *spezifische Funktion* der Membran bestimmen.

Eine wesentliche Aufgabe von Proteinen besteht darin, den *Transport* von polaren oder sehr großen Molekülen und Ionen durch die Membran zu gewährleisten. *Porenproteine* sorgen dafür, dass Öffnungen in der Membran – wie beispielsweise die Kernporen (→ S. 46) – nicht sofort wieder „zufließen", sondern offen gehalten werden. *Transportproteine* befördern dagegen sehr spezifisch bestimmte Stoffe durch die Membran (→ S. 43).

Ebenso spezifisch reagieren in die Membran eingelagerte *Enzyme* und *Rezeptoren*. Diese Proteine besitzen Bindungsstellen für bestimmte Moleküle. Während Enzyme Stoffwechselprozesse innerhalb der Zelle oder eines Membranraums beschleunigen, sorgen Rezeptoren für den Austausch von Informationen zwischen der Zelle und ihrer Umgebung. Ein chemisches Signal in der extrazellulären Flüssigkeit, zum Beispiel ein Hormon oder ein Nervenüberträgerstoff *(Neurotransmitter)*, das von außen an einen Rezeptor bindet, löst eine Reaktion innerhalb der Zelle aus.

Schließlich gibt es Eiweißmoleküle mit eingebauten *Signalsequenzen*. Sie werden im Cytoplasma aufgebaut, in Membranen eingeschleust und in speziellen Zellorganellen verändert (→ S. 46, 47). Das Signal sorgt wie eine „Adresse" dafür, dass die Proteine in ihre jeweiligen Zielorganellen gelangen.

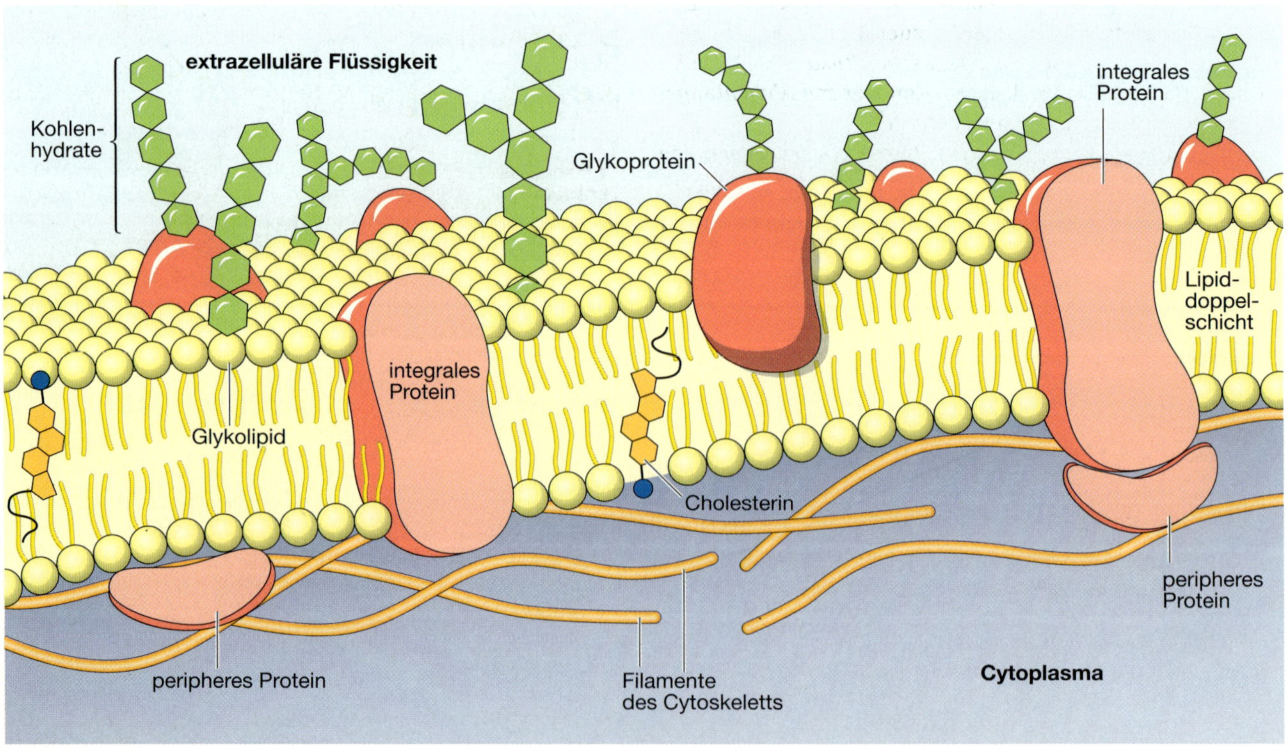

1 Feinbau der Zellmembran einer Tierzelle. In pflanzlichen Membranen kommt Cholesterin nicht vor.

Membrankohlenhydrate. Anders als die Membranen innerhalb der Zelle enthält die Zellmembran außer Lipiden und Proteinen auch *Kohlenhydrate*. Sie können rund 10 % des Trockengewichts ausmachen. Bei diesen Kohlenhydraten handelt es sich um kurze, in der Regel verzweigte Zuckerketten, die an Lipid- oder an Proteinmoleküle gebunden sind. Die entstehenden Moleküle werden als *Glykolipide* beziehungsweise *Glykoproteine* bezeichnet. Sie finden sich ausschließlich in der nach außen gerichteten Schicht der Zellmembran. Die Gesamtheit der Membrankohlenhydrate nennt man *Glykokalyx*.

Die Zusammensetzung der Kohlenhydrate der Glykokalyx unterscheidet sich zwischen verschiedenen Arten, zwischen Individuen einer Art und sogar zwischen den Zellen eines Organismus. Sie dient also als *Erkennungsmerkmal* für die Zellen. Bei den Erythrocyten erfüllt sie die Funktion von *Antigenen*. Antigene dienen der Immunabwehr und sorgen für die Unterscheidung von körpereigenen und fremden Zellen.

Verbindungen zwischen Zellen. Bei vielzelligen Organismen sind Zellen zu Geweben zusammengeschlossen, die eine strukturelle und funktionelle Einheit darstellen. Benachbarte Zellen stehen in Kontakt miteinander, sodass ein Informationsaustausch möglich ist.

Bei Pflanzenzellen schließt sich nach außen an die Zellmembran eine *Zellwand* an, die scheinbar eine Barriere darstellt. Zellwände sind jedoch von Kanälen durchsetzt, durch die sich Cytoplasmastränge hindurchziehen. An diesen so genannten *Plasmodesmen* geht die Zellmembran der einen Zelle kontinuierlich in die Zellmembran der Nachbarzelle über.

Kontakte zwischen den Zellen bei Tieren werden durch Proteine vermittelt. Man unterscheidet drei Typen von Zellkontakten: solche, die dem *mechanischen Zusammenhalt* dienen und das Gewebe stabilisieren, Kontakte mit *Abdichtungsfunktion* und *Kommunikationskontakte*.

Der Stabilisierung dienen zum Beispiel *Desmosomen*. Sie bestehen aus *Haftplatten*, punktförmigen Bereichen aufgelagerter Proteine, an denen sich auf der Cytoplasmaseite ganze Bündel von Cytoskelettfilamenten anheften. Spezielle Filamente verbinden die Haftplatten der benachbarten Zellen durch beide Zellmembranen hindurch. Desmosomen verleihen dem Gewebe eine hohe mechanische Festigkeit.

Verschlusskontakte oder *tight junctions* verhindern, dass extrazelluläre Flüssigkeit in die Zellzwischenräume gelangt. Sie finden sich vor allem zwischen Epithelzellen. Tight junctions wirken wie Dichtungsringe rund um jede Zelle. Die Abdichtung entsteht dadurch, dass sich die Membranen der benachbarten Zellen direkt aneinander legen und – wie die Stofflagen einer Steppdecke – durch eine Art „molekularen Reißverschluss" fest verbinden.

Kommunikationskontakte oder *gap junctions* gewährleisten den Austausch zwischen benachbarten Zellen. In diesen Bereichen bilden große Proteinmoleküle Poren in der Membran. Die Poren der aneinander grenzenden Zellmembranen stehen direkt miteinander in Kontakt. Dadurch wird die chemische Kommunikation ermöglicht.

Zusammensetzung verschiedener Membranen
(in Prozent der Gesamttrockenmasse)

Membranen	Proteine	Lipide
Zellmembran (Erythrocyt)	60	40
Zellmembran (Leberzelle)	50–70	30–50
Kernhülle (Leberzelle)	70	17
ER (Leberzelle)	70	30
Mitochondrien (Leberzelle)		
Außenmembran	41–51	48–59
Innenmembran	70–80	20–30
Chloroplasten-Thylakoide	44–50	50–56

1 Erläutern Sie die Bezeichnung Flüssig-Mosaik-Modell.

2 Erklären Sie, warum die Lipidmoleküle innerhalb einer Membranebene beweglich sind, während ein Austausch zwischen den Lipidschichten kaum möglich ist.

3 Eine künstliche Lipiddoppelschicht ist im elektronenmikroskopischen Bild etwa 4 nm dick. Die Erythrocytenmembran misst dagegen rund 8 nm. Erklären Sie, worauf sich dieser Unterschied zurückführen lässt.

4 Nennen Sie die Moleküle, aus denen Membranen aufgebaut sind. Erläutern Sie anhand von Beispielen die Funktionen der einzelnen Bestandteile.

5 Das Verhältnis von Lipiden und Proteinen ist in verschiedenen Membranen sehr unterschiedlich (→ Tabelle oben). Welche Schlüsse auf die Funktion dieser Membranen erlaubt dies?

6 Auf welchen Eigenschaften der Erythrocyten beruhen die Blutgruppen des AB0-Systems?

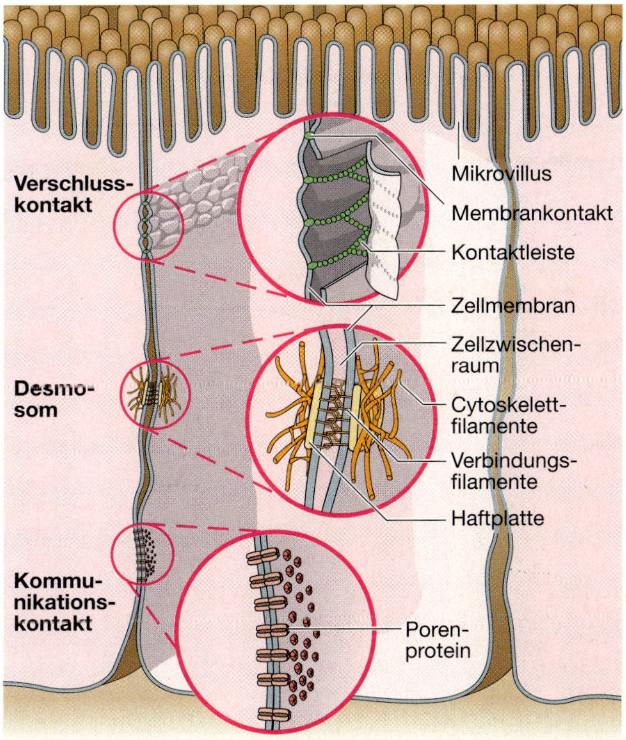

1 *Verbindungen zwischen Zellen des Dünndarmepithels*

Stofftransport: Diffusion und Osmose

Zellen sind von einer Vielzahl von Stoffen umgeben. Einige davon werden in einer ganz bestimmten Konzentration im Zellinnern benötigt. Andere werden in der Zelle aufgebaut und an die Umgebung abgegeben. Der Austausch von Molekülen zwischen der Zelle und ihrer Umgebung erfolgt über die Zellmembran. Ihm liegen verschiedene *Transportmechanismen* zugrunde, die sich durch ihre Geschwindigkeit und die dafür notwendige Energie unterscheiden.

Diffusion. Alle Teilchen eines Gases oder einer Lösung sind ständig in Bewegung. Diese Eigenbewegung ist ungerichtet und nimmt mit steigender Temperatur zu. Nach ihrem Entdecker nennt man sie die *BROWNsche Molekularbewegung.*

Überschichtet man in einem Glasgefäß eine konzentrierte Zuckerlösung mit Wasser, so sind die beiden Flüssigkeiten zunächst deutlich voneinander getrennt. Allmählich breiten sich die Zuckermoleküle aufgrund ihrer Eigenbewegung aus. Schließlich ist der Konzentrationsunterschied ausgeglichen, Lösemittel und gelöste Teilchen sind gleichmäßig verteilt. Diese selbstständige Durchmischung nennt man *Diffusion*. Die Geschwindigkeit, mit der die Durchmischung vor sich geht, ist unter anderem abhängig von der Art des gelösten Stoffs, der Höhe des Konzentrationsgefälles sowie von der Strecke, die überwunden werden muss.

Osmose. In Lebewesen sind Kompartimente – Zellen oder Organellen – durch Membranen voneinander abgegrenzt. Findet die Diffusion von Lösungen über Membranen statt, spricht man von *Osmose*. Die meisten biologischen Membranen sind *selektiv permeabel*, das heißt, sie lassen verschiedene Stoffe unterschiedlich gut hindurchdiffundieren. Meist kann Wasser ungehindert diffundieren, gelöste Stoffe dagegen nicht oder nur eingeschränkt.

Bringt man eine Zuckerlösung in ein Gefäß, das durch eine selektiv permeable Membran von reinem Wasser getrennt ist, diffundiert Wasser in beiden Richtungen durch die Membran. Da die Konzentration an Wassermolekülen in reinem Wasser höher ist als in der Zuckerlösung, diffundieren mehr Wassermoleküle in die Lösung hinein als von ihr nach außen. Für Zuckermoleküle ist die Membran nicht durchlässig. Diese können daher dem Bestreben, den Konzentrationsunterschied auszugleichen, nicht folgen. Das einströmende Wasser erzeugt auf der Seite der Zuckerlösung einen Druck, den man *osmotischen Druck* nennt. Er hängt vor allem von der Zahl der gelösten Teilchen ab, also dem *osmotischen Wert* der Lösung. Es kommt zu einer Volumenzunahme. Sie ist im Steigrohr eines *Osmometers* als Anstieg der Wassersäule messbar. Der osmotische Druck wirkt dem vollständigen Konzentrationsausgleich entgegen.

Stoffwechselvorgänge in lebenden Zellen laufen bevorzugt in einem bestimmten Milieu ab, das heißt bei einer bestimmten Konzentration verschiedener Stoffe. Da sich die Konzentration dieser Stoffe in den Zellen meist von der im umgebenden Medium unterscheidet, diffundiert stets Wasser aus den Zellen hinaus oder in sie hinein. Viele Lebewesen können diese Veränderung des osmotischen Drucks ausgleichen, indem sie Ionen oder Wasser aufnehmen beziehungsweise ausscheiden. Diese Fähigkeit bezeichnet man als *Osmoregulation*.

In Pflanzenzellen enthält der Zellsaft in der Vakuole osmotisch wirksame Salze und Zucker. Der dadurch bedingte Wassereinstrom erzeugt einen osmotischen Druck. Der Druck, den das Zellinnere auf die Zellwand ausübt, wird als *Turgor* bezeichnet. Das Volumen der Vakuole nimmt so lange zu, bis der Gegendruck der Zellwand die weitere Wasseraufnahme verhindert. Bei Wassermangel sinkt der Turgor und die Pflanze welkt.

1 Begründen Sie die geringe Geschwindigkeit von Diffusion und Osmose. Warum reicht diese für Transportvorgänge in der Zelle trotzdem aus?

2 Reife Kirschen platzen im Regen. Erläutern Sie die Gründe dafür.

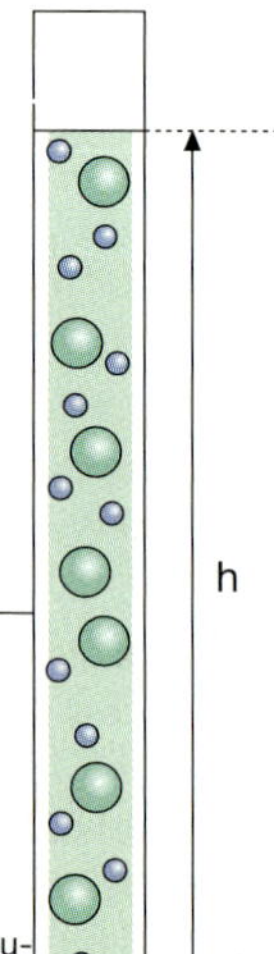
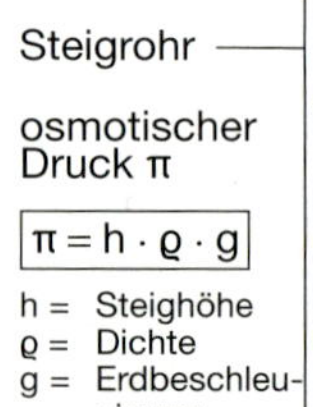
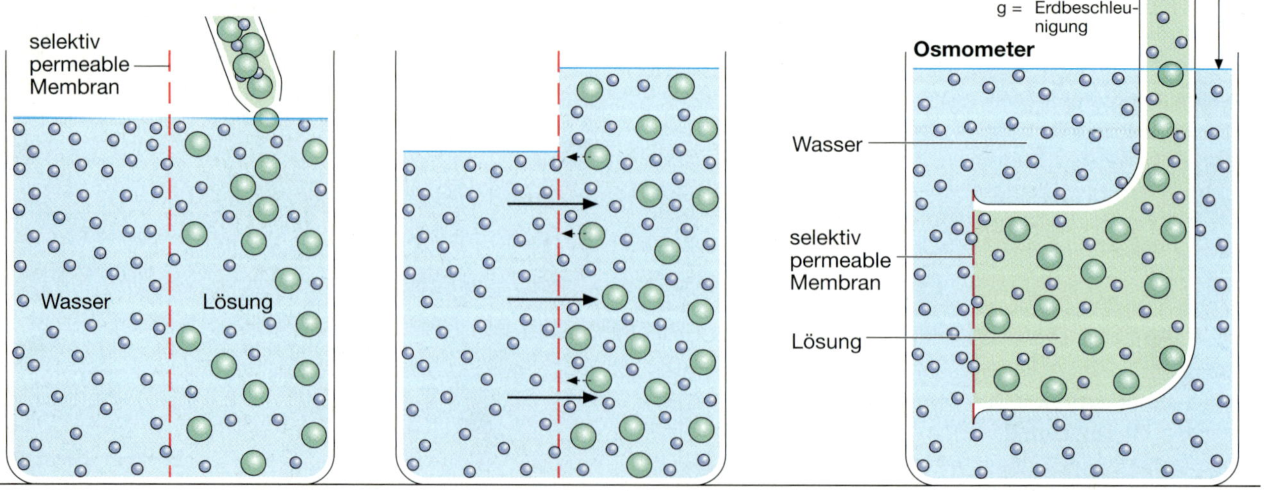

1 Osmose durch eine selektiv permeable Membran. Der Wassereinstrom hat eine Zunahme von Volumen oder Druck zur Folge.

Stofftransport: Kanal- und Carriertransport

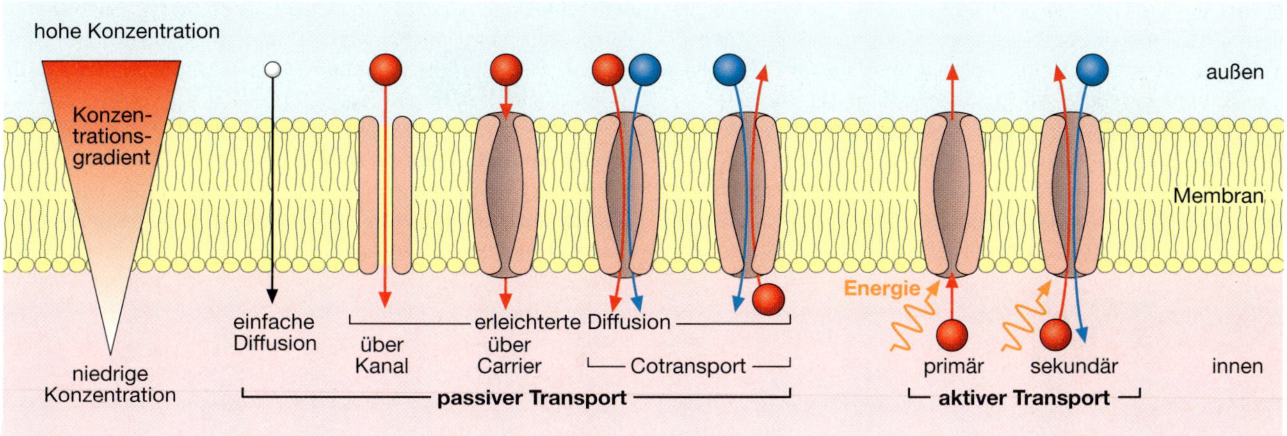

1 *Schematische Darstellung der aktiven und passiven Transportmechanismen*

Während lipophile und sehr kleine, ungeladene Moleküle wie Sauerstoff, Kohlenstoffdioxid und Wasser Membranen ohne Schwierigkeiten passieren können, ist das hydrophobe Innere der Lipiddoppelschicht für Ionen und größere polare Moleküle nahezu undurchdringlich. Sie werden mithilfe von *Transportproteinen* oder *Transportern* durch die Membran geschleust.

Passiver Transport. Bei den Transportproteinen unterscheidet man zwischen Kanälen und Carriern. *Kanäle* werden von Tunnelproteinen gebildet, die die Membran ganz durchspannen. Zum Innern des Kanals hin tragen sie polare Aminosäuren. Dadurch können *kleine polare* oder *geladene Teilchen* wie Ionen über diese Kanäle in die Zelle gelangen. Ein Tunnelprotein ist nur für Ionen einer bestimmten Größe oder einer bestimmten Art durchlässig. Die meisten Kanäle öffnen sich erst auf ein bestimmtes Signal hin. Dies kann ein Botenstoff sein, beispielsweise ein *Hormon*, oder die Änderung des elektrischen Potenzials.

Carrier sind auf ganz bestimmte Moleküle spezialisiert, für die sie – ähnlich wie *Enzyme* – eine Bindungsstelle haben (→ S. 40). Wenn sich der Carrier kurzzeitig mit dem Substrat verbindet, ändert er seine *Konformation*. Durch diese Umlagerung wird das betreffende Molekül durch die Membran geschleust und auf der anderen Seite freigesetzt. Manche Carrier haben Bindungsstellen für zwei verschiedene Moleküle. Sie ändern ihre Konformation erst dann, wenn beide Bindungsstellen besetzt sind (→ Bild 2). Der Transport erfolgt in der gleichen oder in entgegengesetzter Richtung *(Cotransport)*.

Dieser spezifische Transport findet ebenso wie der Transport über Tunnelproteine immer *in Richtung des Konzentrationsgefälles* statt. Die Zelle muss dafür keine Energie aufwenden. Es handelt sich also um *passive Transportmechanismen*. Kanaltransport und passiven Carriertransport bezeichnet man auch als *erleichterte Diffusion*.

Aktiver Transport. Beim Bakterium Escherichia coli übertrifft die Konzentration des Milchzuckers im Zellinnern diejenige in der Umgebung um das 2000fache. Eine solche Anreicherung von Milchzucker ist durch passive Transportvorgänge nicht möglich. Viele lebensnotwendige Stoffe liegen außerhalb der Zelle nur in geringer Konzentration vor und müssen daher *gegen das Konzentrationsgefälle* durch die Membran befördert werden. Für den *aktiven Transport* muss die Zelle Energie bereitstellen. Er erfolgt ebenfalls mithilfe von Carriern. Beim *primär aktiven Transport* erfordert das An- oder Abkoppeln des Substrats selbst Energie. In vielen Fällen wird die Energie auch dazu verwendet, einen Ionengradienten zu erzeugen. Der zu transportierende Stoff wird dann zusammen mit den zurückströmenden Ionen von einem Carrier durch die Membran befördert *(sekundär aktiver Transport)*.

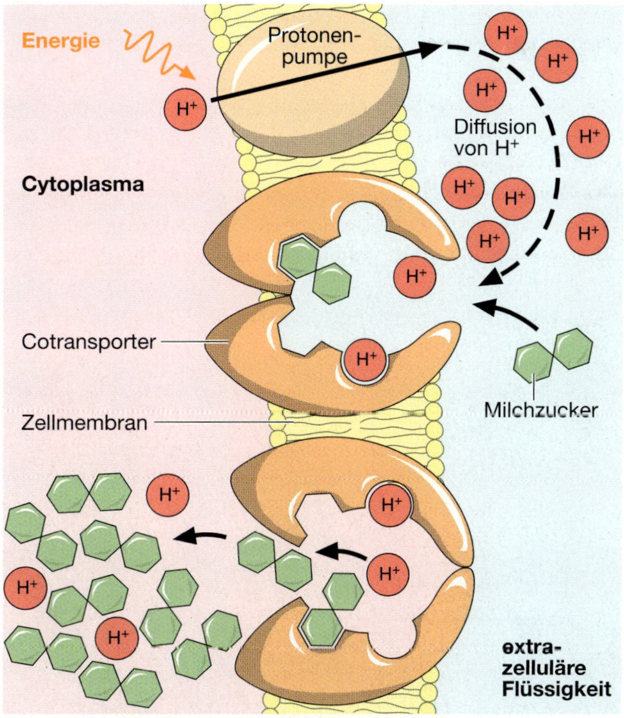

2 *Die Protonenpumpe erzeugt unter Energieaufwand einen Protonengradienten. Die Protonen diffundieren zurück in die Zelle. Dabei werden Milchzuckermoleküle mittransportiert.*

Material – Methode – Praxis: **Wirkungsweise von Kosmetika**

Die Haut grenzt den Körper nach außen ab. Sie ist außerdem eine Kontaktfläche, über die Informationen aus der Umwelt aufgenommen werden. Insofern hat die Haut für den Körper eine ähnliche Aufgabe wie die Zellmembran für die Zelle.

Herkömmliche Kosmetika und deren Wirkung

Grundlage aller Hautpflegeprodukte sind *Emulsionen* von Wasser in Öl (bei Cremes) oder Öl in Wasser (bei Lotionen). Durch diese Kombination von Feuchtigkeit und fettenden Substanzen wird nur die oberste Schicht der Haut, die aus abgestorbenen Zellen bestehende *Hornschicht*, gepflegt: Wasser lässt die Hornschicht aufquellen und glättet sie dabei, sodass die Haut frischer und geschmeidiger aussieht. Die fettenden Bestandteile schützen die Haut davor schnell auszutrocknen. Die Stoffwechselaktivität der in tieferen Schichten liegenden lebenden Hautzellen wird durch solche Pflegemittel aber nicht beeinflusst.

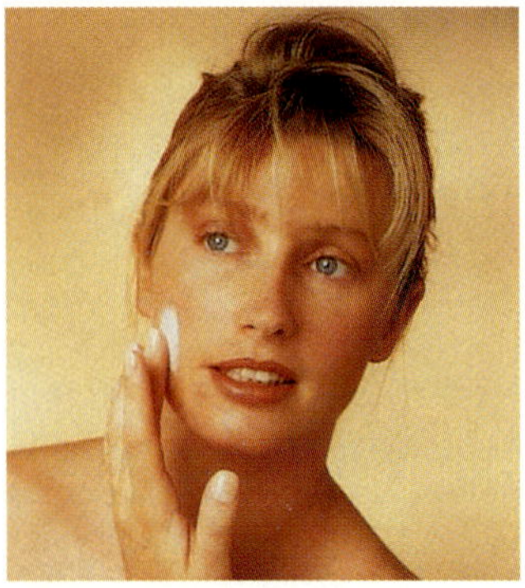

Wirkstoffe mit Tiefenwirkung

Moderne Kosmetika basieren ebenfalls auf Emulsionen. Zusätzlich enthalten sie Wirkstoffe, die auf die lebenden Hautzellen einwirken sollen. Von α-Hydroxy-Fruchtsäuren (AHA) beispielsweise nimmt man an, dass sie die Desmosomen zwischen den Hautzellen so weit lockern, dass alte und abgestorbene Zellen leichter abgeschilfert werden können. Dies lässt die Haut glatter erscheinen. Vitamin E erhöht nicht nur die Wasserbindungsfähigkeit der Haut. Es stabilisiert auch die Membranen der Hautzellen, indem es aggressive Stoffe bindet, die die Membranen angreifen. Dies könnte den Alterungsprozess der Haut verlangsamen. Damit die genannten Substanzen aber ihre Wirkung entfalten können, müssen sie zunächst einmal von der Haut aufgenommen werden. Bei herkömmlichen Kosmetika dringen nur 1% der aufgetragenen Wirkstoffe bis zu den lebenden Hautzellen vor. Daher bemühte sich die kosmetische Forschung um ein Mittel, das Wirkstoffe tiefer in die Haut tragen kann.

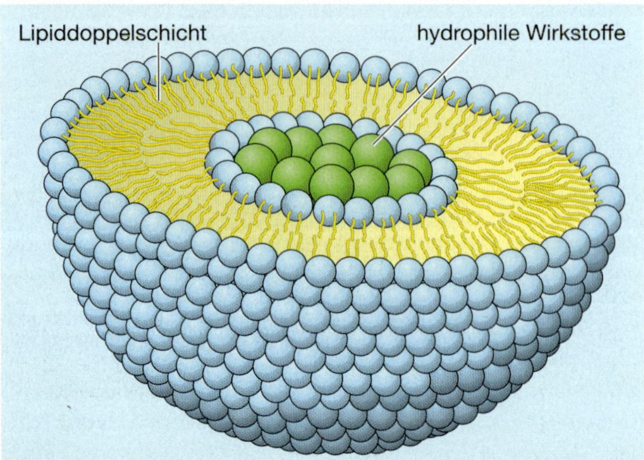

Liposomen als Transportvehikel

Vermischt man Phospholipide mit wässrigen Lösungen, bilden sich unter bestimmten Bedingungen mikroskopisch kleine Hohlkugeln, *Liposomen* genannt (→ Bild unten). Ihre Wand besteht aus einer Lipiddoppelschicht, wie sie auch in Biomembranen vorkommt. Anders als bei Micellen (→ S. 36) befindet sich im Innern der Liposomen ein mit Wasser gefüllter Raum. Hier lassen sich hydrophile Wirkstoffe wie AHA einbauen. Hydrophobe Wirkstoffe wie Vitamin E lösen sich in der Lipidschicht. Liposomen werden daher als Transportvehikel eingesetzt, die sich mit medizinischen oder kosmetischen Wirkstoffen beladen lassen.

Da Liposomen sehr klein sind, können sie die Wirkstoffe schnell in tiefe Hautschichten transportieren. Dort entstehen dann Wirkstoffdepots. Da die Wirkstoffe während des Transports von der künstlichen Membran umhüllt sind, werden ihre eventuellen Nebenwirkungen deutlich herabgesetzt. Aufgrund des ähnlichen Baus von Liposomen und Biomembranen treten schließlich Wechselwirkungen mit den Hautzellen auf; die Wirkstoffe werden freigesetzt.

Sonnenöl – selbst hergestellt

Material: Sesamöl, Calendulaöl, Weizenkeimöl, Karottenöl, Messzylinder, Becherglas, Glasstab, Pipette, Glasfläschchen

Durchführung: 25 ml Sesamöl werden mit 25 ml Calendulaöl und 10 ml Weizenkeimöl vermischt. Mit der Pipette werden wenige Tropfen Karottenöl zugegeben, bis eine als angenehm empfundene Tönung erreicht ist.

Das Öl bewirkt einen Sonnenschutz mit dem Lichtschutzfaktor 2 bis 4. Weizenkeimöl mit Vitaminen und Calendulaöl mit heilender Wirkung bieten einen weiteren Schutz der Haut. Da keine Konservierungsstoffe zugegeben werden, sollte das selbst hergestellte Sonnenöl im Kühlschrank aufbewahrt und nicht länger als 2 bis 3 Wochen verwendet werden.

1 Mit welchem Hauttyp wird vor allem in der Werbung ein gesunder, attraktiver und erfolgreicher Mensch verbunden?

2 Kosmetika werden für unterschiedliche Zwecke eingesetzt. Nennen Sie Beispiele und unterscheiden Sie nach Stoffen für dekorative Zwecke, solchen, die an der Hautoberfläche wirken, und denen, die in die Haut eindringen.

3 Vergleichen Sie Liposomen und Biomembranen. Wo sehen Sie Gemeinsamkeiten, worin liegen die Unterschiede?

4 Warum verspricht man sich von Kosmetika auf liposomaler Basis eine bessere Wirksamkeit als von solchen, die lediglich aus Öl-Wasser-Emulsionen bestehen?

☞ **Stichworte zu weiteren Informationen**

Aufbau der Haut, Hautalterung, α-Hydroxy-Fruchtsäuren, Vitamine, UV-Strahlung, Lichtschutzfaktor

Stofftransport: Endocytose, Exocytose, Membranfluss

Wasser und kleine Moleküle diffundieren entweder durch die Membran oder werden von Transportproteinen in die Zelle geschleust. Größere Moleküle oder Nahrungspartikel dagegen können die Membran passieren, indem sie in Membranbläschen oder *Vesikel* eingeschlossen werden. Vesikel, die eine bestimmte Größe überschreiten, nennt man *Vakuolen*. Der Vorgang, bei dem Stoffe mithilfe von Vesikeln oder Vakuolen in die Zelle gelangen, heißt *Endocytose*. Der entsprechende Prozess der Stoffausscheidung wird als *Exocytose* bezeichnet.

Endocytose. Weiße Blutkörperchen können Krankheitserreger oder gealterte Blutzellen in sich aufnehmen und verdauen. Dabei senkt sich zunächst ihre Zellmembran an der Stelle ein, die mit dem Fremdkörper in Berührung kommt. Ist dieser ganz von der Membran umschlossen, schnürt sich eine Vakuole ab und befördert das aufgenommene Material in die Zelle. Dort verschmilzt die Vakuole meist mit Lysosomen, die Verdauungsenzyme enthalten (→ S. 47). Die Form der Endocytose, bei der feste Partikel aufgenommen werden, bezeichnet man als *Phagocytose*. Gelangen Flüssigkeitströpfchen in die Zelle, spricht man von *Pinocytose*. Bei der Pinocytose nimmt die Zelle alle in dem Tropfen gelösten Stoffe mit auf.

Sehr spezifisch verläuft dagegen die *rezeptorvermittelte Endocytose*. Rezeptorproteine ragen aus der Membran heraus. Sie tragen spezielle Erkennungsstrukturen, an die nur ganz bestimmte Moleküle binden. Die Rezeptoren finden sich gehäuft an leicht eingesenkten Membranstellen, den *coated pits*, die auf der Cytoplasmaseite besondere Proteine tragen. Sobald der Stoff an die Rezeptoren bindet, bilden sich mit Proteinen ummantelte Vesikel, die *coated vesicles*. Mithilfe der rezeptorvermittelten Endocytose können große Mengen einer Substanz aufgenommen werden, deren Konzentration in der Umgebung der Zelle sehr gering ist. So gelangt beispielsweise Cholesterin als Baumaterial für Membranen oder als Synthesevorstufe für Hormone aus dem Blut in die Zellen.

Exocytose. Abfallstoffe der Zelle, aber auch Sekrete aus Drüsenzellen werden ausgeschieden, indem Vesikel mit der Zellmembran in Kontakt treten. An der Berührungsstelle „verschmelzen" die Membranen, sodass eine Öffnung entsteht. Der Inhalt des Vesikels wird nach außen abgegeben. Auf diese Weise entleeren Einzeller ihre pulsierende Vakuole und stoßen aus den Verdauungsvakuolen unverdauliche Reste aus.

Membranfluss. Nicht nur an der Zellmembran werden Stoffe mithilfe von Vesikeln aufgenommen und abgegeben. Auch innerhalb der Zelle finden ständig Endo- und Exocytosen statt. Sie dienen dazu, Substanzen zur Weiterverarbeitung, aber auch Membranstücke von einem Organell zum anderen zu transportieren. Dadurch erneuern sich gleichzeitig auch die Membranen der Zelle. Das ständige Ineinanderübergehen der Membranen wird als *Membranfluss* bezeichnet. Nur die Membranen von Mitochondrien, Plastiden und Peroxisomen (→ S. 47) nehmen an diesem Austausch nicht teil.

1 Definieren Sie die Begriffe Endocytose, Exocytose und Membranfluss. Erklären Sie, wie die beschriebenen Prozesse miteinander in Zusammenhang stehen.

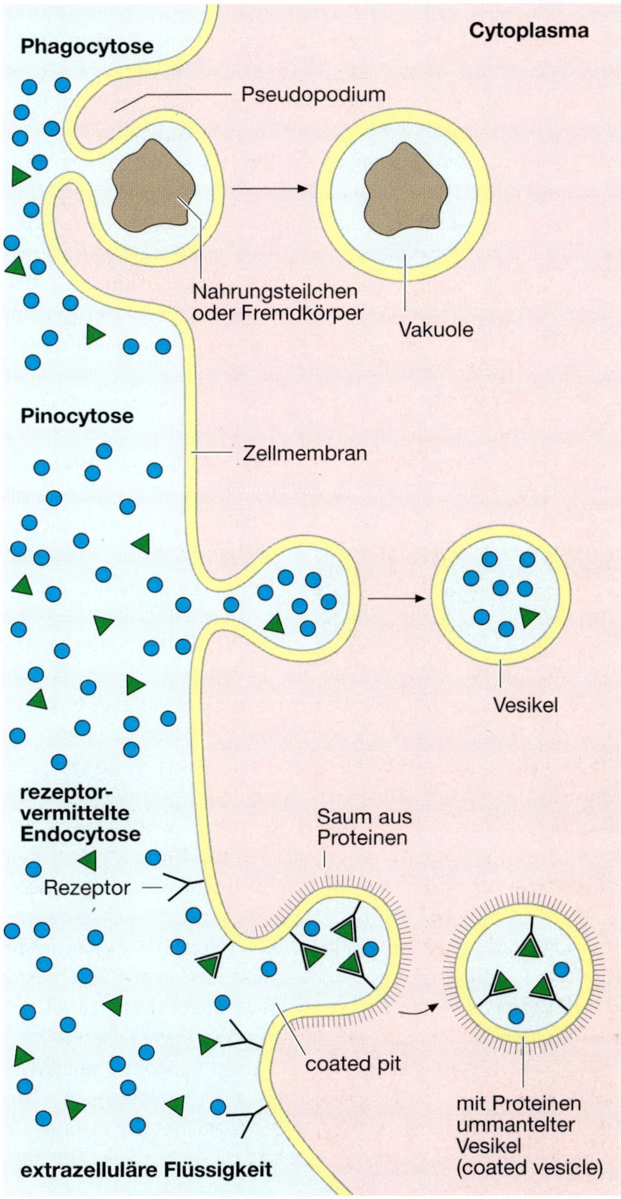

1 Verschiedene Formen der Stoffaufnahme. Phagocytose kommt nur bei Einzellern und tierischen Zellen vor.

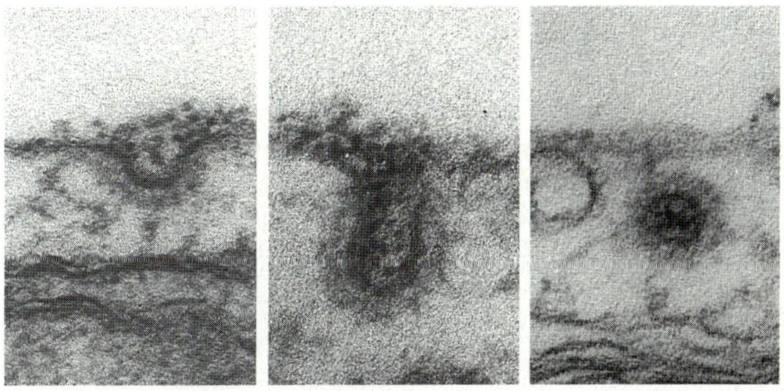

2 Bei der rezeptorvermittelten Endocytose entstehen mit Proteinen ummantelte Vesikel.

Die Zellorganellen

Die Organellen von Pflanzen- und Tierzelle erfüllen jeweils spezifische Funktionen im Stoffwechsel. Im elektronenmikroskopischen Bild erkennt man, dass ein Teil der Organellen durch eine oder zwei Membranen begrenzt ist. Anderen fehlt eine solche Abgrenzung gegenüber dem Cytoplasma.

Zellkern. Der *Zellkern*, auch *Nucleus* oder *Karyon* genannt, ist das Steuerzentrum der Zelle. Er ist von einer doppelten Membran, der *Kernhülle*, umschlossen. Die beiden Membranen der Kernhülle sind durch einen 20 bis 40 nm breiten Zwischenraum getrennt. Im Bereich der *Kernporen* gehen äußere und innere Kernmembran ineinander über. Die Kernporen, Öffnungen von rund 100 nm Durchmesser, ermöglichen den Austausch größerer Moleküle zwischen dem Innern des Zellkerns und dem Cytoplasma.

Besonders auffällig erscheint in gefärbten Präparaten der *Nucleolus*, das Kernkörperchen. Je nach Art und Entwicklungsstadium der Zelle können auch mehrere Nucleoli im Zellkern vorkommen. Im Nucleolus werden die Ribosomen gebildet.

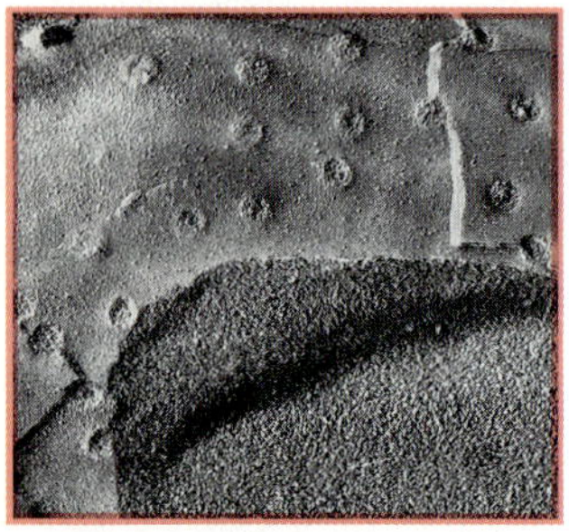

1 *Äußere und innere Membran der Kernhülle*

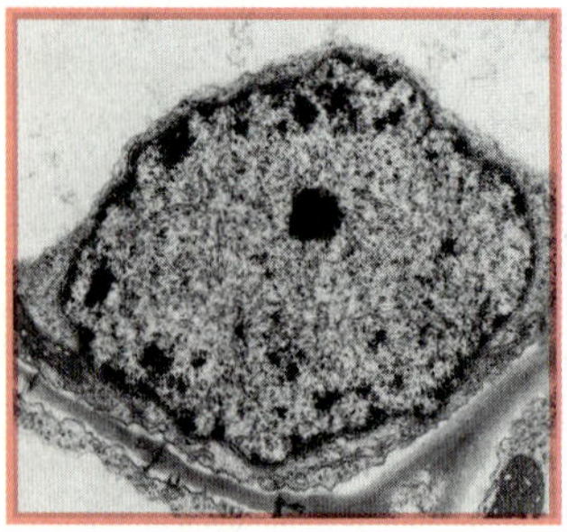

2 *Im Innern des Zellkerns ist der dunkel gefärbte Nucleolus deutlich zu erkennen.*

Der Zellkern enthält den Großteil der Erbinformation einer Zelle. Das genetische Material liegt in Form von *Chromosomen* vor, die jedoch nur während der Zellteilung als solche erkennbar werden (→ S. 20). Während der übrigen Zeit erscheint das *Chromatin*, ein leicht anfärbbarer Komplex aus *Desoxyribonukleinsäure* (DNA) und Strukturproteinen, als unstrukturierte Masse.

Der Zellkern steuert alle Stoffwechselprozesse innerhalb der Zelle mithilfe von Botenmolekülen aus *Ribonukleinsäure* (RNA), die über die Kernporen nach außen geschleust werden. Jedes RNA-Botenmolekül enthält die genetische Information für die Aminosäuresequenz eines bestimmten Proteins.

Ribosomen. *Ribosomen* sind die Orte der *Eiweißbildung*. Hier werden Aminosäuren miteinander zu Proteinen verbunden. Ein Teil der Ribosomen einer Zelle liegt frei im Cytoplasma. Diese so genannten freien Ribosomen stellen vor allem Enzyme her, die Stoffwechselvorgänge im Cytoplasma katalysieren. Ribosomen können jedoch auch an die Membranen des endoplasmatischen Reticulums gebunden sein. Chemisch bestehen Ribosomen aus Proteinen und RNA. Sie sind nicht von einer Membran umgeben.

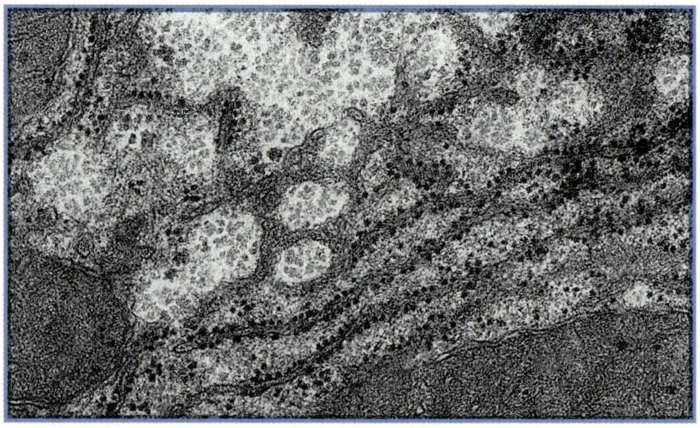

3 *Raues und glattes endoplasmatisches Reticulum*

Das endoplasmatische Reticulum. Das *endoplasmatische Reticulum* (ER) durchzieht als ausgedehntes Membransystem die gesamte Zelle. Dabei bilden die Membranen des ER flächige oder röhrenförmige Hohlräume, die als *Zisternen* bezeichnet werden. Das ER steht mit anderen Organellen in Verbindung. Es geht beispielsweise direkt in die Kernhülle über. Das ER dient neben der Synthese und der Verarbeitung verschiedener Stoffe vor allem dem *innerzellulären Stofftransport*.

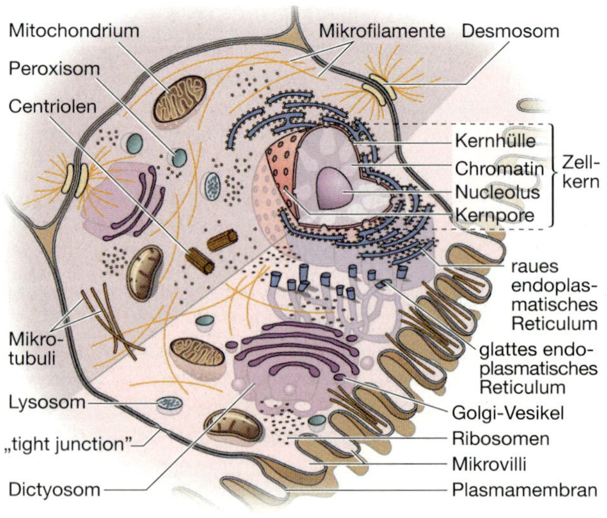

4 *Schema einer Tierzelle*

Die Bereiche des ER, an dessen Membranflächen Ribosomen gebunden sind und die im elektronenmikroskopischen Bild ein „raues" Aussehen haben, bezeichnet man als *raues ER*. Die Ribosomen des rauen ER synthetisieren Proteine, die entweder für den Einbau in Membranen bestimmt sind oder als *Sekrete*, in Vesikel verpackt, die Zelle verlassen. Drüsenzellen sind besonders stark vom rauen ER durchzogen.

Ribosomenfreie Abschnitte heißen *glattes ER*. Das glatte ER synthetisiert vor allem Lipide für neue Membranen. In tierischen Zellen stellt das glatte ER auch bestimmte Hormone wie zum Beispiel Geschlechtshormone her. In Leberzellen werden hier Gifte und Arzneimittel abgebaut.

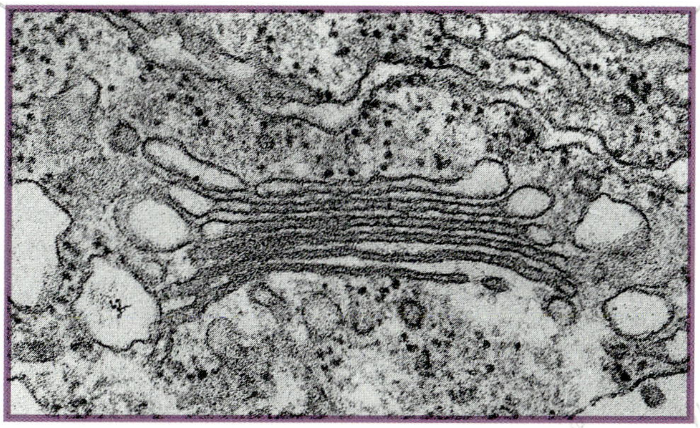

1 *An den Dictyosomen schnüren sich Golgi-Vesikel ab.*

Dictyosomen. *Dictyosomen* bestehen aus übereinander gestapelten, flachen Membranzisternen. Nach ihrem Entdecker wird die Gesamtheit aller Dictyosomen einer Zelle als *Golgi-Apparat* bezeichnet. In den Dictyosomen werden die Syntheseprodukte des ER umgewandelt, gespeichert, in so genannte *Golgi-Vesikel* verpackt und weitertransportiert. Der Stofftransport zwischen ER, den einzelnen Zisternen der Dictyosomen und der Zelloberfläche erfolgt durch Aufnahme und

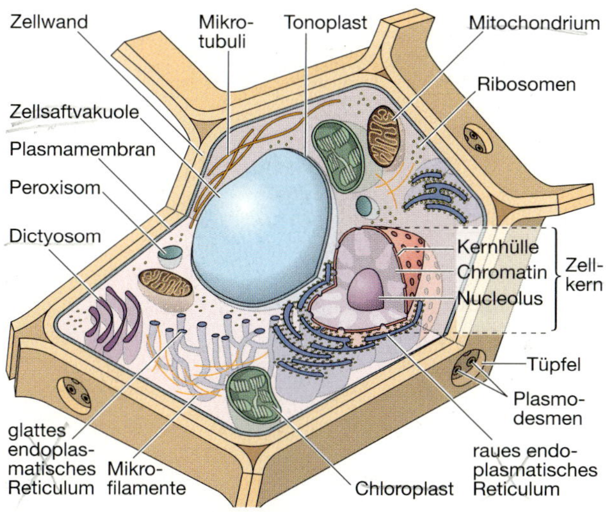

2 *Schema einer Pflanzenzelle*

Abgabe von Vesikeln. Dabei zeigen die Dictyosomen eine eindeutige *Polarität*. Auf der dem Zellkern und dem ER zugewandten *Bildungsseite* werden Syntheseprodukte aufgenommen, indem vom ER abgeschnürte Transportvesikel mit der Dictyosomenmembran verschmelzen. Auf der gegenüberliegenden, der Zellmembran zugewandten *Sekretionsseite* schnüren sich Golgi-Vesikel ab, die zur Zelloberfläche oder zu den Lysosomen weitertransportiert werden.

Die Produkte des ER werden, während sie den Golgi-Apparat passieren, chemisch verändert. Hier werden zum Beispiel Membranproteine und -lipide mit Zuckerketten versehen, sodass Glykoproteine und Glykolipide entstehen (→ S. 41). Ihre „individuelle Kennung" erhalten die Moleküle, indem einzelne Zuckerbausteine „angehängt" oder „abgeschnitten" werden. Die Dictyosomen stellen auch solche Kohlenhydrate her, die als *Sekrete* aus der Zelle ausgeschieden werden. Die vom Golgi-Apparat abgegebenen Sekrete können jedoch sehr unterschiedlich sein. Golgi-Vesikel pflanzlicher Zellen enthalten zum Beispiel Moleküle, die für den Aufbau der Zellwand benötigt werden. In Zellen der Dünndarmwand bilden die Dictyosomen Schleimbestandteile. Bei Einzellern, die im Süßwasser vorkommen, sind Golgi-Vesikel an der Wasserausscheidung über die pulsierende Vakuole beteiligt (→ S. 26).

Lysosomen. In der Zelle kommen weitere vom Golgi-Apparat abgeschnürte Vesikel vor, die entsprechend ihrer Funktion als *Lysosomen* bezeichnet werden. Sie dienen dazu, zelleigenes und zellfremdes Material zu verdauen um die Bausteine der Zelle für neue Synthesen zugänglich zu machen. Lysosomen enthalten Enzyme für den Abbau aller in der Zelle vorhandenen Makromoleküle. Wenn die Zelle stirbt, geben die Lysosomen ihre Enzyme nach außen ab, sodass die Zelle sich selbst verdaut. Die Abbauprodukte werden von Nachbarzellen wieder verwendet. Pflanzenzellen enthalten keine Lysosomen. Deren Funktion wird dort von der Vakuole erfüllt.

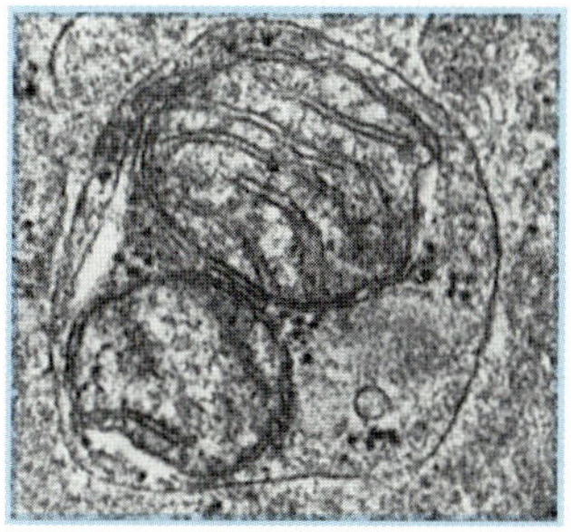

3 *Ein Lysosom verdaut ein Mitochondrium.*

Vakuolen. *Vakuolen* sind große Vesikel, die der Verdauung von Makromolekülen dienen, aber auch Produkte des Zellstoffwechsels speichern. Sie entstehen bei der Endocytose oder durch die Fusion von Vesikeln, die von ER und Golgi-Apparat abgeschnürt werden. Damit sind Vakuolen Bestandteile des inneren Membransystems. In ausgewachsenen Pflanzenzellen findet sich meist eine große, zentral gelegene Vakuole. Durch ihren osmotischen Wert sorgt die Zentralvakuole für den *Innendruck* der Zelle (→ S. 42).

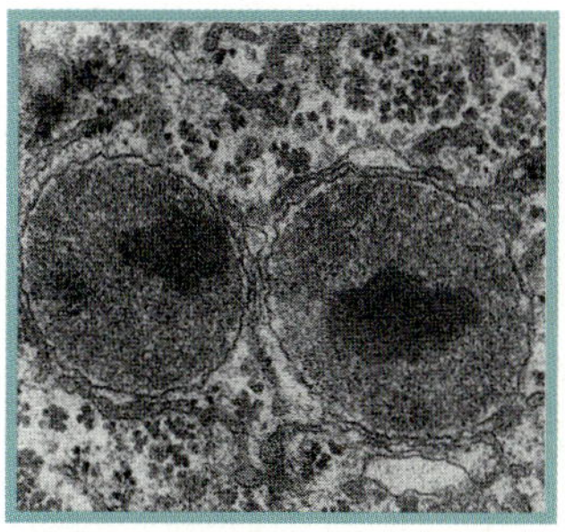

4 *Peroxisomen*

Peroxisomen. *Peroxisomen* oder *Microbodies* sind vesikelähnliche Organellen, die in unterschiedlichen Zellen sehr verschiedene Funktionen haben. Mithilfe von Enzymen bauen sie Fettsäuren und andere Substrate ab. Häufig enthalten sie *Katalase*, die das im Stoffwechsel entstehende Zellgift *Wasserstoffperoxid* in Sauerstoff und Wasser zerlegt. In Leberzellen dienen sie dazu, Alkohol und andere schädliche Verbindungen zu entgiften. Peroxisomen schnüren sich nicht vom inneren Membransystem ab, sondern vermehren sich durch Teilung.

Die Zellorganellen

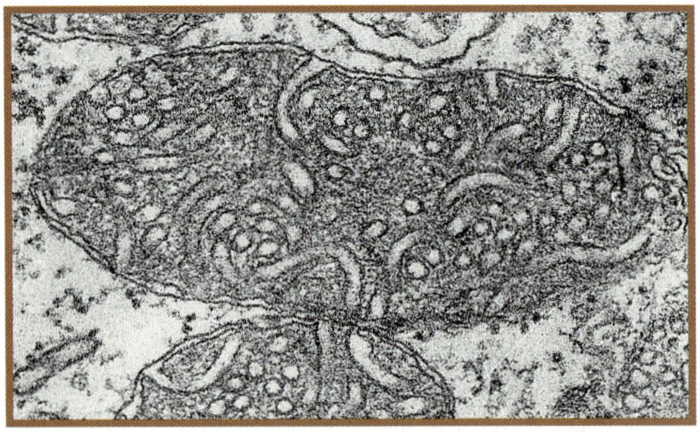

1 *Die innere Mitochondrienmembran ist stark eingefaltet.*

Mitochondrien. *Mitochondrien* sind von zwei Membranen umgeben. Die äußere Mitochondrienmembran ist glatt, die innere Membran zeigt dagegen zahlreiche Einfaltungen nach innen, die als *Cristae* (Einzahl *Crista*) bezeichnet werden. Die beiden Membranen gliedern das Mitochondrium in zwei Kompartimente: den *Intermembranraum* zwischen den Membranen und die *Matrix* im Innern des Mitochondriums. Die Matrix enthält Ribosomen, mitochondriale DNA und zahlreiche Enzyme des Kohlenhydrat- und Lipidstoffwechsels.

Mitochondrien sind die Organellen der *Zellatmung*. Bei diesem Stoffwechselvorgang wird aus Zuckern, Fetten und anderen Nährstoffen mithilfe von Sauerstoff Energie gewonnen und in eine chemische, für die Zelle nutzbare Form umgesetzt (→ S. 96). In Zellen mit hoher Stoffwechselrate finden sich daher besonders viele Mitochondrien. Leberzellen enthalten beispielsweise über 1000 Mitochondrien, manche Algenzellen dagegen nur ein einziges.

Chloroplasten. *Chloroplasten* gehören zu den *Plastiden* (→ S. 17), sie kommen nur in Pflanzenzellen vor. Wie die Mitochondrien sind sie durch zwei Membranen gegen das Cytoplasma abgegrenzt. Im Innern des Chloroplasten befindet sich ein weiteres Membransystem aus flachen Zisternen, den so genannten *Thylakoiden*. Bereiche, in denen die Thylakoide wie Münzen dicht übereinander gestapelt sind, nennt man *Grana*. Sie erscheinen im elektronenmikroskopischen Bild dunkel gefärbt. Der Raum außerhalb der Thylakoide heißt *Stroma*. Im Chloroplasten lassen sich demnach drei Kompartimente unterscheiden: der schmale Intermembranraum zwischen äußerer und innerer Membran, das Stroma und der Thylakoid-Innenraum. Die Chloroplasten sind die Organellen der *Fotosynthese* (→ S. 118). 122

Mitochondrien und Chloroplasten im Vergleich. Mitochondrien und Chloroplasten sind die wichtigsten Energieumwandler der Zellen. Beide sind von Membranen umschlossen, die keine Verbindung zum inneren Membransystem der Zelle haben. Beide Organellen besitzen auch eigene DNA und RNA sowie Ribosomen, die einen Teil der Eiweiße synthetisieren. Mitochondrien wie Chloroplasten vermehren sich unabhängig vom Zellteilungszyklus durch Zweiteilung.

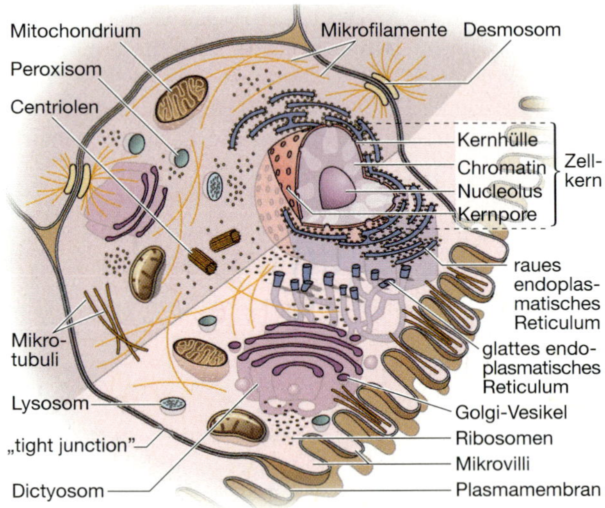

Cytoskelett. Das Cytoplasma ist von einem Netzwerk feiner Proteinstrukturen durchzogen, das in seiner Gesamtheit als *Cytoskelett* bezeichnet wird. Es sorgt für die *mechanische Festigkeit* der Zelle und hält die Zellorganellen an ihrem Platz im Cytoplasma. In tierischen Geweben, deren Zellen keine festen Zellwände haben, gewährleistet das Cytoskelett Zusammenhalt und Stabilität. Daneben ist das Cytoskelett für *Bewe-*

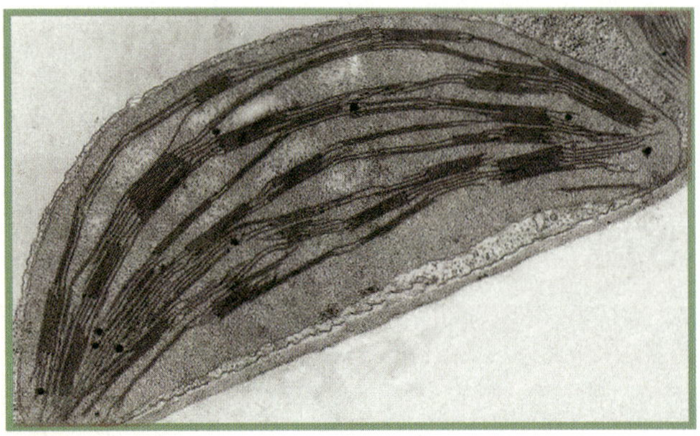

2 *Chloroplasten sind in drei Kompartimente gegliedert.*

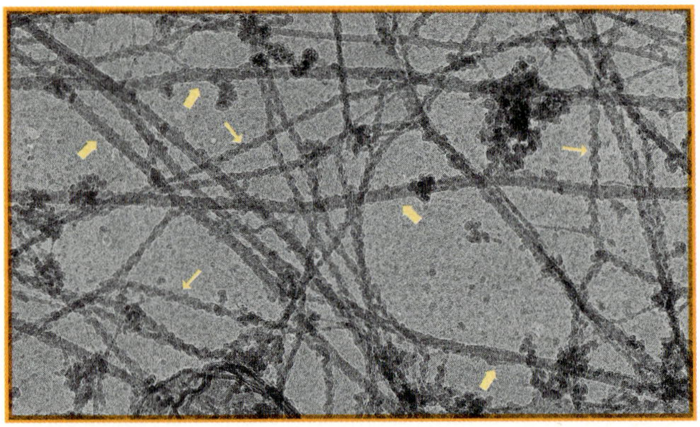

3 *Mikrofilamente (→) und Mikrotubuli (➡) des Cytoskeletts*

+122.3-6

gungsvorgänge verantwortlich. Dazu gehören Formveränderungen ganzer Zellen wie zum Beispiel die Bildung von Pseudopodien bei Amöben (→ S. 26), aber auch Transportvorgänge innerhalb der Zelle wie die Cytoplasmaströmung und der Transport von Vesikeln. Man unterscheidet röhrenförmige und fadenartige Bestandteile:

Mikrotubuli sind Röhren von rund 25 nm Durchmesser, deren Wand aus Tubulin, einem globulären Protein, besteht. Mikrotubuli wachsen, indem sich an einem Ende neue Tubulinmoleküle anlagern. Werden Tubulinbausteine abgebaut, so verkürzt sich die Röhre. Durch Auf- und Abbau von Mikrotubuli kommt die Bewegung der Chromosomen bei der Kernteilung zustande (→ S. 20). Aber auch Geißeln und Cilien enthalten Mikrotubuli. Diese zeigen im Querschnitt ein Muster

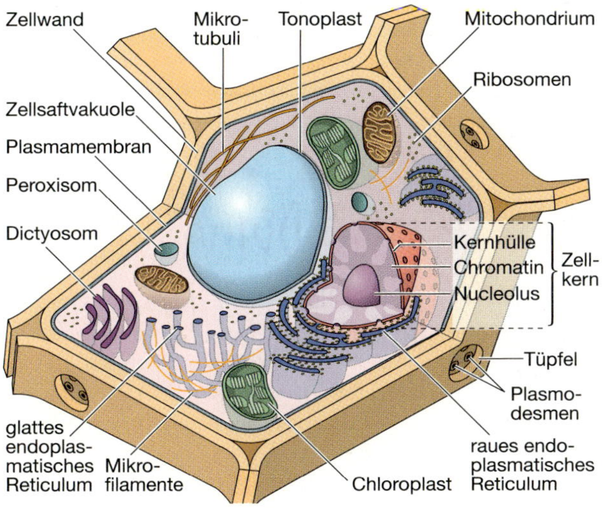

von neun kreisförmig angeordneten Doppelröhren und zwei zentralen Einzelröhren (→ Bild 1).

Geißeln und Cilien sind stets durch den *Basalkörper* in der Zelle „verankert“. In diesem Bereich finden sich Mikrotubuli nicht als Doppelröhren, sondern in Dreiergruppen angeordnet. Genau dieselbe Struktur weisen *Centriolen* auf, die bei Tierzellen paarweise in der Nähe des Zellkerns liegen. Sie verdoppeln sich, bevor sich die Zelle teilt. Man nimmt an, dass die Centriolen zur Organisation des Spindelapparats beitragen. Ihre genaue Funktion ist nicht bekannt.

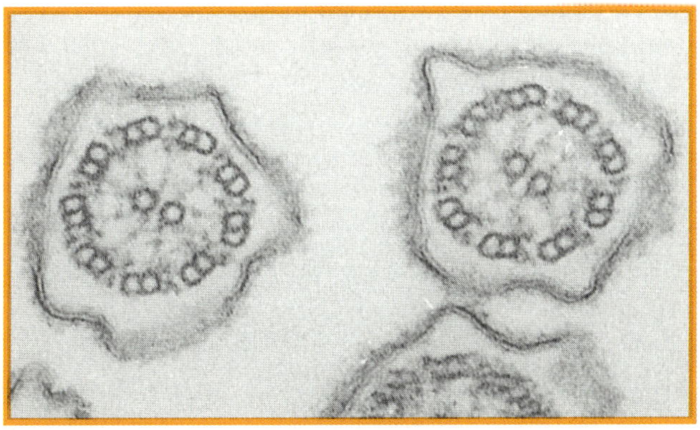

1 *Geißelquerschnitte: typische Anordnung der Mikrotubuli*

Mikrofilamente sind sehr dünne, aber dennoch stabile Proteinfäden. Sie bestehen aus Aktin und Myosinelementen. Aktinmoleküle reihen sich wie Perlen aneinander, je zwei „Perlschnüre“ bilden, kordelartig umeinander gewunden, das Mikrofilament (→ Bild 3, gegenüberliegende Seite). Die Bewegung entsteht dadurch, dass Aktinfilamente an Myosinmolekülen entlangwandern. So kommt beispielsweise die Cytoplasmaströmung in Pflanzenzellen zustande. In Muskeln gibt es auch reine Myosinfilamente. Bei der Muskelanspannung verkürzt sich die Faser, indem Aktin- und Myosinfilamente ineinander gleiten (→ S. 107). In Darmwandzellen versteifen fest miteinander verbundene Mikrofilamente die Mikrovilli.

Die Zellwand. Nur Pflanzenzellen besitzen eine *Zellwand*. Sie wird an der Außenseite der Zellmembran gebildet. Die Zellwand verleiht der Zelle eine feste Form. Sie wirkt dem osmotischen Innendruck (→ S. 42) entgegen und verhindert so, dass die Zelle zu viel Wasser aufnimmt und platzt. Zusammen mit der Vakuole gewährleistet die Zellwand die Stabilität krautiger Pflanzenteile. Poren in der Zellwand ermöglichen den Durchtritt von *Plasmodesmen*. Plasmodesmen sind membranumhüllte Cytoplasmastränge, die das Zellinnere benachbarter Pflanzenzellen miteinander verbinden. Sie treten gehäuft im Bereich so genannter *Tüpfel* auf.

2 *Anordnung der Cellulosefibrillen in der Zellwand*

Die Zellwand besteht aus *Cellulosefasern*, die in eine Grundsubstanz aus anderen Kohlenhydraten und Proteinen eingebettet sind. Nach einer Zellteilung entsteht zunächst eine Mittellamelle aus Pektin. Dieses gelartige Kohlenhydrat hält die Tochterzellen zusammen. Dann wird die Primärwand aufgelagert, die unregelmäßig angeordnete Cellulosefasern enthält. Ist die endgültige Zellgröße erreicht, wird die Sekundärwand gebildet. Da die Cellulosefasern parallel und sehr dicht angeordnet sind, ist die Sekundärwand nicht mehr dehnbar. Die Tüpfel werden bei der Sekundärwandbildung ausgespart.

1 Zellorganellen sind gegenüber dem Cytoplasma unterschiedlich abgegrenzt. Stellen Sie in einer Tabelle Organellen mit zwei, einer und ohne Membran zusammen und erklären Sie die jeweilige Funktion der Organellen.

2 Überlegen Sie, welche Zellbestandteile durch Membranfluss miteinander in Verbindung stehen.

3 Vergleichen Sie die Schemazeichnungen von Tier- und Pflanzenzelle miteinander und machen Sie sich Gemeinsamkeiten und Unterschiede klar.

Material – Methode – Praxis: **Isolierung von Zellbestandteilen**

Einen wichtigen Fortschritt in der Erforschung der Zellorganellen brachten Methoden, mit denen man die Zellbestandteile voneinander trennen kann. Sie ermöglichen es, bestimmte Organellen anzureichern, um ihre jeweilige Funktion zu untersuchen. So lassen sich auch die Stoffwechselprozesse gut analysieren, die dort stattfinden. Das Verfahren, mit dem die Zellorganellen getrennt und angereichert werden, heißt *Zellfraktionierung*.

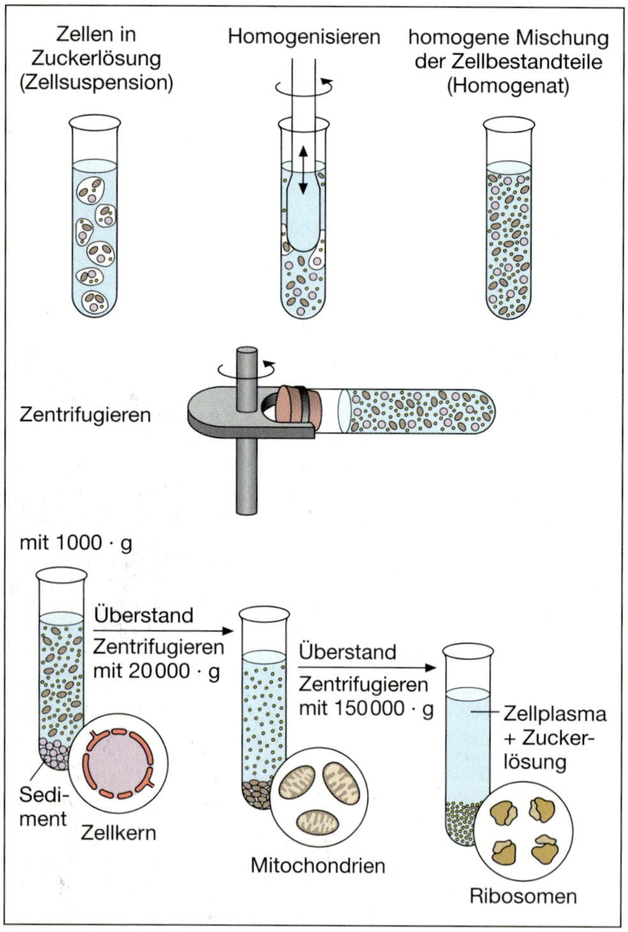

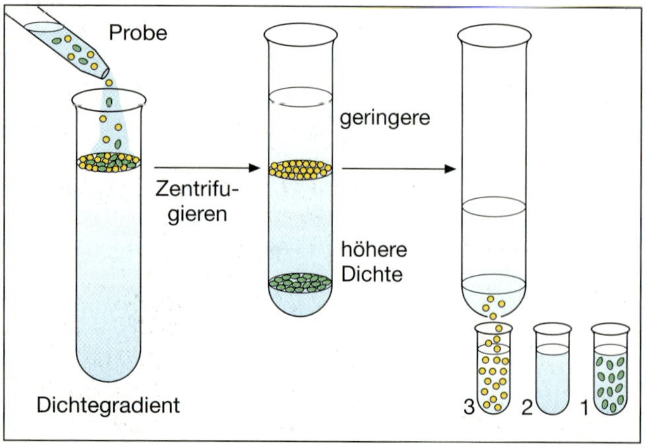

Zellfraktionierung

Homogenisieren. Zunächst wird das Gewebe vorsichtig in einer Lösung zerkleinert, die einen ähnlichen osmotischen Wert hat wie das Zellinnere, sodass die Organellen funktionsfähig bleiben. Man erhält ein Gemisch aus verschiedenen Zellbestandteilen, das *Zellhomogenat*.

Zentrifugieren. Durch Zentrifugieren werden die Zellbestandteile voneinander getrennt. Moderne *Ultrazentrifugen* erreichen mehr als 100 000 Umdrehungen pro Minute. Große und schwere Zellbestandteile setzen sich schon bei niedriger Drehzahl als *Sediment* am Boden des Gefäßes ab. Die Flüssigkeit darüber, der *Überstand*, enthält kleine und leichte Zellstrukturen. Er wird in ein anderes Glas gegossen und bei höherer Drehzahl erneut zentrifugiert. Das mehrmalige Wiederholen der Schritte bei zunehmender Drehzahl dient der Auftrennung der Zellbestandteile: *differenzielle Zentrifugation*.

Eine Trennmethode, bei der durch einmaliges Zentrifugieren Bestandteile ähnlicher Größe, aber verschiedener Dichte voneinander getrennt werden können, ist die *Dichtegradientenzentrifugation* (→ unten links). Sie eignet sich zur Feinauftrennung von Proben, die bereits durch differenzielle Zentrifugation gereinigt sind, aber auch zur Isolierung von Makromolekülen. Dazu füllt man ein Zentrifugengefäß mit einer Lösung, deren Dichte von oben nach unten zunimmt. Um einen solchen *Dichtegradienten* zu erzeugen, verwendet man beispielsweise Rohrzuckerlösung mit steigender Konzentration. Dann gibt man das Zellhomogenat zu und zentrifugiert. Die Zellbestandteile reichern sich in der Zone an, die ihrer eigenen Dichte entspricht. Die einzelnen Schichten mit Organellen gleicher Dichte können getrennt entnommen werden.

1 Erläutern Sie, warum die Zellfraktionierung zu den wichtigsten Methoden der Zellbiologie gehört.

2 Vergleichen Sie die beiden Trennverfahren. Welche Vorteile bietet die Dichtegradientenzentrifugation gegenüber der differenziellen Zentrifugation?

3 Aus den Volumenanteilen der Organellen kann man auf die Funktion der Zellen rückschließen. Das Bild unten zeigt das Ergebnis der Zellfraktionierung von wachsenden und ausdifferenzierten Zellen einer Erbsenpflanze. Erkären Sie!

☞ Stichworte zu weiteren Informationen

Sedimentationskoeffizient, Svedberg-Einheit, Herstellung von Dichtegradienten, Zononzentrifugation

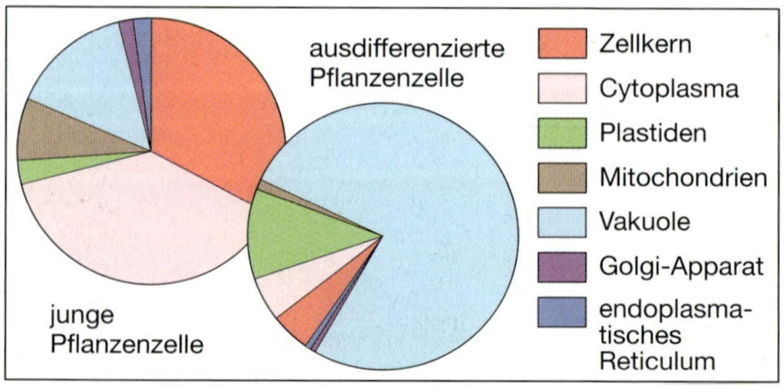

Material – Methode – Praxis: **Interpretation elektronenmikroskopischer Bilder**

Das Elektronenmikroskop bildet winzige Strukturen mit einer sehr hohen Auflösung ab. Allerdings sind die Abbildungen nicht immer leicht zu deuten, vor allem weil *keine lebenden Gewebe* untersucht werden können. Die Objekte müssen fixiert und meist auch kontrastiert werden. Durch die Präparation können künstliche Veränderungen, so genannte *Artefakte*, entstehen. Zudem zeigen die Bilder äußerst dünne Schnitte räumlicher Strukturen. Unter dem Einfluss der Elektronenstrahlen werden die Präparate extrem erhitzt, sodass leicht flüchtige Elemente verdampfen. Elektronenmikroskopische Aufnahmen zeigen daher oft eher ein lebensnahes Modell als ein „Foto“ der ursprünglichen Strukturen.

1 Licht- und elektronenmikroskopische Aufnahmen unterscheiden sich grundlegend. Woran erkennen Sie, von welchem Mikroskoptyp eine Aufnahme stammt?

2 Stellen Sie sich vor, das Elektronenmikroskop wäre vor dem Lichtmikroskop erfunden worden. Welche Schwierigkeiten für die Interpretation der EM-Bilder hätte dies gebracht?

3 Die Abbildungen auf dieser Seite wurden nach verschiedenen Präparationstechniken angefertigt. Benennen Sie die Methoden und erklären Sie die jeweils notwendigen Arbeitsschritte. Vergleichen Sie, welches Verfahren bestimmte Strukturen besser sichtbar macht.

4 Das Bild unten zeigt einen Ausschnitt aus einer Hefezelle. Fertigen Sie eine Schemazeichnung des Zellausschnitts an, die den Feinbau der Organellen verdeutlicht.

5 Benennen Sie die Strukturen, die in den beiden Abbildungen rechts mit Ziffern versehen sind. Handelt es sich um tierische oder pflanzliche Zellen? Begründen Sie. Erklären Sie, welche Aufgaben die beschrifteten Zellbestandteile haben.

6 Legen Sie eine Folie über das Bild unten rechts und zeichnen Sie die verschiedenen Organellen mit unterschiedlichen Farben nach. Ermitteln Sie mithilfe von Karopapier den ungefähren Flächenanteil der Organellen an der Gesamtfläche. Aus welchem Organ könnte die abgebildete Zelle stammen? Begründen Sie Ihre Meinung.

☞ **Stichworte zu weiteren Informationen**
Kontrastierung, Einbettung, Artefakt, Serienschnitte

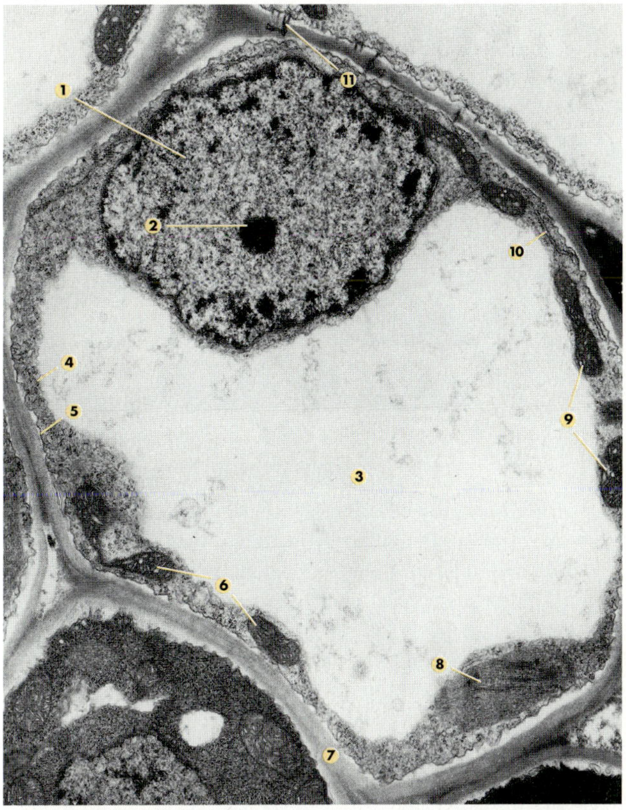

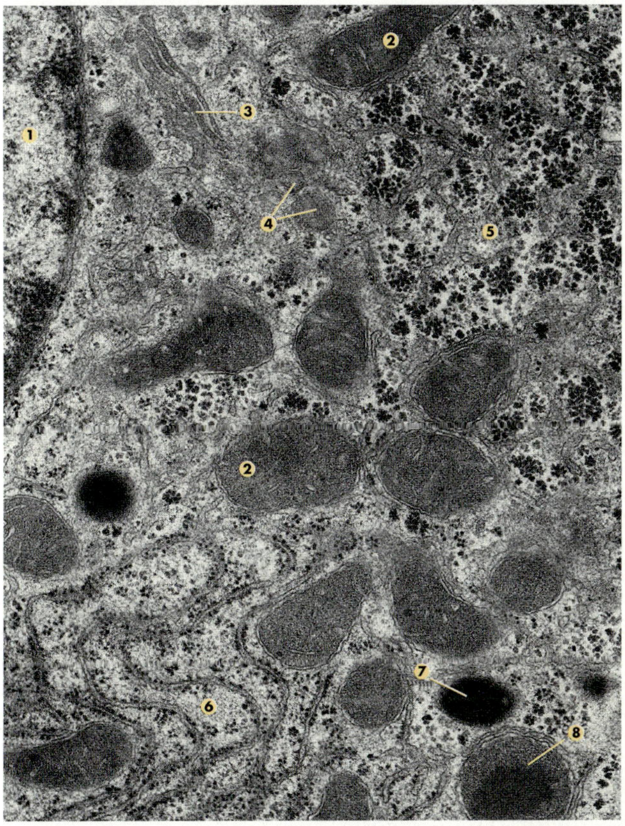

Bakterien

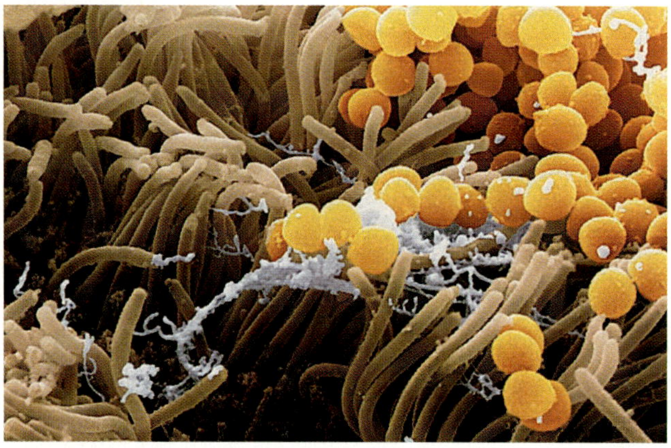

1 Staphylococcus aureus lebt auf der Nasenschleimhaut.

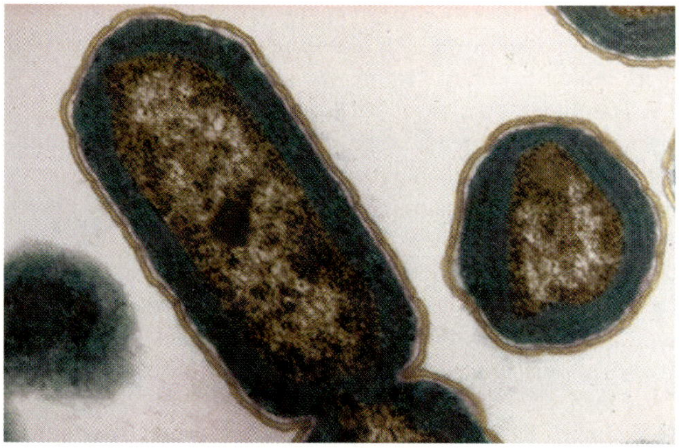

2 Die Zellmembran des Cyanobakteriums bildet Thylakoide.

Fast alle für uns sichtbaren Lebewesen in unserer Umgebung – Tiere, Pflanzen und Pilze – sind *Eukaryoten*. Sie bestehen aus Zellen, die sich vor allem durch den Besitz eines Zellkerns auszeichnen. Weitaus häufiger sind jedoch Organismen, deren Zellen keinen Kern haben und die nicht in Kompartimente oder Organellen gegliedert sind: die *Prokaryoten*.

Die größte Gruppe unter den Prokaryoten sind die *Bakterien*. Sie besiedeln in unvorstellbar großer Zahl fast alle Lebensräume der Erde. Im Alltag nehmen wir Bakterien am ehesten als *Verursacher von Infektionen* oder durch verdorbene Lebensmittel wahr. Dabei sind Bakterien für das Leben auf der Erde unentbehrlich. Als *Destruenten* sorgen sie für den Abbau organischer Stoffe. Sie sind verantwortlich dafür, dass Stickstoff, Kohlenstoff und andere Elemente aus der Körpersubstanz der Lebewesen den Stoffkreisläufen in mineralischer Form wieder zugeführt werden. Darüber hinaus spielen sie eine wichtige Rolle als *Symbionten* von Pflanzen, Tieren und des Menschen. Ein bekanntes Beispiel sind die Pansenbakterien, die im Magen von Wiederkäuern zusammen mit Einzellern Cellulose abbauen.

Die meisten Bakterien sind relativ klein, ihre Länge liegt bei 1 bis 10 µm. Die Zellen sind sehr unterschiedlich geformt. Im Mikroskop lassen sich kugelige, stäbchenförmige und spiralartig gewundene Arten unterscheiden. Die Zellgestalt ist aber nicht typisch für eine bestimmte Bakteriengruppe. Viele Arten bilden zwei- oder mehrzellige Verbände.

Bei fast allen Bakterien ist der Zellmembran nach außen eine *Zellwand* aufgelagert. Deshalb wurden Bakterien früher den Pflanzen zugerechnet. Die Bakterienzellwand unterscheidet sich jedoch grundsätzlich von der der Pflanzen (→ S. 49). Sie besteht aus *Murein*, einem Makromolekül aus Zuckerketten, die durch Proteine verbunden sind. Das Mureinmolekül umhüllt die Zelle wie ein festes Netz.

Die Erbsubstanz liegt als einziges, ringförmiges Chromosom im Cytoplasma. Diesen Bereich in der Zellmitte nennt man *Nucleoid*. Weitere kleine DNA-Ringe, die *Plasmide*, tragen meist nur wenige Gene. Diese sind vor allem für „Sonderaufgaben" wie die Resistenz gegen Antibiotika oder den Abbau ungewöhnlicher Substanzen verantwortlich.

Bakterien vermehren sich ausschließlich asexuell durch *Zweiteilung*. Unter günstigen Bedingungen verdoppelt sich die Population alle 1 bis 3 Stunden. Die extrem kurze Generationsdauer ermöglicht es den Bakterien, sich sehr rasch an veränderte Umweltbedingungen anzupassen. Voraussetzung dafür sind genetische Veränderungen. Bei der *Konjugation* wird durch den Austausch von Plasmiden genetische Information zwischen zwei Zellen übertragen. Hauptursache für genetische Variabilität sind jedoch Mutationen.

Cyanobakterien. *Cyanobakterien* sind ähnlich aufgebaut, jedoch meist 5- bis 10-mal größer als die übrigen Bakterien. Wegen ihrer oft blaugrünen Färbung und der Fähigkeit, Fotosynthese zu betreiben, bezeichnet man sie auch als *Blaualgen*. Ihre Zellmembran ist – ähnlich wie die innere Membran der Chloroplasten – vielfach eingefaltet, sodass Thylakoide entstehen. Die meisten Arten kommen im Boden und im Süßwasser vor. Sie bilden häufig fadenförmige Zellkolonien (→ Bilder 1–6, S. 13). Manche leben in Symbiose mit Pilzen als *Flechten*. Auffällig ist das oft massenhafte Vorkommen von Cyanobakterien an extremen Standorten. Neben der Toleranz vieler Arten gegenüber Kälte und Trockenheit, kommt ihnen dabei die Fähigkeit zugute, *Luftstickstoff* für die Proteinsynthese zu nutzen.

Archaeen. *Archaeen* sind einzellige, von einer Zellwand umgebene Organismen, die vor allem extreme Lebensräume besiedeln (→ S. 66). Sie werden auch als *Archaebakterien* (von griech. *archeios*: urtümlich) bezeichnet. Der Name weist darauf hin, dass Archaeen an solche Lebensbedingungen angepasst sind, wie sie vermutlich in der Frühzeit der Erdentwicklung geherrscht haben. Da sie ähnlich gebaut sind wie Bakterien, hielt man sie lange Zeit für sehr ursprüngliche Bakterien. Erst molekulargenetische Untersuchungen zeigten, dass Archaeen zwar wie Bakterien Prokaryoten sind, in bestimmten Genen aber den Eukaryoten näher stehen.

1 Informieren Sie sich über Bakterien in der Biotechnologie, bei der Abwasserreinigung und als Indikatororganismen.

2 Das Cyanobakterium Spirulina wird wegen seines hohen Gehalts an Vitamin B_{12} als Nahrungszusatz für Vegetarier angeboten. Gibt es weitere ernährungsphysiologische Vorteile?

Eukaryoten – Prokaryoten – Viren

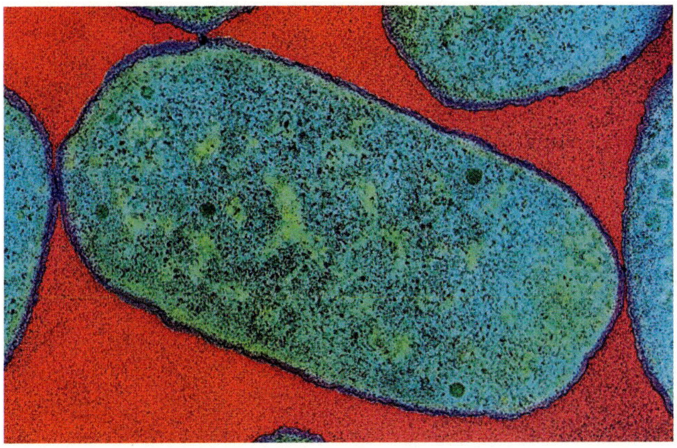

1 *TEM-Aufnahme des Bakteriums Escherichia coli*

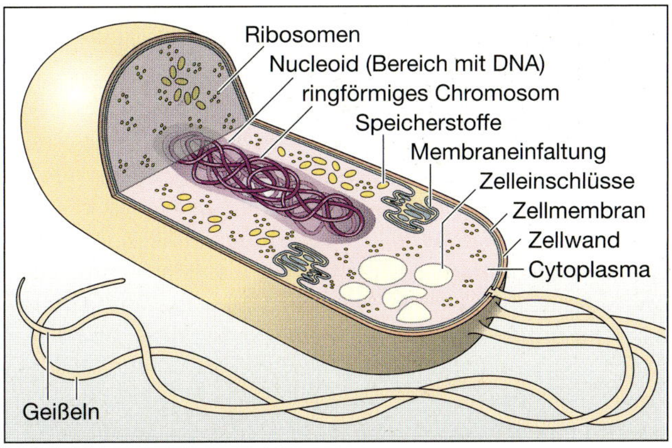

2 *Schematischer Aufbau einer Bakterienzelle*

Eukaryotische Zellen haben charakteristische Merkmale, die im Elektronenmikroskop sichtbar gemacht werden können. Dazu gehören die Untergliederung der Zelle in membranumgrenzte Organellen und das Cytoskelett. Die Erbsubstanz ist in mehrere Chromosomen gegliedert, deren Anzahl typisch ist für Arten oder Verwandtschaftsgruppen. Bei Vielzellern sind besondere Strukturen ausgebildet um die einzelnen Zellen miteinander zu verbinden. Die Organisationsform der eukaryotischen Zelle wird als *Eucyte* bezeichnet. Man nimmt an, dass die Eucyte aus einer Symbiose prokaryotischer Vorläuferorganismen hervorgegangen ist (→ S. 54).

Die *Protocyte*, die Organisationsform der Prokaryoten, ist deutlich einfacher strukturiert. Die Zellen sind im Durchschnitt wesentlich kleiner, sie unterscheiden sich untereinander nur wenig in ihrem Bau. Die Erbsubstanz ist in einem einzigen Chromosom konzentriert, dessen DNA-Gehalt nur etwa ein Tausendstel der DNA einer Eukaryotenzelle ausmacht. Von Membranen umgebene Organellen, wie sie für die Eucyte typisch sind, treten nicht auf. An einigen Stellen faltet sich die Zellmembran ins Zellinnere ein. In diesen Bereichen findet die Zellatmung statt. Die Ribosomen der Protocyte sind etwas kleiner als die der Eucyte. Ihre Masse wird in Svedberg-Einheiten (abgekürzt S), einem Maß für die Sedimentationsgeschwindigkeit, angegeben. Prokaryotische Ribosomen haben eine Masse von 70 S, während im Cytoplasma der Eucyte 80 S-Ribosomen vorliegen. Echte Vielzelligkeit ist bei den Prokaryoten nicht entstanden. Bei einigen Arten gibt es jedoch Zellverbände, die eine gewisse Arbeitsteilung erkennen lassen, wie sie auch bei Einzellerkolonien vorkommt (→ S. 10, 30).

Viren. Im Gegensatz zu Prokaryoten sind *Viren* keine Zellen. Sie bestehen nur aus einem Nukleinsäurefaden, der von einer Eiweißhülle umgeben ist. Komplizierter gebaute Viren sind zusätzlich von einer Membran umhüllt. Der Nukleinsäurefaden enthält die Erbinformation. Da Viren keinen eigenen Stoffwechsel haben, können sie sich nicht selbst vermehren. Indem sie ihre Erbinformation in eine Wirtszelle einschleusen, bringen sie diese dazu, infektiöse Viren herzustellen. Bestimmte Viren, die *Bakteriophagen*, befallen ausschließlich Bakterien. Andere sind auf Pflanzen oder Pilze spezialisiert. Im menschlichen Körper sind sie als Erreger für Krankheiten wie Grippe, Masern und Tollwut verantwortlich. Ihre Größe liegt mit 10 bis 300 nm nochmals deutlich unter der der Prokaryoten.

Vergleich zwischen Eukaryoten und Prokaryoten

Merkmal	Eukaryoten	Prokaryoten
membranumgrenzte Organellen	+	–
Erbsubstanz	mehrere Chromosomen	1 ringförmiges Chromosom, Plasmide
genet. Austausch	Geschlechtszellen	Konjugation
Ribosomen	80 S	70 S
Cytoskelett	+	–
Geißeln	Aufbau aus Mikrotubuli (9x2+2-Muster)	Proteinfilamente, außen an der Zelle befestigt
Zellgröße	2–20(–300) µm	0,2–10(–50) µm
Vielzelligkeit	(+)	–

1 Ergänzen Sie die Tabelle: Vergleichen Sie die entsprechenden Merkmale für Mitochondrien und Plastiden mit denen der Prokaryoten. Welche Schlüsse legt der Vergleich nahe?

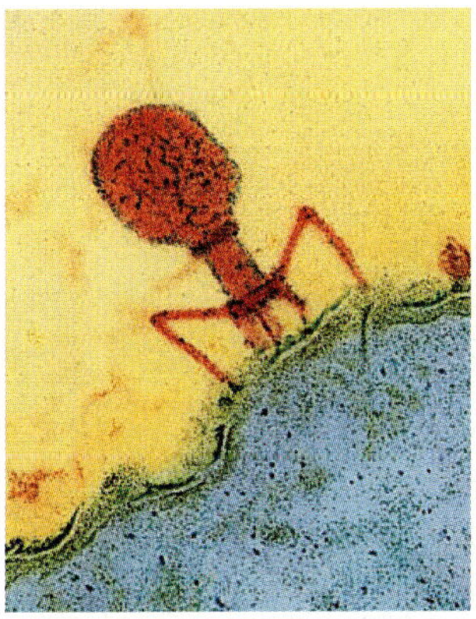

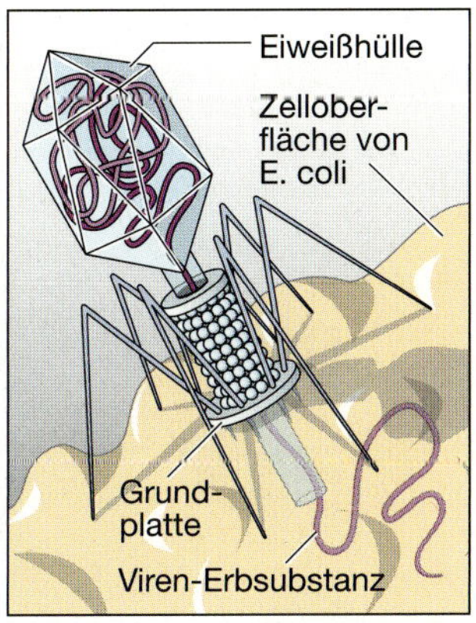

3 und 4 *Der Bakteriophage T4 schleust seine Erbsubstanz in ein E.-coli-Bakterium ein. Rechts ein Schema des Virus.*

Herkunft der Eukaryotenzelle

Alle bekannten Lebewesen lassen sich auf die Zelltypen Protocyte und Eucyte zurückführen. Trotz ihrer grundsätzlichen Verschiedenheit weisen Übereinstimmungen wie die einheitliche Verschlüsselung der Erbinformation und die Art der Proteinsynthese auf eine *Verwandtschaft von Prokaryoten und Eukaryoten* hin. Man nimmt an, dass sich die eukaryotische Zelle aus der evolutiv wesentlich älteren prokaryotischen Zelle entwickelt hat. Wie dieser Prozess verlaufen sein könnte, ist eine der fundamentalen Fragen der Biologie.

Die Endosymbiontentheorie. Schon Ende des 19. Jahrhunderts machten Wissenschaftler die Beobachtung, dass sich Mitochondrien und Plastiden unabhängig vom Zellzyklus durch Zweiteilung vermehren. Der Biologe R. ALTMANN stellte daraufhin die Hypothese auf, die beiden Organellen könnten von ursprünglich frei lebenden Einzellern abstammen.

Aus dieser Hypothese entstand die *Endosymbiontentheorie*. Sie geht davon aus, dass große, organellenfreie Prokaryoten kleinere, bakterienähnliche Organismen zum Beispiel als Beute in die Zelle aufnahmen. Diese wurden aber nicht verdaut, sondern lebten im Cytoplasma der Wirtszelle weiter, zunächst vielleicht als Parasiten. Das Verhältnis zwischen den Zellen entwickelte sich jedoch so, dass beide Partner Vorteile daraus zogen. Indem Wirt und Symbiont immer stärker voneinander abhängig wurden, entstand ein *Organismus*, dessen einzelne Bestandteile nicht mehr getrennt voneinander existieren konnten. Als Vorläufer der Mitochondrien werden Prokaroyten angenommen, die mithilfe von Sauerstoff aus organischer Nahrung Energie gewinnen konnten. Die Plastiden könnten dagegen aus blaualgenähnlichen, Fotosynthese betreibenden Prokaryoten hervorgegangen sein.

Aus der Vorstellung, dass die Vorläufer von Mitochondrien und Plastiden durch Phagocytose in die Wirtszelle gelangten, ergibt sich von selbst, dass die Organellen von einer *doppelten Membran* umgeben sind: Die äußere Membran entspricht demnach dem Phagocytosevesikel, also der Zellmembran der Wirtszelle, die innere Membran entspricht der Zellmembran des Prokaryoten. Auch die Entdeckung, dass Mitochondrien und Plastiden eine *eigene Erbsubstanz* besitzen, stützt die Endosymbiontentheorie.

Außerdem ähneln sich Mitochondrien, Plastiden und heute lebende Prokaryoten in einigen Merkmalen. Sie stimmen beispielsweise in der *Größe* gut überein. Auch die *Größe der Ribosomen* entspricht sich: Sie haben eine Masse von *70 S*. Die *Proteine der inneren Membranen* von Plastiden und Mitochondrien stimmen mit denen der Zellmembran von Prokaryoten überein. Sie unterscheiden sich jedoch erheblich von allen anderen Membranen der eukaryotischen Zelle.

Endosymbiontische Beziehungen zwischen heute lebenden Organismen können als Modell für die Entstehung der Eucyte angesehen werden. Die Amöbe *Pelomyxa palustris* zum Beispiel besitzt keine eigenen Mitochondrien. Sie nimmt stattdessen Bakterien auf, die Zellatmung betreiben und die gewonnene Energie an die Wirtszelle abgeben.

Offene Fragen. Die Endosymbiontentheorie konzentriert sich auf die Entstehung von Mitochondrien und Chloroplasten. Daher reicht sie als Erklärung für die Entwicklung der Eucyte nicht aus. Um die Entstehung des inneren Membransystems zu verstehen, muss man andere Vorstellungen heranziehen. Die Kernhülle, das endoplasmatische Reticulum, der Golgi-Apparat und verwandte Strukturen könnten durch *Einstülpungen der Zellmembran* entstanden sein. Dabei wurden Bereiche mit speziellen Aufgaben, also einer bestimmten Enzymausstattung, voneinander abgegrenzt und zum Teil DNA-Ringe und Ribosomen umschlossen. Unklar ist jedoch, wie es zur Gliederung der Erbinformation in Chromosomen, zur Entwicklung des Spindelapparats und zu den Abläufen bei der Zellteilung kam. Auch über die Entstehung der Eukaryotengeißel mit ihrer typischen Anordnung von Mikrotubuli gibt es noch verschiedene Auffassungen.

1 Stellen Sie die Merkmale der Eucyte zusammen, die durch die Endosymbiontentheorie erklärt werden.

2 Überlegen Sie, welche Vorteile die beiden Partner aus einer Endosymbiose ziehen.

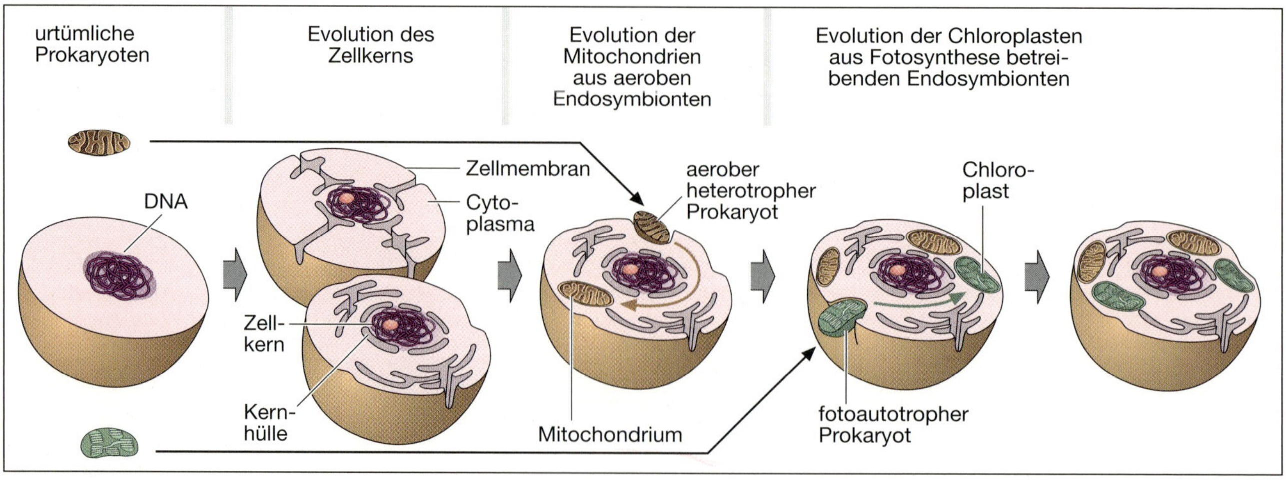

1 Um die Entstehung der Eucyte zu erklären, müssen verschiedene Vorstellungen herangezogen werden.

Überblick

■ Mithilfe des Elektronenmikroskops wurde das lichtmikroskopische Bild der Zelle erweitert. Es ermöglichte Aussagen über den Feinbau der Zellorganellen. → S. 32, 35, 46–49

■ Membranen begrenzen die Zelle nach außen, umhüllen Organellen im Innern der Zelle und gliedern das Cytoplasma in zahlreiche Kompartimente. → S. 35

■ Membranen regulieren den Austausch zwischen der Zelle und ihrer Umgebung sowie Transporte in der Zelle. → S. 35

■ Membranen verhalten sich selektiv permeabel. Hierfür sind ihre molekulare Zusammensetzung und die spezifischen Eigenschaften von Transportproteinen und Rezeptoren verantwortlich. → S. 40–43

■ Die Vorstellungen vom Feinbau der Membran wurden anhand von biochemischen Experimenten und elektronenmikroskopischen Untersuchungen immer wieder verändert und vervollständigt. Das Flüssig-Mosaik-Modell stellt die Grundlage der aktuellen Forschung dar. → S. 39

■ Lipide sind Stoffe, die sich schlecht oder gar nicht in Wasser lösen. Phospholipide haben sowohl hydrophobe als auch hydrophile Eigenschaften. Eine Doppelschicht aus Phospholipiden bildet die Grundstruktur der Membran. → S. 36, 40

■ Proteine sind Polymere aus Aminosäuren. Für die Funktion eines Proteins ist die Reihenfolge der Aminosäuren entscheidend. Sie bestimmt die spezifische Konformation. → S. 37, 38

■ Einige Membranproteine tauchen ganz oder teilweise in die Lipiddoppelschicht ein, andere sind nur locker gebunden. Die Kohlenhydratgruppen von Glykoproteinen und -lipiden ragen über die Außenfläche der Membran hinaus. → S. 40, 41

■ Passive Transportvorgänge erfolgen nur in Richtung eines Konzentrationsgefälles. Ist der Gradient ausgeglichen, kommt der Stofftransport zum Erliegen. Aktiver Transport ermöglicht es, Stoffe gegen das Konzentrationsgefälle anzureichern. Hierfür muss die Zelle Energie aufwenden. → S. 42, 43, 45

■ Zellorganellen erfüllen jeweils spezifische Funktionen: Der Zellkern steuert den Zellstoffwechsel. Er enthält auch die Erbinformation. Ribosomen bauen Proteinmoleküle auf. Das ER stellt Syntheseprodukte her, die in den Dictyosomen weiterverarbeitet, gespeichert und verpackt werden. Mitochondrien und Chloroplasten sind Energiewandler. Lysosomen bauen zelleigenes und fremdes Material ab. Peroxisomen enthalten Enzyme für verschiedene Stoffwechselvorgänge. Vakuolen erfüllen Verdauungs- und Speicherfunktion. Das Cytoskelett dient als Stützstruktur und Bewegungsmotor. → S. 46–49

■ Um Zellbestandteile chemisch zu analysieren und deren Funktion zu erforschen, werden Zellen aufgebrochen und die einzelnen Organellen durch Zentrifugation voneinander getrennt. → S. 50

■ Prokaryoten sind einzellige Organismen, deren Zellen keine membranumhüllten Organellen haben. Man unterscheidet Bakterien und Cyanobakterien von Archaeen. → S. 52, 53

■ Viren sind nichtzelluläre Partikel aus DNA oder RNA, die von einer Proteinhülle umgeben ist. Um sich zu vermehren benötigen Viren eine lebende Wirtszelle. → S. 53

■ Die Endosymbiontentheorie erklärt die Entstehung von Chloroplasten und Mitochondrien durch die Symbiose verschiedener Prokaryoten. → S. 54

Aufgaben und Anregungen

1 EM-Aufnahmen zeigen eine viel stärkere Vergrößerung als lichtmikroskopische Bilder. Wodurch kommt dies zustande und welche Nachteile sind damit verbunden? Welche Vorteile bietet demgegenüber das Lichtmikroskop? Sehen Sie Gemeinsamkeiten zwischen den beiden Mikroskoptypen?

2 Ein Bakterium, das im Darm bestimmter Fische lebt, ist 80 mal 600 µm groß. Was ist das Besondere daran? Können Sie sich vorstellen, wie es zur Entwicklung einer solchen Zelle kam?

3 Erklären Sie die Funktion von Mikrovilli. Bei welchen Zelltypen sind solche Membranausstülpungen zu erwarten?

4 Das lipophile Benzol kann ungehindert durch die Zellmembran diffundieren. Erklären Sie!

5 Beschreiben Sie ein Membranmodell, das den Durchtritt von hydrophilen wie lipophilen Stoffen erklärt.

6 Diffusion liegt fast allen Transportvorgängen in der Zelle zugrunde. Begründen Sie diese Aussage.

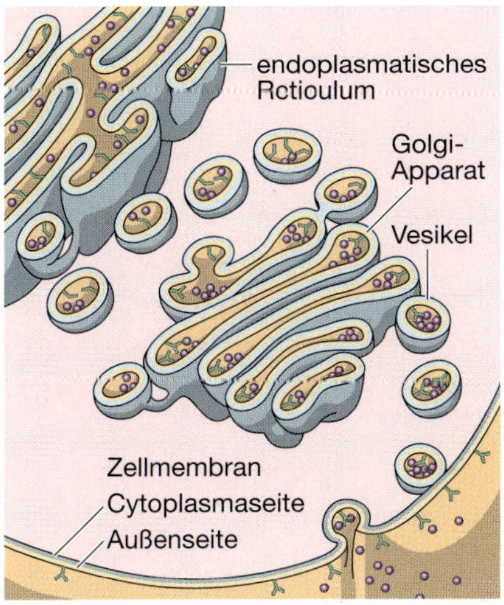

7 Wenn man Kirschen halbiert, die Hälften abspült und in kaltes Wasser legt, bleibt dieses klar. Werden sie zuvor jedoch kurz aufgekocht, färbt sich das Wasser rot. Welche Aussagen über die Eigenschaften lebender Zellen leiten Sie daraus ab?

8 Stellen Sie alle Formen des Stoffaustauschs zwischen Zellen in einer Tabelle zusammen. Berücksichtigen Sie auch direkte Zellverbindungen und die Aufnahme größerer Partikel. Bei welchen Vorgangen muss die Zelle Energie bereitstellen? Informieren Sie sich über die Geschwindigkeit der Prozesse. Für welche Stoffe kommt welcher Mechanismus infrage?

9 Die Entstehung und die Funktionsweise der Zelle sind noch nicht vollständig erforscht. Erläutern Sie mehrere Beispiele, die dies belegen.

10 Das Bild links zeigt bestimmte Strukturmerkmale der Zelle sowie Synthese- und Transportprozesse. Erläutern Sie deren Bedeutung für den Zellstoffwechsel.

Tolle Knolle – Untersuchungen an der Kartoffel

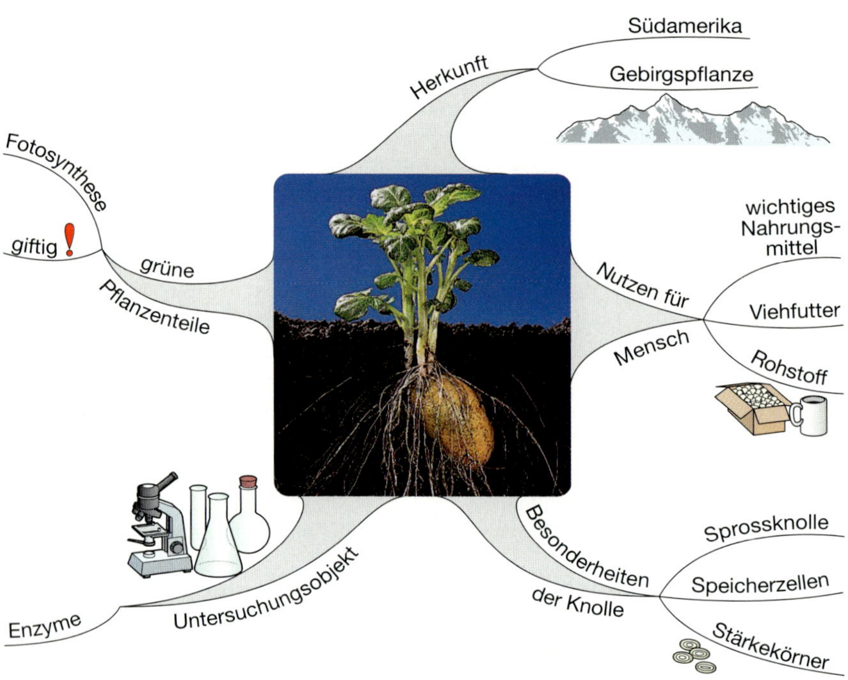

Im 16. Jahrhundert lernten die Spanier bei der Eroberung von Peru und Chile die Kartoffel kennen. Zahllose Kultursorten wurden von den Indios bis in 4000 m Höhe angebaut. In Europa entstanden zunächst bescheidene Pflanzungen in der Nähe der spanischen Häfen, zumeist von Apothekern angelegt. Noch 1565 waren Kartoffeln so kostbar, dass der spanische König Philipp II. dem erkrankten Papst Pius IV. einige Knollen zum Geschenk machte. In Deutschland wurde die Kartoffel erst um 1770 auf Betreiben der preußischen Könige Friedrich Wilhelm I. und Friedrich II. zum Volksnahrungsmittel.

Heute hat die „tolle Knolle" bei uns nicht nur als Nahrungsmittel in allen Variationen Bedeutung, sondern zunehmend auch als nachwachsender Rohstoff für die Industrie.

Die Kartoffel *(Solanum tuberosum)* gehört wie die Tomate zu den Nachtschattengewächsen *(Solanaceae)*. Essbar sind nur die *Sprossknollen*, die als Speicherorgane am Ende der unterirdischen Ausläufer sitzen und mit *Reservestoffen* voll gepackt sind. Sie dienen der vegetativen Vermehrung der Mutterpflanze. Alle anderen Pflanzenteile enthalten *Solanin*, ein Glykoalkaloid, das Vergiftungserscheinungen bis hin zum Tod durch Atemstillstand hervorrufen kann.

Die Kartoffel zählt zu den „Säulen der Welternährung". Frisch enthalten die Knollen ca. 78 % Wasser. Das Trockengewicht setzt sich aus 66 % Stärke, 4 % Zucker, 9 % Eiweiß, 0,5 % Fette und aus Mineralstoffen sowie elf verschiedenen Vitaminen zusammen, darunter *Niacin*, die Vorstufe des Coenzyms *NAD*. Vitamin C ist mit 10 bis 25 mg pro 100 g Kartoffel reichlich vorhanden. Die Kartoffel kann unter den verschiedensten Bedingungen angebaut werden, ihre Knollen lassen sich gut lagern und vielseitig verwenden. All dies macht sie zu einem der wichtigsten Grundnahrungsmittel. Daneben wird sie auch als Viehfutter genutzt. Kartoffelstärke spielt in zunehmendem Maße als *nachwachsender Rohstoff* für die Industrie eine wichtige Rolle. Dafür ist vor allem eine genau definierte Stärkequalität erwünscht, die durch Züchtung und den Einsatz gentechnischer Methoden erreicht wird.

☞ Basisinformationen

Kulturpflanzen (→ S. 133), Stärke (→ S. 86), Coenzyme (→ S. 69)

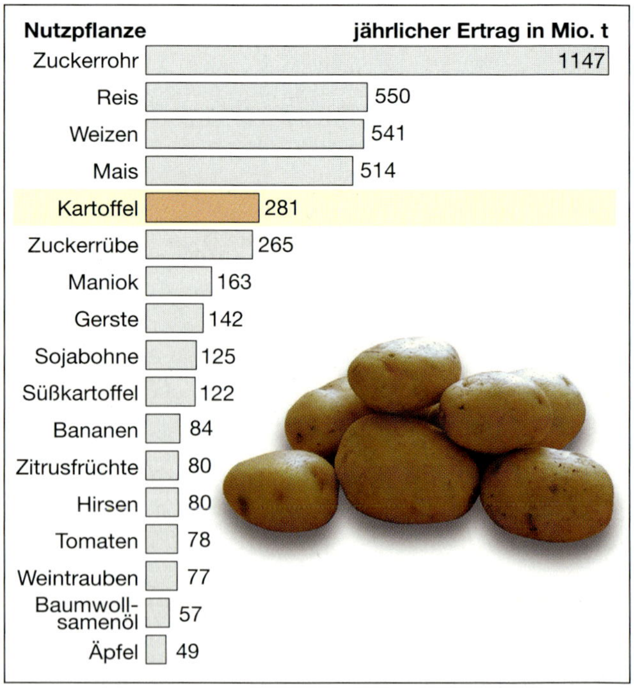

1 Stellung der Kartoffel unter den übrigen „Säulen der Welternährung". Die Angaben beziehen sich auf das Frischgewicht der jeweils verwendeten Pflanzenteile.

1 Die Kartoffel stammt ursprünglich aus den Anden. Informieren Sie sich über die heutigen Kartoffelanbaugebiete und über die Bedingungen, unter denen sich die Knollen ausbilden.

2 Kartoffeln – nein, danke! Kartoffeln gelten oft als „Dickmacher". Trifft diese Einschätzung zu? Beurteilen Sie die Kartoffel und Kartoffelgerichte unter ernährungsphysiologischen Gesichtspunkten.

Ein Blick in die Kartoffelzelle

Betrachtet man einen Schnitt durch die Kartoffelknolle unter dem Mikroskop, wird deutlich, dass es sich tatsächlich um ein Speicherorgan handelt. Die Zellen sind mit *Stärkekörnern* dicht gefüllt. Nur mit Mühe lässt sich in diesen *Speicherzellen* der typische Bau einer Pflanzenzelle wiedererkennen: Entsprechend ihrer Funktion zeigen die Speicherzellen Abwandlungen vom Grundbauplan der Pflanzenzelle.

Die Stärke wird in den *Amyloplasten* gespeichert, das sind *Leukoplasten*, also farblose Plastiden, mit spezieller Funktion. Sie bauen aus Glucosemolekülen Stärke auf und lagern sie als Stärkekorn ab. Dabei entsteht eine deutlich sichtbare Schichtung aufgrund der unterschiedlichen Dichte der Stärkemoleküle. Bei der Kartoffel sind die Schichten exzentrisch (Gegensatz: konzentrisch), weil das Stärkebildungszentrum nicht in der Mitte des Amyloplasten liegt. Manche anderen Pflanzen haben zusammengesetzte Stärkekörner. Sie entstehen, wenn Amyloplasten mehrere Stärkebildungszentren aufweisen.

Man kann verschiedene Formen der Stärke unterscheiden: die unverzweigte, in heißem Wasser lösliche *Amylose* (aus 250 bis 500 Glucosemolekülen) und das verzweigte, wasserunlösliche *Amylopektin* (aus über 2000 Glucosemolekülen). Die charakteristische Farbreaktion (Iod-Stärke-Reaktion), die als *Stärkenachweis* dient, entsteht durch die Einlagerung der Iodmoleküle in das Amylosemolekül.

☞ Basisinformationen

Pflanzenzelle (→ S. 16/17, 46–49), Plastiden (→ S. 17), Stärke (→ S. 86)

Mikroskopische Untersuchung der Kartoffelknolle

Material: Kartoffelknolle in Stücken, Iod-Kaliumiodid-Lösung, Messer, Mikroskopierausrüstung

Durchführung: Von der frischen Schnittfläche einer Kartoffel wird mit einem Messer etwas Material abgeschabt, auf einen Objektträger übertragen und mit einem Deckglas abgedeckt. Zum Mikroskopieren und Zeichnen eignet sich etwa 500fache Vergrößerung. Anschließend wird mit einer Pipette ein Tropfen (!) der Iod-Kaliumiodid-Lösung an den Rand des Deckglases gegeben und durch Anlegen eines Filterpapierstreifens auf der gegenüberliegenden Seite durch das Präparat gesaugt. Mikroskopieren Sie dann erneut.

Andere Formen von Stärkekörnern lassen sich aus dem Mehlkörper von Weizen- und Reiskörnern gewinnen und zum Vergleich mikroskopieren. Das REM-Bild rechts zeigt die unterschiedlich großen Stärkekörner vom Weizen.

1 Vergleichen Sie den Bau der Speicherzelle aus der Kartoffelknolle mit einer typischen Pflanzenzelle und benennen Sie die in Bild 1 mit Ziffern bezeichneten Zellbestandteile.

2 Beschreiben und vergleichen Sie den Aufbau von Amylose und Amylopektin.

3 Erläutern Sie die Bedeutung der Stärkekörner in der Kartoffelknolle und im Weizenkorn.

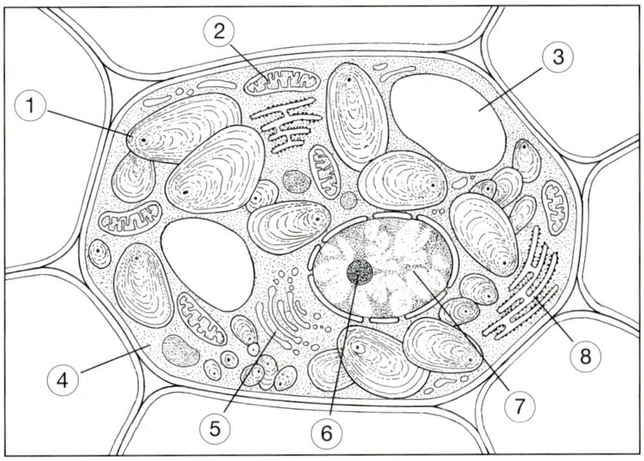

1 Zelle aus dem Speichergewebe einer Kartoffelknolle. Grafik nach einer TEM-Aufnahme

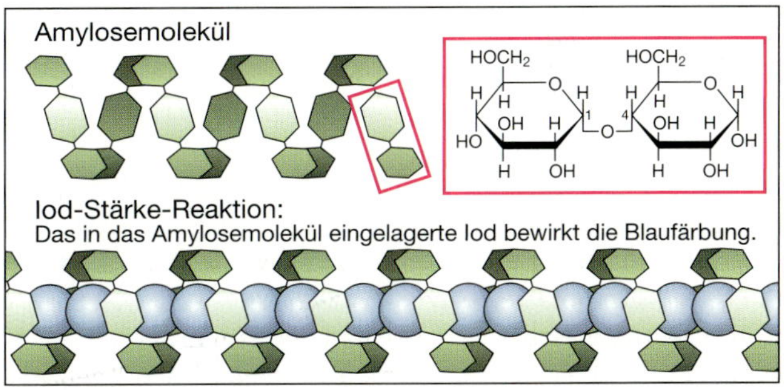

2 Iod-Stärke-Reaktion

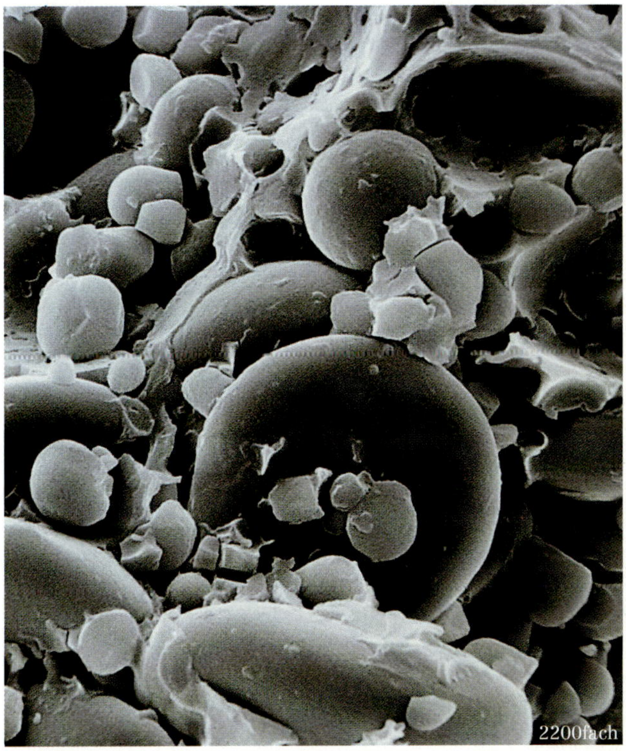

Die Kartoffel und ihre Enzyme

Keimt die Kartoffelknolle aus, wird die Reservestärke aus den Amyloplasten benötigt. Bevor die Stärke wieder in den Stoffwechsel eintreten kann, muss sie erst mobilisiert werden. Dazu wird sie durch *Enzyme* in kleine, transportfähige Untereinheiten zerlegt. Eines dieser Enzyme ist die *α-Amylase*, die Amylose in den Doppelzucker Maltose spaltet.

In den Zellen der Knolle kommen noch weitere Enzyme vor, zum Beispiel die *Katalase*. Katalase spaltet das im Zellstoffwechsel anfallende giftige Wasserstoffperoxid in Wasser und Sauerstoff. Sie befindet sich in winzigen Zellorganellen, den *Peroxisomen*. Deren Aufgabe konnte durch spezielle Färbetechniken geklärt werden, die gerade ihre Enzymausstattung nutzen. Katalase ist in den Peroxisomen zu 40 % enthalten.

☞ Basisinformationen
Struktur und Wirkungsweise von Enzymen (→ S. 62/63), Amylase (→ S. 64, 84/85), Peroxisomen (→ S. 47), Katalase (→ S. 47)

Wirkungsweise von Katalysatoren
Material: Kartoffelstückchen als Katalasepräparat, Reagenzgläser, Wasserstoffperoxidlösung H_2O_2 (5 %; *ätzend!*), Sand, Braunsteinpulver (MnO_2), Holzspan, Schutzbrille
Durchführung: Füllen Sie in drei Reagenzgläser je 2 ml Wasserstoffperoxidlösung. Geben Sie in das erste Reagenzglas etwas Sand, in das zweite etwas Braunsteinpulver, in das dritte ein etwa erbsengroßes Kartoffelstück. Untersuchen Sie das frei werdende Gas mit einem glimmenden Holzspan.

Verteilen Sie den Inhalt des kartoffelhaltigen Reagenzglases nach dem Aufhören der Gasentwicklung auf zwei leere Reagenzgläser. (Kartoffelstück in 2 gleiche Teile schneiden!) Geben Sie dann zu dem einen Glas 2 ml frisches Wasserstoffperoxid, zu dem anderen ein Stückchen frische Kartoffel.

Abhängigkeit von der Enzymkonzentration
Material: Kartoffelstückchen als Katalasepräparat, Wasserstoffperoxidlösung H_2O_2 (5 %), Reibschale, Pistill
Durchführung: Zerreiben Sie ein erbsengroßes Stück Kartoffel in der Reibschale und geben Sie 2 ml Wasserstoffperoxid dazu. Vergleichen Sie mit dem Versuch oben.

Abhängigkeit vom pH-Wert
Material: wie oben, zusätzlich verdünnte Natronlauge, dest. Wasser, verdünnte Salzsäure, Reagenzgläser
Durchführung: Geben Sie in drei Reagenzgläser jeweils ein kleines Stückchen Kartoffel, das zuvor in der Reibschale zerquetscht wurde. Füllen Sie in das erste Reagenzglas 2 ml dest. Wasser, in das zweite 2 ml verdünnte Natronlauge, in das dritte 2 ml verdünnte Salzsäure. Fügen Sie dann jeweils 2 ml Wasserstoffperoxid hinzu.

Wirkung eines Gifts auf die Enzymaktivität
Material: wie oben, zusätzlich Kupfersulfatlösung
Durchführung: Geben Sie zu einem Stückchen Kartoffel einige Tropfen Kupfersulfatlösung. Nach einigen Minuten fügen Sie 2 ml Wasserstoffperoxid hinzu.

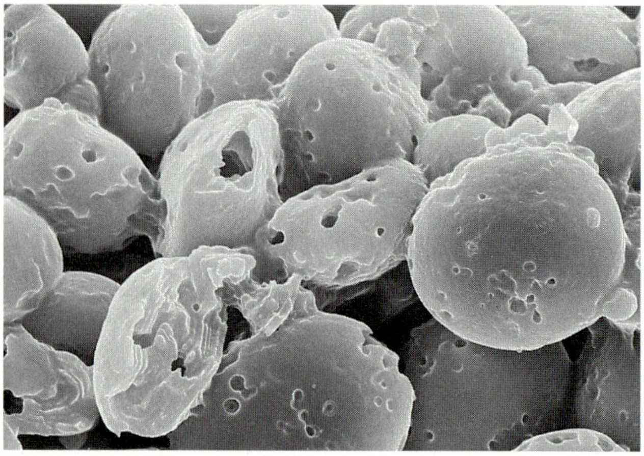

1 Stärkekörner der Gerste nach Behandlung mit Amylase. Es sind bereits tiefe Abbaukrater entstanden.

Temperaturabhängigkeit der Enzymaktivität
Material: 1%ige Lösung aus löslicher Stärke (aufgekocht und abgekühlt), 0,5%ige Amylaselösung, Iod-Kaliumiodid-Lösung (0,01 mol/l), Reagenzgläser, 5-ml- und 1-ml-Pipetten, Pasteurpipetten, Tüpfelplatte, Wasserbad, Bunsenbrenner, Eiswürfel, Stoppuhr
Durchführung: Füllen Sie 5 ml Stärkelösung in ein Reagenzglas und stellen Sie es in ein Wasserbad von etwa 35 °C. Durch Zugabe von 1 ml Amylaselösung starten Sie die Reaktion. Nach kurzem Durchmischen der Reagenzien entnehmen Sie direkt und dann jeweils im Minutenabstand mit einer Pasteurpipette drei Tropfen und mischen sie auf der Tüpfelplatte mit zwei Tropfen Iod-Kaliumiodid-Lösung (→ Bild unten). Die Probeentnahme wird so lange weitergeführt, bis der Stärkenachweis negativ ausfällt, also keine Verfärbung der Iod-Kaliumiodid-Lösung mehr auftritt. Stoppen Sie die dazu notwendige Zeit.

In gleicher Weise werden entsprechende Versuchsansätze bei Raumtemperatur, bei 80 °C und im Eisbad durchgeführt. Temperieren Sie jeweils auch die Amylaselösung vor.

Führen Sie zum Schluss den Versuch wie oben beschrieben, jedoch mit gut aufgekochter Amylaselösung durch.

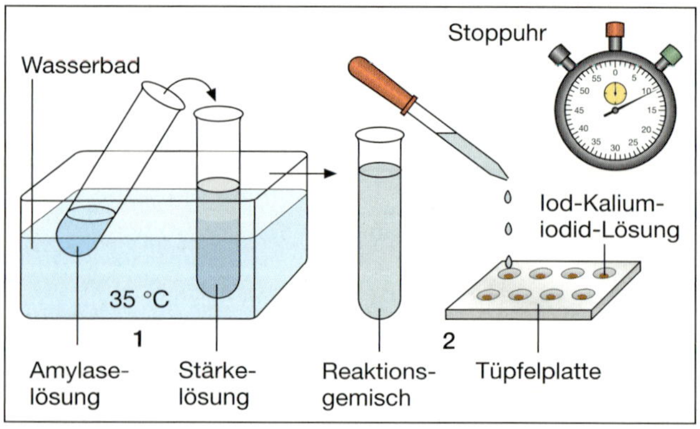

1 Stellen Sie anhand Ihrer Versuchsprotokolle die Eigenschaften von Enzymen zusammen.

Kartoffelstärke als nachwachsender Rohstoff

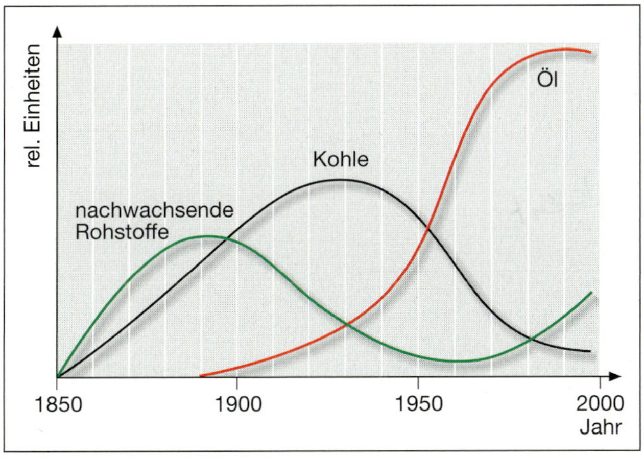

1 Veränderungen im Rohstoffeinsatz der chemischen Industrie seit 1850

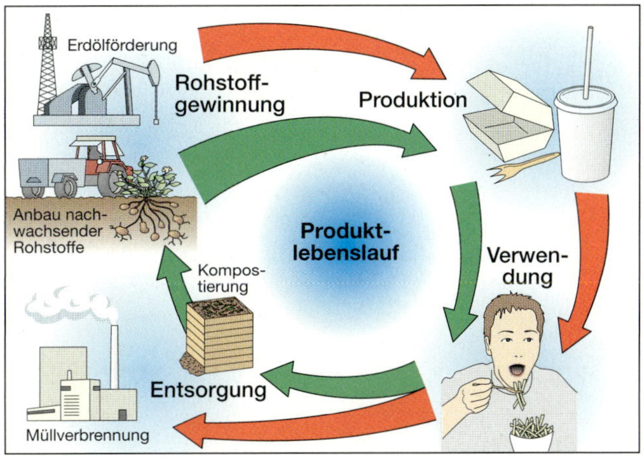

2 Lebensläufe von Produkten aus fossilen und aus nachwachsenden Rohstoffen

Was sind nachwachsende Rohstoffe? Begriffsbestimmung: „Nachwachsende Rohstoffe sind land- und forstwirtschaftlich erzeugte Produkte, die einer Verwendung im Non-Food-Bereich zugeführt werden. Sie können stofflich oder energetisch genutzt werden."

Problemlöser Stärke? Eines der größten Einsatzgebiete für Kunststoffe auf fossiler Basis ist der Verpackungsbereich. Haltbarkeit und vergleichsweise geringes Gewicht machen sie hierfür besonders geeignet. Inzwischen hat die Menge des Verpackungsmaterials, das wieder verwertet oder entsorgt werden muss, beängstigende Ausmaße angenommen.

Als Ersatz für Kunststoffe kommen Rohstoffe aus verschiedenen Pflanzenarten infrage, zum Beispiel Stärke aus Kartoffeln. Es wurden Verfahren entwickelt, durch Backen oder Spritzgusstechnik Tassen und Teller aus Stärke herzustellen. Auch Verpackungsmaterial aus Stärke gibt es schon.

3 Das schützende Füllmaterial im Karton besteht aus einer Mischung von Kartoffel- und Maisstärke und ist biologisch abbaubar.

☞ Basisinformationen

Fotosynthese und Primärproduktion (→ S. 132/133)

Herstellung von Folien aus Kartoffelstärke

Material: 2,5 g Kartoffelstärke, 25 ml Wasser, 2 ml Glycerinlösung (55%ig), 3 ml Salzsäure (0,1 mol/l), ca. 3 ml Natronlauge (0,1 mol/l), Erlenmeyerkolben (100 ml), Messzylinder, Pipetten, Magnetrührer mit Heizplatte, Indikatorpapier, Glasplatte (Größe etwa 15 cm x 15 cm)

Durchführung: Verrühren Sie die Kartoffelstärke in dem Wasser. Geben Sie die Salzsäure und das Glycerin dazu und lassen Sie das Ganze 15 Minuten auf dem Magnetrührer kochen. Neutralisieren Sie anschließend die Lösung mit Natronlauge (mit Indikatorpapier überprüfen!). Gießen Sie die noch heiße Lösung auf die Glasplatte und verteilen Sie sie gleichmäßig darauf. Nach dem Trocknen (mindestens zwei Tage bei Raumtemperatur oder 1,5 bis 2 Stunden bei 100 °C im Trockenschrank) können Sie die fertige Folie von der Glasplatte abziehen.

1 Nennen Sie weitere Beispiele für Produkte aus nachwachsenden Rohstoffen. In welchen Bereichen hat die Verwendung von nachwachsenden Rohstoffen eine lange Tradition?

2 Welche Gründe haben die chemische Industrie vermutlich dazu veranlasst, andere Rohstoffe als bisher einzusetzen?

3 Beschreiben Sie anhand von Bild 2 die Lebensläufe von Produkten aus fossilen und von Produkten aus nachwachsenden Rohstoffen am Beispiel von Einweggeschirr.

4 Welche Vorteile hat die Herstellung von Einweggeschirr aus nachwachsenden Rohstoffen gegenüber der aus fossilen Rohstoffen? Diskutieren Sie mögliche Alternativen.

5 Auch durch die zunehmende Rohstoffgewinnung aus nachwachsenden Rohstoffen können sich Probleme ergeben. Erläutern Sie diesen Gedanken. Informieren Sie sich hierzu auch über die Anbaumethoden bei den hauptsächlich genutzten Pflanzen.

Biokatalyse

1 *Weibchen des einheimischen Kleinen Leuchtkäfers. Das Leuchten beginnt spätabends und hält etwa drei Stunden an.*

In lauen Sommernächten kann man die „Glühwürmchen" genannten Leuchtkäfer an Waldrändern tanzen sehen. Leuchten können Männchen wie Weibchen, fliegen jedoch nur die Männchen. Das gelbliche Licht, das im Hinterleib in Leuchtorganen entsteht, dient bei den Weibchen zum Anlocken der fortpflanzungsfähigen Männchen.

In den Leuchtorganen wird mithilfe eines Enzyms, der Luciferase, das Leuchtmittel Luciferin umgewandelt. Die Lichtausbeute ist dabei hoch: 96 % der frei werdenden Energie werden in Licht umgesetzt. Der Wirkungsgrad herkömmlicher Glühbirnen liegt nur bei etwa 5 %. Die enzymatische Umsetzung von Luciferin ist ein sehr spektakuläres Beispiel für das Wirken von Enzymen. Tatsächlich sind aber Enzyme die Grundlage fast aller Lebensäußerungen von Organismen.

Im Blickpunkt:

- Katalysatoren im Organismus: die Enzyme
- zu jedem Substrat das richtige Enzym – Enzyme sind substrat- und wirkspezifisch
- Enzymaktivität – abhängig von Temperatur, pH-Wert und Substratkonzentration
- Enzyme als Fleckentferner in Waschmitteln
- Enzyme und Co.: Vitamine als wichtige Coenzyme
- Enzyme – Helfer bei der Lebensmittelherstellung, in der pharmazeutischen Industrie und in der Medizin

Zu den am höchsten spezialisierten Wirkstoffen im Körper gehören die *Enzyme* (von griech. *zyme:* Sauerteig). Enzyme *katalysieren* Reaktionen in Lebewesen, das heißt, sie beschleunigen bestimmte chemische Reaktionen ohne sich dabei selbst chemisch zu verändern. In dieser Hinsicht wirken Enzyme wie anorganische Katalysatoren, doch ist ihre katalytische Wirkung fast immer um ein Vielfaches größer.

Alle Organismen sind mit einer Vielzahl von Enzymen ausgestattet. Innerhalb der Zelle findet man Enzyme im Zellplasma und in jedem Kompartiment: Im Zellkern steuern sie die Umsetzung der genetischen Information. Im Zellplasma bewirken sie zum Beispiel den Abbau von Zucker bei der *Glykolyse* (→ S. 99). Zellorganellen wie Lysosomen und Peroxisomen (→ S. 47) tragen wiederum eine besondere Enzymausstattung. Schließlich sind auch in vielen Biomembranen wie der Thylakoidmembran der Chloroplasten (→ S. 123) Enzyme anzutreffen. Manche Enzyme werden zwar innerhalb der Zelle produziert, wirken aber außerhalb davon; *Verdauungsenzyme* (→ S. 84) sind das bekannteste Beispiel hierfür.

Im Grunde genommen beruhen fast alle Lebensäußerungen mittelbar oder unmittelbar auf enzymatisch gesteuerten Reaktionen: Alle Stoffwechselreaktionen, ob Verdauung, Zellatmung oder Fotosynthese, sind durch Enzyme katalysierte Reaktionsfolgen. Sogar die Bewegung von Muskeln (→ S. 107) wird als Folge von Wechselwirkungen mit Enzymen aufgefasst.

Enzyme – Beschleuniger biologischer Reaktionen

Besonders interessant ist die Verbreitung der Enzyme in der belebten Natur: Sie fehlen in keinem Lebewesen der Welt und es gibt darüber hinaus bestimmte Enzyme, die nahezu allen Organismen gemeinsam sind. So verfügt fast jedes Lebewesen, sei es Bakterium, Pflanze oder Tier, über die zur Glykolyse notwendigen Enzyme. Auch das so genannte *Cytochrom c*, das bei der Zellatmung eine wichtige Rolle spielt (→ S. 101), ist in den Zellen aller Eukaryoten und in vielen Bakterienzellen zu finden. Diese Tatsache weist auf einen gemeinsamen Ursprung allen Lebens hin. Veränderungen in den Enzymbausteinen ermöglichen dabei Rückschlüsse auf die *stammesgeschichtliche Entwicklung* der untersuchten Arten. Durch vergleichende Analysen solcher weit verbreiteter Enzyme lässt sich ein Stammbaum des gesamten Organismenreichs rekonstruieren (→ Bild 1). Die Länge der Stammbaumäste entspricht dabei der Zahl der Unterschiede in den Enzymbausteinen der untersuchten Arten.

Die universelle Verbreitung der Enzyme hat ihren Grund, denn ohne das Wirken von Enzymen ist Leben auf unserer Erde gar nicht vorstellbar:

Aktivierungsenergie. Viele chemische Reaktionen sind *exergonisch*, das heißt, sie laufen freiwillig und unter Energiefreisetzung ab. Die Verdauung unserer Nahrung ist so ein Vorgang, aber auch ein Kaminfeuer brennt – einmal entzündet –, bis alles Holz verglüht ist. Doch laufen auch exergonische Reaktionen nicht von selbst ab: Holz geht nicht spontan in Flammen auf, sondern muss erst angezündet werden. Genauer gesagt, es muss ihm erst eine bestimmte *Aktivierungsenergie* zugeführt werden. Diese Aktivierungsenergie ist notwendig, weil sich zunächst die bestehenden chemischen Bindungen in den Ausgangsstoffen lösen müssen, bevor sich neue chemische Bindungen und damit die Reaktionsprodukte ausbilden können. Ein Weg, um die *Energiebarriere* zu überwinden, die die Aktivierungsenergie darstellt, besteht darin, die Ausgangsstoffe zu erhitzen.

Biokatalysatoren. In der anorganischen Chemie werden in der Tat viele Reaktionen in Gang gebracht, indem man den Ausgangsstoffen von außen Wärme zuführt. Eine Erhöhung der Temperatur um 10 °C bewirkt bereits eine Beschleunigung der Reaktionsgeschwindigkeit um das 2- bis 3fache. Dieser Zusammenhang ist als *Reaktionsgeschwindigkeit-Temperatur-Regel* (RGT-Regel) bekannt.

Die RGT-Regel gilt grundsätzlich auch für chemische Umsetzungen in Lebewesen, doch nur in einem Temperaturbereich bis etwa 40 °C. Höhere Körpertemperaturen werden nur von wenigen Organismen toleriert. Daher kann die benötigte Aktivierungsenergie selten in Form von Wärme zugeführt werden. Stattdessen werden Reaktionen, die in Lebewesen ablaufen, durch die katalytische Wirkung von Enzymen beschleunigt. Enzyme sind ebenfalls in der Lage, die bestehenden chemischen Bindungen zu lockern und so die Aktivierungsenergie herabzusetzen (→ Bild 2). Auf diese Weise laufen auch solche Reaktionen bei Körpertemperatur ab, die ohne Katalysator hohe Aktivierungsenergien benötigen würden. Enzyme sorgen also als *Biokatalysatoren* für eine *angemessene Reaktionsgeschwindigkeit* trotz *niedriger Temperaturen.*

Längst nicht alle chemischen Reaktionen in unserem Körper laufen freiwillig und unter Energiefreisetzung ab. Zu den *endergonischen* Reaktionen, die Energie erfordern, gehören alle *Synthesereaktionen*. Sie sind für den Aufbau großer Moleküle aus einfachen Bausteinen nötig. Dabei wird Energie aufgenommen, solange die Reaktion läuft. Beispiele sind der Aufbau von Glykogen in der Leber oder die Sekundärreaktionen der Fotosynthese (→ S. 125). Auch hier wird die Aktivierung erst durch das Wirken spezifischer Enzyme ermöglicht.

1 Nennen Sie Gründe dafür, weshalb Leben auf der Erde enzymatisch katalysierte Stoffwechselreaktionen erfordert.

2 Welcher Katalysator aus Bild 2 zeigt die größere Wirkung? Begründen Sie!

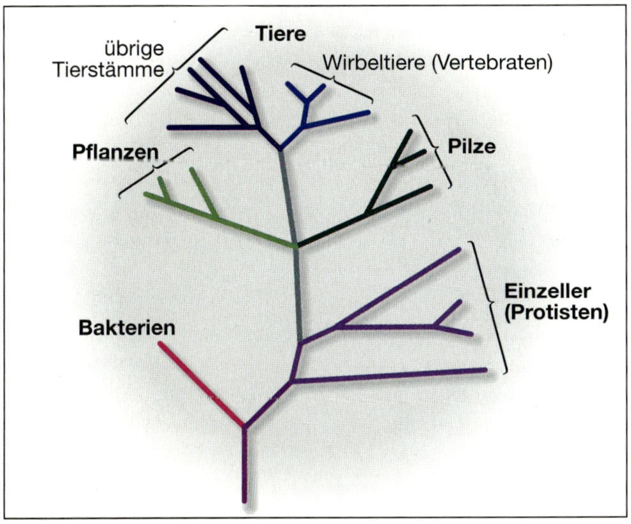

1 Stammbaum der Lebewesen, erstellt durch den Vergleich eines den Organismen gemeinsamen Enzyms (Cytochrom c)

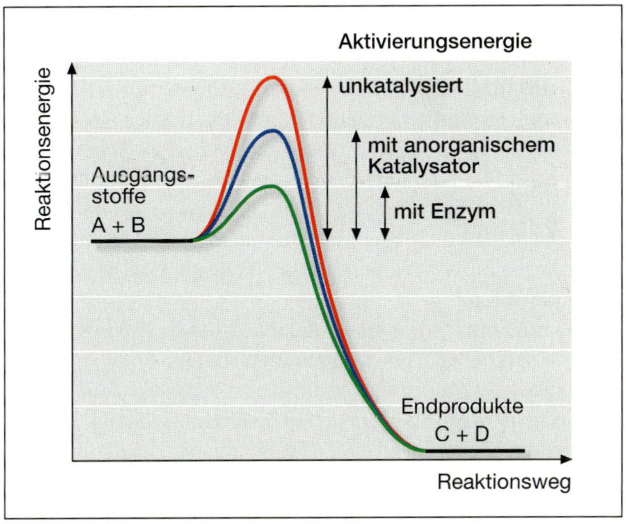

2 Enzymatisch katalysierte Reaktionen benötigen eine geringere Aktivierungsenergie als unkatalysierte Reaktionen.

Struktur und Wirkungsweise von Enzymen

Fast alle bekannten Enzyme sind *Proteine*. Erst in jüngerer Zeit wurden vereinzelt auch RNA-Moleküle mit katalytischer Aktivität gefunden. Sie werden als *Ribozyme* bezeichnet.

Bestimmte chemische Eigenschaften lassen Proteine als geradezu ideal geeignet für einen Einsatz als Biokatalysatoren erscheinen. Dazu gehört vor allem die große Vielfalt der möglichen Proteinstrukturen. Sie ist für die Funktion der Enzyme im Organismus entscheidend.

Auf die räumliche Struktur kommt es an. Proteine sind Makromoleküle und bestehen aus meist mehr als 100 Aminosäuren (→ S. 40). Von der Sequenz der Aminosäuren, der *Primärstruktur*, werden alle weiteren Strukturebenen des Proteins bestimmt. Das gilt natürlich auch für Enzyme. Will man ihre Wirkungsweise verstehen, kommt es besonders auf die räumliche Struktur an, also die *Tertiär-* und *Quartärstruktur*. Obwohl es Tausende von verschiedenen Enzymen gibt, zeigen alle hierin Gemeinsamkeiten:

Bei den meisten Enzymen, die frei im Cytoplasma vorliegen, handelt es sich um *globuläre*, also mehr oder weniger kugelförmige Proteine. Ein Beispiel dafür ist das gut untersuchte *Lysozym* (→ Bild 1), das aus nur 129 Aminosäuren besteht. Es kommt in Tieren und Pflanzen gleichermaßen vor und spaltet hier die Polysaccharidketten von Bakterienzellwänden, das so genannte Murein. Auf diese Weise wirkt Lysozym antibakteriell. Auch in unserer Tränenflüssigkeit ist Lysozym enthalten.

Als weitere Gemeinsamkeit weisen alle Enzyme taschen- oder spaltenförmige Einbuchtungen auf. Diese Einbuchtungen nennt man *aktives Zentrum*, weil sich darin die Reaktion abspielt, die das entsprechende Enzym beschleunigt. Beim Lysozym verläuft das aktive Zentrum rinnenartig quer über das Molekül.

Aktives Zentrum und Enzym-Substrat-Komplex. Das aktive Zentrum ist die Stelle im Enzym, an der die Ausgangsstoffe für die zu katalysierende Reaktion, die *Substrate*, binden. Aktive Zentren sind so geformt, dass die entsprechenden Substrate in sie hineinpassen wie der Schlüssel ins Schloss. In einigen Fällen wird die Passung noch nachträglich verbessert, indem das Substrat bei seiner Bindung an das aktive Zentrum eine *Konformationsänderung* des Enzyms bewirkt, sodass es vom aktiven Zentrum fester umschlossen wird. Man spricht dann von *Induced-fit-Mechanismus*. Aus der genauen Passung zwischen Enzym und Substrat ergibt sich die hohe *Substratspezifität* von Enzymen: Die meisten Enzyme binden nur ein einziges Substrat oder eine kleine Gruppe chemisch eng verwandter Stoffe.

Im Lauf einer enzymatisch katalysierten Reaktion entsteht also vorübergehend ein so genannter *Enzym-Substrat-Komplex (ES-Komplex)*, indem die Substrate in das aktive Zentrum des Enzyms eingelagert sind. Die Existenz solcher ES-Komplexe lässt sich nachweisen. Zum einen beobachtet man, dass bei gleich bleibender Enzymkonzentration die Reaktionsgeschwindigkeit einer enzymatisch katalysierten Reaktion auch dann einen Maximalwert erreicht, wenn man die Substratkonzentration immer weiter erhöht. Diese Beobachtung lässt

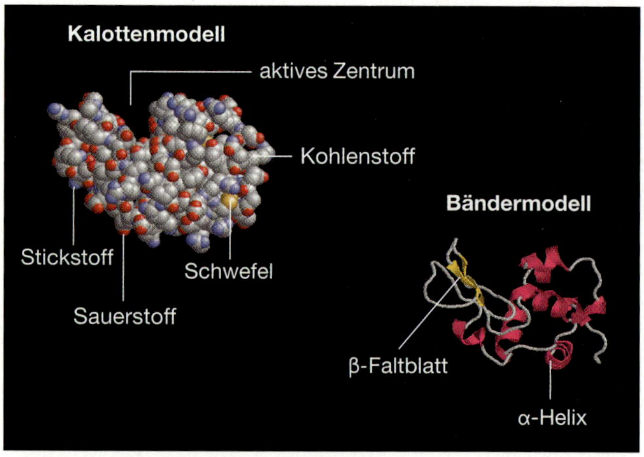

1 Räumliche Modelle des Lysozyms

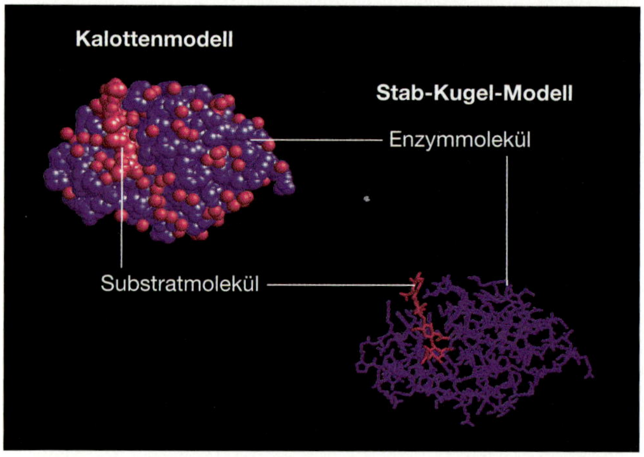

2 Enzym-Substrat-Komplex des Lysozyms. Statt des eigentlichen Substrats Murein wurde hier ein Vierfachzucker eingesetzt, der einen Ausschnitt aus dem Mureinmolekül darstellt.

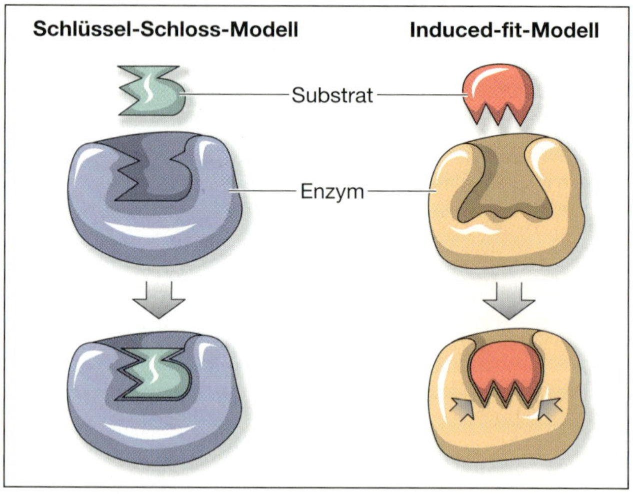

3 Modellvorstellungen zur Passung zwischen Enzym und Substrat

sich nur erklären, wenn man annimmt, dass die Substratmoleküle an die Enzyme binden, bevor sie umgesetzt werden. Wird eine Substratkonzentration erreicht, bei der die aktiven Zentren aller Enzymmoleküle besetzt sind, kann die Reaktionsgeschwindigkeit nicht weiter zunehmen. Zum anderen können ES-Komplexe auch direkt im Experiment nachgewiesen werden: Viele ES-Komplexe absorbieren Licht anderer Wellenlängen als die Enzyme oder die Substrate allein. Das lässt ebenfalls den Schluss zu, dass Enzyme und Substrate tatsächlich eine Verbindung eingehen.

ES-Komplexe verringern die Aktivierungsenergie. Damit eine chemische Reaktion stattfinden kann, müssen sich bei den Ausgangsstoffen chemische Bindungen lösen, bevor sich neue Bindungen ausbilden können. Das Lösen bestehender Bindungen ist ein Energie verbrauchender Prozess. Es entsteht immer ein so genannter *Übergangszustand*, in dem alte chemische Bindungen noch nicht vollständig gelöst sind, die neuen Bindungen sich aber bereits zu bilden beginnen. Solche Übergangszustände sind energetisch sehr ungünstig. Bei unkatalysierten Reaktionen muss die zur Überwindung des Übergangszustands benötigte Aktivierungsenergie aus der Wärmeenergie der beteiligten Moleküle kommen. Daher laufen viele unkatalysierte Reaktionen nur bei hohen Temperaturen mit beobachtbaren Geschwindigkeiten ab.

Warum können Enyzme auch bei niedrigen Temperaturen eine schnelle Reaktion ihrer Substrate erreichen? Hierfür ist die Ausbildung von ES-Komplexen von zentraler Bedeutung: In das aktive Zentrum ragen bestimmte Aminosäurereste des Enzyms hinein, die aufgrund ihrer Orientierung und ihrer Ladung in der Lage sind, den Übergangszustand, den die Substrate durchlaufen müssen, zu stabilisieren. Im aktiven Zentrum des Enzyms ist der Übergangszustand also energetisch weniger ungünstig als bei der unkatalysierten Reaktion. Man kann sagen, die Ausbildung von ES-Komplexen eröffnet einen Reaktionsweg, bei dem die Aktivierungsenergie gegenüber der unkatalysierten Reaktion deutlich herabgesetzt ist.

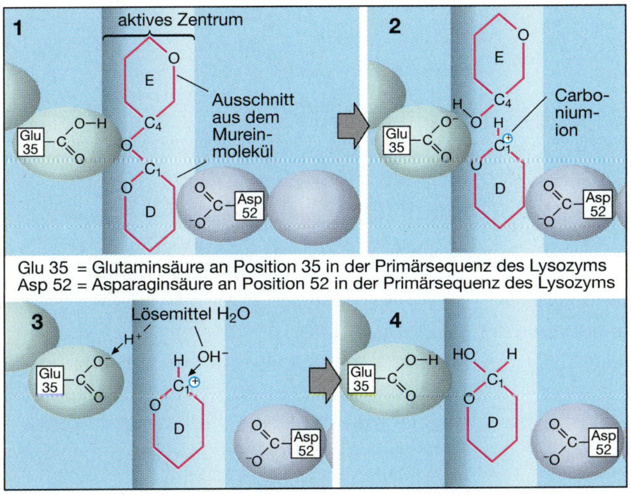

1 Spaltung einer Polysaccharidkette (Murein) durch Lysozym

Am Beispiel der Spaltung von Murein durch Lysozym wird klar, inwiefern die Bildung von Enzym-Substrat-Komplexen die Reaktion erleichtert. Murein ist ein Polysaccharid, das ist ein aus bestimmten Zuckermolekülen aufgebautes Makromolekül. Lysozym spaltet Murein durch Einlagerung eines Wassermoleküls, also durch *Hydrolyse*. Als Übergangszustand bei dieser Spaltungsreaktion tritt ein positiv geladenes Kohlenstoffatom (ein Carboniumion) in der Polysaccharidkette auf. Zwei Aminosäurereste des Lysozyms, nämlich ein Glutamin auf Position 35 und ein Asparagin auf Position 52, ragen direkt ins aktive Zentrum des Lysozyms hinein und sind durch die negative Ladung, die sie tragen, unter anderem in der Lage, das entstehende Carboniumion zu stabilisieren. Das bedeutet, dass sich dieses Ion leichter bildet und die Spaltungsreaktion daher schneller abläuft als ohne Lysozym.

Multienzymkomplexe. Enzyme und ihre Substrate finden völlig ungerichtet durch *Diffusion* zueinander. Viele Stoffwechselwege bestehen aber aus mehreren aufeinander folgenden Reaktionen, wobei das Produkt der ersten enzymatisch katalysierten Reaktion das Substrat einer zweiten Reaktion ist und so fort. Einige dieser Stoffwechselwege können beschleunigt ablaufen, weil die Enzyme, die die Einzelschritte katalysieren, zu *Multienzymkomplexen* zusammengefasst sind. Sie sitzen zum Beispiel eng benachbart in der Zellmembran. Das Substrat kann dann über sehr kurze Diffusionswege von einem Enzym zum nächsten „weitergereicht" werden. Es durchläuft dabei sehr rasch eine ganze Reihe von Umwandlungen. Beispiele für solche Multienzymkomplexe sind das Enzymsystem zur DNA-Synthese im Zellkern oder die so genannte Atmungskette in der Mitochondrienmembran (→ S. 101).

1 Meist sind es geladene Aminosäure-Seitenketten, die in das aktive Zentrum eines Enzyms hineinragen. Haben Sie dafür eine Erklärung? Machen Sie sich die Funktion der Seitenketten im aktiven Zentrum nochmals deutlich.

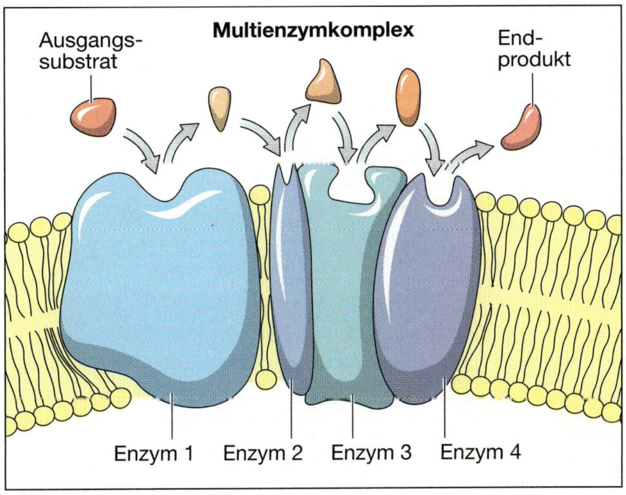

2 Beispiel für einen Multienzymkomplex aus membrangebundenen Enzymen

Einteilung der Enzyme

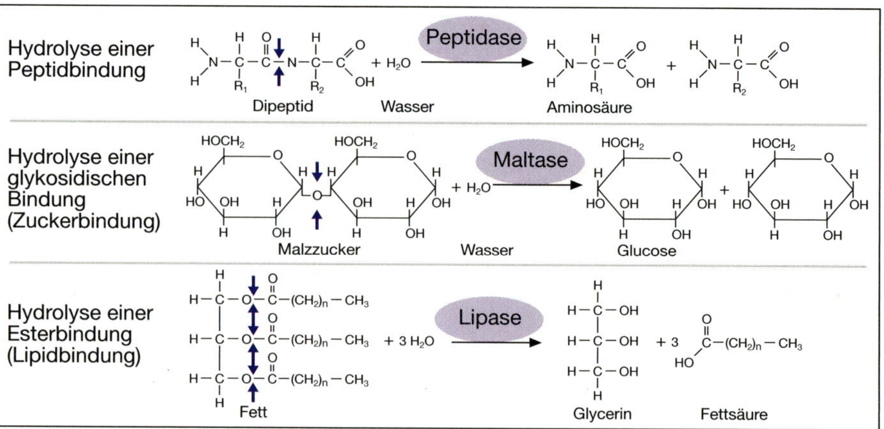

1 und 2 Eine Krabbenspinne injiziert Verdauungssaft in ihr Opfer. Rechts: Wirkung der Verdauungsenzyme (Hydrolasen)

Die meisten Enzyme können nur mit *einem* speziellen Substrat einen Enzym-Substrat-Komplex bilden (→ S. 62), sie sind *substratspezifisch*. Darüber hinaus ermöglichen sie in der Regel nur eine einzige Reaktion des Substrats. Deshalb gibt es zum Beispiel verschiedene Enzyme, die alle Glucose als Substrat haben: Ein Enzym, die *Hexokinase*, leitet den Abbau von Glucose zur Energiegewinnung in der Glykolyse ein (→ S. 99), andere Enzyme katalysieren den Aufbau von Glucose zu Glykogen. Enzyme sind also nicht nur substratspezifisch, sondern auch *wirkspezifisch*.

Benennung der Enzyme. Die Substrat- und Wirkspezifität der Enzyme macht man sich bei ihrer wissenschaftlichen Benennung zunutze. Danach setzt sich der Name eines Enzyms zusammen aus

- der Bezeichnung des Substrats,
- der Bezeichnung der Reaktion, die das Enzym katalysiert,
- der Endung *-ase*, die allen Enzymnamen gemeinsam ist.

Als Beispiel für ein so korrekt benanntes Enzym kann die *Succinatdehydrogenase* dienen. Sie überführt im Citratzyklus (→ S. 100) *Succinat* durch Abspaltung zweier Wasserstoffatome, also *Dehydrogenierung*, in Fumarat.

Neben diesen wissenschaftlichen Namen existieren gerade für viele bekannte und verbreitete Enzyme historische Bezeichnungen, die noch immer üblich sind. Die Verdauungsenzyme *Pepsin* (von griech. *pepsis:* das Kochen), *Trypsin* (von griech. *tryein:* aufreiben) und *Chymotrypsin* (von griech. *chymos:* Saft, Speisebrei) sind dafür Beispiele.

Einteilung der Enzyme in Gruppen. Nach einer internationalen Übereinkunft werden die Enzyme zu Gruppen zusammengefasst. Für die Zuordnung zu einer bestimmten Gruppe ist die Art der Reaktion entscheidend, die von dem jeweiligen Enzym katalysiert wird (→ Tabelle unten). Eine sehr große Gruppe bilden die *Hydrolasen*, das sind Enzyme, die eine Substratspaltung unter Einlagerung von Wasser katalysieren. Zu dieser Gruppe gehören zum Beispiel sämtliche Verdauungsenzyme (→ S. 84). Innerhalb der großen Gruppe der Hydrolasen werden Untergruppen unterschieden. So gibt es *Proteasen* und *Peptidasen*, die die Peptidbindungen von Proteinen und Polypeptiden hydrolytisch spalten, und *Amylasen*, die die Hydrolyse von Stärkemolekülen vornehmen, sowie *Lipasen*, die die Esterbindung zwischen Glycerin und Fettsäuren in Fetten hydrolysieren.

International gültige Einteilung der Enzyme

Enzymgruppe	Art der katalysierten Reaktion	Beipielenzym	Beschreibung
1. Oxidoreduktasen	alle Reduktionen oder Oxidationen von Substraten	Malatdehydrogenase	oxidiert Malat im Citratzyklus zu Oxalacetat, dabei wird NAD^+ zu NADH reduziert
2. Transferasen	Übertragung bestimmter chem. Gruppen (z. B. Methyl-, Amino-) von einem Substrat auf ein anderes	Hexokinase	überträgt im 1. Schritt der Glykolyse eine Phosphatgruppe von ATP auf Glucose, es entstehen Glucose-6-phosphat und ADP
3. Hydrolasen	Spaltung des Substrats durch Einfügen eines Wassermoleküls	alle Verdauungsenzyme, Lysozym	bewirken die Hydrolyse von verschiedensten Makromolekülen
4. Lyasen	nichthydrolytische Spaltung von Molekülen	Aldolase	spaltet in der Glykolyse eine C–C-Bindung von Fructose-1,6-bisphosphat
5. Isomerasen	katalysieren Umlagerungen innerhalb von Molekülen	Phosphoglyceromutase	wandelt während der Glykolyse 3-Phosphoglycerat in 2-Phosphoglycerat um
6. Ligasen	Verknüpfung zweier Moleküle unter Verbrauch des Energieträgers ATP	DNA-Ligase	kann DNA-Stränge reparieren oder ringförmige DNA-Moleküle bilden, häufig in der Gentechnik eingesetzt

Abhängigkeit der Enzymwirkung

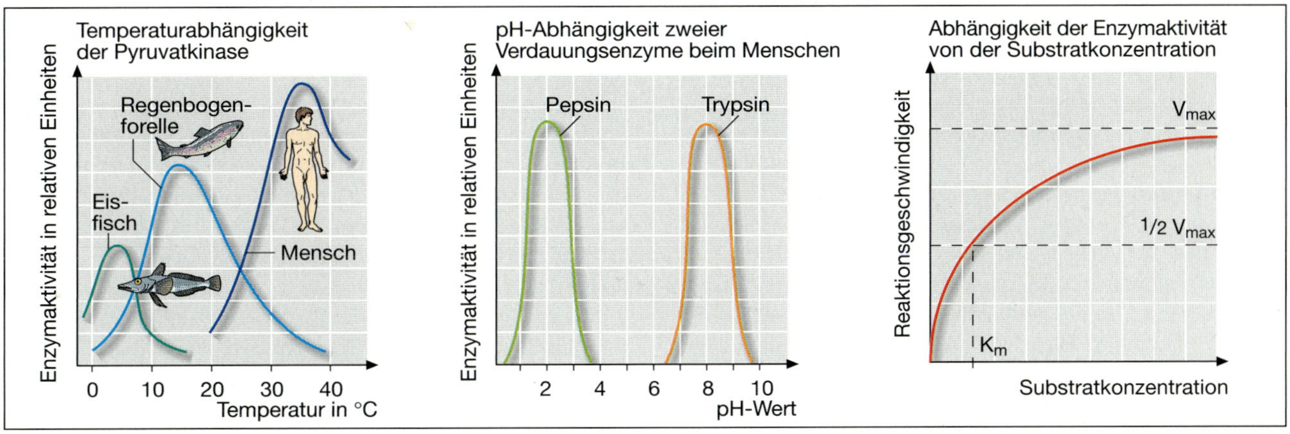

1–3 Die Enzymaktivität hängt von der Temperatur, dem pH-Wert und der Substratkonzentration ab.

Temperaturabhängigkeit. Alle Reaktionen, die von Enzymen katalysiert werden, sind *temperaturabhängig*. Innerhalb gewisser Grenzen gilt die RGT-Regel (→ S. 61). Aber da Enzyme sehr komplexe Makromoleküle sind, beeinflusst eine Temperaturänderung nicht nur die Reaktionsgeschwindigkeit, sondern zugleich die *Konformation* des Enzyms: Die Tertiär- und Quartärstruktur von Proteinen wird nur durch schwache Bindungen wie Wasserstoffbrücken oder Van-der-Waals-Kräfte aufrechterhalten. Solche Bindungen können schon durch die thermische Bewegung der Moleküle beeinflusst werden. Im Extremfall – meist oberhalb 70 °C – kommt es zur irreversiblen *Denaturierung* der Enzyme. Doch selbst geringe Temperaturänderungen können über eine graduelle Veränderung der schwachen Bindungen im Molekül zu einer ebenso graduellen Veränderung der Enzymaktivität führen. Damit lässt sich erklären, warum einige Enzyme bereits bei Temperaturen inaktiv werden, bei denen eine Denaturierung ausgeschlossen ist. Diese Temperaturgrenzen sind *artspezifisch*. Für Menschen ist zum Beispiel Fieber mit einer Körpertemperatur von 40 °C sehr gefährlich, für Vögel ist es die Normaltemperatur. Ein antarktischer Eisfisch, der bei einer Wassertemperatur von konstant –1,9 °C lebt, stirbt schon bei 6 °C.

pH-Wert-Abhängigkeit. Die Tertiärstruktur der Enzyme kann vom pH-Wert des Umgebungsmilieus beeinflusst werden. Einige Aminosäurereste in Proteinen reagieren nämlich als schwache Säuren oder Basen. So ist ein Glutaminsäurerest in neutralem oder alkalischem Milieu negativ geladen, in saurem aber ungeladen. Solche Ladungsunterschiede wirken sich auf die Konformation aus. Enzyme sind deshalb dem pH-Wert des Milieus, in dem sie Reaktionen katalysieren, jeweils angepasst. Sie haben nicht nur ein Temperatur-, sondern auch ein *pH-Optimum*, bei dem die Enzymaktivität – und damit auch die Reaktionsgeschwindigkeit – am größten ist.

Substratkonzentration. Die Reaktionsgeschwindigkeit wird außerdem durch die *Substratkonzentration* bestimmt. Das ist zu erwarten: Je mehr Substrat zur Verfügung steht, desto schneller wird die Reaktion ablaufen. Solch ein linearer Zusammenhang besteht aber nur bei geringen Substratkonzentrationen. Ist die Substratkonzentration dagegen hoch, wird eine Maximalgeschwindigkeit V_{max} gemessen, die nicht mehr von der Substratkonzentration abhängt. Diesen Zusammenhang untersuchten LEONOR MICHAELIS und MAUD MENTEN 1913. Ihnen zu Ehren wird die Substratkonzentration, bei der die halbe Maximalgeschwindigkeit ½ V_{max} erreicht ist, *Michaelis-Menten-Konstante* K_m genannt. Sie nimmt für jedes Enzym-Substrat-System einen anderen Wert an.

4 MAUD MENTEN

Wechselzahl. Ein Maß für die Aktivität von Enzymen ist die so genannte *Wechselzahl* (→ Tabelle unten). Sie gibt die Anzahl von Substratmolekülen an, die von einem Enzymmolekül in der Sekunde umgesetzt werden kann, wenn das Enzym vollständig mit Substrat gesättigt ist.

1 Erläutern Sie, weshalb Konformationsänderungen eines Enzyms in jedem Fall seine Aktivität beeinflussen.

2 Der K_m-Wert bezeichnet eine Substratkonzentration. Welche Schlüsse lassen sich aus einem niedrigen bzw. einem hohen K_m-Wert ziehen?

Maximale Wechselzahlen einiger Enzyme

Enzym	Wechselzahl [s^{-1}]
Katalase	40 000 000
Carboanhydrase	600 000
Lactatdehydrogenase	1 000
Chymotrypsin	100
DNA-Polymerase	15
Tryptophan-Synthetase	2
Lysozym	0,5

Material – Methode – Praxis: **Enzyme in Waschmitteln**

Noch vor 40 Jahren war Waschen Schwerarbeit: Eigelb, Schokolade und Blut ließen sich nur mühevoll beseitigen. Die Wäschestücke mussten eingeweicht, vorgewaschen und schließlich gekocht werden. Unter der Behandlung litt nicht nur die Wäsche, sie kostete die Hausfrauen auch viel Zeit. Der Einsatz von *Enzymen* schuf Abhilfe, ist aber nicht ganz problemlos.

Verdauungsenzyme verbessern Waschmittel

Durch einen Blick auf die Verpackungen moderner Vollwaschmittel kann man sich schnell davon überzeugen, dass die meisten von ihnen Protein und Lipid abbauende Enzyme, also *Proteasen* und *Lipasen*, enthalten. Allerdings sind die Bedingungen, unter denen diese Enzyme in der Waschtrommel wirken sollen, für die meisten Lebewesen – und damit auch für ihre Enzyme – zu extrem: Die Waschtemperaturen liegen mit 60–80°C deutlich über den Körpertemperaturen (fast) aller Lebewesen und auch das alkalische Milieu der Waschlauge (pH 8–10) beeinträchtigt oder hemmt die Wirkung der meisten Enzyme. Es ist daher verständlich, dass die Industrie großes Interesse an Enzymen hat, die auch unter den oben beschriebenen Bedingungen ihre Wirkung entfalten können.

Archaeen – manche mögen's heiß

In den letzten 20 Jahren fanden Forscher an Orten, an denen man die Existenz von Leben bisher für ausgeschlossen hielt, so genannte *Archaebakterien* oder *Archaeen*. Die einzelligen, kernlosen Archaeen leben in heißen Quellen, in Salzseen oder in Thermalquellen der Tiefsee. Sie gleichen im Bau den Bakterien, sind aber mit diesen nicht näher verwandt. Dass die Archaeen an so lebensfeindlichen Orten existieren können, liegt im Wesentlichen an ihrer Enzymausstattung: Ihre Enzyme bleiben selbst unter extremen Bedingungen noch funktionsfähig, weshalb man auch von *Extremozymen* spricht. Für viele solcher Extremozyme sind interessante wirtschaftliche Anwendungen denkbar. Zwei Beispiele:

In Sodaseen in Ägypten, Ostafrika und den USA leben *alkalophile* (= Alkalien liebende) Archaeen. Sie können den pH-Wert in ihrem Innern auch bei sehr alkalischem Außenmilieu nahe dem Neutralpunkt halten. Die so genannte „stone washed"-Optik von Jeans lässt sich durch Behandlung mit Enzymen aus solchen alkalophilen Bakterien erzielen.

Heiße Quellen im Yellowstone Nationalpark in den USA (→ Bild rechts) sind der Lebensraum *thermophiler* Archaeen (→ Bild unten), die sich noch bei 85°C vermehren. Ihre Enzyme sind für Waschmittelhersteller hochinteressant, da sie auch bei hohen Temperaturen aktiv bleiben. Der Grund für die Hitzetoleranz liegt offenbar nicht in einer grundsätzlich anderen Bauweise als bei anderen Enzymen, sondern in der größeren Anzahl innermolekularer Bindungen, zum Beispiel zwischen ionischen und polaren Gruppen.

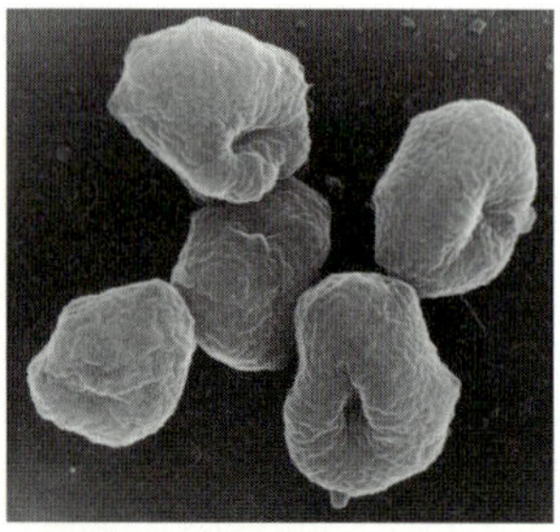

Extremozymproduktion mithilfe der Gentechnik

Wenn man die Enzyme aus den natürlichen Produzenten, also den extremophilen Archaeen, gewinnen will, benötigt man sehr große Mengen von ihnen um wirtschaftlich lohnende Ausbeuten zu erzielen. Allerdings findet man diese einzelligen Organismen fast nie in so großen Mengen in ihren Lebensräumen. Man muss also an entsprechender Stelle Proben nehmen, diese im Labor reinigen und die gewünschte Archaeenart isolieren. Schon das gelingt oft nicht wegen der extremen Ansprüche, die die Archaebakterien an ihren Lebensraum stellen.

Die großtechnische Aufzucht und Haltung ist meist noch komplizierter. Deshalb bedient man sich gentechnischer Verfahren um die Probleme in den Griff zu bekommen: Der Aufbau eines jeden Enzyms ist im Erbgut der Archaeen festgelegt. Man schneidet das entsprechende Stück mit so genannten *Restriktionsenzymen* aus der Archaeen-DNA heraus und pflanzt es in das Erbgut von Laborbakterien ein. Diese lassen sich in der Regel leicht züchten und produzieren fortan mithilfe des verpflanzten DNA-Stücks das gewünschte Enzym in großen Mengen.

Nachweis von Enzymen in Waschmitteln

Material: ein Esslöffel Wollwaschmittel (ohne Enzym – vergleichen Sie mit den Angaben auf der Packung!), ein Esslöffel Vollwaschmittel (mit Enzym), jeweils aufgelöst in 50 ml Wasser, ein Päckchen Götterspeise, zwei Petrischalen, Glasstäbe, Brenner, Dreifüße, Keramikdrahtnetze

Durchführung: Die Götterspeise wird nach Anleitung zubereitet und zum Erstarren in die Petrischalen gegossen. Geben Sie auf die Götterspeiseproben einen Esslöffel von einer der Waschmittellösungen. Schließen Sie den Deckel und beobachten Sie nach einiger Zeit die Konsistenz der Götterspeise.

Erweiterung: Wiederholen Sie den oben beschriebenen Versuch mit anderen Substraten als Götterspeise. Auch aus Stärke und Agar-Agar (einem aus Algen gewonnenen Stoff) lassen sich feste Gele gießen. Finden Sie heraus, welche Enzyme in der Waschmittellösung enthalten waren und woraus die jeweiligen Gele bestehen. Erklären Sie die Ergebnisse.

Enzyme in Waschmitteln und ihre Funktion

Enzyme	hergestellt seit	Waschwirkung
Proteasen	1960	höhere Wasserlöslichkeit der Eiweiße durch Peptidspaltung
Amylasen	1975	höhere Wasserlöslichkeit der Kohlenhydrate (Stärkespaltung)
Lipasen	1985	Spaltung von Fett in wasserlösliche Fettsäuren und Glycerin
Cellulasen	1985	bessere Farbwirkung (Anti-Aging-System) durch Cellulosespaltung

Bedingungen für die Denaturierung von Eiweiß

Material: Eiklar, verdünnte Salzsäure, verdünnte Natronlauge, Kochsalz, pH-Teststreifen oder pH-Meter, Pipetten, Bechergläser, Reagenzgläser, Wasserbad mit Thermometer

Durchführung: Mit dem Eiklar eines Hühnereies und Wasser wird eine wässrige Eiweißlösung hergestellt, die völlig klar und durchsichtig sein soll. Verteilen Sie diese Stammlösung auf vier verschiedene Reagenzgläser. Pipettieren Sie in eines der Reagenzgläser tropfenweise verdünnte Salzsäure. Schütteln Sie nach jedem Tropfen den Inhalt des Reagenzglases gründlich. Fügen Sie so lange Salzsäure hinzu, bis die Eiweißlösung deutlich trüb wird. Anschließend wird der pH-Wert der Lösung ermittelt und festgehalten. Verfahren Sie in einem zweiten Ansatz analog mit verdünnter Natronlauge. Pipettieren Sie in ein drittes Reagenzglas gesättigte Kochsalzlösung, bis es zur Trübung kommt. Erhitzen Sie in einem vierten Ansatz die Eiweißlösung im Wasserbad bis zur Trübung und ermitteln Sie die hierfür notwendige Temperatur.

Temperaturoptimum von Waschmittelenzymen

Material: Wasserbad mit Thermometer, Iod-Kaliumiodid-Lösung, Speisestärke, enzymhaltiges Vollwaschmittel, Reagenzgläser, Bechergläser, Messpipetten, Stoppuhr

Durchführung: Stellen Sie in einem Becherglas eine 1%ige Stärkelösung her, indem Sie Speisestärke in kochendes Wasser einrühren. Versetzen Sie die abgekühlte Stärkelösung mit einem Tropfen Iod-Kaliumiodid-Lösung, sodass sich eine tiefe Blaufärbung ergibt. Lösen Sie in einem zweiten Becherglas Vollwaschmittel in destilliertem Wasser auf. Die Konzentration der Lösung sollte nicht unter 5% liegen. Die Bechergläser mit der gefärbten Stärkelösung und der Waschmittellösung werden nun im Wasserbad temperiert. Der Versuch sollte im Temperaturbereich zwischen 10°C und 90°C in 10-°C-Intervallen durchgeführt werden.

Pipettieren Sie bei Erreichen der gewünschten Temperatur je 2 ml der beiden Lösungen in ein Reagenzglas. Schwenken Sie das Reagenzglas leicht im Wasserbad und stoppen Sie die Zeit, die bis zur völligen Entfärbung des Reagenzglasinhalts verstreicht. Die Zeit wird protokolliert.

Stellen Sie Ihre Messwerte grafisch dar, indem Sie die Geschwindigkeit der Entfärbung über der Temperatur auftragen.

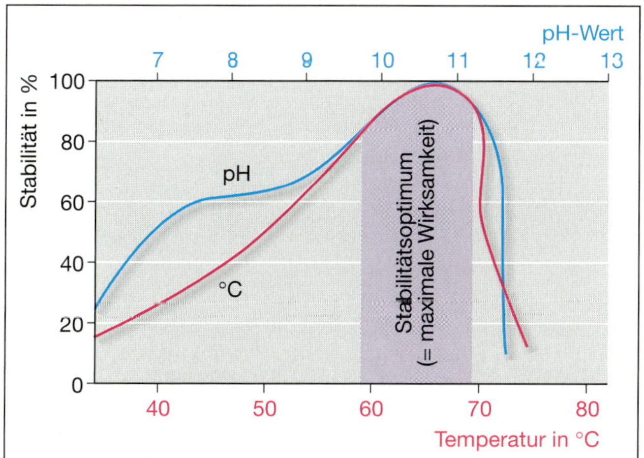

Waschmittelallergien und ihre Ursachen

80 bis 90% aller Waschmittel enthalten heute Enzyme (vergleichen Sie auch mit der Tabelle oben links). Damit ist die Produktion von Biokatalysatoren für Waschmittel zur größten kommerziellen Anwendung der Enzymtechnik weltweit geworden. Insgesamt beträgt der Umsatz mit Enzymen im Welthandel mehr als zwei Milliarden Euro.

Die verwendeten Proteasen greifen nicht nur Eiweißflecken an, sondern unter Umständen auch die Haut des Menschen. Vor allem aber werden sie häufig aus Bakterien gewonnen und sind mit Bestandteilen der Bakterienzellwand verunreinigt. Diese können bei sensiblen Personen und unzureichend gespülter Wäsche allergische Reaktionen auslösen. Wissenschaftlich nachgewiesen sind solche Nebenwirkungen aber bisher nicht. Deshalb sind Warnhinweise auf den Waschmittelpackungen noch nicht vorgeschrieben. Um die Gefahren so klein wie möglich zu halten, gingen die Herstellerfirmen dazu über, die Enzympartikel mit wachsartigen Substanzen zu ummanteln. Diese „Prills" verhindern den direkten Hautkontakt und verbessern zudem die Lagerfähigkeit der Produkte.

1 Im Versuch haben Sie ermittelt, unter welchen Bedingungen Hühnereiweiß denaturiert. Beschreiben Sie diese Bedingungen (auch quantitativ). Vergleichen Sie sie mit den Bedingungen, denen Enzymproteine in einer Waschlauge ausgesetzt sind.

2 Erklären Sie, wie sich die Struktur eines Proteins verändert, wenn es denaturiert. Weshalb kann ein denaturiertes Enzym keine katalytische Wirkung mehr entfalten?

3 Vergleichen Sie die von Ihnen selbst erstellte Kurve zum Temperaturoptimum von Waschmittelenzymen mit der Abbildung links. Setzen Sie diese Werte auch zu den Temperaturen in Beziehung, die in der Mehrzahl aller Lebewesen herrschen. Was zeigen Ihre Ergebnisse in Bezug auf die Herkunft der Waschmittelenzyme?

Stichworte zu weiteren Informationen

Gentechnik, Restriktionsenzyme, Verdauungsenzyme, Archaebakterien, Anti-Aging-System

Enzymhemmung und Enzymregulation

Irreversible Hemmung. Enzyme können durch chemische Stoffe *gehemmt* werden. Die Giftigkeit der meisten Schwermetalle zum Beispiel beruht auf der unwiderruflichen, *irreversiblen* Inaktivierung von Enzymen. Viele Schwermetallionen wie Pb^{2+}, Cd^{2+}, Cu^{2+} können irreversibel an bestimmte Enzyme binden und dabei deren Konformation verändern. Auch die Form des aktiven Zentrums verändert sich, sodass das Substrat des Enzyms nicht mehr hineinpasst und daher nicht mehr umgesetzt werden kann.

Ähnlich wirkt das – inzwischen verbotene – Pflanzenschutzmittel E 605. Es hemmt die *Acetylcholinesterase*, ein Enzym, das den Neurotransmitter *Acetylcholin* – ein Botenstoff zwischen Nerven- und Muskelzellen – nach Übermittlung eines Nervensignals wieder abbaut. Unterbleibt der Abbau, kommt es zur Verkrampfung der Muskulatur. Krämpfe in der Atemmuskulatur haben den Tod durch Ersticken zur Folge.

Blausäure *HCN* und ihre Salze hemmen irreversibel ein Enzym der Atmungskette, die *Cytochromoxidase*. Das unterbindet in jeder einzelnen Zelle die Zellatmung und führt so zum Tod.

Steuerung des Stoffwechsels durch Enzymregulation. So gravierend die Folgen einer Enzymhemmung in den oben beschriebenen Fällen sind, *reversible Enzymhemmungen*, also das Ein- und Ausschalten von Enzymen, sind für den Organismus im Gegenteil sogar *lebensnotwendig*: Von vielen Tausend möglichen Stoffwechselwegen werden in jedem Zellkompartiment zu einer bestimmten Zeit nur wenige gebraucht. Man kann sich leicht vorstellen, welches Chaos in einem Lebewesen herrschen würde, wenn zum Beispiel in einer Zelle gleichzeitig Glykogen zu Glucose ab- und Glucose zu Glykogen aufgebaut würde. Einen geordneten Stoffwechsel ermöglicht erst die *Enzymregulation*.

Um die Enzymaktivität zu beeinflussen, gibt es grundsätzlich mehrere Möglichkeiten. Zunächst kann die Enzymmenge verändert werden, indem Enzym neu synthetisiert oder wieder abgebaut wird. Solche Veränderungen der Enzymmenge finden tatsächlich in Lebewesen statt, aber sie dauern mindestens Stunden und sind daher nicht immer schnell genug. Wesentlich rascher kann die Enzymaktivität durch Substanzen beeinflusst werden, die eine reversible Hemmung bewirken.

Kompetitive Hemmung. Stoffe, die dem Substrat eines Enzyms sehr ähneln, können an das aktive Zentrum binden ohne umgesetzt zu werden. Sind solche Hemmstoffe in höherer Konzentration vorhanden als das eigentliche Substrat, kommt die Reaktion zum Erliegen, da fast nur noch Hemmstoff an die Enzymmoleküle gebunden ist. Bei genügend hoher Substratkonzentration wird dagegen der Hemmstoff vom Substrat verdrängt, das Substrat kann umgesetzt werden. Eine solche Hemmung, bei der Substrat und Hemmstoff in Wettbewerb um die aktiven Zentren treten, wird *kompetitive Hemmung* genannt.

Bei einigen Stoffwechselprozessen ist das Produkt der Reaktion zugleich der Hemmstoff. Die enzymatische Reaktion wird dann durch *negative Rückkopplung* reguliert: Je mehr Produkt, desto weniger aktive Enzymmoleküle, desto weniger Produkt usw. Dieser Mechanismus sorgt dafür, dass das Produkt im Organismus nur so lange synthetisiert wird, bis es sich anzusammeln beginnt. Das erspart dem Organismus unnötigen Rohstoff- und Energieaufwand.

Allosterische Enzyme. Eine Reihe von Enzymen lassen sich durch bestimmte Substanzen, die als *Effektoren* bezeichnet werden und sich an eine spezielle Bindungsstelle des Enzyms heften, in ihrer Struktur verändern. In der Regel sind die Enzyme dann inaktiviert, doch gibt es auch Effektoren, die aktivierend wirken. Solche *allosterischen Enzyme* besitzen also zwei verschiedene Bindungsstellen, eine für das Substrat und eine für den Effektor, der dem Substrat chemisch überhaupt nicht ähnelt.

Allosterische Hemmung tritt oft bei Enzymen für Stoffwechselwege auf, die letztlich der Produktion von ATP (→ S. 98) dienen. Ist genügend Energie in Form von ATP vorhanden, werden Schlüsselenzyme, die im Dienst der ATP-Produktion stehen, allosterisch durch ATP gehemmt.

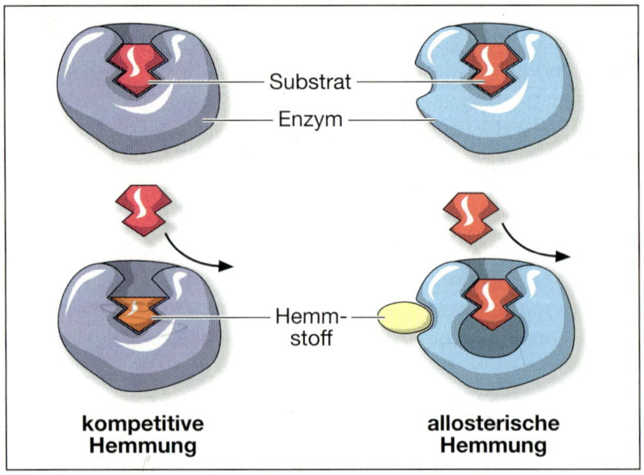

1 *Kompetitive und allosterische Enzymhemmung im Vergleich*

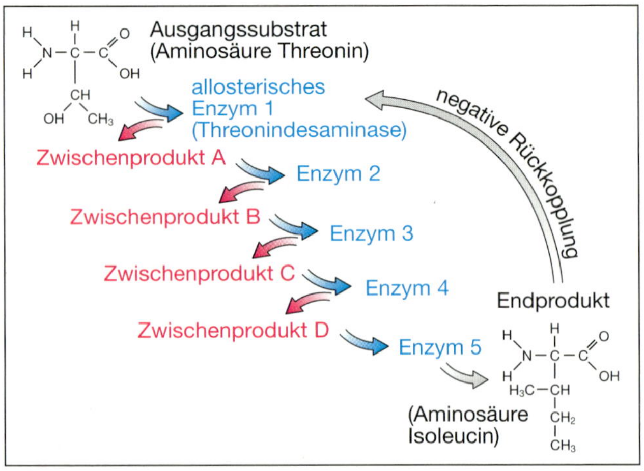

2 *Regulation eines Stoffwechselweges durch negative Rückkopplung*

Die Rolle der Cofaktoren

Viele Enzyme sind reine Proteine. Andere stellen jedoch Komplexe aus Proteinen und besonderen *Cofaktoren* dar. Bei den Cofaktoren kann es sich um ein *Metallion* oder um ein kleines *organisches Molekül,* ein *Coenzym,* handeln. Den Proteinanteil solcher zusammengesetzten Enzyme grenzt man als *Apoenzym* vom Cofaktor ab. Nur wenn beide zusammen als *Holenzym* vorliegen (von griech. *holos:* ganz, vollständig), ist der Biokatalysator funktionsfähig.

Von den Cofaktoren sind einige fest mit dem Apoenzym verbunden. Man spricht dann auch von einer *prosthetischen Gruppe*. Viele Coenzyme sind dagegen nur lose mit dem Apoenzym verbunden. Sie übertragen während der enzymatischen Reaktion bestimmte Molekülgruppen. Coenzyme sind nicht substratspezifisch und sie werden während der Reaktion wie die Substrate verändert. Die Bezeichnung Co*enzym* ist daher missverständlich. Sie soll nur darauf hinweisen, dass die Anwesenheit dieser Stoffe Voraussetzung für die Enzymaktivität ist.

B-Vitamine als Bestandteile von Coenzymen. Zwischen den kleinen organischen Molekülen, die als Coenzyme auftreten, lässt sich keine chemische Verwandtschaft feststellen – sie alle sind sehr unterschiedlich gebaut. Eine Gemeinsamkeit jedoch gibt es: Viele Coenzyme enthalten oder bestehen aus einem *Vitamin der B-Gruppe* (→ Tabelle rechts). Wir müssen die Vitamine, die Vorstufen der Coenzyme, mit der Nahrung aufnehmen. Unser Körper kann sie nicht selbst herstellen, obgleich er die Coenzyme zwingend zum Leben braucht.

Die wichtigste Aufgabe von Coenzymen ist der Transport von Molekülgruppen wie Wasserstoff-, Phosphat- oder Acetylgruppen. Die Coenzyme wirken dabei als Bindeglied zwischen Reaktionen, die zwar in funktionellem Zusammenhang stehen, aber nicht unbedingt am selben Ort in der Zelle ablaufen. So werden in der Glykolyse (→ S. 99), die im Cytoplasma abläuft, Wasserstoffgruppen auf das Coenzym *NAD* (*N*icotinamid-*a*denin-*d*inucleotid) übertragen. NAD transportiert dann den Wasserstoff zu den Mitochondrien, wo er in der Atmungskette (→ Seite 101) unter Energiegewinn zu Wasser oxidiert wird. Das Coenzym bewirkt also eine Kopplung dieser Reaktionen.

Metallionen als Cofaktoren. Obwohl viele Metallionen – besonders Schwermetallionen – für den Organismus in höherer Konzentration giftig sind, werden bestimmte Metalle als *Spurenelemente* im Stoffwechsel unbedingt benötigt. Diese Cofaktoren haben vor allem zwei Funktionen: Sie stabilisieren als Ladungsträger die dreidimensionale Struktur der Enzymproteine und sie fungieren als Anheftungsstelle für das Substrat, stellen also das Bindeglied zwischen Enzym und Substrat dar.

1 Viele Wissenschaftler sprechen von „Cosubstrat“ statt von „Coenzym“. Inwiefern ist diese Bezeichnung angemessener?

2 Schildern Sie anhand von Bild 2 die Wirkungsweise von Coenzymen.

3 Darmbakterien der natürlichen Darmflora liefern einen Teil der benötigten B-Vitamine. Setzen Sie sich unter diesem Gesichtspunkt mit dem Einsatz von Antibiotika auseinander.

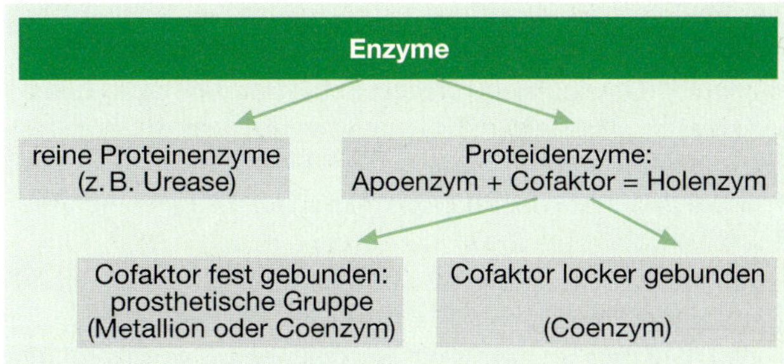

1 *Einteilung der Enzyme nach Vorhandensein von Cofakoren*

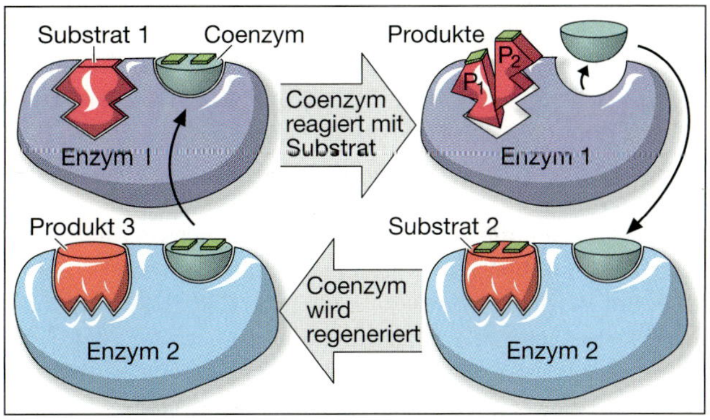

2 *Wirkungsweise von Coenzymen*

Vitaminfragmente als Coenzyme

Coenzym	übertragene Gruppe	zugehöriges Vitamin
NAD^+	H_2	Nicotinsäure (Niacin)
FAD^+	H_2	Riboflavin (B_2)
CoA	Acetylrest	Pantothensäure

3 *Gesunde Ernährung wirkt sich direkt auf den Stoffwechsel aus: Einige Spurenelemente und Vitamine sind als Cofakoren von Enzymen an vielen Stoffwechselreaktionen beteiligt.*

Metallionen als Cofaktoren

Metallion	Enzym	katalysierte Reaktion
Zn^{2+}	Alkohol-dehydrogenase	Abbau von Ethanol
$Fe^{2+/3+}$	Katalase	Abbau von Wasserstoffperoxid
K^+, Mg^{2+}	Pyruvatkinase	letzter Schritt der Glykolyse: Bildung von Pyruvat und ATP

Material – Methode – Praxis: **Enzyme in der Medizin**

Der Stoffwechsel des Menschen läuft als ein genauestens reguliertes System ineinander greifender chemischer Reaktionen ab, die alle durch *Enzyme* katalysiert werden. Hieraus erklärt sich die besondere Bedeutung der Enzyme für die *Medizin*. Enzyme können

- bei zu geringer oder zu hoher Aktivität Störungen im Stoffwechsel, also eine *Krankheit* verursachen,
- auf eine Krankheit hinweisen, also für den Arzt *diagnostischen Wert* besitzen,
- als *Medikamente* eingesetzt werden ebenso wie Stoffe, die die Aktivität der körpereigenen Enzyme beeinflussen.

Gicht – Hilfe bringt ein Hemmstoff

Zu den bekanntesten Patienten, die an dieser Stoffwechselstörung litten, gehörte der Preußenkönig Friedrich der Große (→ Bild unten). Durch eine zu hohe Harnsäurekonzentration in Blut und Geweben kommt es zur Ablagerung von Harnsäurekristallen in den Gelenken. Sehr schmerzhafte Gelenkentzündungen sind die Folge. Die schwer lösliche Harnsäure entsteht beim Abbau von Purinen, Bestandteilen von DNA und RNA. Sie wird bei Säugetieren durch das Enzym *Uricase* zum leicht wasserlöslichen Allantoin abgebaut und über den Urin ausgeschieden. Nur der Mensch und die Menschenaffen besitzen keine Uricase, sondern scheiden Harnsäure aus. Daher sind auch nur sie – und durch einen Nierendefekt der Dalmatiner (→ Bild rechts) – von Gicht bedroht.

Das Gichtmedikament *Allopurinol* (Handelsname Zyloric®) unterbricht den Abbauweg der Purine, bevor Harnsäure entsteht, indem es das Enzym *Xanthinoxidase* hemmt. Das Enzym oxidiert das leicht wasserlösliche Xanthin zu Harnsäure. Allopurinol hat eine dem Substrat ähnliche Struktur, wird aber vom Enzym nicht weiter abgebaut.

Enzymhemmer als Arzneimittel

Da eine zu geringe oder zu hohe Aktivität bestimmter Enzyme schwere krankhafte Veränderungen im Organismus verursachen kann, spielen *Enzymhemmer* in der aktuellen Arzneimittelforschung eine sehr wichtige Rolle. Einige der meistverwendeten Medikamente gehören in diese Gruppe. Neben so altbekannten Arzneimitteln wie Aspirin und Penicillin zählen auch moderne Medikamente wie Blutdrucksenker und Gichtmittel dazu (→ Tabelle unten).

Enzymhemmer und ihre Wirkung als Medikamente

Medikament	gehemmtes Enzym	Verwendung/ Wirkung
Acetylsalicylsäure	Cyclooxigenase	Schmerzmittel, Entzündungshemmer
Penicillin	Alanintranspeptidase	Antibiotikum, hemmt die Zellwandsynthese bei Bakterien
Allopurinol	Xanthinoxidase	Senkung des Harnsäurespiegels

Wirkung eines Enzymhemmers (Gichtmittel)

Material: 100 ml Rohmilch, 10 ml abgekochte Rohmilch, Acetaldehydlösung (0,5 %), Methylenblaulösung (0,02 %), Allopurinollösung (0,1 %: 1 Tablette = 100 mg Zyloric® in 100 ml Wasser gelöst), vier 50-ml-Erlenmeyerkolben, 10-ml-Pipette, 1-ml-Pipette, Wasserbad (40 °C)

Durchführung: Bei diesem Modellversuch dient die Rohmilch als Enzymquelle und der Acetaldehyd als Substrat. Methylenblau ersetzt den sonst als Elektronenakzeptor wirkenden Sauerstoff. Es wird zugleich als Indikator benutzt (farblose Leukomethylenblaulösung), der die Reduktion anzeigt. Stellen Sie in den vier Erlenmeyerkolben folgende Ansätze im Wasserbad bereit:

Farbvergleichsprobe: 10 ml Milch + 1 ml Methylenblaulösung + 2 ml Wasser;

Normalprobe: 10 ml Milch + 1 ml Methylenblaulösung + 1 ml Wasser + 1 ml Acetaldehydlösung;

Medikamentenprobe: 10 ml Milch + 1 ml Methylenblaulösung + 1 ml Allopurinollösung + 1 ml Acetaldehydlösung;

denaturierte Probe: 10 ml gekochte Milch + 1 ml Methylenblaulösung + 1 ml Wasser + 1 ml Acetaldehydlösung.

Achten Sie auf Farbveränderungen und erklären Sie!

Wie wirkt Penicillin?

Die Entdeckung des Penicillins geht auf einen Zufall zurück: 1928 bemerkte man, dass auf einer vom Schimmelpilz *Penicillium notatum* befallenen Petrischale die darin enthaltene Bakterienkultur im direkten Umfeld des Pilzes nicht wuchs. Es wurde daher vermutet, dass der Pilz einen Stoff ausscheidet (*Penicillin* genannt), der das Bakterienwachstum hemmt. Die Vermutung konnte zunächst nicht überprüft werden, da die chemischen Kenntnisse damals noch nicht ausreichten um die wirksame Substanz aus dem Pilz zu isolieren. Erst nach Ausbruch des Zweiten Weltkriegs wurden die umfangreichen Forschungsarbeiten um das Penicillin mit Erfolg gekrönt: Der Stoff konnte isoliert und seine chemische Struktur aufgeklärt werden. Heute wird Penicillin von eigens gezüchteten Hochleistungspilzkulturen in industriellem Maßstab synthetisiert.

Penicillin hemmt den Aufbau der Bakterienzellwand, indem es die *Transpeptidase* inaktiviert, die für die Quervernetzung der Polysaccharidketten (Murein) verantwortlich ist. Nur Bakterienzellwände sind aus Murein und somit kann Penicillin nur auf wachsende Bakterien wirken.

Problem Penicillinresistenz

Aufgrund ihrer gewaltigen Vermehrungsrate treten bei Bakterien häufig *Mutationen*, also Veränderungen im Erbgut auf. Mutationen, die die Bakterien gegen Antibiotika resistent werden lassen, setzen sich sehr schnell durch. Deshalb hat man schon früh mit der Entwicklung von so genannten *Penicillinderivaten* (penicillinähnlichen Stoffen) begonnen, deren Wirkung dieselbe ist, gegen die die Bakterien aber noch nicht resistent sind.

Als wirksame Komponente des Penicillinmoleküls (→ Bild unten) gilt der β-Lactamring. Penicillinresistente Bakterien verfügen über ein Enzym, die *β-Lactamase*, das diesen Ring zerstört und so die Wirkung des Medikaments aufhebt. Zur Herstellung von Penicillinderivaten spaltet man mit einem speziellen Enzym, der *Penicillinacylase*, eine Seitengruppe des Penicillins ab und fügt einen anderen Rest an. Offensichtlich wird das Penicillinmolekül damit so „sperrig“, dass es nicht mehr in das aktive Zentrum der β-Lactamase passt.

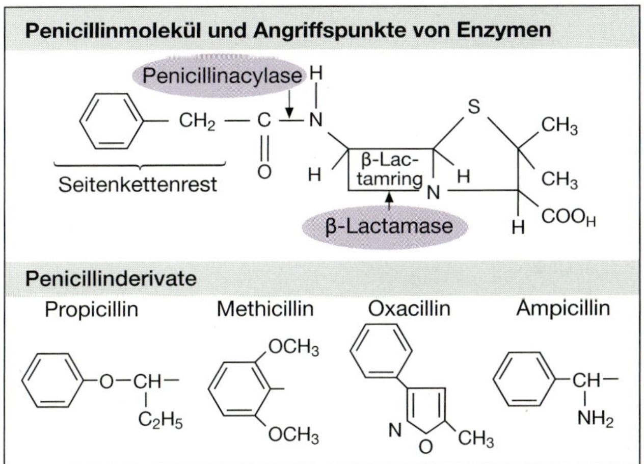

Blutzuckermessung mithilfe der Glucoseoxidase

Eine häufige Stoffwechselkrankheit ist die Zuckerkrankheit *Diabetes mellitus*. Durch eine Bauchspeicheldrüsenunterfunktion ist die körpereigene Regulation des Blutzuckerspiegels gestört. Der Patient muss durch Medikamente einen konstanten Glucosegehalt im Blut einstellen und diesen häufig kontrollieren. Mit einem Blutzuckermessgerät (→ Bild unten) kann die Untersuchung vom Diabetiker selbst durchgeführt werden. Dazu ist nur ein einziger Blutstropfen nötig.

Das Messgerät arbeitet mit einer Membran, die eine Gelschicht einschließt, in der das Enzym *Glucoseoxidase* enthalten ist. Aus dem auf die Membran aufgebrachten Blutstropfen diffundieren Sauerstoff und Glucose in das Gel. Dort wird die Glucose enzymatisch zum Gluconolacton oxidiert und Wasserstoffperoxid entsteht. Dieses gibt zwei Elektronen an eine Platinelektrode ab und zerfällt. Da die Menge der von der Elektrode aufgenommenen Elektronen der Glucosemenge proportional ist, kann der kleine Computer im Messgerät über das elektrische Signal die im Blut enthaltene Glucosemenge errechnen.

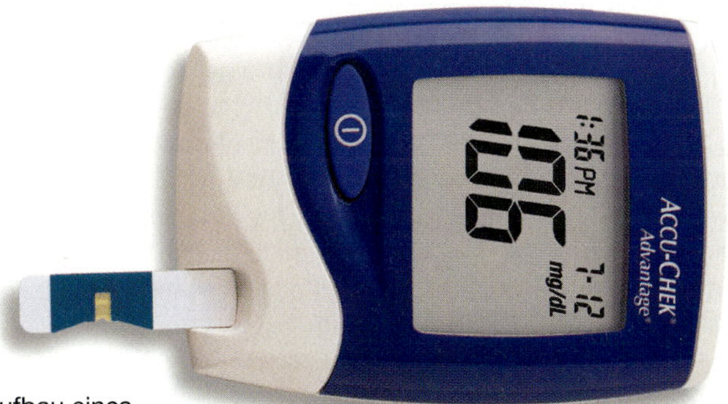

Aufbau eines Blutzuckermessgeräts, Schema

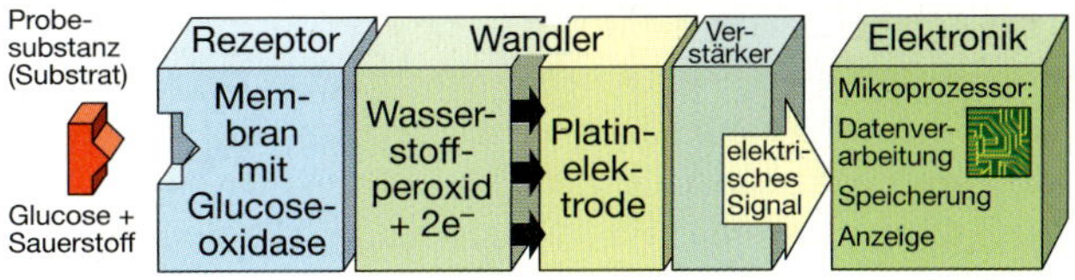

1 Auf welchem Typ von Enzymhemmung beruht die Wirkung des Gichtmittels Allopurinol? Begründen Sie Ihre Ansicht.

2 Schätzen Sie ab, welche Folgen eine sehr hohe Einnahme von Allopurinol für das Enzym Xanthinoxidase hätte.

3 Geben Sie Gemeinsamkeiten und Unterschiede der verschiedenen Penicillinderivate an (→ Bild links).

4 Erklären Sie, warum Penicillin für den Menschen ohne größere Nebenwirkungen ist, während es bei (nichtresistenten) Bakterien tödlich wirkt.

5 Eigentlich sollte Penicillin nicht „Antibiotikum“ genannt werden. Warum? Schlagen Sie einen geeigneteren Begriff vor.

☞ **Stichworte zu weiteren Informationen**

Pharmakologie, Stickstoffausscheidung beim Menschen, Murein, A. FLEMING, Resistenz

Enzyme in der Biotechnologie

1 Für die Käseherstellung benutzt man das Enzym Chymosin, das früher nur aus Kälbermägen gewonnen wurde.

2 Heute wird Chymosin oft in solchen Biofermentern von gentechnisch veränderten Bakterien produziert.

Biotechnologie – uralt oder brandneu? Unter Biotechnologie versteht man den *Einsatz von Mikroorganismen und deren Enzymausstattung zur Herstellung organischer Substanzen.* Danach ist die Biotechnologie bereits Jahrtausende vor Christus entstanden, als man entdeckte, dass Traubensaft sich in Wein verwandeln kann, wenn man ihn zugedeckt stehen lässt. Niemand ahnte damals allerdings die Ursache – wild vorkommende Hefearten, die auf den Schalen der Weintrauben leben. Erst LOUIS PASTEUR entdeckte im Jahre 1857, wodurch die alkoholische Gärung bewirkt wird. Er wies nach, dass die Gärungsprozesse auf Mikroorganismen, nämlich Hefen, zurückzuführen waren. Moderne Biotechnologie stützt sich dagegen auf exakte Wissenschaft – Biologie, Chemie und Verfahrenstechnik – um chemische Substanzen durch enzymatisch katalysierte Reaktionen möglichst wirtschaftlich herzustellen. Biotechnologische Verfahren bieten gegenüber rein chemischen Synthesen eine Reihe von Vorteilen:

- Die Ausgangsstoffe, aus denen die Mikroorganismen ihre Stoffwechselprodukte herstellen, zum Beispiel Stärke oder Mineralstoffe, sind billig.
- Da Mikroorganismen die gewünschten Stoffe durch enzymatisch katalysierte Reaktionen herstellen, läuft die Reaktion bei niedrigen Temperaturen ab. Unkatalysierte Synthesereaktionen benötigen dagegen oft hohe Temperaturen.
- Enzymreaktionen vollziehen sich in wässriger Lösung bei neutralem pH-Wert. In der chemischen Industrie werden dagegen oft Säuren, Laugen oder organische Lösungsmittel benötigt.
- Enzymreaktionen sind sehr spezifisch. Die Ausbeute beträgt oft 100 %, das heißt, alle Ausgangsstoffe werden ausschließlich zum gewünschten Endprodukt umgesetzt.

Biotechnologische Verfahren haben sich deshalb in vielen Bereichen durchgesetzt, zum Beispiel in der Umwelttechnik, Pharmaindustrie und Lebensmittelproduktion.

Biotechnologie heute. Inzwischen ist man nicht mehr darauf angewiesen, nur solche Stoffwechselprodukte zu „ernten", die Mikroorganismen aufgrund ihrer Enzymausstattung von Natur aus produzieren können. Durch den Einsatz der *Gentechnik* können Mikroorganismen mit artfremden Enzymen ausgestattet werden. Schon seit geraumer Zeit wird *menschliches Insulin* von Bakterien, in die man menschliche Gene eingeschleust hat, in industriellem Maßstab hergestellt. Das für Diabetiker lebensnotwendige Hormon kann so bedeutend billiger auf den Markt gebracht werden.

Durch Eingriffe ins Erbgut von Mikroorganismen lassen sich darüber hinaus ihre Enzymsysteme so verändern, dass die Stoffwechselprodukte in enorm gesteigerten Mengen hergestellt werden. So können zwar alle Mikroorganismen B-Vitamine selbst herstellen, doch bei den neu gezüchteten „Hochleistungsstämmen" des Pilzes *Ashbya gossypii* ist die Produktionsrate des Vitamins B_2 20 000fach und des Vitamins B_{12} 50 000fach gesteigert. Aus so genannten *Biofermentern* (→ Bild 2), in denen der Pilz kultiviert wird, sind die Vitamine leicht zu isolieren. Sie werden als Zusatz für Nahrungsmittel oder für Vitaminpräparate verwendet.

Das wichtigste Einsatzgebiet der Biotechnologie ist auch heute noch die Nahrungsmittelindustrie. Als Beispiel für eine typische Anwendung kann die *Stärkeverzuckerung* dienen:

Zucker für Coca-Cola. Bis 1960 war Kuba, damals größter Zuckerrohrproduzent der Welt, der Hauptzuckerlieferant der USA. Fidel Castros Revolution beendete die Wirtschaftsbeziehungen zwischen beiden Staaten abrupt. Deshalb wurde in den USA nach neuen Wegen der Zuckerherstellung gesucht. Der Anbau von Mais und Kartoffeln lieferte eine große Menge Stärke. Aus ihr lässt sich durch *hydrolytische Spaltung*, der Stärkeverzuckerung, hauptsächlich Glucose herstellen. Dabei spaltet *α-Amylase* die Stärke zunächst in Malzzucker auf, der dann durch *Maltase* in je zwei Glucosemoleküle zerlegt wird. Glucose hat allerdings gegenüber der Saccharose aus dem Zuckerrohr eine geringere Süßkraft. Durch das Enzym *Glucoseisomerase*, das aus Bakterien gewonnen wird, lässt sich die Glucose anschließend in die deutlich süßer schmeckende Fructose umwandeln. Schon 1980 deckten die USA 30 % ihres Süßmittelbedarfs durch ein Glucose-Fructose-Gemisch, den so genannten *Isosirup*, den sie enzymatisch herstellten. Gut die Hälfte des Zuckers in Coca-Cola besteht daraus!

Überblick

- Enzyme zählen zu den wichtigsten Wirkstoffen der belebten Natur. Man findet sie gleichermaßen in Bakterien, Pilzen, Pflanzen und Tieren. → S. 60, 61
- Weil Enzyme Stoffwechselreaktionen beschleunigen, werden sie auch als Biokatalysatoren bezeichnet. Wie anorganische Katalysatoren setzen sie die Aktivierungsenergie eines Reaktionssystems deutlich herab. → S. 61
- Nahezu alle Enzyme gehören zur Stoffklasse der Proteine. Die große Vielfalt der Enzyme ist vor allem in ihrer Tertiär- und Quartärstruktur begründet. → S. 62
- Den vom Enzym umgesetzten Stoff nennt man Substrat. Er bildet während der Reaktion zusammen mit dem Enzym einen Enzym-Substrat-Komplex, geht also vorübergehend eine Bindung mit dem Enzym ein. → S. 62, 63
- Wie ein Schlüssel nur in das zugehörige Schloss, so passt auch nur ein bestimmtes Substrat in das aktive Zentrum eines Enzyms und wird umgesetzt. → S. 62–64
- Die Aktivität eines Enzyms hängt stark vom Milieu ab (pH-Wert, Temperatur, Substratkonzentration), in dem es sich befindet. → S. 65–67
- Einer der wichtigsten industriellen Anwendungsbereiche für Enzyme ist die Waschmittelherstellung. Wegen der besonderen Anforderungen hinsichtlich Temperatur und pH-Wert werden hier häufig Extremozyme eingesetzt. → S. 66, 67
- Die in den Waschmitteln eingesetzten Enzyme werden oft aus Bakterien gewonnen. Ursache von Waschmittelallergien sind nicht die Enzyme selbst, sondern Verunreinigungen durch Bestandteile der Bakterienzellwand. → S. 67
- Die Giftigkeit von Schwermetallen beruht häufig darauf, dass sie Enzyme irreversibel hemmen. → S. 68
- Enzymregulation ermöglicht einen geordneten Stoffwechsel. Sie erfolgt über (kompetitive oder allosterische) Hemmung von Enzymen. → S. 68
- Viele Enzyme enthalten neben dem Proteinanteil noch einen speziellen Cofaktor. Dabei kann es sich – je nach Enzym – um Metallionen und/oder organische Moleküle wie B-Vitamine und daraus aufgebaute Stoffe handeln. → S. 69
- Der Einsatz von Enzymen als diagnostische Hilfsmittel oder Wirkstoffe in der Medizin ist heute sehr verbreitet. → S. 70, 71
- Enzymhemmstoffe wie Penicillin und Aspirin werden schon lange als Medikamente erfolgreich eingesetzt. Die zunehmende Penicillinresistenz von Bakterien zwingt jedoch zur Entwicklung immer neuer Penicillinderivate. → S. 71
- Die Biotechnologie, also die technische Nutzung von Mikroorganismen und ihren Enzymen, macht besonders in Verbindung mit der Gentechnik zurzeit immense Fortschritte und erschließt sich immer mehr Anwendungsgebiete. → S. 72

Aufgaben und Anregungen

1 In der Vergangenheit wurden im Kampf gegen Hunger und Proteinmangel von den Industriestaaten Millionen Tonnen Trockenmilchpulver nach Afrika, Asien und Südamerika geschickt. Die Hilfe hatte jedoch nachteilige Folgen. Die Milch löste Durchfälle und Darmkrämpfe bei der einheimischen Bevölkerung aus. 1965 fand man die Ursache heraus: Der in der Milch vorhandene Milchzucker, die Lactose, kann durch Mangel an dem Enzym Lactase nicht abgebaut werden und löst die Symptome aus.

Nennen Sie Regionen der Erde (→ Bild rechts), in denen diese so genannte Lactoseintoleranz verbreitet ist. Versuchen Sie eine Erklärung für die unterschiedliche Häufigkeit des Enzymmangels zu geben. Beachten Sie dabei, dass Lactoseintoleranz bei Säuglingen überall auf der Welt sehr selten ist.

Verbreitung der Lactoseintoleranz

	Bevölkerungsgruppe	Anteil der Lactoseintoleranz in %
Afrika	Nigerianer *	87
	Bantus *	95
	nomadische Fulani	20
Asien	Thailänder *	97
	Koreaner *	100
	Chinesen *	85
Europa	Dänen	3
	Finnen	19
	Deutsche	12
	Franzosen	10
	Polen	25
Amerika	Eskimos *	92
	Indianer (USA) *	80
	Weiße Amerikaner	16
Australien	Australier (weiße)	8
Mittelmeerregion	Griechen (Athen)	19
	Griech. Cyprioten *	85
	Araber *	83
	Italiener um Neapel *	95
	Norditaliener	30

* ohne traditionelle Milchwirtschaft

Wirkung von Lactase

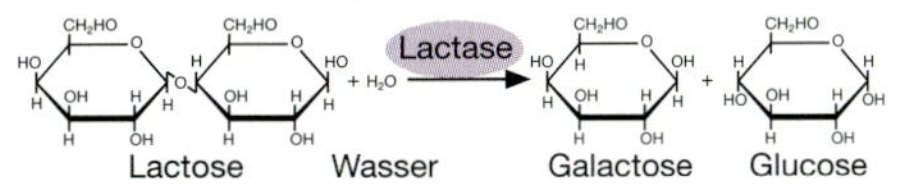

2 Bei vielen wechselwarmen Tieren wie Schlangen und Eidechsen kann man beobachten, dass sie sich nach kühleren Nächten zunächst länger an sonnigen Stellen aufhalten, bevor ihre eigentliche Aktivitätsphase beginnt. Erläutern Sie diese Beobachtung.

3 Schildern Sie an einem Beispiel den Aufbau und die Wirkungsweise von Enzymen.

4 Überlegen Sie, welchen Einfluss eine Erhöhung der Enzymkonzentration auf die Substratsättigungskurve nach MICHAELIS und MENTEN hätte. Skizzieren Sie den Kurvenverlauf.

5 Erläutern Sie die Begriffe Coenzym, Cofaktor und prosthetische Gruppe.

6 Unter den verschiedenen Enzymklassen bilden die Hydrolasen eine besonders große Gruppe. Nennen Sie einige Hydrolasen und beschreiben Sie deren Funktion.

7 Bei der Untersuchung eines Enzyms lässt sich nicht der erwartete Zusammenhang zwischen Enzymaktivität und Substratkonzentration finden. Welche Ursache vermuten Sie?

8 Die Aktivität eines Enzyms ist nicht immer gleich hoch. Legen Sie dar, von welchen Faktoren sie abhängt und auf welche Weise sie im Stoffwechsel reguliert werden kann.

9 Die in den Peroxisomen (→ S. 47) vorkommende Katalase hat eine sehr hohe Wechselzahl. Welchen biologischen Sinn sehen Sie darin?

Die Hefe – ein besonderer Nutzpilz

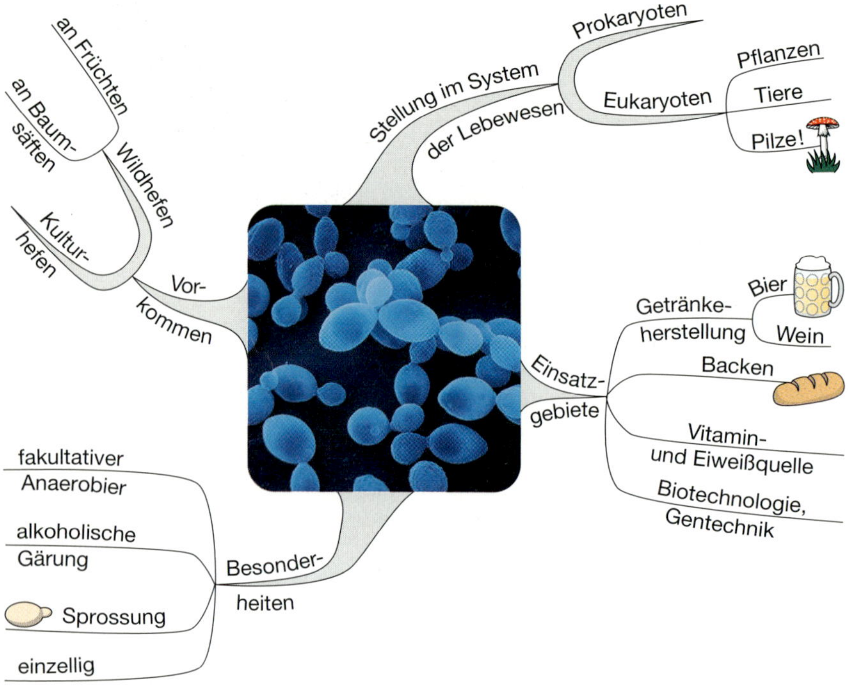

Hefen der Gattung Saccharomyces gehören zu den Hunderttausenden von verschiedenen Mikroorganismen, die im Kreislauf der Natur unersetzlich sind – und zugleich zu den wenigen Hundert, die vom Menschen nutzbar gemacht wurden.

Seit Jahrtausenden werden Hefen bei der Herstellung von Nahrungsmitteln und Getränken verwendet. Bereits vor 8000 Jahren stellten die Sumerer und Babylonier mit ihrer Hilfe alkoholische Getränke her: das erste Bier. 2000 Jahre später entdeckten die Ägypter, wie unter Mitwirkung der Hefe Brot gesäuert und aufgelockert wurde. Die technologischen Kenntnisse des Brauens und Backens gelangten nach Griechenland und Rom, ja offenbar bis Nordeuropa. Während Griechen und Römer Wein bevorzugten, galt Bier zu Tacitus' Zeiten als das Getränk der Barbaren.

Die Wirkung der Hefeaktivität auf die Lebensmittel wurde vermutlich durch Zufall entdeckt. Ihre Vorteile – der Konservierungseffekt und die Qualitätsverbesserung – waren aber so offenkundig, dass sie schon sehr früh in allen Kulturkreisen eingesetzt wurde. Doch blieb jahrtausendelang unklar, was im Brot, Wein und Bier vor sich ging. Erst 1680 sah der niederländische Forscher ANTONI VAN LEEUWENHOEK (→ S. 11) als erster Mensch *Hefezellen* unter dem Mikroskop. Und erst 200 Jahre später gelang dem französischen Chemiker LOUIS PASTEUR der Nachweis, dass diese mikroskopisch kleinen Lebewesen für die Bildung der Gärungsprodukte *Ethanol* und *Kohlenstoffdioxid* verantwortlich waren.

In den letzten Jahren erschließt sich für die Hefe ein neues Anwendungsgebiet: Als einzelliger *Pilz* zählt sie zu den *Eukaryoten*. Damit weist sie viele Baumerkmale auf, die sie mit höheren Organismen gemeinsam hat. Das ermöglicht ihren Einsatz als *Zellmodell* in der medizinischen Forschung, zum Beispiel zur Erforschung von Krankheitsursachen beim Menschen und für Arzneimitteltests.

Daneben gibt es noch einen ganz praktischen Einsatzbereich für die Hefe: als Eiweiß- und Vitaminquelle für Mensch und Tier. Vor allem ihr Gehalt an Vitamin B_1, dem *Thiamin*, macht sie wertvoll. Thiamin spielt als Vorstufe eines *Coenzyms* der *Pyruvat-Decarboxylase* eine wichtige Rolle im Stoffwechsel der Hefe. Die Pyruvat-Decarboxylase katalysiert die Abspaltung von CO_2 vom Pyruvat. Es entsteht Acetaldehyd, der dann durch ein zweites Enzym zum Ethanol umgesetzt wird.

☞ Basisinformationen

Gärung (→ S. 105), eukaryotische Zelle (→ S. 53), Coenzyme (→ S. 69), Vitamine (→ S. 69)

1 Schon im alten Ägypten wurde Bier gebraut. Dabei besorgten Wildhefen das Vergären. Das Bild zeigt einen Soldaten beim Biertrinken mit einem Trinkhalm.

1 Ihre Zugehörigkeit zu den Eukaryoten macht – unter anderem – die Hefe zu einem sehr beliebten Forschungsobjekt. Stellen Sie die Kennzeichen einer eukaryotischen Zelle zusammen. Vergleichen Sie mit der Prokaryotenzelle.

2 Thiamin, die Vorstufe des Coenzyms Thiaminpyrophosphat, ist ein Vitamin, das wir mit der Nahrung aufnehmen müssen. Informieren Sie sich über die Folgen eines Mangels an diesem Vitamin. Welche weiteren Thiaminquellen neben der Hefe kennen Sie?

3 Wenn Sie einen Hefekuchen backen, müssen Sie den Teig erst „gehen lassen". Welchen Sinn hat das?

Biologie der Hefe

Bäckerhefe *(Saccharomyces cerevisiae)* ist eine Sammelbezeichnung für die so genannten obergärigen Kulturheferassen. Dabei handelt es sich um einzellige, kugelige Pilze von 5 bis 15 µm Größe. Im Lichtmikroskop lassen sie kaum Details erkennen. Erst durch Anfärben mit spezifischen Farbstoffen werden Zellwand, Zellkern und die große Vakuole sichtbar.

Hefezellen vermehren sich durch *Sprossung*. Dabei bildet die Mutterzelle durch Ausstülpung der Zellwand eine Knospe. Es folgt eine Kernteilung *(Mitose)*. Einer der Tochterkerne wandert in die Knospe ein, die sich ablöst und dabei eine Bildungsnarbe hinterlässt. Aus der Zahl solcher Narben kann man auf das Alter einer Hefezelle schließen. Einzelne Zellen können bis zu 32 Narben aufweisen. Danach gehen sie zugrunde. Die durch Sprossung entstandene Tochterzelle wächst zur Größe der Mutterzelle heran.

Die Energie für Wachstum und Vermehrung gewinnen Hefen aus dem Abbau von Stoffen, die sie aus der Umgebung aufnehmen. Sie sind *fakultative Anaerobier*, das heißt, sie können sowohl unter *aeroben* Bedingungen (mit Sauerstoff) als auch *anaerob* (ohne Sauerstoff) existieren. Steht Sauerstoff zur Verfügung, veratmen sie das Substrat, zum Beispiel Glucose. Der Zucker wird *vollständig* zu *Kohlenstoffdioxid* und *Wasser* abgebaut. Ohne Sauerstoff erfolgt nur ein *unvollständiger Abbau* zu *Alkohol*. Er kann von den Hefezellen nicht weiter verarbeitet werden und wird ausgeschieden. Dabei können sie nur einen Alkoholgehalt von maximal 19 % vertragen, da Alkohol auch für Hefezellen giftig ist. Der Energiegewinn bei diesem Gärungsprozess ist verglichen mit der Atmung sehr gering und wird durch *hohen Stoffumsatz* ausgeglichen.

In einem *Fermenter*, der alle für das Wachstum der Hefe notwendigen Stoffe enthält, lassen sich verschiedene Versuchsbedingungen erzeugen und quantitativ erfassen. Die Diagramme unten zeigen die Ergebnisse solcher Versuchsreihen. Der dabei zu beobachtende Effekt wird nach seinem Entdecker *PASTEUR-Effekt* genannt.

☞ Basisinformationen

Zellatmung (→ S. 99–101), Gärung (→ S. 104), Mitose (→ S. 20), Zellzyklus (→ S. 18)

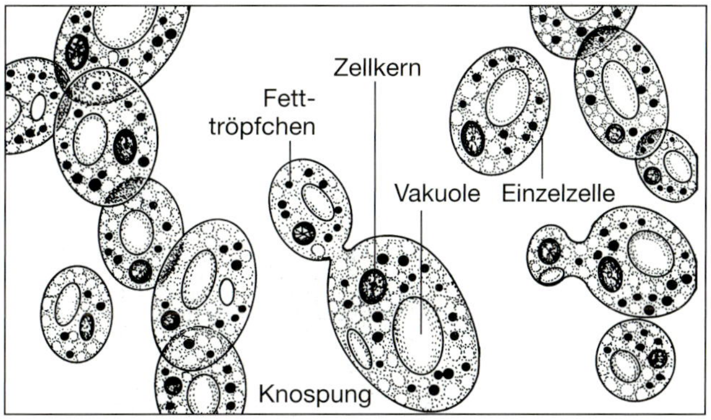

Mikroskopische Untersuchung von Hefezellen

Material: ein Stück Bäckerhefe, 10%ige Glucoselösung, stark verdünnte Methylenblaulösung, Wärmeschrank, Mikroskop und Zubehör, Pipette

Durchführung: Geben Sie das Stück Hefe in die Zuckerlösung und verteilen Sie sie darin gleichmäßig. Stellen Sie die Lösung für 2 bis 3 Tage in den Wärmeschrank. Lassen Sie sie bei 25 bis 30 °C bebrüten. Entnehmen Sie dann mit der Pipette eine Probe und geben Sie sie auf einen Objektträger. Fügen Sie einen Tropfen Methylenblaulösung hinzu. Lebende Zellen erscheinen hellblau, abgestorbene Zellen kräftig blau gefärbt. (Enzyme in den lebenden Zellen wandeln Methyenblau in die farblose Leukoform um.)

Mikroskopieren Sie und fertigen Sie eine beschriftete Zeichnung an.

1 Vergleichen Sie den Verlauf der Kurven für aerobe und anaerobe Bedingungen in den Diagrammen unten. Erläutern Sie anhand der Diagramme den PASTEUR-Effekt.

2 Der geringe Energiegewinn bei der Gärung bringt Vorteile für den biotechnischen Einsatz von Hefe, etwa beim Bierbrauen, oder für stoffwechselphysiologische Untersuchungen. Erklären Sie.

3 Einzeller gelten als potenziell unsterblich. Die einzelligen Hefepilze stellen eine Ausnahme dar. Erläutern Sie.

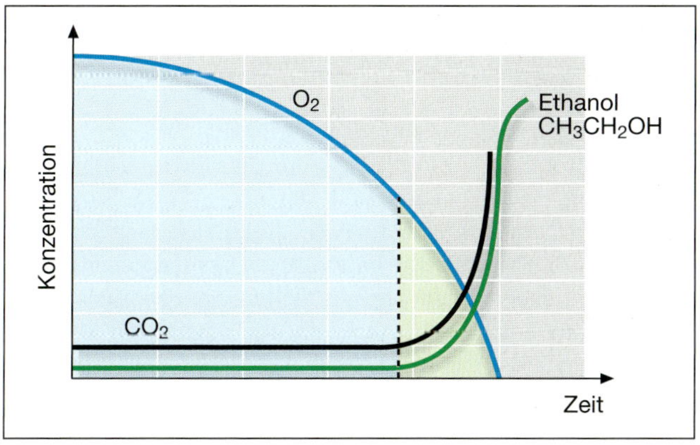

1 Zusammenhang zwischen Sauerstoffgehalt und Alkoholproduktion in einem Hefefermenter

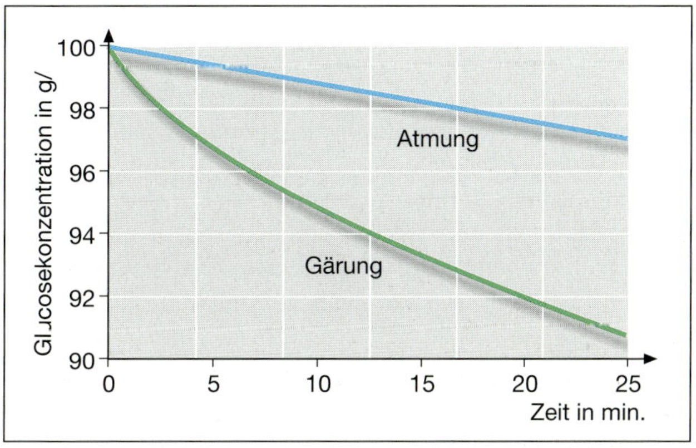

2 Verlauf der Glucosekonzentration in einem Hefefermenter unter aeroben und anaeroben Bedingungen

Versuche zur Gärung

Nachweis der alkoholischen Gärung

Material: 40 g Bäckerhefe, zwei 1-Liter-Erlenmeyerkolben,Gäraufsatzröhrchen, durchbohrter Stopfen, Wasserbad von etwa 80 °C, Kalkwasser, Alkoholteströhrchen, 10%ige Glucoselösung

Durchführung: Füllen Sie 600 ml der Glucoselösung in einen Erlenmeyerkolben. Geben Sie die Bäckerhefe dazu und suspendieren Sie sie gleichmäßig durch Umschwenken. Verschließen Sie den Kolben durch das Gäraufsatzröhrchen, das mit Kalkwasser gefüllt ist (→ Bild rechts).

Nach Abschluss des Gärvorgangs setzt sich die Hauptmasse der Hefe als Bodensatz am Grund des Kolbens ab. Dekantieren Sie die Gärflüssigkeit in einen weiteren Kolben. Erhitzen Sie sie bei etwa 80 °C. Setzen Sie dabei das Alkoholteströhrchen auf den Kolben.

Protokollieren Sie Ihre Versuchsergebnisse.

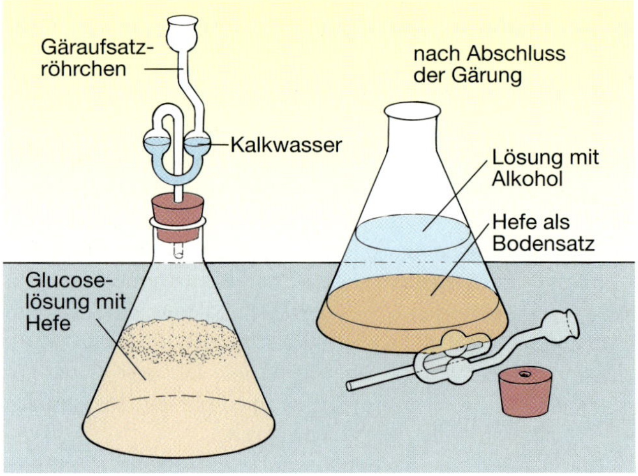

Bestimmen des Temperaturoptimums für die Gärung

Material: 10 g Bäckerhefe, 100 ml 10%ige Glucoselösung, mehrere Garröhrchen

Durchführung: Die Hefe wird in der Glucoselösung suspendiert. Füllen Sie davon jeweils etwa 10 ml in Gärröhrchen und stellen sie diese bei verschiedenen Temperaturen auf. Lesen Sie nach einigen Stunden die Menge an gebildetem Kohlenstoffdioxid ab.

Stellen Sie das Versuchsergebnis grafisch dar. Bestimmen Sie danach das Temperaturoptimum.

Nachweis des Energiebedarfs

Material: 20 g Bäckerhefe, 250 ml 30%ige Glucoselösung, Kunststoffflasche (zum Beispiel Wasserspritzflasche) mit Gäraufsatzröhrchen oder Pasteurpipette, Waage (Messgenauigkeit: 0,01 g), Stoppuhr

Durchführung: Bei der alkoholischen Gärung gewinnt die Hefe Energie in Form von ATP. Der Energiebedarf der Hefe während der Gärung kann indirekt über die Menge des abgegebenen Kohlenstoffdioxids berechnet werden.

Suspendieren Sie die Hefe in der Zuckerlösung. Füllen Sie die Suspension in die Kunststoffflasche und verschließen Sie diese mit dem Gäraufsatz. Der Gäransatz wird nun 1½ Stunden lang in einem Wärmeschrank bei 36 °C erwärmt. Stellen Sie ihn danach auf eine Waage und bestimmen Sie den Masseverlust über 10 Minuten jeweils im Minutenabstand (Stoppuhr).

Stellen Sie die Messwerte gegen die Zeit grafisch dar und berechnen Sie die durchschnittliche CO_2-Abgabe pro Minute. Unter Einbeziehung der Molmasse des CO_2 (44 g/mol) lässt sich daraus durch Division die CO_2-Produktion in mol/min berechnen.

Aus der Gärungsgleichung ergibt sich, dass die molaren Mengen von CO_2 und ATP gleich sind. Der Energiegehalt des ATP beträgt ungefähr 30 kJ/mol. Berechnen Sie mit diesen Angaben die freigesetzte Energiemenge pro Minute und pro Tag.

Prüfung verschiedener Zucker auf ihre Vergärbarkeit

Material: Bäckerhefe, 10%ige Lösungen verschiedener Zucker (zum Beispiel Glucose, Fructose, Galactose, Lactose, Saccharose, Maltose, Dextrin), mehrere Gärröhrchen nach EINHORN (→ Bild unten), Wärmeschrank (30 °C)

Durchführung: Mischen Sie jeweils eine frisch angerührte Hefesuspension 1 : 1 mit den verschiedenen Zuckerlösungen und füllen Sie diese in die Garröhrchen. Lesen Sie nach einigen Stunden die jeweils gebildete Kohlenstoffdioxidmenge ab. Sie gilt als Maß für die Gärungsintensität.

Tragen Sie Ihre Versuchsergebnisse als Blockdiagramm auf. Vergleichen Sie die Ergebnisse.

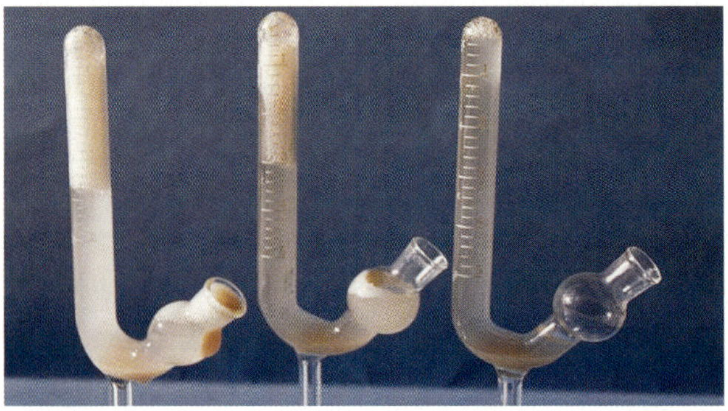

1 Von der Bierhefe existieren zwei Formen: die obergärige – das heißt beim Gärvorgang an die Oberfläche treibende – *Saccharomyces cerevisiae* und die untergärige *Saccharomyces carlsbergensis*. Sie unterscheiden sich nicht nur dadurch, dass die erste Zellverbände aus mehreren Zellen bildet, die zweite dagegen stets einzeln bleibt, sondern auch durch verschiedene Temperaturoptima für die Gärung (15 bis 25 °C beziehungsweise 5 bis 10 °C). Versuchen Sie eine Erklärung für die unterschiedlichen Temperaturoptima zu geben.

2 Informieren Sie sich im Anschluss an den Versuch zur Vergärbarkeit verschiedener Zucker über deren Aufbau. Ziehen Sie dazu die Seiten 86 und 87 heran.

Bierbrauen – eine alte Biotechnologie

Nach dem *Reinheitsgebot* von 1516 dürfen in Deutschland nur Gerste, Hopfen, Wasser und Hefe zum Bierbrauen verwendet werden. In anderen Ländern wird Bier auch aus Weizen, Mais oder Kartoffeln hergestellt, da der eigentliche Rohstoff die *Stärke* ist.

Da Hefe Stärke nicht spalten kann, bringt man Gerste durch Anfeuchten zum Keimen. Durch den Keimvorgang werden *Enzyme* im Gerstenkorn aktiviert. Diese spalten dann die Stärke in *Maltose* bzw. *Glucose*. Die gekeimte Gerste, das *Malz*, wird getrocknet, in der Sprache der Brauer *gedarrt*. Dem zerkleinerten Malz wird Wasser zugefügt, sodass die *Maische* entsteht. Während des Sudvorgangs wird die Maische stufenweise auf 60 bis 70 °C erhitzt. Die verschiedenen Enzyme der Gerste können so jeweils bei ihrer Optimaltemperatur wirken. Beim Erhitzen gehen die Zucker in Lösung und die *Bierwürze* erhält ihre endgültige Konzentration *(Stammwürze)*. Nun wird der Hopfen zugesetzt, dem durch Kochen die Bitterstoffe entzogen werden. Sie verleihen dem Bier nicht nur den typischen Geschmack, sondern zugleich auch eine gewisse Haltbarkeit.

Nach dem Abkühlen und Filtrieren setzt man dem Ansatz im Gärkeller bei 5 bis 10 °C die *Bierhefe* zu, die nun den Zucker in Alkohol und Kohlenstoffdioxid *vergärt*. Nach Abschluss der Gärung wird das Bier noch mehrere Wochen gelagert, geklärt und schließlich abgefüllt.

Bier hat normalerweise einen Alkoholgehalt von 3 bis 5 %. Die biochemischen Vorgänge bei der *Weinherstellung* sind im Prinzip identisch, hier werden jedoch Alkoholkonzentrationen bis zu 15 % erreicht. Zur Herstellung noch höherer Konzentrationen, zum Beispiel bei Branntwein, ist zusätzlich *Destillation*, also ein physikalischer Trennvorgang, erforderlich.

Basisinformationen

Enzyme und ihre Wirkungsweise (→ S. 61–65)

Herstellen von Apfelmost

Material: Weinballon, 2-Liter-Haushaltstrichter, Gummistopfen mit Gäraufsatz, zwei Flaschen naturtrüber Apfelsaft, 250 g Zucker (Saccharose), eine Portion Weinhefe (Drogerie)

Durchführung: Füllen Sie den Zucker mit dem Trichter in den Weinballon. Gießen Sie eine Flasche Apfelsaft dazu. Durch Schwenken löst sich der Zucker. Fügen Sie dann die Weinhefe sowie die zweite Flasche Apfelsaft dazu und schwenken Sie um. Der Weinballon wird nun durch den Gummistopfen mit dem wassergefüllten Gäraufsatz verschlossen und an einem ruhigen Ort aufgestellt. Nach etwa 2 Monaten ist der Gärvorgang abgeschlossen. Messen Sie den Alkohol wie im Versuch zum Nachweis der alkoholischen Gärung beschrieben.

Nach weiteren 4 Monaten ist die Hefe abgesunken und der Jungwein erscheint klar.

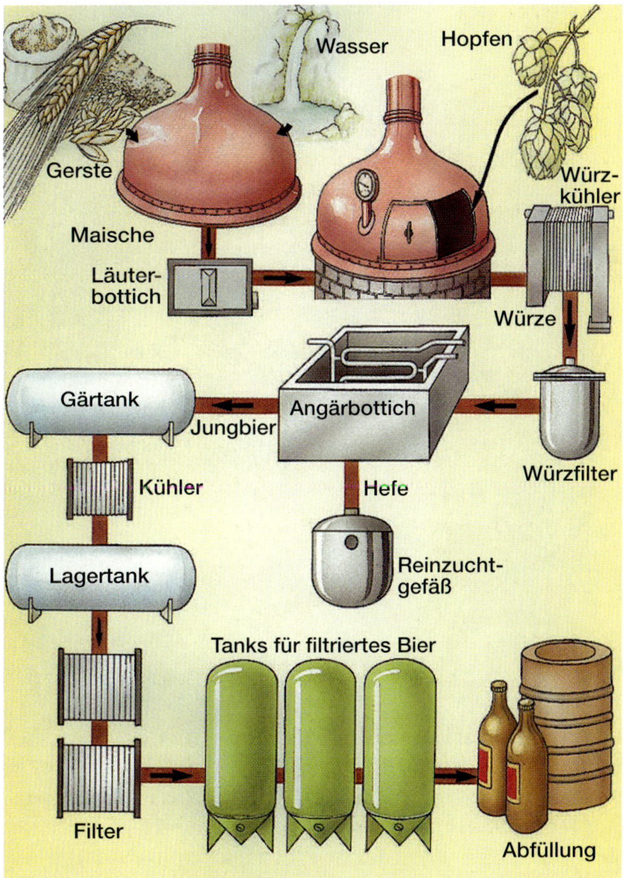

1 Vom Getreide zum fertigen Bier: Zur Bierherstellung sind viele Schritte nötig.

In der Maische wirksame Enzyme der Gerste

Enzym	Wirkung	Temperatur	pH
Glucanasen	Polysaccharidabbau	40–50 °C	4,8–5,0
Proteasen	Eiweißabbau	50–60 °C	4,5–4,7
β-Amylase	Maltosebildung	60–64 °C	5,3
α-Amylase	Stärkeabbau	70–74 °C	5,8

1 Stellen Sie tabellarisch die Bedingungen zusammen, die durch die verschiedenen Schritte des Brauvorgangs erreicht werden.

2 Der vernünftige Umgang mit dem Genussmittel Alkohol stellt ein gesellschaftliches Problem dar, da die Gefahr des Alkoholmissbrauchs und der Alkoholabhängigkeit besteht. In Deutschland hat sich – gemessen an der konsumierten Menge reinen Alkohols – der jährliche Pro-Kopf-Verbrauch alkoholischer Getränke in den letzten 50 Jahren vervierfacht. Nach Schätzungen der Deutschen Hauptstelle gegen Suchtgefahren sind etwa 10 % der Bevölkerung stark alkoholgefährdet. Die Zahl der Alkoholabhängigen liegt bei etwa 2,5 Millionen. Informieren Sie sich über die Wirkungen von Alkohol auf den menschlichen Organismus. Welche Ursache hat die gesundheitsschädliche Wirkung von Ethanol?

Das Herz – Motor des Kreislaufs

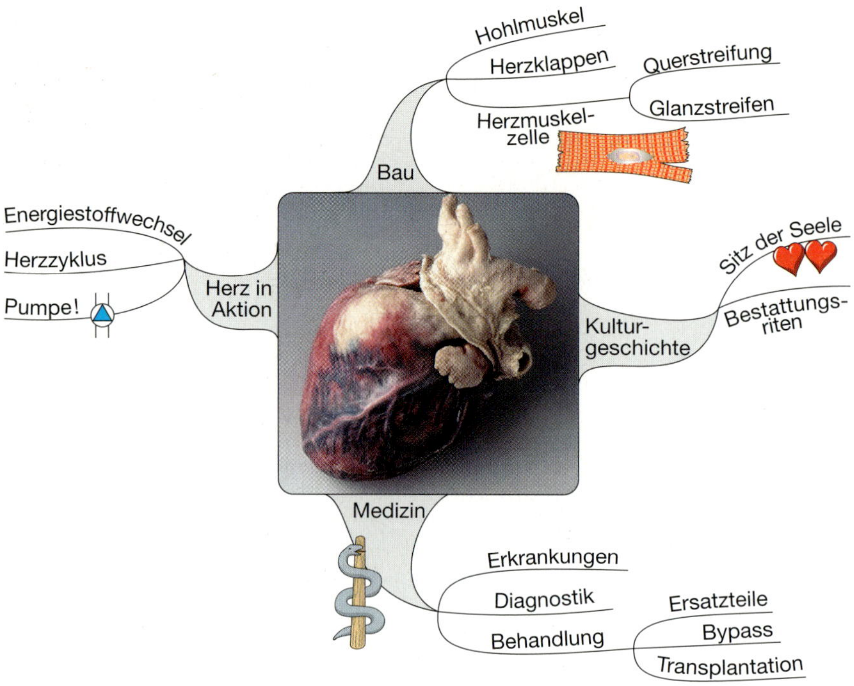

Kann ein „herzloser" Mensch überleben? Lebt ein „herzensguter" Mensch länger? ST. EXUPÉRY sagt, „man sieht nur mit dem Herzen gut", und für HEINE ist das Herz „herrlicher als die Sonne und der Mond und alle Sterne, strahlender und bleibender – es ist unendlich in seiner Liebe, unendlich wie die Gottheit, es ist die Gottheit selbst".

Die besondere Bedeutung des Herzens kommt auch in mittelalterlichen Bestattungsriten zum Ausdruck, bei denen das Herz getrennt vom übrigen Körper an geheiligten Orten aufbewahrt wird, im Falle der Habsburger zum Beispiel in der Augustinerkirche in Wien. Auch heute noch gilt das Herz als Sitz der Gefühle, der Seele. Solche hervorragenden Eigenschaften werden einem faustgroßen, etwa 300 g schweren Organ zugeschrieben, dessen Aufgabe darin besteht, als Motor den Kreislauf des Blutes anzutreiben.

Nüchtern betrachtet arbeitet das Herz vergleichbar einer Pumpe: Es saugt das Blut aus den Venen in die Vorkammern *(Atrium)* und pumpt es über die Arterien aus den Herzkammern *(Ventrikel)* hinaus. Die Wandstärken der Herzabschnitte stehen in Beziehung zu der zu leistenden Pumparbeit: Die beiden Vorhöfe sind mit etwa 0,5 mm sehr dünnwandig; die Wand der rechten Herzkammer ist 2 bis 4 mm dick, die der linken Herzkammer 8 bis 11 mm. Die linke Herzhälfte befördert das von der Lunge kommende Blut in den Körper, die rechte Hälfte das aus dem Körper kommende Blut in die Lunge. Die Strömungsrichtung des Blutes wird durch die Ventilwirkung der Herzklappen festgelegt. Zwischen Herzkammern und Arterien liegen die *Taschenklappen*, Atrium und Ventrikel sind jeweils durch *Segelklappen* getrennt. Das Öffnen und Schließen der Klappen hängt vom Druck in den jeweiligen Herzabschnitten bzw. angrenzenden Gefäßen ab. Dabei lässt sich der Herzzyklus in verschiedene Phasen einteilen, eine *Anspannungs-* und eine *Austreibungsphase* während der *Systole* und eine *Entspannungs-* und eine *Füllungsphase* während der *Diastole* (→ Bild 1).

In mancher Hinsicht ist das Herz tatsächlich ein besonderes Organ – zum Beispiel kontrahiert es sich ohne Nervenimpuls. Und wenn es erkrankt, besteht oft Lebensgefahr.

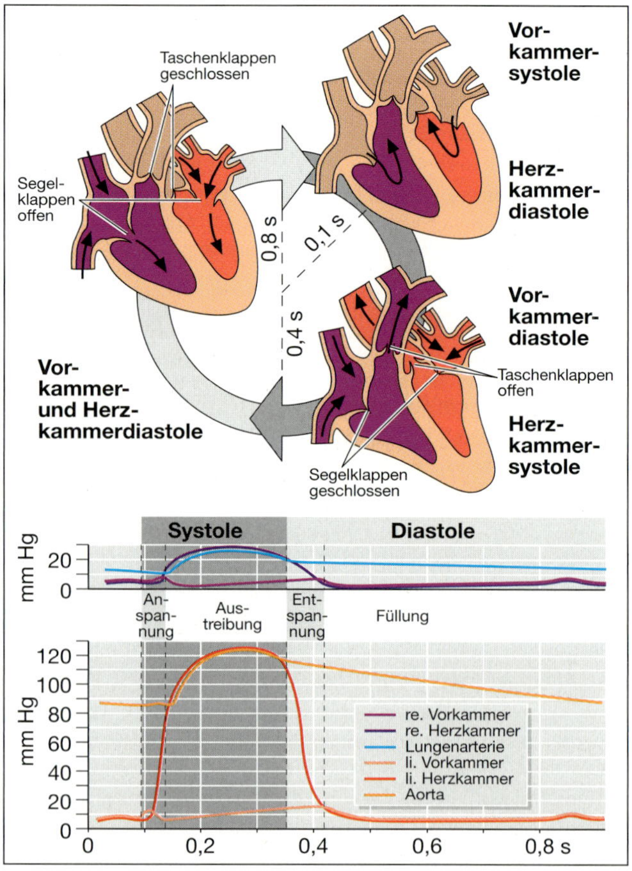

1 Herzzyklus (oben) und Druckverläufe während des Zyklus in den Herzabschnitten und angrenzenden Gefäßen

☞ Basisinformationen

Äußere Atmung: Transportsysteme und Gasaustausch (→ S. 90)

1 Sammeln Sie Material über die besondere Rolle, die dem Herzen lange Zeit zugeschrieben wurde.

2 Werten Sie Bild 1 aus. Stellen Sie einen Zusammenhang her zwischen Druckverlauf und Klappenfunktion.

Feinbau und Stoffwechsel des Herzens

Das Herz stellt einen *Hohlmuskel* dar, der sich in Ruhe etwa 60- bis 70-mal pro Minute kontrahiert. Die überwiegende Gewebsmasse der Herzwand entfällt auf das *Myokard*, eine Muskelschicht, die wie ein Mittelding aus Skelettmuskulatur und glatter Muskulatur erscheint. Es besteht aus 0,1 mm langen Einzelzellen, die sich zu einem Netzwerk verzweigen. Jede der lang gestreckten Zellen enthält einen bis zwei zentral gelegene Zellkerne. Die *Querstreifung*, die im Längsschnitt sichtbar ist (→ Bilder 1 und 2, Bild 2 auf S. 83), wird durch streng parallel angeordnete *Myofibrillen* hervorgerufen und ist letztlich zurückzuführen auf die Anordnung der kontraktilen Proteine des Muskelgewebes, der *Aktin-* und *Myosinfilamente* (→ S. 106/107). Die Myofibrillen umlaufen den Zellkern und lassen so einen kegelförmigen Bereich frei, der mit *Sarkoplasma*, dem Cytoplasma der Muskelzellen, angefüllt ist. Das Sarkoplasma ist besonders reich an *Mitochondrien* und enthält viel Glykogen. Die Zellgrenze zwischen zwei Zellen wird durch den so genannten *Glanzstreifen* gebildet. Er ist für das Myokard charakteristisch. Durch ihn wird ein *Kommunikationskontakt* zwischen den Herzmuskelzellen hergestellt, der dem Signalaustausch während des Herzschlags dient. Außerdem enden hier die Myofibrillen.

Die Versorgung des Herzens erfolgt über zwei *Koronararterien*, wobei die linke vier Fünftel des gesamten Blutstroms übernimmt. Bei starker Belastung kann die Durchblutung auf das Vierfache ansteigen. Die Entnahme der Nährstoffe aus dem Koronarblut richtet sich nach dem Angebot. Das Herz erweist sich damit im Vergleich zum Skelettmuskel als „Allesfresser". Es kann die verschiedensten Substrate zu AcetylCoA abbauen und über *Citratzyklus* und *Endoxidation* verwerten. Die große Zahl der Mitochondrien in den Herzmuskelzellen weist bereits darauf hin, dass das Herz die Energie, die es für seine Arbeit benötigt, aus dem *oxidativen* Abbau der Nährstoffe bezieht. Hierin zeigt sich ein wesentlicher Unterschied zur Skelettmuskulatur, die ihren Energiebedarf zeitweilig durch anaerobe Prozesse deckt *(Milchsäuregärung)*.

Mangelhafte Koronardurchblutung führt somit zur Funktionseinschränkung des Herzens. Es kommt zu einer *Lactatumkehr*, das heißt, das Herzmuskelgewebe gibt jetzt Milchsäure ab. Dauert die Unterbrechung der Versorgung 5 bis 6 Minuten an, tritt Herzstillstand ein. Nach mehr als 30 Minuten ist eine Wiederbelebung ausgeschlossen.

☞ Basisinformationen

Bau des Muskels (→ S. 106), Mitochondrien (→ S. 48), Zellverbindungen (→ S. 41), Citratzyklus (→ S. 100), Endoxidation (→ S. 101), Milchsäuregärung im Muskel (→ S. 110)

1 Vergleichen Sie die Herzmuskulatur mit der Skelettmuskulatur und der glatten Muskulatur hinsichtlich Bau und Belastbarkeit.

2 Erläutern Sie Bild 4. Woher stammt das vermehrte Lactatangebot bei körperlicher Arbeit?

3 Informieren Sie sich über die Bedeutung des Citratzyklus.

4 Geben Sie eine Erklärung für die Lactatumkehr.

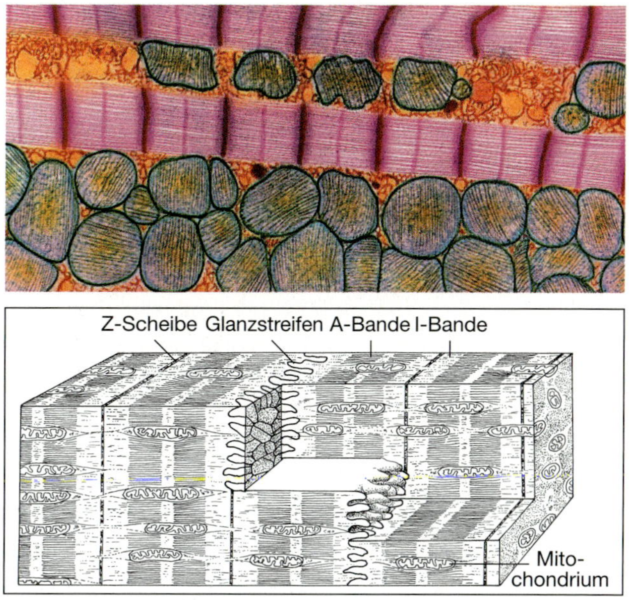

1 und 2 Herzmuskelzellen, oben TEM-Bild, Vergrößerung etwa 15 000fach, koloriert; unten Schemazeichnung

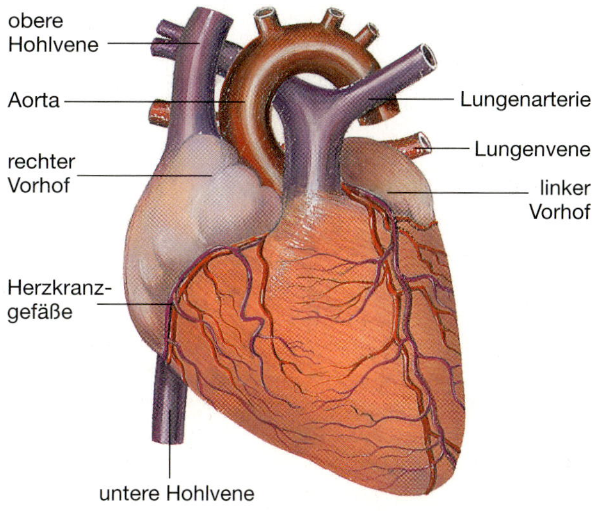

3 Äußerer Bau des Herzens mit den Herzkranzgefäßen (Koronararterien und -venen)

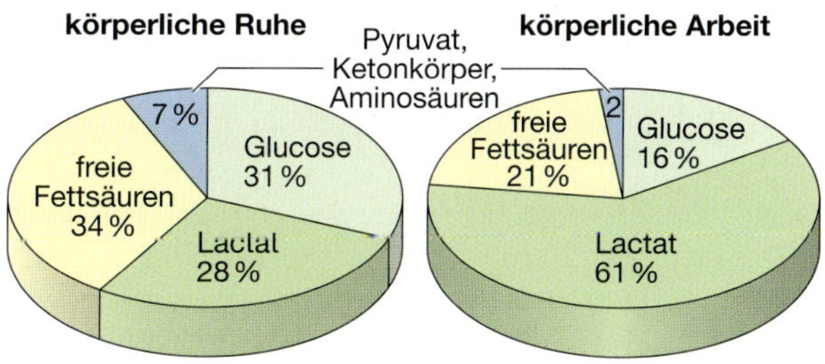

4 Anteil verschiedener Substrate an der Nährstoffversorgung des Herzens in Ruhe und bei körperlicher Arbeit

Versuche zu Herz und Blutkreislauf

Präparation eines Säugerherzens

Material: Schweine- oder Kälberherz, Präparierschale, Messer, Schere, Trichter, durchbohrter Stopfen mit Glasrohr, Gummischlauch

Durchführung: Betasten Sie zunächst das Herz und suchen Sie die stark entwickelte linke und die schwächere rechte Herzkammer. Welcher Zusammenhang besteht zur Funktion der Kammern?

Betrachten Sie den Verlauf der Herzgefäße. Stellen Sie den Unterschied zwischen Aorta und Lungenarterie fest. Machen Sie sich auch hier den Zusammenhang zur Funktion klar.

Tragen Sie nun mithilfe einer Schere die Wandung („Herzohren") der linken Vorkammer ab. Dadurch wird die Segelklappe sichtbar. Schließen Sie die Mündung der Aorta durch einen durchbohrten Gummistopfen ab, durch den Sie ein Glasrohr einführen. An das Glasrohr wird ein etwa 30 cm langer Gummischlauch angeschlossen, an dessen Ende ein Trichter sitzt (→ Bild oben). Füllen Sie den Trichter mit Wasser und beobachten Sie das sichtbare Segelventil, während Sie den Trichter senken und anheben. Drücken Sie nun die Herzkammer zusammen und beschreiben Sie die Reaktion. Erklären Sie Ihre Beobachtungen.

Schneiden Sie mit einer Schere vorsichtig die Aorta auf, bis die Taschenklappen sichtbar werden.

Schneiden Sie mit Messer und Schere das Herz in Längsrichtung auf. Betrachten Sie die Wanddicken und vergleichen Sie den Bau der Segelklappen der rechten und linken Herzkammer. Zeigen Sie den Verlauf des Blutstroms durch das Herz. Fertigen Sie eine beschriftete Skizze an.

Messung des Blutdrucks

Material: Stethoskop, Blutdruckmessgerät mit Manometer

Durchführung: In der ärztlichen Praxis erfolgt die Blutdruckmessung nach dem RIVA-ROCCI-Prinzip. Dabei werden systolischer und diastolischer Druck aufgrund charakteristischer Geräusche bestimmt, die mit einem Stethoskop in der Armbeuge abgehört werden. Wenn die Geräte zur Verfügung stehen, können Sie das Prinzip gut nachvollziehen. Allerdings erfordert die Deutung der Geräusche etwas Übung.

Führen Sie die Messung durch wie im Bild rechts gezeigt. Zunächst wird die aufblasbare Gummimanschette um den Oberarm gelegt und an die Handpumpe angeschlossen. Nun wird so lange Luft in die Manschette gepumpt, bis kein Blut mehr durch die Armarterie fließen kann. Verringern Sie dann allmählich den Manschettendruck. In dem Augenblick, in dem der systolische Druck erreicht wird, hören Sie mit dem Stethoskop ein Geräusch, das durch den Einstrom von Blut durch das Gefäß bedingt ist. Das Auftreten des Geräuschs zeigt den systolischen Druckwert an. Lesen Sie den Wert am Manometer ab. Beim weiteren Nachlassen des Manschettendrucks wird das Geräusch plötzlich leiser, wenn das Blut wieder frei durch die Arterie fließen kann. Das gibt den diastolischen Wert an.

Wird nach einer ärztlichen Untersuchung ein Ergebnis 120/80 festgestellt, so gibt die erste Zahl stets den systolischen Wert, die zweite den diastolischen Wert in mm Hg an.

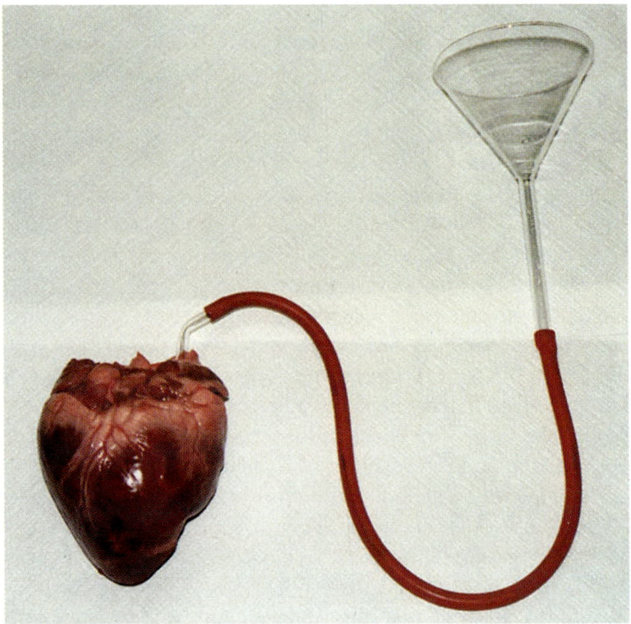

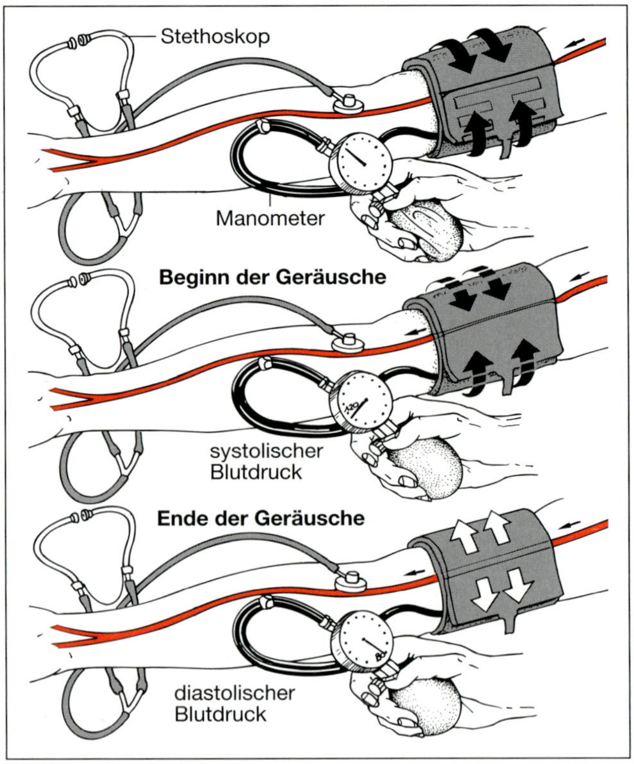

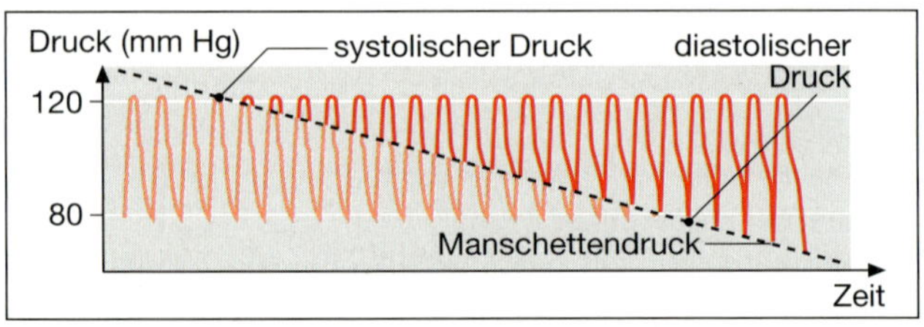

Das gesunde und das kranke Herz

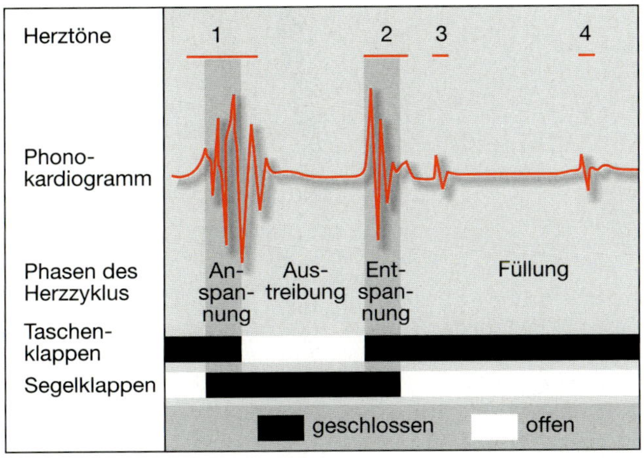

1 *Phonokardiogramm, darunter Phasen des Herzzyklus und Zustand der Herzklappen*

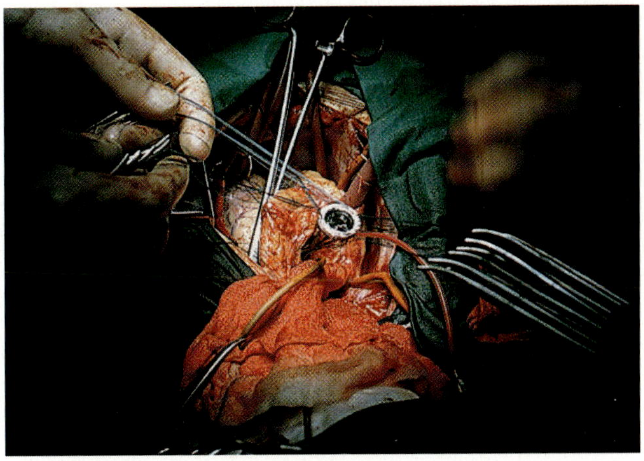

2 *Bei einem schweren Herzklappenfehler kann das Einsetzen einer künstlichen Herzklappe erforderlich werden.*

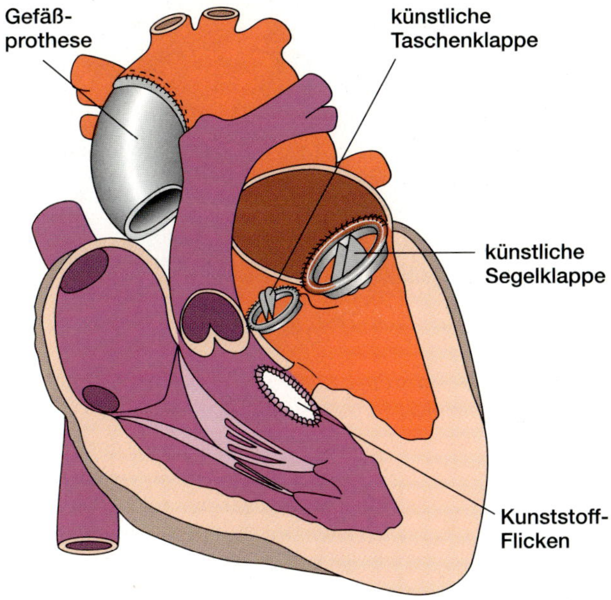

3 *Ersatzteile für das Herz. Künstliche Taschen- und Segelklappen bestehen aus Stahl, Teflon oder Polycarbon, Gefäßprothesen und Flicken für eine perforierte Herzscheidewand aus Kunststoff.*

Phonokardiogramm

Wichtige Informationen über die Funktion der Herzklappen lassen sich durch das Aufzeichnen des Herzschalls gewinnen, das *Phonokardiogramm*. Bei der Herzaktion werden nämlich Erschütterungen auf die Brustwand übertragen und können als *Herztöne* mit dem Stethoskop hörbar gemacht oder auch aufgezeichnet werden. Dazu benötigt man ein schallgedämpftes Mikrofon, Verstärker sowie Lautsprecher oder Kassettenrekorder. Man tastet die Zwischenrippenräume der linken Brustseite ab, bis der Herzschlag gut fühlbar ist, und legt an dieser Stelle das Mikrofon auf.

Eine gestörte Herzklappenfunktion führt zu so genannten *Herzgeräuschen*, deren Dauer und zeitliches Auftreten eine genaue Diagnose des Klappenfehlers ermöglicht. Es lässt sich zum Beispiel feststellen, welche Herzklappe betroffen ist und ob sie nicht richtig schließt oder eine Verengung vorliegt. Häufig kommt es durch geschädigte Klappen zu Überlastungen des Herzmuskels und damit zur *Herzschwäche*. Bei ernsteren Herzklappenfehlern kann man die Klappe durch eine künstliche oder eine biologische Prothese ersetzen. Der Vorteil der künstlichen Klappen besteht in ihrer längeren Haltbarkeit, doch können sich an den künstlichen Oberflächen eher Blutgerinnsel bilden, sodass die Patienten blutgerinnungshemmende Mittel einnehmen müssen.

Herzprobleme

Mehr als die Hälfte aller Todesfälle in Deutschland geht auf Erkrankungen des Herz-Kreislaufsystems zurück. Das zum Tod führende Ereignis ist zumeist ein *Herzinfarkt* oder ein *Schlaganfall*. Ein Herzinfarkt ist zurückzuführen auf die mangelnde Durchblutung des Herzmuskels. Als Folge des Nährstoff- und Sauerstoffmangels stirbt das Gewebe ab. Die Ursache liegt in einem Verschluss oder einer Verengung der Koronararterien. Überlebt der Patient den Herzinfarkt, bleiben Defekte zurück, da Herzmuskulatur nicht nachgebildet werden kann.

Eine mangelnde Sauerstoffversorgung des Myokards löst Schmerzanfälle mit charakteristischem Engegefühl hinter dem Brustbein aus, die bis in den Armbereich ausstrahlen. Ist der Sauerstoffmangel nur kurzfristig, ohne dass Gewebe abstirbt, spricht man von *Angina pectoris*.

1 Stellen Sie mithilfe Ihrer Kenntnisse über den Herzzyklus und Bild 1 den Zusammenhang zwischen Herzklappenfunktion und Entstehung des 1. und 2. Herztons her.

2 Informieren Sie sich über die Risikofaktoren, die die Entstehung eines Herzinfarkts begünstigen.

3 Angina pectoris kann unter anderem durch eine Bypassoperation behandelt werden. Bringen Sie in Erfahrung, was dabei geschieht.

Betriebsstoffwechsel und Energieumsatz

1 New-York-Marathon. Trotz der Strapazen melden sich jedes Jahr mehr Läuferinnen und Läufer für den Start.

Am New-York-Marathon 1999 haben rund 30 000 Menschen teilgenommen, unter ihnen auch Prominente.

Sie alle haben sich intensiv auf das Ereignis vorbereitet und so ihren Körper auf die außergewöhnliche Belastung eingestellt. Eine spezielle Ernährung trägt dazu bei, den hohen Energieverbrauch während des Laufs auszugleichen.

Marathonläufer können sich der Bewunderung ihrer Zuschauer sicher sein. Die Stoffwechselprozesse, auf die sich ihre Leistung gründet, sind jedoch bei Läufern und Zuschauern dieselben – und ähnlich bewundernswert.

Im Blickpunkt:

- der erste Schritt der Energiebereitstellung: Verdauung
- Hauptenergielieferant Kohlenhydrate – eine Übersicht
- äußere Atmung: Sauerstoffaufnahme als Grundlage für Stoffwechselprozesse
- von der äußeren zur inneren Atmung: der Blutkreislauf, wichtigstes Transportsystem des Körpers
- innere Atmung – Energiebereitstellung in der Zelle
- Energiegewinnung ohne Sauerstoff: Gärung
- ATP – die universelle „Energiewährung" der Lebewesen
- wozu das Energiekapital eingesetzt wird: Beispiel Muskel
- Konsequenzen für Sport und Trainingslehre
- wohin mit den „Stoffwechselschlacken": Ausscheidung

Alle chemischen Reaktionen, die im Organismus ablaufen und der Aufnahme, dem Auf-, Um- und Abbau sowie der Ausscheidung von Stoffen dienen, fasst man als *Stoffwechsel* zusammen.

Einige Stoffwechselwege beziehen sich auf den Aufbau und die Speicherung von Körper- und Zellsubstanz, dienen also dem Wachstum. Sie werden als *Baustoffwechsel* bezeichnet. Zum *Betriebsstoffwechsel* oder *Energiestoffwechsel* rechnet man dagegen Stoffwechselwege, die durch den Abbau von energiereicher Körper- oder Zellsubstanz *Energie* freisetzen. Nur ein Teil der umgesetzten Energie ist für Stoffwechselprozesse nutzbar. Ein Großteil wird in Form von Wärme an die Umgebung abgegeben. Betriebs- und Baustoffwechsel sind miteinander verknüpft, laufen aber in verschiedenen Zellkompartimenten ab und können daher getrennt geregelt werden.

Viele Stoffwechselwege stimmen bei Mikroorganismen, Pflanzen, Tieren und uns selbst erstaunlich gut überein. Unterschiede ergeben sich vor allem aus unterschiedlichen Stoff- und Energiequellen (→ S. 118): So besitzen Pflanzen besondere Stoffwechselwege, durch die sie bei der *Fotosynthese* Strahlungsenergie der Sonne in chemisch gebundene Energie überführen können. Diese fehlen Mensch, Tieren und den meisten Bakterien. Sie alle sind auf die Aufnahme energiereicher Stoffe anderer Lebewesen angewiesen. Daraus Energie zu gewinnen, hat für sie zentrale Bedeutung.

Brennpunkte des Stoffwechsels

Wie sehr wir vom Stoffwechselgeschehen in unserem Körper abhängen – nicht nur bei körperlichen Höchstleistungen, sondern in allen unseren körperlichen und geistigen Fähigkeiten, ja sogar in unserer Seelenlage – wird uns kaum bewusst. Schon eine kurze Unterversorgung mit Sauerstoff lässt unseren Arm „einschlafen", im Gehirn vermag sie eine Ohnmacht auszulösen. Der Mangel an einem einzigen Enzym kann, wie bei der Phenylketonurie, zur Unterentwicklung des kindlichen Gehirns und zu schwerer geistiger Behinderung führen. Eine Stoffwechselstörung bestimmter Gehirnzellen hat starke Depressionen zur Folge. Auch in seinem Bau hängt unser Körper vom Stoffwechselgeschehen ab. Ständig werden Stoffe und Energie benötigt um beispielsweise in jeder Minute 160 Millionen Blutzellen oder alle drei bis fünf Tage die gesamte Darmschleimhaut neu zu bilden.

Obwohl keine Faser des Körpers ohne Stoffwechsel existiert, erfahren wir doch *Atmung, Bewegung, Verdauung* und *Ausscheidung* als dessen Brennpunkte. Anders als bei Einzellern, bei denen alle Lebensfunktionen in einer Zelle ablaufen, sind bei uns und allen anderen Vielzellern die Zellen und Organe auf verschiedene Aufgaben spezialisiert. Dieser Differenzierung entsprechend weisen sie spezifische Enzyme auf und verfügen über gesonderte Stoffwechselwege.

Das *Lungengewebe* besteht aus besonders flachen, dünnen Zellen für den Gasaustausch. Sie bilden die Wand der Lungenbläschen und trennen Atemluft und Blut als hauchdünne, nur 1 µm messende Barriere. So können die roten Blutkörperchen in der nur 0,3 s dauernden Passage durch die Lungenkapillaren völlig mit Sauerstoff gesättigt werden (→ S. 91).

Muskelzellen und *Muskelfasern* sind zu aktiver Kontraktion und passiver Dehnung fähig. Sie ermöglichen die Bewegung vielzelliger Tiere, bei der chemisch gebundene Energie – unter Wärmeverlust – direkt in mechanische Arbeit umgesetzt wird. Bau, Stoffwechsel und Funktion sind im Muskel aufs Engste verknüpft: *Adenosintriphosphat (ATP)*, der Energieträger der Kontraktion, wirkt zugleich als „Weichmacher" für die Dehnbarkeit. Sein Vorrat im Muskel reicht nur für etwa 10 Kontraktionen, muss also rasch durch Energie aus anderen Quellen nachgeliefert werden. Proteinmoleküle, aus denen der Muskel aufgebaut ist, sind zugleich als Enzyme für die ATP-Spaltung aktiv (→ S. 107).

Spezialisierte Zellen im Ausscheidungsorgan *Niere* regeln den Wasser- und Ionenhaushalt, kontrollieren das Säure-Base-Gleichgewicht und entsorgen Endprodukte des Stoffwechsels, vor allem den Harnstoff (→ S. 112).

Die Organe des *Verdauungssystems* bewältigen den schnellen und gezielten Abbau der Nährstoffe und die Aufnahme der Abbauprodukte aus dem Darm in das Blut. Voraussetzung dafür sind zahlreiche Enzyme, die von Drüsenzellen der Verdauungsorgane gebildet und in den Verdauungskanal abgegeben werden. Oft gilt die Verdauung als Inbegriff des Stoffwechsels, doch ist sie eigentlich nur der Auftakt um an körperfremde Stoffe zu gelangen, sie sich nach Umbau als körpereigene Stoffe einzuverleiben und die darin gebundene Energie zu nutzen.

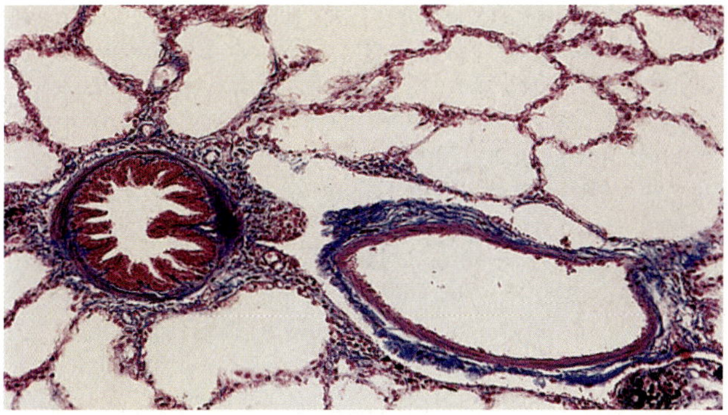

1 Lungengewebe, Vergrößerung etwa 170fach

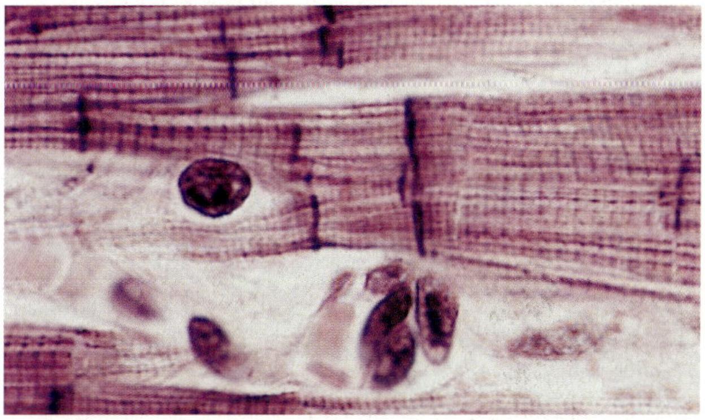

2 Herzmuskelzellen, Vergrößerung etwa 1200fach

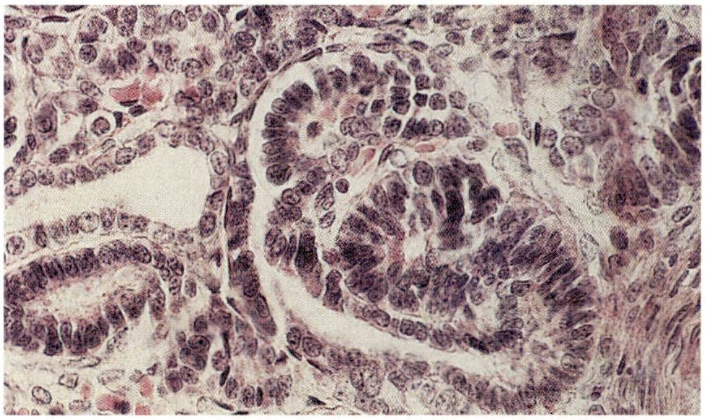

3 Zellen aus der Nierenrinde, Vergrößerung etwa 200fach

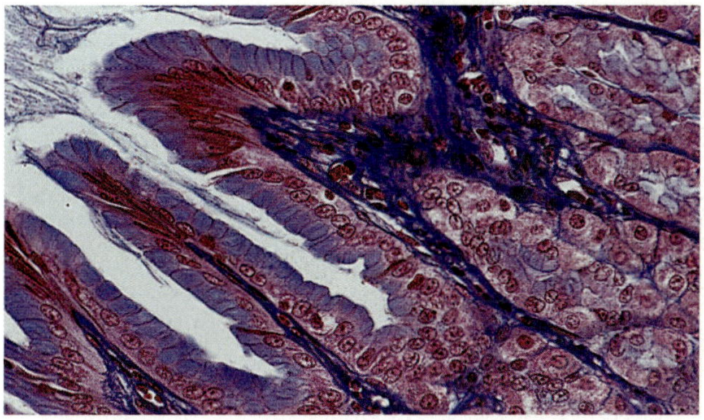

4 Drüsenzellen der Magenschleimhaut, Vergrößerung 300fach

Bereitstellung der Energie aus der Nahrung: Verdauung

Unsere Nahrung besteht hauptsächlich aus *Kohlenhydraten, Fetten, Proteinen, Wasser, Vitaminen* und *Mineralstoffen*. Proteine, Fette und Kohlenhydrate kommen meist in zu komplexen Formen vor, als dass sie ins Blut aufgenommen werden könnten. Im *Mund* und im *Magen-Darm-Trakt* werden sie mithilfe von *Enzymen* aus der Klasse der *Hydrolasen* (→ S. 64) in ihre Bausteine zerlegt: Kohlenhydrate in *Monosaccharide* (Einfachzucker), Proteine in *Aminosäuren* und Fette in *Glycerin* und *Fettsäuren*. Diese werden dann im Dünndarm *resorbiert* und vom Blut oder der Lymphe zu den Organen transportiert. Hier werden sie in den Zellen weiterverarbeitet oder über die Niere ausgeschieden. Nicht resorbierte Stoffe werden über den Mastdarm ausgeschieden.

Verdauung im Mund. Die mechanische Zerkleinerung der Nahrung durch die Zähne leitet die Verdauung im Mund ein. Die Nahrung wird mit dem Speichel zu einem gleitfähigen Brei vermischt. Im Speichel ist auch das Verdauungsenzym *Ptyalin* enthalten, eine *α-Amylase*, die das komplexe Kohlenhydrat *Stärke* in kleinere Einheiten *(Maltose)* spaltet.

Verdauung im Magen. Im Magen produzieren die *Belegzellen* der Magenwand Salzsäure, durch die der Speisebrei einen sauren pH-Wert von 2 bis 3 erhält. Das saure Milieu regt die Aktivität zweier *Proteasen* an, *Pepsin* und *Kathepsin*. Sie werden in den so genannten *Hauptzellen* gebildet, jedoch noch in einer inaktiven Form.

Auch die Magenwand besteht zum größten Teil aus Proteinen. Eine Schutzschicht, die *Magenschleimhaut* (→ Bilder 1–3), verhindert, dass der Magensaft sie angreift. Die Schleimdrüsen der Magenwand produzieren bestimmte schleimige Kohlenhydrate *(Mucine)*, die auf die Magensäure als Puffer wirken und die Enzyme so in ihrer Aktivität hemmen.

Gelangt der Speisebrei in den unteren Teil des Magens, wird die Bildung des Verdauungshormons *Gastrin* angeregt. Es wird in der Magenwand gebildet und fördert die Abgabe von Salzsäure, die wiederum die Enzyme aktiviert. Sobald der Speisebrei durch den Pförtner in den Dünndarm übertritt, wird in der oberen Dünndarmschleimhaut das Hormon *Sekretin* gebildet. Es wird über die Blutbahn zur Magenwand transportiert und hemmt dort die Gastrinproduktion. Auf diese Weise wird die Bereitstellung der Magensäfte reguliert.

Verdauung im Dünndarm. Im Dünndarm wird der saure Speisebrei neutralisiert. Das geschieht vor allem mithilfe des Sekrets der Bauchspeicheldrüse, die auch *Pankreas* genannt wird. Das Sekret hat einen pH-Wert von 8 bis 9 und enthält wichtige Verdauungsenzyme, sodass im Dünndarm der größte Teil der Verdauungsarbeit geleistet wird: Die Kohlenhydrat spaltenden Enzyme *Amylase, Maltase, Lactase* und *Saccharase* zerlegen die Kohlenhydrate in Monosaccharide. Die Proteine werden von den Enzymen *Trypsin* und *Chymotrypsin* in Aminosäuren und Dipeptide gespalten. Diese Proteasen liegen zunächst in einer inaktiven Form vor, die bei Bedarf von einem anderen Enzym, der *Enterokinase*, aktiviert wird.

Die Fette werden von *Lipasen* gespalten. Deren Arbeit wird durch die *Gallenflüssigkeit* erleichtert, die auf die wasserunlöslichen Fette emulgierend wirkt. Die Gallenflüssigkeit wird von der Leber produziert und in der Gallenblase gesammelt.

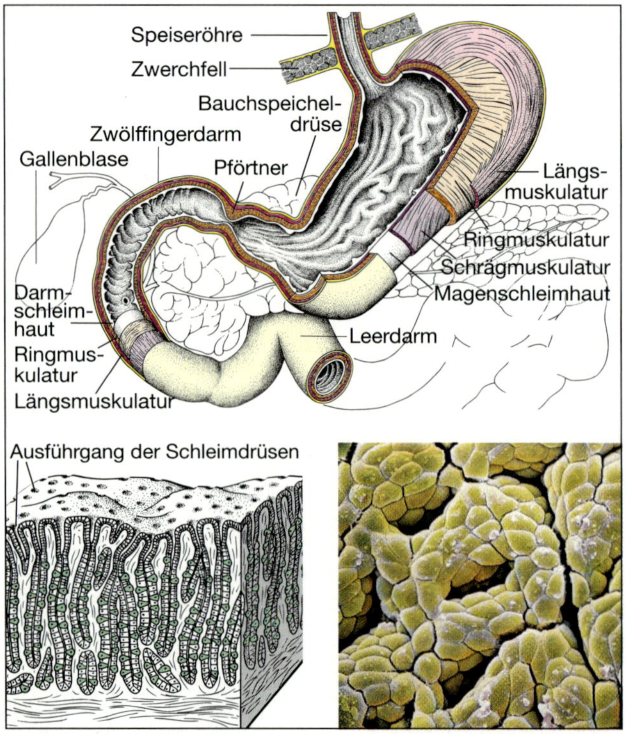

1–3 Bau des Magens. Die Bilder unten zeigen die Magenschleimhaut im Schnittbild und in der Aufsicht (REM).

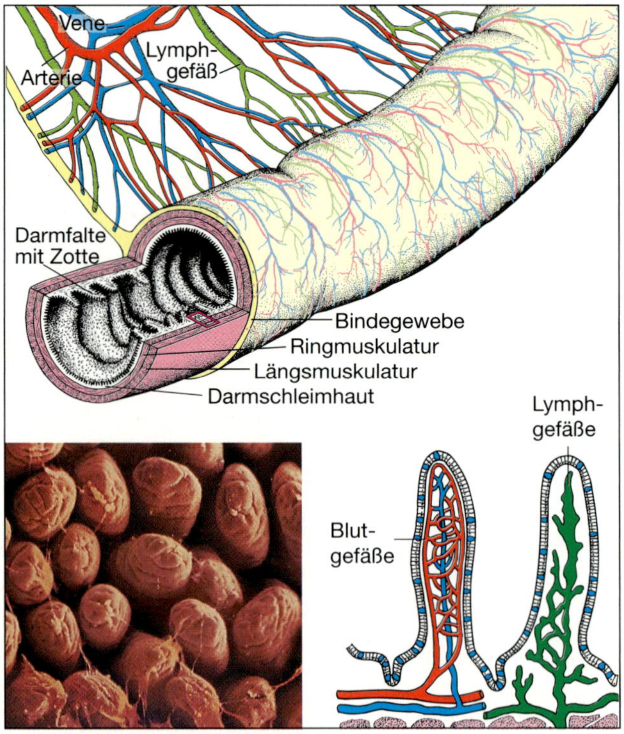

4–6 Dünndarm mit Darmzotten (unten). Zur besseren Übersicht sind Blut- und Lymphgefäße getrennt dargestellt.

Resorption. Die im Dünndarm gespaltenen Nährstoffe werden über die Darmwand ins Blut oder in die Lymphe aufgenommen. Diesen Vorgang nennt man *Resorption*. Die meisten Stoffe werden *aktiv*, also unter Energieverbrauch aufgenommen. In den Wandzellen findet man daher viele Mitochondrien. Aminosäuren, Dipeptide und Monosaccharide werden in die Blutgefäße der *Darmzotten* transportiert und mit dem Darmblut über die Pfortader in die Leber befördert. Dort wird ein Teil der Glucose in *Glykogen* umgewandelt und gespeichert. Bei Bedarf wird es wieder zu Glucose abgebaut. Glykogen kann auch in anderen Körperzellen gelagert werden, vor allem in den Muskeln.

Die Aminosäuren und die Dipeptide werden unverändert im Blut zu Zellen gebracht, die aus ihnen körpereigene Proteine bilden.

Die Abbauprodukte der Fette gelangen zum Teil ins Blut, soweit es sich um kurzkettige Fettsäuren handelt. Aus dem Blut nehmen Körperzellen Fette auf um sie zu speichern und bei Bedarf zur Energiegewinnung zu nutzen. Die langkettigen Fettsäuren und das Glycerin werden in die Zellen der Darmwand transportiert, wo das endoplasmatische Reticulum aus ihnen körpereigenes Fett aufbaut. Um die neu entstandenen Fette besser transportieren zu können, werden sie mit Proteinen zu *Lipoproteinen* verbunden. Sie werden nun vor allem in den Lymphgefäßen des Darms transportiert. Die Lymphgefäße münden über den Lymphbrustgang in die Schlüsselvene und überführen so die Fette in den Blutkreislauf.

Die Resorptionstätigkeit des Dünndarms wird durch seinen Bau erleichtert: Die Darmwand ist mit *Zotten* (→ Bilder 4–6 auf der linken Seite) besetzt, die jeweils ein Lymph- und ein Blutgefäß enthalten. Die 1 mm langen Darmzotten vergrößern die Dünndarmoberfläche auf 40 bis 50 m^2. Ihre Epithelzellen sind nochmals mit Zellfortsätzen besetzt, den *Mikrovilli*. Dadurch erhält der Dünndarm eine Gesamtfläche von 2000 m^2.

Endverdauung im Dickdarm. Im Dickdarm wird der Nahrungsbrei eingedickt, indem ihm Wasser entzogen und dem Körper wieder zur Verfügung gestellt wird. Wird zu wenig Wasser resorbiert, entsteht Durchfall. Die *Resorption des Wassers* ist ein *passiver Vorgang* und wird allein durch osmotische Gradienten gesteuert. Auch die Rückgewinnung von Mineralstoffen erfolgt hier. Der Körper verliert am Tag 2 bis 3 Liter Wasser und mit ihm Mineralstoffe. Durch die Rückgewinnung von Wasser und Mineralstoffen im Darm und in den *Nieren* werden die Verluste möglichst gering gehalten.

In den Mastdarm gelangt zuletzt der Kot. Er setzt sich aus den unverdaulichen Teilen der Nahrung sowie aus abgestoßenen Darmzellen und Darmbakterien zusammen.

Bedeutung der Nährstoffe in der Nahrung

	Kohlenhydrate	Fette	Proteine
empfohlene Tagesdosis	100–150 g	40 g	1 g/kg Körpergewicht
tatsächliche Ernährung (Durchschnitt)	ca. 3faches der empfohlenen Tagesdosis	ca. 2faches der empfohlenen Tagesdosis	ca. 2- bis 3faches der empfohlenen Tagesdosis
Gefahren bei Überernährung	Gefahr von Gärungsvorgängen im Darmtrakt	Übergewicht, zu hohe Cholesterinaufnahme mit der Folge von Kreislauferkrankungen	Gicht
Gefahren bei Unterernährung	verminderte Leistungsfähigkeit	mangelnde Resorption fettlöslicher Vitamine, Hautveränderungen	Hungerödeme, bei Kindern Entwicklungsstörungen, Störungen des Immunsystems
Reserven im Körper	Leber- und Muskelglykogen (ca. 400 g)	Fettpolster im Unterhautgewebe	geringe Reserven: im Muskel ca. 45 g und in Blut und Leber ca. 5 g

1 Was verstehen Sie unter der Pufferwirkung des Magens? Wodurch kann diese beeinträchtigt werden?

2 Stellen Sie die Zusammenhänge zwischen falscher Ernährung und Erkrankungen des Magen-Darm-Trakts dar.

Verdauung und Resorption der Nahrung

Ort	Sekret	Enzyme	Verdauungsvorgang	Resorption
Mund	Speichel (1,5–2 l/Tag)	Ptyalin (α-Amylase)	Stärke → Maltose	
Magen	Magensaft (1,5–2 l/Tag)	Pepsin, Kathepsin	Proteine → Polypeptide	
Dünndarm	Pankreassekret	Amylase, Maltase, Lactase, Saccharase	Stärke → Maltose, Maltose → Glucose, Lactose → Glucose + Galactose, Rohrzucker → Fructose + Glucose	Einfachzucker (Glucose, Fructose, Galactose)
		Trypsin, Chymotrypsin	Polypeptide → Dipeptide + Aminosäuren	Dipeptide, Aminosäuren
		Lipasen	Fette → Glycerin + Fettsäuren	Glycerin, Fettsäuren
Dickdarm				Wasser, Mineralstoffe

Chemische Grundlagen: Kohlenhydrate

1 Reis enthält über 70 % Stärke und ist in großen Teilen der Welt das Grundnahrungsmittel.

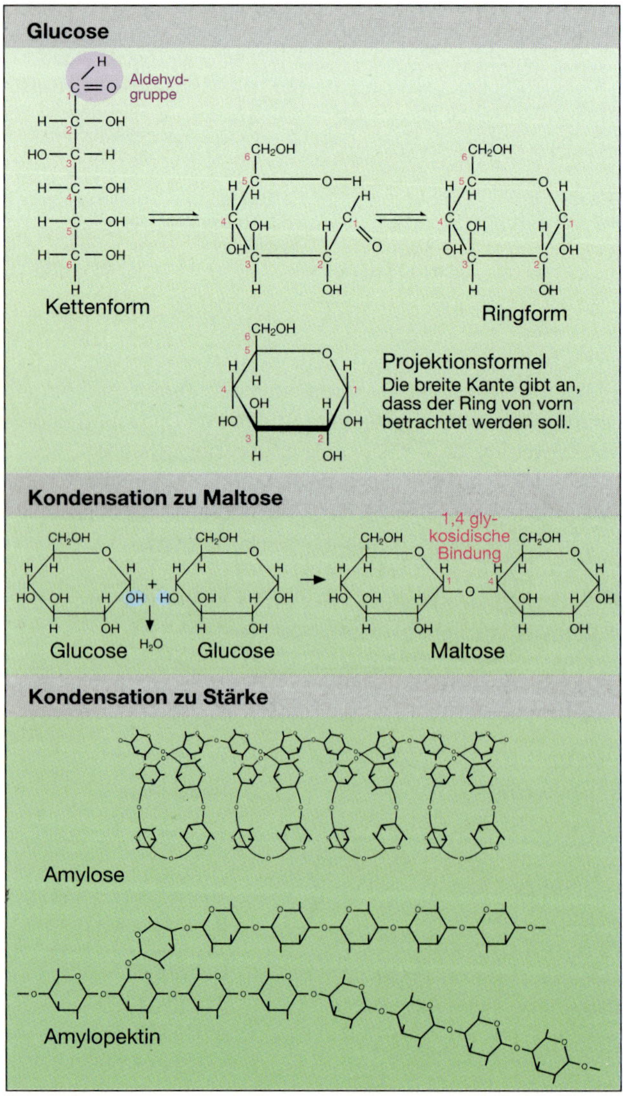

2 Vom Monosaccharid Glucose zum Polysaccharid Stärke

Kohlenhydrate sind als Bau- und Gerüstsubstanzen, als Reservestoffe und als Grundlage des Energiestoffwechsels in der Natur weit verbreitet. In der menschlichen Ernährung spielen sie als Energiequelle eine herausragende Rolle. Viele Kohlenhydrate schmecken süß und werden als *Zucker* bezeichnet.

Monosaccharide. Die einfachsten Zucker sind die *Monosaccharide*. Ihr Molekülgerüst besteht aus 3 bis 7 C-Atomen, wonach sie zum Beispiel als *Triosen* (C_3), *Pentosen* (C_5) oder *Hexosen* (C_6) benannt werden. Biologisch wichtig sind die Pentosen *Ribose* und *Desoxyribose* als Bestandteil der Nucleinsäuren RNA bzw. DNA und die Hexosen *Fructose* (Fruchtzucker) und *Glucose* (Traubenzucker). Die Glucose ist Endprodukt der Fotosynthese und kann von den Zellen der Lebewesen direkt zur Energiegewinnung genutzt werden.

Die C-Atome im Glucosemolekül sind als Kette angeordnet oder bilden eine Ringstruktur aus, indem die *Aldehydgruppe* (–CHO) am C_1-Atom mit der *Hydroxylgruppe* (–OH) am C_5-Atom reagiert. Dabei können zwei unterschiedliche Glucosemoleküle entstehen, je nachdem, ob die Hydroxylgruppe am C_1-Atom von der Ringebene aus nach unten (α-Glucose) oder nach oben weist (β-Glucose). Die freie Aldehydgruppe der Kettenform reduziert Indikatoren, die zum Nachweis von Glucose und ähnlich gebauten Zuckern dienen.

Monosaccharide können sich zu Di-, Tri- usw., schließlich zu Polysacchariden verbinden. Dabei ist stets die reaktionsfähigste OH-Gruppe am C_1-Atom beteiligt. Sie reagiert mit einer OH-Gruppe eines anderen Zuckermoleküls unter Wasserabspaltung, wobei eine so genannte *glykosidische Bindung* über ein Sauerstoffatom entsteht.

Disaccharide. *Disaccharide* (Zweifachzucker) bestehen aus zwei Monosaccharid-Bausteinen verbunden über ein Sauerstoffatom. Bei zwei α-Glucosemolekülen erfolgt die Bindung zwischen dem C_1-Atom des einen und dem C_4-Atom des anderen Moleküls. Man spricht daher von einer *α-1,4-glykosidischen Bindung*. Das entstandene Disaccharid ist Malzzucker oder *Maltose*. Rohrzucker oder *Saccharose* ist ein Disaccharid aus Glucose und Fructose in α-1,2-Bindung.

Polysaccharide. *Polysaccharide* sind Makromoleküle aus vielen Monosaccharid-Molekülen. Sie bilden verzweigte oder unverzweigte Ketten. Viele dienen als Reservestoffe, aus denen sich die Monosaccharide leicht wieder mobilisieren lassen. Wichtigster Reservestoff bei Pflanzen ist die *Stärke*, die als *Amylose* und *Amylopektin* vorkommt. Beide bestehen aus α-Glucose-Bausteinen, unterscheiden sich aber in Molekülgröße und -struktur: Amylose besteht aus einigen hundert Glucose-Bausteinen, ist unverzweigt und schraubig gewunden. Amylopektin hat eine 10fach größere Molekülmasse und ist über α-1,6-Bindungen zusätzlich verzweigt. Ähnlich ist *Glykogen* aufgebaut, der Reservestoff tierischer Zellen. Andere Polysaccharide sind *Chitin*, der Skelettbaustoff der Gliederfüßer, und *Cellulose*, der Hauptbestandteil pflanzlicher Zellwände. Cellulose besteht aus β-Glucose-Molekülen, die in 1,4-Bindung zu langen Ketten verknüpft sind. Da die Bindung nur mithilfe von Enzymen gespalten werden kann, die Säuger nicht haben, ist Cellulose der Hauptballaststoff in unserer Nahrung.

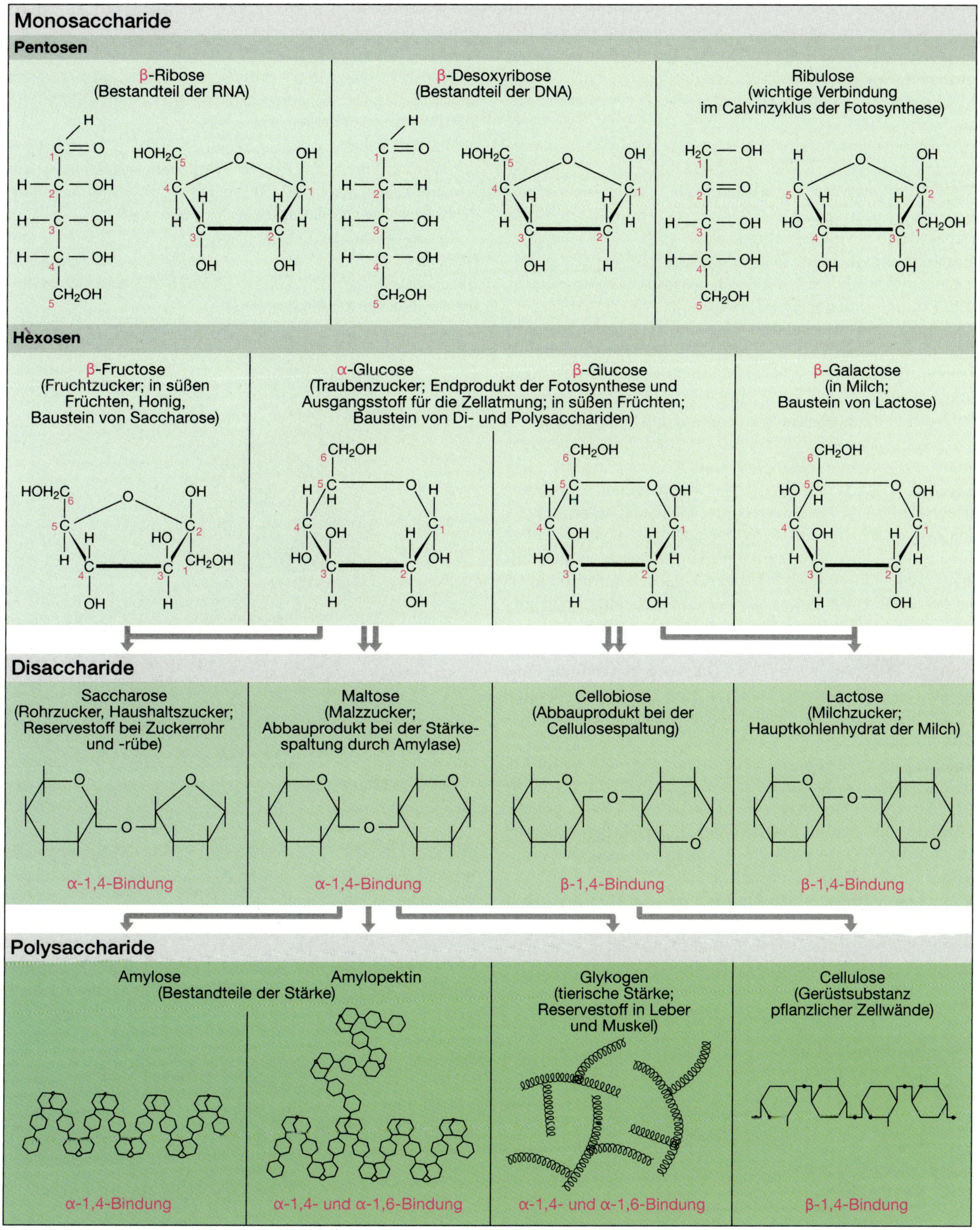

1 Kohlenhydrate (Auswahl)

Essstörungen

Gestörtes Essverhalten kann massive Auswirkungen auf den gesamten Organismus haben. Da *Essstörungen* ständig zunehmen, sind sie ein aktuelles Thema – und sie betreffen auch nicht ausschließlich Mädchen, wie oft vermutet wird. Ihre Erscheinungsformen sind oft nicht eindeutig voneinander abzugrenzen, die Übergänge können fließend sein. Allen Essstörungen ist gemeinsam, dass der Alltag Betroffener zwanghaft um das Thema „Essen" kreist. Daneben nimmt auch das Thema „Heimlichkeit" großen Raum ein, weil es den meisten Betroffenen schwer fällt, sich einzugestehen, dass mit ihrem Essverhalten etwas nicht stimmt.

Erscheinungsformen. Folgende Störungen werden unterschieden: *Magersucht (Anorexia nervosa)*, *Ess-Brechsucht (Bulimia nervosa)* und *Esssucht*.

Gemeinsames Merkmal bei Magersucht ist nicht die Appetitlosigkeit, sondern die *Angst vor dem Essen*, gekoppelt mit panikartiger Furcht vor Gewichtszunahme. Auffällig ist, dass Magersüchtige häufig sehr ehrgeizig und selbstbeherrscht sind und Erstaunliches in Schule, Beruf und Sport leisten.

Unkontrollierte *Heißhungerattacken* mit anschließendem selbst ausgelöstem *Erbrechen* sind Kennzeichen der Ess-Brechsucht. Auch der Einsatz von Abführmitteln oder übertrieben viel Sport ist bei diesem Krankheitsbild bekannt. Bulimiekranke sind in der Regel normal- oder idealgewichtig, fühlen sich jedoch an bestimmten Körperstellen zu dick. Die Betroffenen führen über Jahre ein Doppelleben. Nach außen ist sowohl ihr Essverhalten als auch ihr Erscheinungsbild normal, die Essanfälle finden in aller Heimlichkeit statt.

Esssuchtkranke sind nicht mehr fähig ihr Essverhalten dauerhaft zu kontrollieren. Sie essen entweder ständig oder anfallartig große Mengen. Dabei entsprechen übergewichtige Esssüchtige nicht dem Schönheitsideal und sind daher Diskriminierungen besonders ausgesetzt.

Eine weitere Essstörung ist die *latente Esssucht*, für die ein andauerndes streng kontrolliertes Essverhalten typisch ist. Die Betroffenen führen eine *lebenslange Diät* und können ihr normales Gewicht nur durch strenge Kontrolle halten. In der Regel wird diese Verhaltensweise innerhalb unserer Gesellschaft als alltäglich und normal akzeptiert.

Ursachen. Für den Einstieg in Essstörungen kann sicherlich der „Schlankheitswahn" verantwortlich gemacht werden. Generell jedoch liegt der Ausprägung von einer Diät zu einer Essstörung ein psychischer Konflikt zugrunde, der professioneller Behandlung bedarf.

Auswirkungen. Die drei Arten von Essstörungen haben unterschiedliche körperliche Folgeerscheinungen. Bei der Anorexie führt das andauernde Hungern zum *Ausbleiben der Menstruationsblutung*, zu *chronischer Verstopfung*, *niedrigem Puls* und *niedriger Körpertemperatur*. Im Extremfall kann das massive Hungern tödlich sein.

Bei der Bulimie treten – neben *Menstruationsstörungen* und *Verstopfung* – durch das Erbrechen *Verletzungen der Speiseröhre*, *Zahnverfall*, *Störungen im Elektrolythaushalt*, *Schlafstörungen* und *Muskelschäden* auf.

Die körperlichen Folgeerscheinungen der Esssucht sind *Diabetes*, *Bluthochdruck*, *Schlaganfall* und *Herzinfarkt*. Durch das Übergewicht können *Gelenkleiden* und *Wirbelsäulenschäden* verursacht werden.

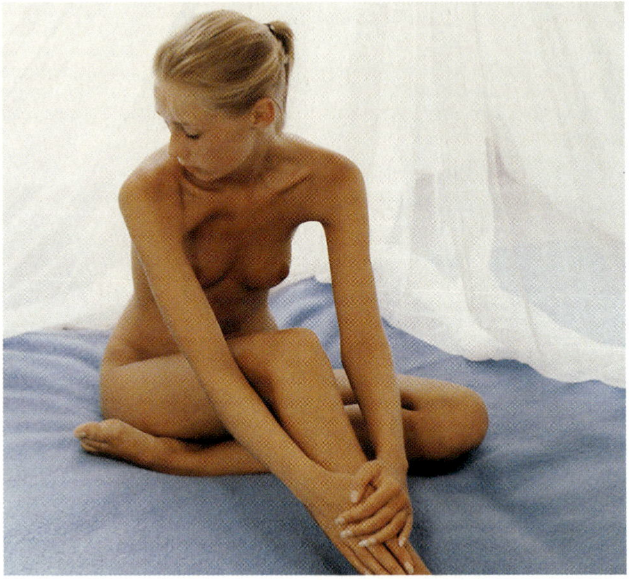

1 Bei dem in unserer Gesellschaft propagierten Schönheitsideal kann der Weg zur Magersucht manchmal kurz sein.

1 Beschreiben Sie das Schema unten für die Magersucht und wandeln Sie es für die anderen Essstörungen ab. Wo liegen Unterschiede, wo Gemeinsamkeiten?

2 Informieren Sie sich im Internet oder mithilfe anderer Medien über Selbsthilfegruppen zum Thema „Essstörungen".

3 Gehören die Begriffe „schlank", „schön", „gesund" stets zusammen? Recherchieren Sie zum Thema „Schönheitsideale".

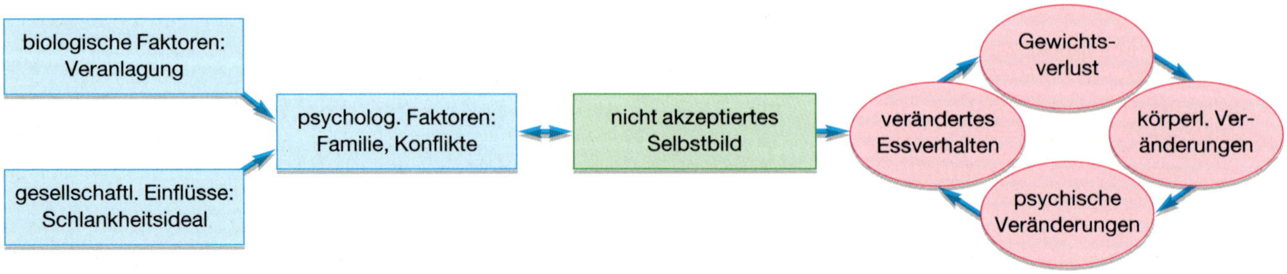

2 Schema zum Verlauf der Anorexia nervosa

Material – Methode – Praxis: **Nachweisreaktionen in der Kriminalistik**

Alle berühmten Kommissare sind beim Lösen von Mordfällen auf die Ergebnisse des *Autopsieberichts* angewiesen. Dabei spielt die Festlegung des Todeszeitpunkts eine große Rolle. Normalerweise wird er über den Grad der Auskühlung der Leiche errechnet. Wo das – wie im Fallbeispiel unten – nicht möglich ist, kommen verschiedene *Nachweisreaktionen* zum Tragen, durch die sich der Todeszeitpunkt ebenfalls eingrenzen lässt.

Fallbeispiel

Die Leiche eines erstochenen Mannes wird an einem Freitagabend um 23:00 Uhr in einer Tiefkühltruhe gefunden. Da die Leiche sehr schnell abgekühlt ist, kann die Todesstunde auf die übliche Art nicht festgestellt werden.

Die Polizei ermittelt, dass das Mordopfer am Donnerstagabend ein vegetarisches Restaurant besucht hat und dort eine Reispfanne aß. Zu diesem Zeitpunkt wurde es letztmals lebend gesehen.

Der *Polizeipathologe* untersucht nun, wieweit die Verdauung der Mahlzeit vorangeschritten ist. Nur so sind sichere Aussagen darüber möglich, ob der Mann kurz nach dem Essen oder erst viel später ermordet wurde. Da der Pathologe weiß, woraus die letzte Mahlzeit bestand, konzentrieren sich seine Untersuchungen auf den Verdauungsgrad der *Kohlenhydrate*. Zunächst untersucht er die Leber auf ihren *Glykogengehalt*. Ein hoher Glykogengehalt würde bedeuten, dass der Mann eine kohlenhydratreiche Mahlzeit zu sich genommen hat, der Zeitpunkt des Essens jedoch schon weiter zurückliegt.

Der Test ergibt jedoch, dass die Leber wenig Glykogen enthält. Der Pathologe fährt daher fort mit der Untersuchung des Dünndarminhalts. Mit der *FEHLING-Probe* stellt er fest, dass sich kaum *Monosaccharide* im Darminhalt befinden. *Disaccharide* überwiegen bei weitem. Damit wird klar, dass der Mord kurz nach dem Restaurantbesuch stattfand. Das Untersuchungsergebnis wird noch dadurch gestützt, dass sich im Dünndarm weniger Nahrungsreste finden als im Magen.

Isolierung und Nachweis von Glykogen

Material: 20 g grob gewürfelte, frische Leber, 30%ige KOH, 96%iges Ethanol, BENEDICT-Reagenz, 10%ige NaOH, Zentrifuge, Wasserbad, Reagenzgläser

Durchführung: Die Leberstückchen werden mit 20 ml 30%iger KOH versetzt und bis zur Auflösung des Gewebes 20 Minuten im Wasserbad gekocht. Zentrifugieren Sie dann die Lösung. Lassen Sie den Überstand abkühlen. Geben Sie anschließend 50 ml Ethanol zum Überstand und kochen Sie diese Lösung 10 Minuten im Wasserbad. Es fällt Glykogen aus, das nach dem Abkühlen durch Zentrifugieren gewonnen wird. Der Niederschlag muss nochmals mit 5 ml Ethanol ausgewaschen und zentrifugiert werden. Nehmen Sie dann den Niederschlag in 10 ml heißem Wasser auf.

Versetzen Sie 2 ml der abgekühlten Glykogenlösung mit 2 ml BENEDICT-Reagenz. BENEDICT-Reagenz lässt sich mit FEHLING-Reagenz vergleichen. Werden die Cu^{2+}-Ionen reduziert, zum Beispiel in Anwesenheit von Glucose, fällt rotes Kupfer(I)-oxid aus. Welche Färbung ergibt sich mit Glykogen?

FEHLING-Nachweis

Material: Aqua dest., FEHLING(I)-Lösung, FEHLING(II)-Lösung, Glucose, Maltose, Saccharose, Stärke, Reagenzgläser, Bunsenbrenner, Spatel

Durchführung: Lösen Sie jeweils eine Spatelspitze der Kohlenhydrate in 2 ml Aqua dest. (Stärkelösung dabei leicht erwärmen). Geben Sie zu den Lösungen je 2 ml FEHLING(I)-Lösung. Anschließend wird bis zur intensiven Blaufärbung FEHLING(II)-Lösung zugesetzt.

Erwärmen Sie alle Versuchsansätze 2 Minuten lang bei kleiner Brennerflamme. Führen Sie zusätzlich zum Vergleich eine Blindprobe mit Wasser durch.

Die FEHLING-Probe ist ein typischer Nachweis auf Aldehydgruppen. Bei positiver Reaktion färbt sich die Lösung rötlich.

Disaccharidspaltung durch Säuren

Material: FEHLING(I)-Lösung, FEHLING(II)-Lösung, Saccharoselösung, 2 N HCl, Glucoseteststäbchen, Reagenzgläser, Bunsenbrenner

Durchführung: 15 Tropfen Saccharoselösung werden mit FEHLING(I)- und FEHLING(II)-Lösung versetzt und erwärmt.

In einem zweiten Versuch werden zu 15 Tropfen Saccharoselösung 0,5 ml Salzsäure gegeben. Führen Sie dann erneut die FEHLING-Probe durch.

In einem dritten Versuch wird in ein Reagenzglas Saccharoselösung und in ein anderes Saccharoselösung mit Salzsäure gegeben. Untersuchen Sie beide Ansätze mit Glucoseteststäbchen.

1 Das Polysaccharid Glykogen kommt nicht nur im Tierreich vor. Von welchen Lebewesen ist es Ihnen noch bekannt?

2 Wie unterscheidet sich Glykogen von Stärke in der Reaktion mit Iod-Kaliumiodid-Lösung? Entwickeln Sie einen sinnvollen Versuch und führen Sie ihn durch!

3 Was würde ein anderer Ausgang der vom Pathologen durchgeführten Nachweisreaktionen im geschilderten Fallbeispiel bedeuten?

Stichworte zu weiteren Informationen

Autopsie, Todeszeitpunktbestimmung, Carbonylverbindung, Hydrolyse, Cellulose, Glykogen-Stoffwechsel

Äußere Atmung: Transportsysteme und Gasaustausch

Bei Einzellern laufen alle Stoffwechselvorgänge auf kleinstem Raum ab. Für sie reicht die Diffusion (→ S. 42) zur Versorgung mit Stoffen und zur Entsorgung von Abfallstoffen völlig aus. Für den größeren Organismus der Vielzeller ist die Diffusionsgeschwindigkeit dagegen zu gering. Sie benötigen Transportsysteme für Atemgase, Nährstoffe und Ionen, Zwischenprodukte des Stoffwechsels, Boten- und Signalstoffe, Abfallstoffe, Wasser und Wärme. Bei allen vielzelligen Tiergruppen mit Ausnahme der Tracheentiere – das sind Insekten und Tausendfüßer – hat sich dafür ein *kombiniertes Transportsystem* entwickelt: der *Blutkreislauf.*

Blutgefäßsystem und Herz. Fließt das Blut wie bei Wirbeltieren und Ringelwürmern immer durch Gefäßwände vom übrigen Gewebe getrennt, spricht man von einem *geschlossenen Blutkreislauf.* Wenn Blutgefäße dagegen offen enden, sodass das Blut auch in die Zellzwischenräume fließt, liegt ein *offener Blutkreislauf* vor. Er ist für Weichtiere und Gliederfüßer kennzeichnend.

Für den Antrieb des Bluttransports sorgen Hohlmuskeln – im einfachsten Fall die Wände der Blutgefäße. Meist ist aber ein bestimmter Abschnitt der Gefäße als *Herz* spezialisiert, eine zentrale Kreislaufpumpe, die sich rhythmisch kontrahiert und dafür oft wie bei den Wirbeltieren ein *vom Zentralnervensystem unabhängiges Erregungszentrum* besitzt.

Herz und Blutkreislaufsystem der Wirbeltiere gehen auf einen gemeinsamen Usprung zurück, haben sich aber in der Evolution jeder Tierklasse unterschiedlich entwickelt. Einen *einfachen Blutkreislauf* haben die Fische. Ihr Herz aus einer Herzkammer und einem Vorhof pumpt das sauerstoffarme Blut in die Kiemen, wo der Gasaustausch stattfindet. Das sauerstoffreiche Blut wird über die Körperschlagader, die Aorta, zum Körper geführt. Der *doppelte Blutkreislauf* der übrigen Wirbeltierklassen hat sich beim Übergang vom Wasser- zum Landleben entwickelt: Zusätzlich zum *Körperkreislauf* entstand bei Landtieren ein *Lungenkreislauf,* durch den das sauerstoffarme Blut zunächst vom Herzen zu den Atmungsorganen gepumpt wird, von dort aus zum Herzen zurückkehrt und danach erst mit Sauerstoff beladen in den Körper gelangt. Die beiden Kreisläufe werden durch zwei Herzhälften, die synchron arbeiten, in Gang gehalten. Die rechte Herzhälfte pumpt das Blut durch den Lungenkreislauf, die linke durch den Körperkreislauf. Bei Amphibien und Reptilien sind beide Kreisläufe nicht vollkommen getrennt, da die Scheidewand zwischen ihren Herzkammern unvollständig ist.

Stoffaustausch. Im offenen Blutkreislauf kommt das Blut in direkten Kontakt mit den Organen, Geweben und Zellen, die es mit Stoffen versorgen und entsorgen soll. Im geschlossenen Blutkreislauf geschieht dieser Stoffaustausch an den *Kapillargefäßen.* Dies sind dünnwandige, feinverzweigte Adern mit 3 bis 8 µm Durchmesser. Im menschlichen Körper schätzt man ihre Zahl auf 40 Milliarden und ihre für den Stoffaustausch nutzbare Fläche auf 600 m^2.

Für den Energiestoffwechsel aller tierischen Vielzeller sind die Kapillargefäße der Atmungsorgane von fundamentaler Bedeutung. In ihnen spielt sich die als *äußere Atmung* bezeichnete Aufnahme von Sauerstoff und Abgabe von Kohlenstoffdioxid ab. Beim Menschen werden sie bereits im Ruhezustand in jeder Minute von 5 bis 6 Liter Blut – also dem gesamten Blutvolumen – durchströmt, bei starker körperlicher Anstrengung sogar von nahezu der vierfachen Blutmenge.

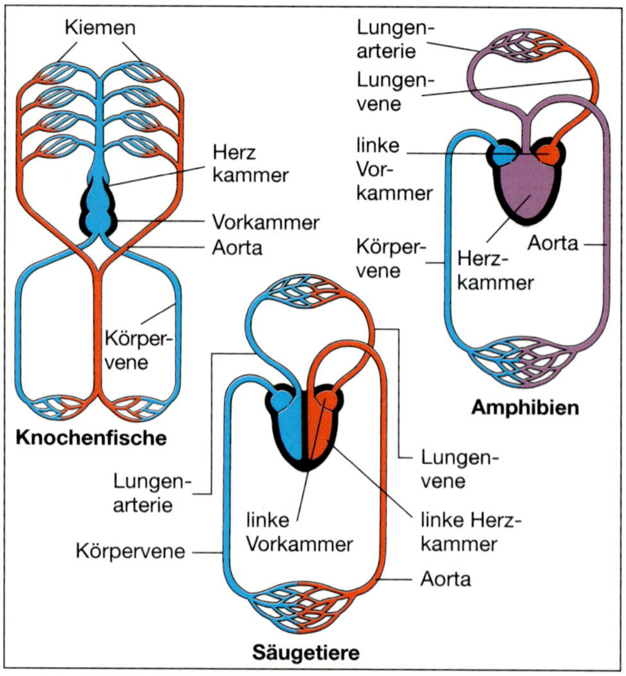

1 Kreislaufsysteme verschiedener Wirbeltierklassen. Der doppelte Blutkreislauf entstand beim Übergang zum Landleben.

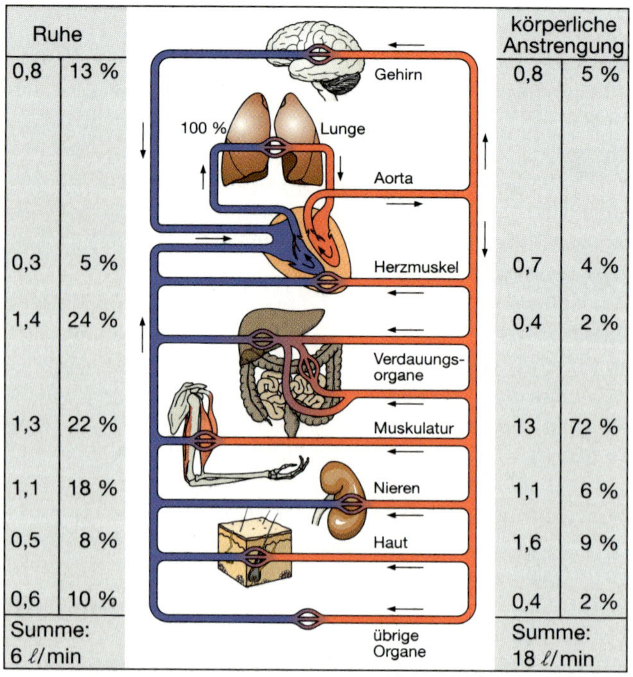

2 Blutkreislauf des Menschen (Schema) und Verteilung des Blutvolumens in Ruhe und bei Belastung

Atmungsorgane. Bei der *Hautatmung* wird der Sauerstoff mit der gesamten Körperoberfläche aufgenommen. Sie ist hauptsächlich bei Wasser- oder Feuchtlufttieren zu finden, da eine feuchte Hautoberfläche die Diffusion erleichtert. Manchen kleinen Tieren mit vergleichsweise großer Körperoberfläche, zum Beispiel dem Regenwurm, genügt sie als alleinige Atmung. Aber auch bei Fischen und Amphibien trägt sie wesentlich zur Sauerstoffversorgung bei.

Für Wassertiere wie Fische, Muscheln oder Krebse ist die *Kiemenatmung* typisch. Kiemen sind stark durchblutete, dünnwandige Hautlappen, deren Oberfläche durch viele Verästelungen und Verzweigungen oft stark vergrößert ist. Der im Wasser gelöste Sauerstoff diffundiert durch die Kiemenwand ins Blut, Kohlenstoffdioxid wird auf dem umgekehrten Weg an das Wasser abgegeben.

Das *Tracheensystem* der Insekten und Tausendfüßer dient nicht nur dem Austausch, sondern auch dem Transport der Atemgase. Es besteht aus den röhrenförmigen *Tracheen*, die sich im Körper vielfach verzweigen und als feinste *Tracheolen* alle Organe umspinnen. Sie führen den Sauerstoff auf Diffusionsabstand an die Körperzellen heran ohne das Blut als Transportsystem einzusetzen. Wahrscheinlich ist es diese Diffusionsatmung, die die Körpergröße von Insekten begrenzt. Bei Wasserinsekten sind oft Tracheen und Kiemen kombiniert.

Bei der *Lungenatmung* der Landwirbeltiere wird die Atemluft durch besondere Ventilationsbewegungen zwischen Nase, Luftröhre, Bronchien, Bronchiolen und den beiden Lungenflügeln hin und her befördert. In der Lunge erfolgt der Austausch der Atemgase. Ihre innere, respiratorische Oberfläche hat sich im Lauf der Evolution der Wirbeltiere erheblich vergrößert. Am größten ist sie bei Vögeln und Säugetieren, die zur Aufrechterhaltung ihrer Körpertemperatur einen sehr intensiven Stoffwechsel haben und daher ein besonders leistungsfähiges Atmungssystem brauchen. Beim Menschen beispielsweise kann die Oberfläche der Lunge bis zu 90 m^2 groß sein. Diese große Diffusionsfläche bewältigt den Austausch großer Atemgasvolumina. So kann bei körperlicher Anstrengung die Atemleistung des Menschen von 5 bis 8 l/min auf 90 bis 100 l/min ansteigen.

Gasaustausch in der Säugerlunge. Die Bronchiolen der Säugetiere einschließlich des Menschen enden blind als etwa 0,2 mm große Lungenbläschen oder *Alveolen*. Sie sind von einem dichten Kapillarnetz umsponnen und bilden den Diffusionsraum für die Atemgase: Sauerstoff diffundiert aus dem Innenraum der Alveole in das Blut, Kohlenstoffdioxid diffundiert in die Gegenrichtung (→ Bild 2). Die *Diffusionsrichtung* hängt vom Konzentrationsgefälle jedes einzelnen Gases ab, unabhängig von anderen vorhandenen Gasen. Als Maß für die Konzentration des Gases dient sein *Partialdruck*.

Die Wand von Alveole und Kapillare zusammen misst weniger als 1 µm, ist also rund 50-mal dünner als diese Buchseite. Der geringe Abstand „zwischen Blut und Luft" und die große, feuchte Diffusionsfläche sind Voraussetzungen dafür, dass sich das Blut in 0,3 s Kontaktzeit an der Alveole mit Sauerstoff sättigt.

1 Erklären Sie, warum Fische an der Luft ersticken.
2 Informieren Sie sich über Bau und Leistung der Atmungsorgane bei Vögeln und vergleichen Sie sie mit denen der Säugetiere.

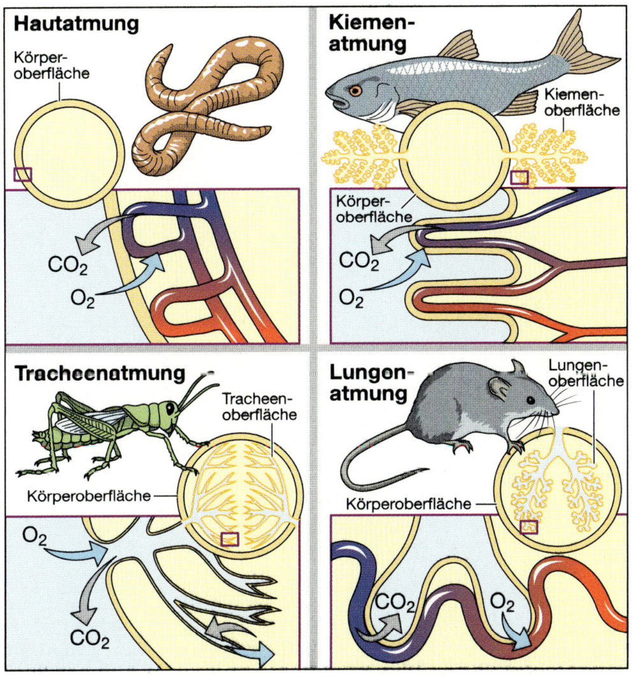

1 Atmungsorgane von Land- und Wasserbewohnern verschiedener Tiergruppen

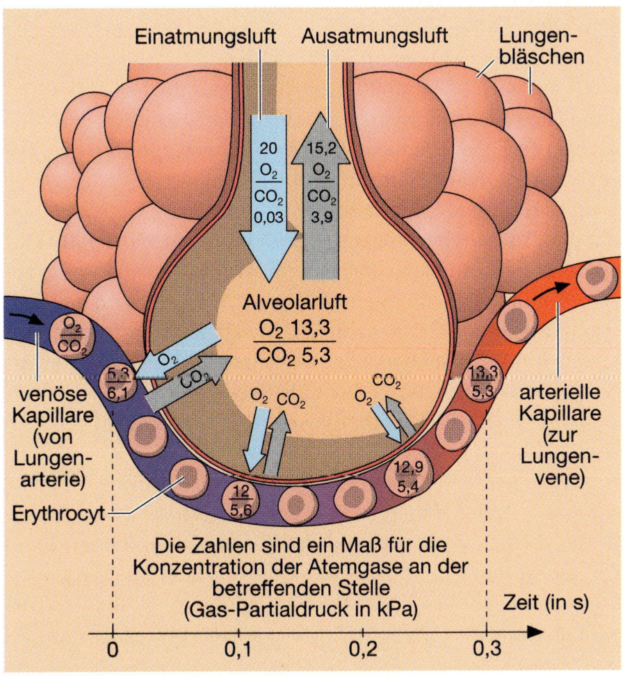

2 Austausch der Atemgase in den Alveolen. Die Zahlen geben den Partialdruck von O_2 und CO_2 an.

Transport von Sauerstoff im Blut

Die Blutflüssigkeit ist am Transport der Atemgase kaum beteiligt, da sich Sauerstoff in wässrigen Lösungen schlecht löst. Auf diese Aufgabe sind im menschlichen Körper 25000 Milliarden rote Blutkörperchen oder *Erythrocyten* spezialisiert, der häufigste Zelltyp unseres Körpers. In den Erythrocyten wird der Sauerstoff – zum Teil auch das Kohlenstoffdioxid – an den roten Blutfarbstoff *Hämoglobin* gebunden, aus dem die Erythrocyten zu 95 % ihrer Trockenmasse bestehen.

Aufbau des Hämoglobins. Ein Hämoglobinmolekül besteht aus dem Protein *Globin* und der Farbstoffkomponente *Häm*. Globin ist aus vier Polypeptidketten aufgebaut, von denen jede ein Molekül Häm trägt (→ S. 38). Häm wird von einem Porphyrinring gebildet, der ein Eisen(II)-Ion einschließt. An das Häm mit dem zentralen Eisen-Ion kann ein O_2-Molekül locker angelagert werden ohne die Oxidationsstufe des Eisens zu ändern. Da im Unterschied zu einer echten Sauerstoffbindung keine Oxidation stattfindet, bezeichnet man die Reaktion als *Oxigenierung*. Aus dem dunkelroten *Desoxi-Hämoglobin* entsteht durch Oxigenierung das hellrote *Oxi-Hämoglobin*. Die vier Häm-Gruppen eines Hämoglobinmoleküls können dabei insgesamt bis zu vier Sauerstoffmoleküle binden.

An Hämoglobin kann anstelle des Sauerstoffs auch Kohlenstoffmonooxid CO gebunden werden, das zum Beispiel aus Zigarettenrauch oder Autoabgasen stammt. Seine Giftigkeit erklärt sich daraus, dass es sich 200-mal stärker an Häm bindet als Sauerstoff und so den Sauerstofftransport blockiert.

Sauerstoffaufnahme und -abgabe des Hämoglobins. Hämoglobin vermag Sauerstoff ebenso leicht aufzunehmen wie abzugeben, und zwar abhängig von der jeweils gegebenen Sauerstoffkonzentration (→ Bilder 2 und 3): Bei hohem Sauerstoffpartialdruck, wie er in der Lunge besteht, wird Sauerstoff vom Hämoglobin aufgenommen. Bei niedrigem Partialdruck, wie er für das Sauerstoff verbrauchende Körpergewebe typisch ist, wird Sauerstoff abgegeben. Dass die Sauerstoffbindungskurve bei niedrigem Partialdruck sehr steil verläuft, bedeutet, dass das Hämoglobin schon auf geringe Änderungen der Sauerstoffversorgung im Gewebe reagiert.

In den Muskelzellen wird der Sauerstoff an *Myoglobin* gebunden. Dieser rote Muskelfarbstoff ähnelt in seiner Struktur dem Hämoglobin, hat jedoch ein stärkeres Bestreben zur Sauerstoffbindung als Hämoglobin. In den Muskeln wird der Sauerstoff daher von Hämoglobin auf Myoglobin übertragen. Das Myoglobin kann bei Bedarf den Sauerstoff an Enzyme der Atmungskette abgeben. Es dient als Reserve bei hohem Sauerstoffverbrauch und ist daher in sehr aktiven Muskeln wie dem Herzmuskel in großer Menge enthalten.

Außer durch den Sauerstoffpartialdruck wird die Sauerstoffbindung des Hämoglobins auch vom pH-Wert beeinflusst. Diese Abhängigkeit wird als *BOHR-Effekt* bezeichnet. Sinkt der pH-Wert, weil sich im Gewebe viel CO_2 oder Milchsäure gebildet hat (→ S. 104), gibt das Hämoglobin dort mehr Sauerstoff ab als üblich. Der BOHR-Effekt wirkt also regulierend.

1 Welche zellulären Einschränkungen bringt die Spezialisierung der Erythrocyten auf den Atemgastransport mit sich?

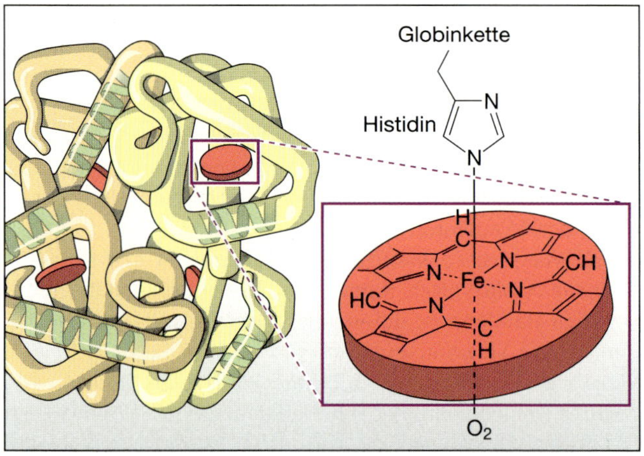

1 *Modell des Hämoglobins und Aufbau von Häm*

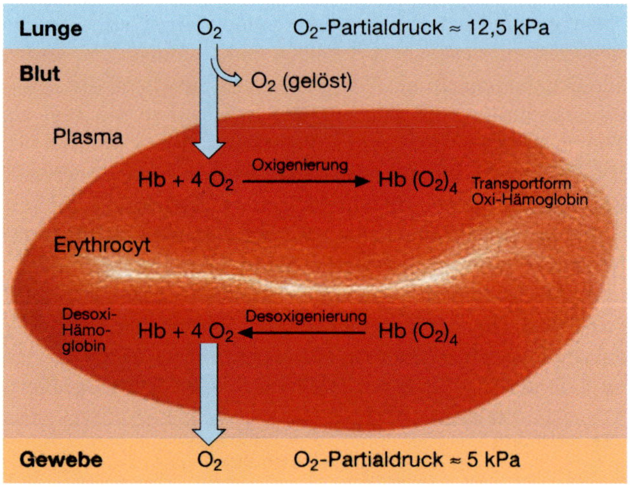

2 *Erythrocyt im Konzentrationsgefälle des Sauerstoffs*

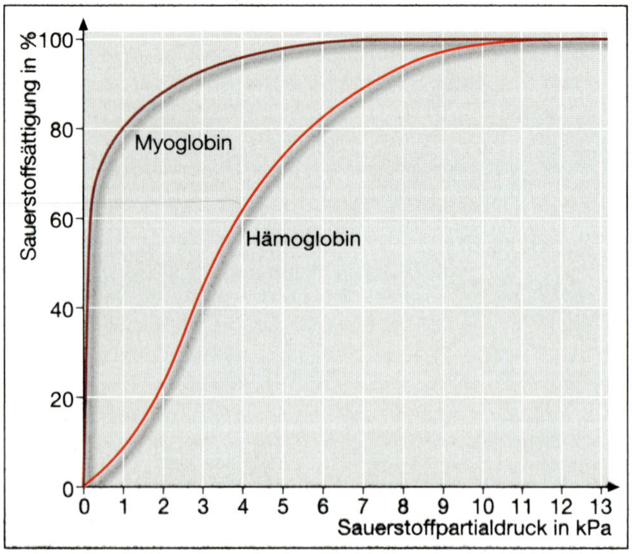

3 *Sauerstoffbindungskurven des Hämoglobins und des Myoglobins in Abhängigkeit vom Sauerstoffpartialdruck*

Regulation der Sauerstoffkonzentration im Blut

Für Lebewesen mit hohem Energiebedarf ist die ungestörte und ständige Versorgung mit Sauerstoff so wichtig, dass fast immer mehrere Mechanismen zu ihrer Sicherung und Regelung zusammenwirken. Ziel der Regelung ist eine möglichst gleichmäßige Konzentration des Sauerstoffs im Blut und den Körperzellen.

Der Sauerstoffverbrauch ändert sich bereits durch Sprechen, Singen oder bei Aufregung, am stärksten aber durch intensive Muskelarbeit. Er beträgt beispielsweise beim Menschen in Ruhe zwischen 150 und 300 ml O_2/min. Bei schwerer Arbeit oder sportlicher Anstrengung kann dieser Wert auf bis zu 4600 ml O_2/min ansteigen. Um diesem erhöhten Bedarf nachzukommen, nehmen Atemfrequenz und Atemvolumen zu. Gleichzeitig muss aber auch die Durchblutung der Lungenkapillaren gesteigert werden. Nur so lässt sich das größere Sauerstoffangebot auch nutzen.

Atemzentrum. Die Atemtätigkeit kann willentlich beeinflusst werden. Meist aber wird die Ein- und Ausatmung unbewusst durch das *Atemzentrum* im Nachhirn geregelt. Es besteht aus mehreren Gruppen von Nervenzellen, von denen ein Teil die Einatmung, ein anderer Teil die Ausatmung stimuliert. Der Wechsel zwischen Ein- und Ausatmung kommt dadurch zustande, dass die eine Nervenzellgruppe die Aktivität der anderen hemmt.

Chemische Kontrolle. Bei erhöhter Muskeltätigkeit sinkt der Sauerstoffgehalt im Blut. Gleichzeitig steigt der Kohlenstoffdioxidgehalt an. Da sich aus ihm Kohlensäure bildet, erniedrigt sich zugleich der pH-Wert. *Chemorezeptoren* in den Halsschlagadern, der Aorta und im Gehirn registrieren diese Veränderungen im Blut oder der Gehirnflüssigkeit und senden verstärkt Signale an das Atemzentrum. Die für die Einatmung zuständigen Nervenzellen sorgen daraufhin für eine verstärkte Atmung.

Ein zu geringer Kohlenstoffdioxidgehalt im Blut hat den gegenteiligen Effekt. Er entsteht beispielsweise durch übermäßig schnelles und tiefes Atmen. Diese *Hyperventilation* kann zum Stillstand der Atmung führen, weil das Blut stark an Kohlenstoffdioxid verarmt und dadurch der Antrieb für das Einatemzentrum fehlt. Beim Tauchen ist Hyperventilation lebensgefährlich, da man unter Umständen bewusstlos wird („Schwimmbad-Blackout"), bevor der normale Kohlenstoffdioxidgehalt des Bluts wieder erreicht ist. Im schlimmsten Fall führt das zum Ertrinken.

Zwar ist der Kohlenstoffdioxidgehalt des Bluts der wirksamste Faktor für die Regelung der Atmung, doch wird auch der Sauerstoffgehalt von Chemorezeptoren kontrolliert. Dabei messen sie nicht den an Hämoglobin gebundenen, sondern den im Blutserum gelösten Sauerstoff. Er macht aber nur einen verschwindend kleinen Anteil am insgesamt transportierten Sauerstoff aus. Das hat Konsequenzen bei einer Vergiftung mit Kohlenstoffmonooxid CO: Da das CO nur den Sauerstofftransport des Hämoglobins behindert, den im Serum gelösten Sauerstoff aber nicht beeinflusst, können die Chemorezeptoren den bei einer CO-Vergiftung entstehenden Sauerstoffmangel nicht registrieren und eine verstärkte Atmung veranlassen.

Mechanische Kontrolle. *Dehnungsrezeptoren* im Lungengewebe und in der Zwischenrippenmuskulatur sind ebenfalls an der Regelung der Atembewegungen beteiligt. Ihre Aufgabe besteht wohl vor allem darin, eine Überdehnung der Lunge zu verhindern und die Atemtiefe den Anforderungen entsprechend einzustellen.

1 Welche Folgen hat es, wenn sich der CO_2-Partialdruck in den Alveolen durch Hyper- bzw. Hypoventilation deutlich verringert oder erhöht? Vergleichen Sie dazu Bild 2 auf Seite 91.

2 An unseren Atembewegungen wirken innere und äußere Zwischenrippenmuskeln, Zwerchfell, Bauchmuskeln, Schultermuskeln und die Schwerkraft mit. Erklären Sie ihr Zusammenspiel bei normaler und tiefer Aus- und Einatmung.

3 Informieren Sie sich, was man unter einem Regelkreis versteht. Stellen Sie die Regelung der Atmung als Regelkreis dar.

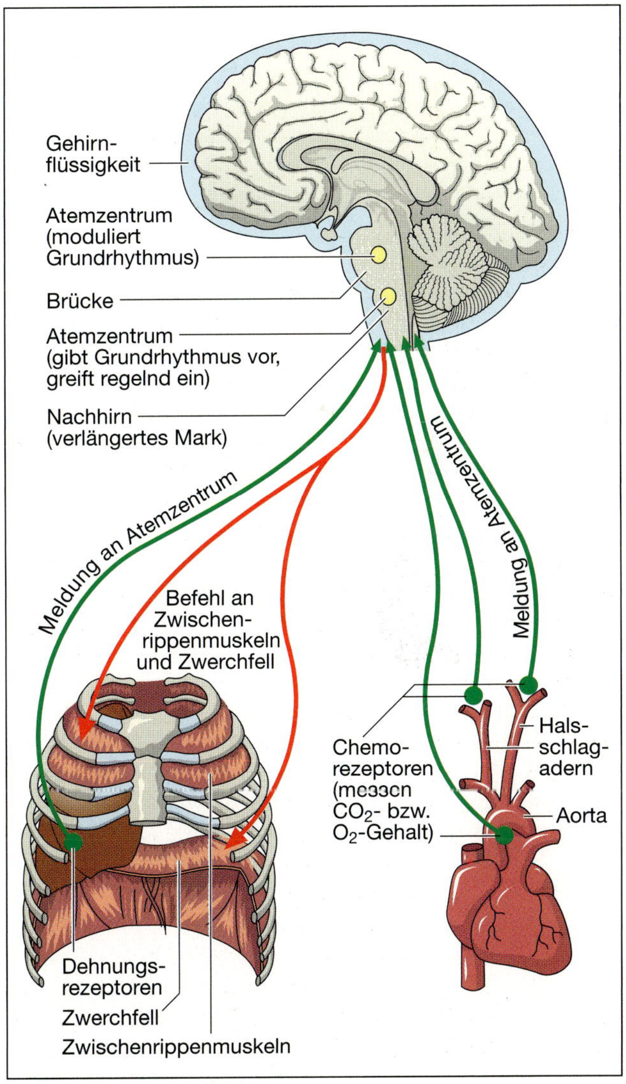

1 Regulation der Atmung mit den wichtigsten daran beteiligten Komponenten

Atmung unter Extrembedingungen: Bergsteigen und Tauchen

Besondere Bedingungen für die Atmung gelten unter Wasser und in großer Höhe. In beiden Fällen haben die veränderten Atmungsbedingungen nichts mit einer veränderten Zusammensetzung der Luft zu tun, da die Luft in Pressluftgeräten genauso zusammengesetzt ist wie die Luft auf dem Mount Everest oder auf Meereshöhe: 78 % Stickstoff, 21 % Sauerstoff, 0,03 % Kohlenstoffdioxid und 0,97 % Edelgase und Reste.

Atmung in der Höhe. Bergsteiger bemerken ab einer Höhe von etwa 4000 m eine deutlich erschwerte Atmung. Oberhalb 5300 m können Menschen auf Dauer nicht leben. Die Ursache liegt in dem mit der Höhe abnehmenden Sauerstoffpartialdruck, also der Konzentration des Sauerstoffs. Auf Meereshöhe beträgt der Sauerstoffpartialdruck um die 21 kPa, auf dem Mount Everest nur etwa 6,5 kPa. Das hat Auswirkungen auf die Diffusionsvorgänge in den Alveolen: Die Diffusion des Sauerstoffs verläuft in großer Höhe langsamer und weniger effektiv, da kaum noch ein Konzentrationsgefälle zwischen Luft und Blut besteht. Die Folge ist eine Unterversorgung mit Sauerstoff. Hyperventilation verstärkt den Effekt gefährlich.

Der Körper kann sich allerdings im Verlauf einiger Wochen in begrenztem Umfang auf das verringerte Sauerstoffangebot einstellen, indem die Zahl der Erythrocyten zunimmt. Sehr gut trainierte, höhenangepasste Bergsteiger können kurzzeitig Höhen von über 8000 m ohne Atemgerät erreichen.

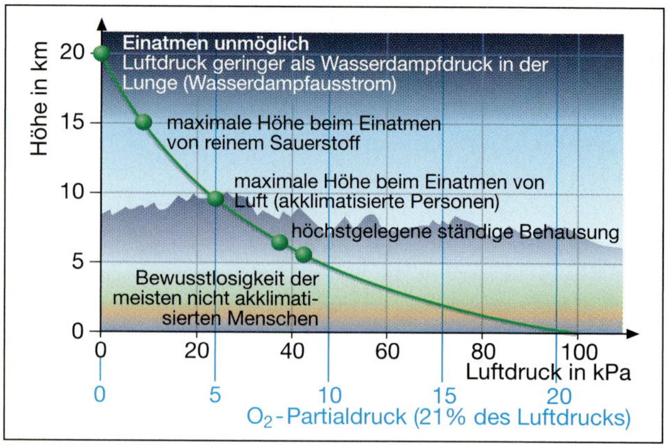

1 Abnahme des Sauerstoffpartialdrucks mit zunehmender Höhe

2 Beim Auftauchen aus größerer Tiefe sind die vorgeschriebenen Pausen strikt zu beachten.

3 Pottwale tauchen von allen Säugetieren am tiefsten.

Atmung in der Tiefe. Die Druckverhältnisse im Wasser setzen dem Menschen trotz modernster Tauchgeräte Grenzen. Beim Tauchen nimmt der Umgebungsdruck zu, ebenso die Partialdrücke der in der Pressluft enthaltenen Gase. Dabei ist der Stickstoff besonders problematisch. Unter normalem Umgebungsdruck löst sich Stickstoff kaum im Blut. Mit zunehmender Tiefe und steigendem Druck in den Lungenbläschen löst er sich jedoch immer besser. Beim Auftauchen verringert sich der Druck und die Löslichkeit von Stickstoff im Blut nimmt ab. Verläuft das Auftauchen zu schnell, wird der Stickstoff in Form von Gasbläschen frei, die zu einer Verstopfung von Kapillargefäßen führen können. Die Auswirkungen der dadurch verursachten „Taucherkrankheit" *(Dekompressionskrankheit)* können lebensbedrohlich sein. Aus größerer Tiefe dürfen Taucher daher nur langsam und mit fest vorgeschriebenen Pausen aufsteigen.

Tief tauchende Tiere. Pinguine, Robben und Wale sind Lungenatmer wie der Mensch. Trotzdem können sie tiefer und länger tauchen als wir: Pottwale bleiben bis zu 90 Minuten unter Wasser und erreichen Tiefen von mehr als 1000 m. Eine Reihe besonderer Anpassungen macht diese Leistungen möglich:

- Ein großes Blutvolumen und ein hoher Hämoglobingehalt des Bluts können große Mengen Sauerstoff binden.
- Die Muskulatur enthält viel Sauerstoff speicherndes Myoglobin.
- Die Durchblutung von Darm, Ausscheidungsorganen und Muskulatur wird beim Tauchen gezielt eingeschränkt.
- Der Herzschlag kann dadurch stark gedrosselt werden.
- Milchsäure – das Endprodukt des anaeroben Stoffwechsels, auf den der Muskel umschaltet, wenn nicht genug Sauerstoff zur Verfügung steht (→ S. 110) – gelangt erst nach dem Auftauchen aus den Muskeln ins Blut.

1 Viele Sportler bereiten sich auf wichtige Wettkämpfe mit einem Höhentraining vor, verbringen also mehrere Wochen im Hochgebirge und trainieren dort. Begründen Sie diese Trainingsstrategie.

Material – Methode – Praxis: **Versuche zur Atmung**

Die meisten Organismen brauchen zum Überleben Sauerstoff, der sehr oft aus der Atemluft gewonnen wird. Dabei verändert sich deren Zusammensetzung: Frischluft, die wir einatmen, besteht aus 78 % Stickstoff, 21 % Sauerstoff, 0,03 % Kohlenstoffdioxid und 0,97 % anderen Gasen. Die ausgeatmete Luft enthält dagegen 16 % Sauerstoff und 4 % Kohlenstoffdioxid. Der Anteil der übrigen Gase bleibt unverändert. Die durch den Gasaustausch in der Lunge bedingte Änderung in der Zusammensetzung der Atemluft lässt sich sowohl qualitativ als auch quantitativ nachweisen.

Pflanzen sind als Produzenten von Sauerstoff bekannt, doch ist experimentell leicht zu belegen, dass auch sie Sauerstoff veratmen und Kohlenstoffdioxid produzieren.

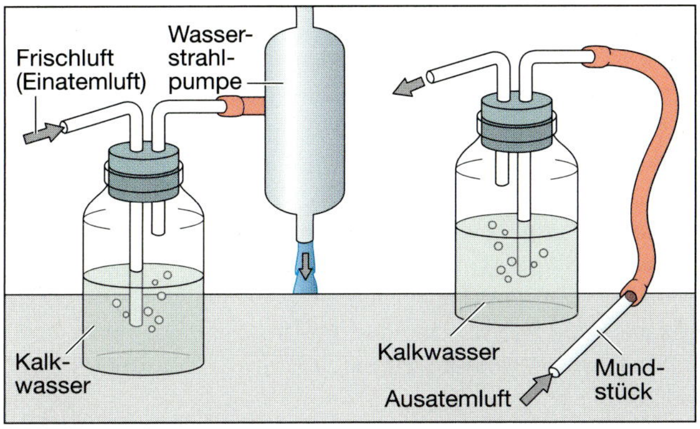

Kohlenstoffdioxidgehalt in der Ein- und Ausatemluft

Material: Kalkwasser, 2 Waschflaschen, 2 Stopfen mit Doppelloch, Wasserstrahlpumpe, kurze Gummischläuche

Durchführung: Bauen Sie den Versuch wie im Bild oben auf. Überprüfen Sie zunächst den Kohlenstoffdioxidgehalt der Einatemluft, indem Sie die Wasserstrahlpumpe anstellen und durch den entstehenden Unterdruck Luft durch das Kalkwasser strömen lassen. Untersuchen Sie dann die Ausatemluft, indem Sie Luft durch das Mundstück in das Kalkwasser blasen.

Quantitative Bestimmung des Kohlenstoffdioxids in der Ausatemluft

Material: dest. Wasser, 0,2 mol NaOH, Phenolphthalein, Glaskolben, Glaswinkelröhrchen, Kolbenprober, Verbindung mit Dreiwegehahn, Stopfen mit Doppelloch, Gummischlauch mit Mundstück, Aquariumstein

Durchführung: Bauen Sie den Versuch entsprechend dem Bild rechts auf. Füllen Sie den Glaskolben mit 300 ml destilliertem Wasser, 1 ml NaOH und 3 Tropfen Phenolphthalein. Den Kolbenprober füllen Sie mit 100 ml Ausatemluft. Dann stellen Sie mit dem Dreiwegehahn eine Verbindung zum Glaskolben her und drücken langsam so viel Luft aus dem Kolbenprober, bis sich die Flüssigkeit im Glaskolben entfärbt. Glaskolben beim Einströmen der Luft ständig schwenken! Erfassen Sie, wie viel Luft zum Entfärben der Flüssigkeit benötigt wird.

Wiederholen Sie den Versuch mehrmals mit neuen Reagenzien und bilden Sie aus Ihren Ergebnissen den Mittelwert.

Kohlenstoffdioxidabgabe von Pflanzen am Beispiel von Weizenkeimlingen

Material: 2 Tage vorgekeimte Weizenkörner, Kalkwasser, 5%ige KOH *(Vorsicht, ätzend!)*, 4 Waschflaschen, Wasserstrahlpumpe, 5 kurze Schläuche, 4 Stopfen mit Doppelloch

Durchführung: Füllen Sie zwei Waschflaschen zur Hälfte mit Kalkwasser. In eine weitere Waschflasche geben Sie bis zur Hälfte KOH. In die letzte Waschflasche kommen die Weizenkörner. Verbinden Sie die Waschflaschen wie im Bild unten gezeigt und schließen Sie sie an die Wasserstrahlpumpe an. Beim Anstellen der Pumpe wird langsam Luft durch die Apparatur gesaugt.

Protokollieren Sie Ihre Beobachtungen.

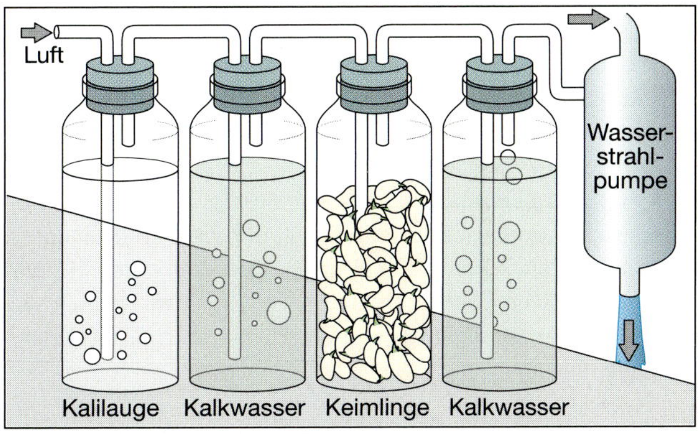

1 Berechnen Sie aus dem im zweiten Versuch ermittelten Mittelwert den Kohlenstoffdioxidgehalt der Ausatemluft, indem Sie berücksichtigen, dass von 1 ml 0,2 mol Natronlauge 4,4 mg Kohlenstoffdioxid gebunden werden und dass 1 ml Kohlenstoffdioxid 2 mg wiegt.

2 Erklären Sie das Ergebnis aus dem Versuch mit den Weizenkeimlingen und stellen Sie die Reaktionsgleichungen für die Waschflaschen 1 und 4 auf.

☞ Stichworte zu weiteren Informationen
Alveolenflüssigkeit, Diffusion, künstliche Beatmung

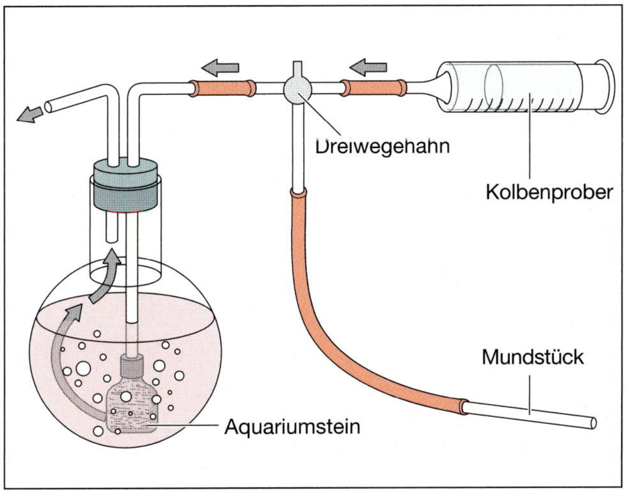

Innere Atmung: Bereitstellung der Energie in der Zelle

Bei der äußeren Atmung werden Gase mit der Umgebung ausgetauscht: Der Mensch nimmt mit den Lungen Sauerstoff aus der Luft auf und gibt Kohlenstoffdioxid ab. Der Sauerstoff gelangt mit dem Blut zu den Körperzellen. Er wird von den Zellen aufgenommen und zur vollständigen Oxidation der Nährstoffe verwendet (→ S. 97). Das ist die *innere Atmung*, die auch *Zellatmung* oder *Dissimilation* genannt wird.

Glucose und Sauerstoff. Jede Zelle benötigt Energie für ihren Stoffwechsel und für Transportprozesse an Membranen. Als Betriebsstoff dienen vor allem Kohlenhydrate, aber auch Fette und Proteine. Bei ihrem Abbau wird Energie freigesetzt, die die Zelle nutzen kann. Auf den folgenden Seiten werden die Schritte der Zellatmung am Beispiel Glucose dargestellt.

Der Glucoseabbau erfolgt nicht in einem einzigen Reaktionsschritt, sondern in Zwischenreaktionen über hintereinander geschaltete Stoffwechselwege: die *Glykolyse*, den *Citratzyklus* und die *Atmungskette* (→ Bild 1). Nur in Anwesenheit von Sauerstoff wird Glucose *vollständig* zu Kohlenstoffdioxid und Wasser abgebaut.

Untersuchungsmethodik. Mit radioaktiv markierter Glucose kann man den Glucoseabbau in der Zelle untersuchen. Dazu wird Zellen einer Zellkultur Glucose zugesetzt, die aus dem radioaktiven Kohlenstoffisotop ^{14}C aufgebaut ist. Sie wird von den Zellen aufgenommen und verarbeitet wie „normales" ^{12}C auch. Zu verschiedenen Zeiten entnimmt man der Zellkultur Proben. Von diesen Zellen werden Dünnschnitte angefertigt, auf Objektträger übertragen und mit einer Filmemulsion bedeckt. Wo sich radioaktiv markierte Glucose befindet, wird die Filmemulsion durch die Strahlung geschwärzt. Diese Methode nennt man *Autoradiographie*. Damit lassen sich selbst geringe Mengen radioaktiver Glucose oder ihrer Abbauprodukte lokalisieren. Durch Vergleich der verschiedenen Zellproben ist es möglich, den Abbauweg der Glucose zu verfolgen.

Mitochondrien – Orte von Citratzyklus und Atmungskette. Mithilfe der Autoradiographie lässt sich auch nachweisen, dass der Glucoseabbau an verschiedenen Stellen in der Zelle abläuft: Die Glykolyse findet im Cytoplasma, der Citratzyklus und die Atmungskette in den *Mitochondrien* (→ S. 48) statt. Da durch die Atmungskette die meiste Energie gewonnen wird, bezeichnet man die Mitochondrien oft als „Kraftwerke" der Zelle. Die Zahl der Mitochondrien spiegelt dabei den Energiebedarf der Zellen wider. Herzmuskelzellen weisen sehr viele Mitochondrien auf. Gleiches gilt für die durchtrainierten Muskeln eines Sportlers, aber auch für Leber- und Gehirnzellen. Hingegen kommen wenig stoffwechselaktive Zellen wie Knorpelzellen mit geringer Mitochondrienzahl aus.

1 Überlegen Sie, warum wohl der Glucoseabbau in der Zelle über mehrere Reaktionsschritte verläuft.

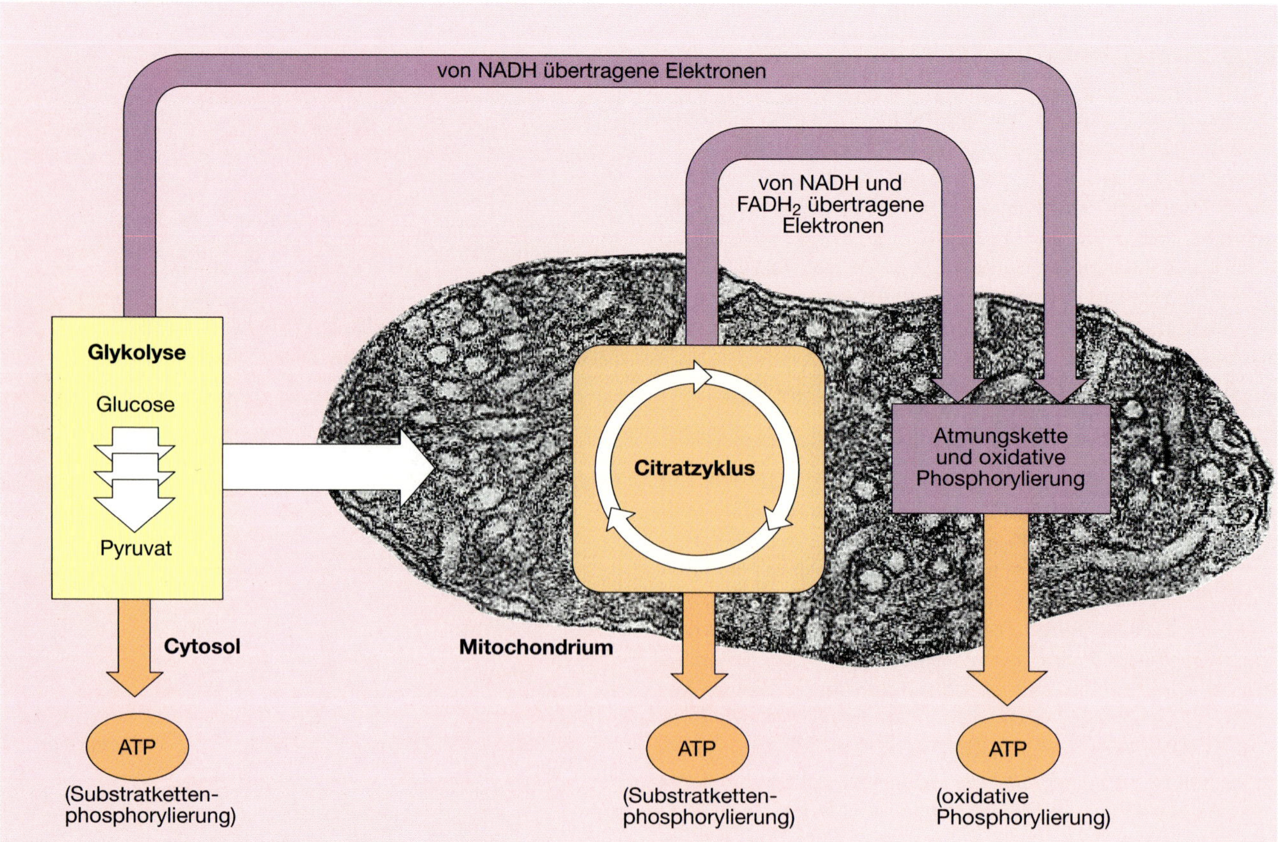

1 *Die Schritte der Zellatmung in der Übersicht*

Chemische Grundlagen: Oxidation und Reduktion

Oxidation und Reduktion sind Reaktionen, bei denen Elektronen von einem Atom oder Molekül auf ein anderes übertragen werden. Dabei versteht man unter *Oxidation die Abgabe*, unter *Reduktion die Aufnahme von Elektronen*. Oxidationsreaktionen sind *exergonische*, also Energie freisetzende Reaktionen.

Dasjenige Atom oder Molekül, das die Elektronen aufnimmt, heißt *Elektronenakzeptor* oder *Oxidationsmittel*, da es seinen Reaktionspartner oxidiert. Entsprechend wird das Atom oder Molekül, das Elektronen abgibt, als *Elektronendonator* oder *Reduktionsmittel* bezeichnet. Es reduziert den Reaktionspartner und wird selbst oxidiert.

$$\text{Reduktionsmittel} \underset{\text{Reduktion}}{\overset{\text{Oxidation}}{\rightleftharpoons}} \text{Oxidationsmittel} + \text{Elektronen}$$

$$\text{(Red)} \qquad \text{(Ox)} \qquad n\,e^-$$

Oxidation und Reduktion sind bei einer chemischen Reaktion immer gekoppelt, da die von einem Reaktionspartner abgegebenen Elektronen vom anderen Reaktionspartner aufgenommen werden. Man spricht deshalb von *Redoxreaktion*. An jeder Redoxreaktion sind also zwei korrespondierende Redoxpaare – auch *Redoxsysteme* genannt – beteiligt:

korrespondierendes Redoxpaar (Red 1 / Ox 1)

$$\text{Red 1} + \text{Ox 2} \rightleftharpoons \text{Ox 1} + \text{Red 2}$$

korrespondierendes Redoxpaar (Ox 2 / Red 2)

Bei der Oxidation organischer Molekule werden meist zwei Elektronen und zwei Protonen abgegeben. Das entspricht formal zwei Wasserstoffatomen. Aus diesem Grund kann auch die *Wasserstoffabgabe als Oxidation* und die *Wasserstoffaufnahme als Reduktion* bezeichnet werden (→ Bild 1).

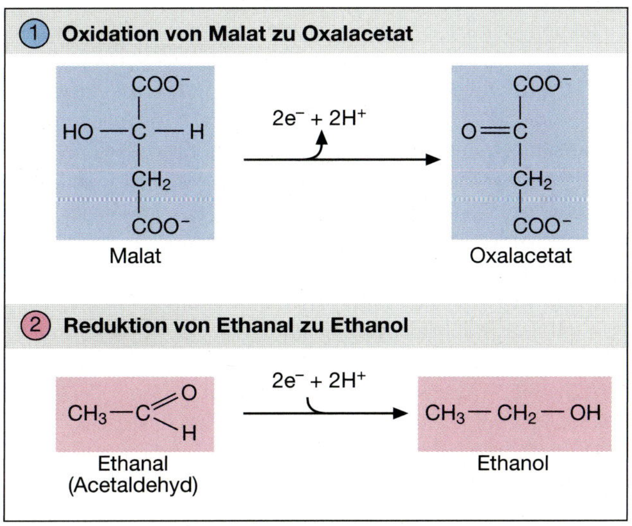

1 *Beispiel für einen Oxidations- und einen Reduktionsvorgang*

Reduktionsäquivalente. Der Energiebedarf der Zelle wird durch die Oxidation energiereicher Moleküle, insbesondere der Glucose, gedeckt. Bei der Oxidation von Glucose werden zwei Wasserstoffatome abgespalten. Die zwei Elektronen werden zusammen mit einem Proton in der Regel auf das Coenzym *NAD* (*N*icotinamid-*a*denin-*d*inucleotid) als Elektronenakzeptor übertragen, das zweite Proton wird an das umgebende Medium abgegeben. Man schreibt daher:

$$NAD^+ + 2\,H^+ + 2\,e^- \rightleftharpoons NADH + H^+$$

NAD^+ kann in biochemischen Oxidationsreaktionen Protonen und Elektronen aufnehmen und – als NADH – dann wieder abgeben. Da NADH zwei reduzierenden Elektronen entspricht, bezeichnet man es als *Reduktionsäqivalent*.

Auch andere Coenzyme (→ S. 69) fungieren als Reduktionsäquivalente. Das gilt zum Beispiel für *FAD/FADH*$_2$ (*F*lavin-*a*denin-*d*inucleotid). Ebenfalls ein Reduktionsäqivalent ist das Paar *NADP*$^+$*/NADPH*. Es transportiert Elektronen in der gleichen Weise wie NADH, jedoch wird es im Wesentlichen für Biosynthesen verwendet, NADH dagegen in erster Linie zur Erzeugung von ATP.

NADH, $FADH_2$ und NADPH können nur in Zusammenarbeit mit Enzymen als Reduktionsäquivalente wirken. Darauf weist die Bezeichnung Coenzym hin. Da sie sich aber im Verlauf der Reaktionen verändern, nennt man sie heute lieber Cosubstrate um Missverständnisse zu vermeiden.

1 Redoxreaktionen spielen auch im Alltag eine Rolle. Nennen Sie einige Beispiele und geben Sie diese in einem Redoxschema an.

2 Nennen Sie Ihnen bekannte Coenzyme und erklären Sie deren Wirkungsweise.

3 Stellen Sie die verschiedenen Definitionen von Oxidation zusammen. Verdeutlichen Sie deren Zusammenhang.

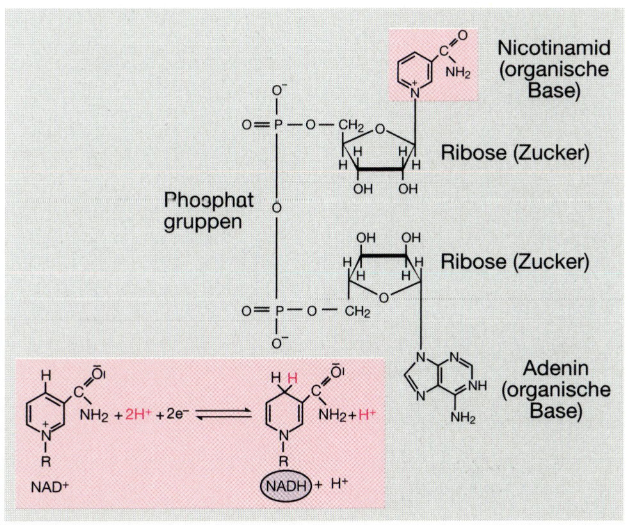

2 *Strukturformel von NAD und Reaktion von NAD zu NADH*

Energiewährung ATP

1 *Energiezufuhr heißt für Tiere: fressen.*

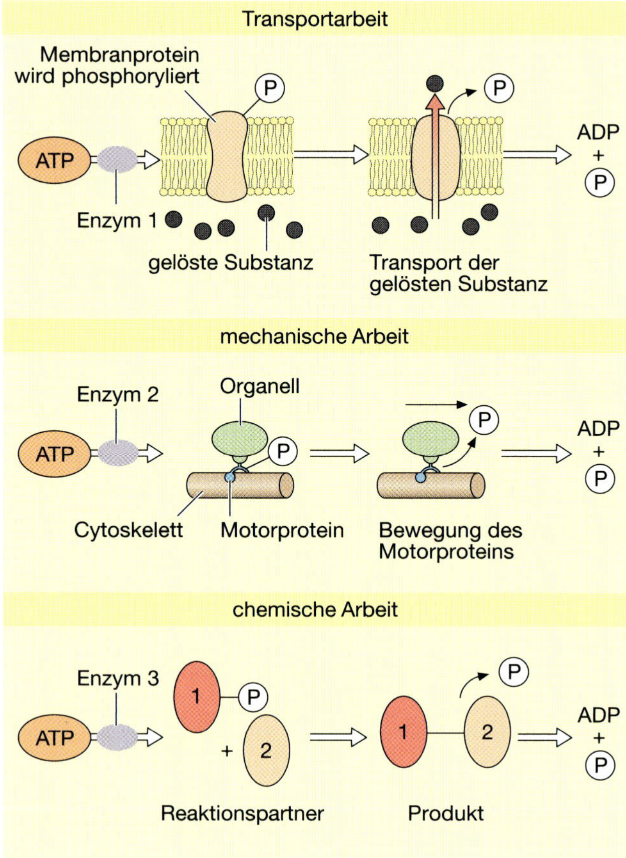

3 *Mit ATP als Energieüberträger kann in der Zelle Arbeit verrichtet werden.*

Leben ist auf die Zufuhr von *Energie* angewiesen. Pflanzen nutzen die im Sonnenlicht enthaltene Energie um aus den energiearmen Ausgangsstoffen Kohlenstoffdioxid und Wasser energiereiche Glucose aufzubauen. Sie dient ihnen als Bau- und Betriebsstoff. Tiere verschaffen sich ihre Bau- und Betriebsstoffe, indem sie Pflanzen oder andere Tiere fressen.

Alle Organismen nutzen *Adenosintriphosphat*, abgekürzt *ATP*, um Energie zu konservieren und bei Bedarf einzusetzen. Deshalb kann ATP auch als „universelle Energiewährung" der Zelle bezeichnet werden.

Aufbau von ATP. ATP besteht aus der stickstoffhaltigen Base *Adenin*, dem Zuckermolekül *Ribose* und *drei Phosphatgruppen* (→ Bild 2). Die Anordnung der drei dicht gedrängten, negativ geladenen Phosphatgruppen ist das Besondere an diesem Molekül. Da gleiche Ladungen sich abstoßen, wird die endständige energiereiche Phosphatgruppe unter Beteiligung von Wasser – also durch *Hydrolyse* – leicht abgespalten. Aus ATP entstehen das energieärmere *Adenosindiphosphat (ADP)* und anorganisches Phosphat:

$$ATP + H_2O \rightleftharpoons ADP + \text{Ⓟ} + H^+$$

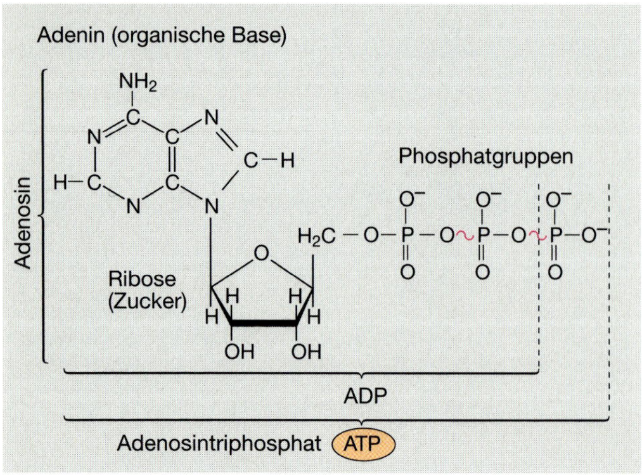

2 *Strukturformel von ATP*

ATP ermöglicht Arbeit. Die Zelle nutzt die Energiequelle ATP häufig zur Aktivierung von chemischen Reaktionen, indem sie die Phosphatgruppe mithilfe von Enzymen von ATP auf andere Moleküle überträgt. Die Energiezufuhr durch die *Phosphorylierung* bewirkt eine strukturelle Veränderung in dem betreffenden Molekül, durch die Arbeit verrichtet wird (→ Bild 3). Dabei wird die Phosphatgruppe wieder abgespalten.

ATP kann für alle energiebedürftigen Vorgänge eingesetzt werden: Es liefert Energie für den aktiven Transport von Molekülen durch Zellmembranen hindurch. Es ermöglicht mechanische Arbeit, zum Beispiel bei der Muskelkontraktion, und chemische Arbeit, wie bei der Synthese großer organischer Moleküle. Ein Teil der enthaltenen Energie wird allerdings bei der Umwandlung von ATP zu ADP als Wärme frei.

ATP-Bedarf. In der Zelle wird ein neu gebildetes ATP-Molekül durchschnittlich innerhalb einer Minute verbraucht. Ein ruhender Mensch benötigt ungefähr 40 kg ATP in 24 Stunden. Der ATP-Durchsatz ist also sehr hoch. Er kann bei intensiver Arbeit auf Werte von 0,5 kg pro Minute ansteigen.

Da der Körper ununterbrochen Energie benötigt, muss ATP ständig aus ADP und anorganischem Phosphat regeneriert werden. Die dafür eingesetzte Energie stammt aus der Oxidation energiereicher Nährstoffmoleküle, vor allem Glucose.

Aerober Abbau von Glucose – die Glykolyse

Glykolyse – in Kürze. Die *Glykolyse* (von griech. *glykys*: süß und *lysis*: Auflösung) ist der wichtigste Abbauweg der Kohlenhydrate im Stoffwechsel. Im Cytoplasma der Zelle wird die Hexose *Glucose* (C_6) in mehreren Reaktionsschritten in zwei Triose-Moleküle (C_3) umgewandelt. Endprodukt der Glykolyse ist die *Brenztraubensäure*, nach ihrem Anion auch *Pyruvat* genannt. Beim Abbau der Glucose wird Energie freigesetzt, die als chemische Energie in Form von *ATP* gespeichert wird. Außerdem entsteht NADH, das später in der Atmungskette ebenfalls zur ATP-Synthese genutzt wird.

Glykolyse – im Detail. Im ersten Reaktionsschritt wird eine Phosphatgruppe von ATP auf Glucose übertragen. Die *Phosphorylierung* zu *Glucose-6-phosphat* ist in zweierlei Hinsicht von Bedeutung: Zum einen wird Glucose durch die Phosphorylierung für die weiteren Reaktionsschritte *aktiviert*, also energiereicher und reaktionsbereiter. Zum anderen kann Glucose-6-phosphat im Gegensatz zur Glucose die Zellmembran *nicht mehr passieren* und steht somit für die Stoffwechselvorgänge in der Zelle zur Verfügung.

In der folgenden Reaktion wird Glucose-6-phosphat zu *Fructose-6-phosphat* umgewandelt.

Unter ATP-Verbrauch entsteht danach *Fructose-1,6-bisphosphat*, das in zwei verschiedene *Triosephosphate* gespalten wird. Nur vom *Glycerinaldehyd-3-phosphat* führt die Glykolyse weiter, doch kann *Dihydroxy-acetonphosphat* leicht in Glycerinaldehyd-3-phosphat umgewandelt werden.

Bis hierher wurde noch keine Energie gewonnen. Im Gegenteil: Zwei Moleküle ATP mussten eingesetzt werden. Erst die jetzt folgenden Reaktionen bringen einen Energiegewinn.

Den Anfang bildet die Umwandlung von Glycerinaldehyd-3-phosphat in *1,3-Bisphosphoglycerat*. Die bei der Oxidation des Moleküls freigesetzte Energie wird in einer *energiereichen Phosphatverbindung gespeichert*.

In der folgenden Reaktion zu *3-Phosphoglycerat* wird die Phosphatgruppe auf ADP übertragen, es entsteht ATP.

Aus *3-Phosphoglycerat* entsteht über zwei Zwischenstufen *Pyruvat*. Gleichzeitig wird ATP gebildet.

Bilanz der Glykolyse. Beim Abbau von Glucose zu Pyruvat wird nur wenig Energie direkt gewonnen: Pro Molekül Glucose entstehen zwei Moleküle ATP. Ein großer Teil der in der Glucose enthaltenen Energie steckt noch im Endprodukt Pyruvat. Der eigentliche Gewinn ist Wasserstoff in Form des energiereichen Reduktionsäquivalents NADH. Es wird in der Atmungskette zur Energiegewinnung eingesetzt.

Regulation. Das Enzym *Phosphofructokinase*, das die Bildung von Fructose-1,6-bisphosphat aus Fructose-6-phosphat katalysiert, wird durch ATP gehemmt. ADP und AMP (*A*denosin*mono*phosphat mit nur einer Phosphatgruppe) erhöhen dagegen seine Aktivität. Liegt eine hohe ATP-Konzentration in der Zelle vor, wird der Durchsatz von Glucose gebremst. Ist der Energiebedarf der Zelle dagegen hoch, sodass viel ATP verbraucht und ADP gebildet wird, wird das Enzym dadurch aktiviert und die Glykolyse beschleunigt.

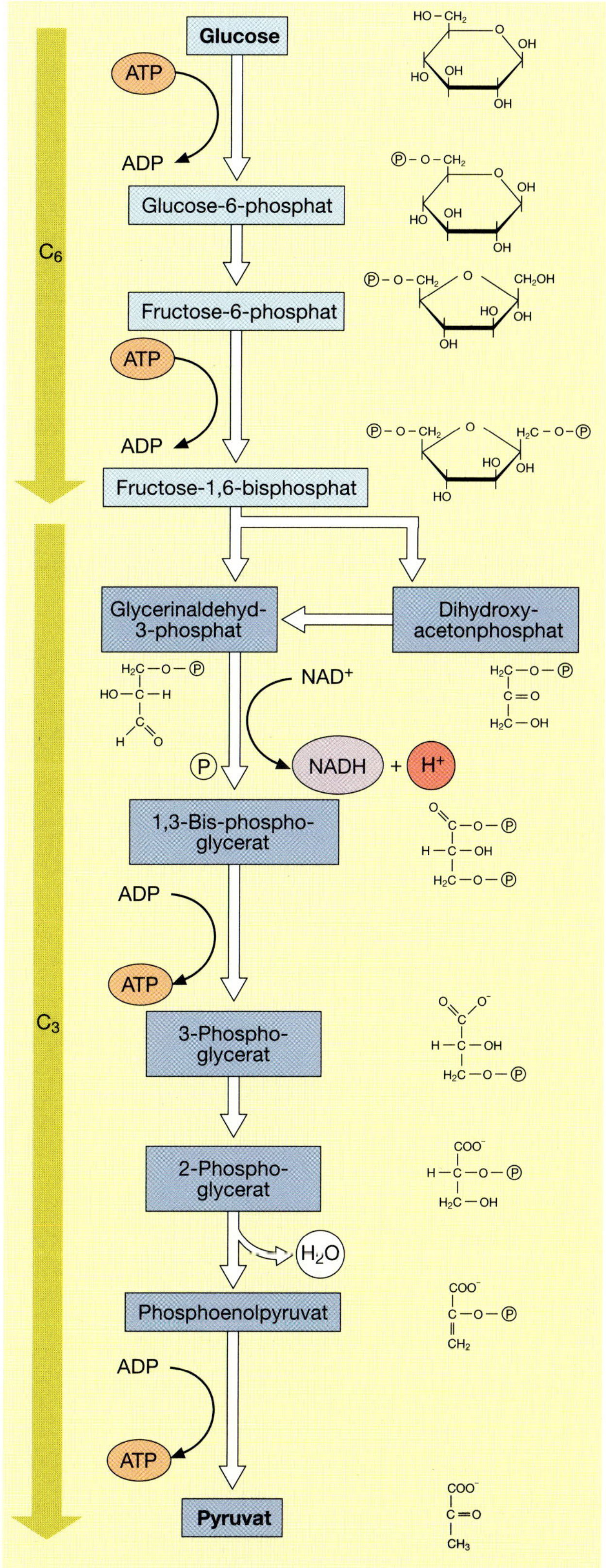

1 *Abbau von Glucose zu Pyruvat in der Glykolyse*

1 Welcher Enzymtyp liegt bei der Phosphofructokinase vor?

Der Citratzyklus (Tricarbonsäurezyklus)

Pyruvat, das Endprodukt der Glykolyse, wird zunächst in die Mitochondrien transportiert. In einem ersten Reaktionsschritt werden Kohlenstoffdioxid und zwei Wasserstoffatome abgespalten. Man bezeichnet diese Reaktion als *oxidative Decarboxylierung*. Aus Pyruvat entsteht *Essigsäure*, die mithilfe eines Cosubstrats, des *Coenzyms A*, reaktionsbereit gemacht wird. Das daraus hervorgehende Produkt wird aus diesem Grund *aktivierte Essigsäure* oder *Acetyl-Coenzym A (Acetyl-CoA)* genannt. Die Umwandlung von Pyruvat zu Acetyl-CoA stellt die *Verbindung zwischen Glykolyse und Citratzyklus* her.

Citratzyklus – in Kürze. Die aktivierte Acetylgruppe tritt in den Citratzyklus ein. Bei jedem Durchgang des Zyklus werden zwei Kohlenstoffatome *zu Kohlenstoffdioxid* oxidiert. Es diffundiert aus den Zellen heraus, gelangt mit dem Blut in die Lungen und wird ausgeatmet. Hauptgewinn des Citratzyklus ist *NADH*, das in der nachfolgenden Atmungskette die Energie für die Synthese von ATP liefert.

Citratzyklus – im Detail. Der Citratzyklus beginnt mit der Verknüpfung des C_2-Moleküls Acetyl-CoA mit dem C_4-Molekül Oxalacetat. Es entsteht das C_6-Molekül Citrat, nach dem der Zyklus benannt ist.

Citrat wird in Isocitrat überführt und anschließend oxidativ decarboxyliert: Ein Kohlenstoffdioxidmolekül wird abgespalten. Das gebildete α-Ketoglutarat wird ein zweites Mal oxidativ decarboxyliert. Das Kohlenstoffgerüst der Glucose ist nun vollständig zu Kohlenstoffdioxid oxidiert. Es entsteht Succinyl-CoA. Dieses Molekül reagiert zu Succinat. Dabei wird ein Molekül *Guanosindiphosphat (GDP)* phosphoryliert, es entsteht energiereiches *Guanosintriphosphat (GTP)*. GTP ist wie ATP ein Energieüberträger und ähnelt diesem auch in seiner Struktur. Indem GTP anschließend eine Phosphatgruppe an ADP abgibt, bildet sich ein ATP.

Aus Succinat wird in drei Schritten Oxalacetat regeneriert, das den Citratzyklus erneut durchläuft.

Bilanz. Die beim Citratzyklus frei werdende Energie wird in Form von $FADH_2$ und NADH gespeichert. FAD dient wie NAD^+ als Wasserstoffakzeptor. Der Abbau der aktivierten Essigsäure zu Kohlenstoffdioxid ergibt für die Zelle einen Gewinn von einem GTP. Außerdem werden drei NADH und ein $FADH_2$ gewonnen.

Aus der Entdeckungsgeschichte. Die Biochemiker KREBS und HENSELEIT fanden 1937 heraus, dass der *Citratzyklus* einen *abschließenden gemeinsamen Stoffwechselweg* bei der Oxidation von Aminosäuren, Fettsäuren und Kohlenhydraten darstellt. Fast alle diese Moleküle treten in der *inneren Mitochondrienmembran* als Acetyl-CoA in den Zyklus ein.

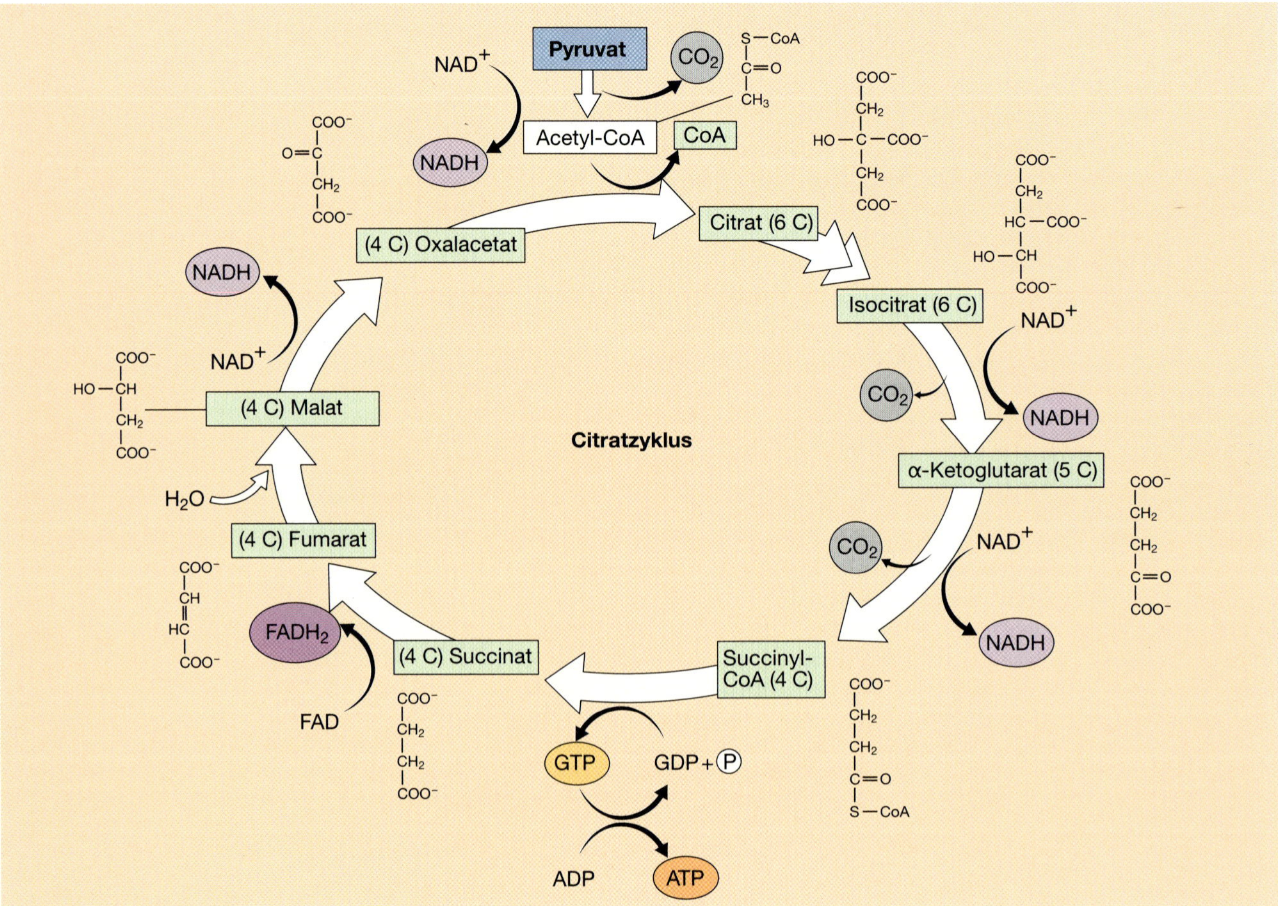

1 *Citratzyklus*

Die Atmungskette (Endoxidation)

Mischt man Sauerstoff und Wasserstoff im richtigen Verhältnis und führt zum Beispiel mit einem Zündfunken Aktivierungsenergie zu, verbinden sich die Gase zu Wasser. Bei dieser *Knallgasreaktion* wird explosionsartig sehr viel Energie freigesetzt. Nach demselben Prinzip und mit demselben Energiebetrag, jedoch in einer ganz anderen „stillen" Reaktionskette gewinnt die Zelle unter aeroben Bedingungen den größten Teil ihrer Energie.

Atmungskette. In der Zelle wird der Wasserstoff nicht direkt auf Sauerstoff übertragen, sondern es sind die Enzyme der so genannten *Atmungskette* vorgeschaltet. Auf diese Weise wird die Energie in kontrollierten Teilschritten frei.

Die Atmungskettenenzyme sind zu jeweils vier *Multienzymkomplexen* (→ S. 63) zusammengefasst, die Bestandteile der inneren Mitochondrienmembran sind. Diese ist stark gefaltet und bietet mehreren tausend Gruppen von Multienzymkomplexen Platz. Aufgabe der Enzymkomplexe ist es, die an die Cosubstrate NADH und $FADH_2$ gebundenen Elektronen zum Sauerstoff zu transportieren.

Bei der Aufnahme von Elektronen werden die Enzyme der Atmungskette reduziert und bei der Abgabe oxidiert. Es handelt sich um hintereinander geschaltete *Redoxsysteme*. Bei jeder Redoxreaktion wird Energie frei. Sie dient dazu, Protonen aus der Mitochondrienmatrix in den Intermembranraum zu pumpen. Der *Elektronentransport innerhalb der Membran* ist also *mit einem Protonentransport durch die Membran gekoppelt* (→ Bild 1). Erst das letzte Enzym der Atmungskette überträgt seine Elektronen auf den Sauerstoff. Er reagiert mit Protonen aus dem umgebenden Medium zu Wasser.

ATP-Synthese. Durch den Protonentransport entsteht über der Membran ein *Konzentrationsgefälle*, das wegen der positiven Ladung der Protonen zugleich ein *Ladungsgefälle* ist. Man spricht von einem *elektrochemischen Protonengradienten*.

Der elektrochemische Gradient führt dazu, dass die Protonen das Bestreben haben, in die Mitochondrienmatrix zurückzufließen. Die innere Mitochondrienmembran ist jedoch im Gegensatz zur äußeren für nahezu alle Ionen und polaren Moleküle undurchlässig. Nur die *ATP-Synthasen*, ebenfalls Enzymkomplexe, bilden Kanäle in der Membran, durch die die Protonen fließen können. Durch den Protonenrückfluss angetrieben, bilden die ATP-Synthasen aus ADP und Phosphat ATP. Dieser Prozess heißt *oxidative Phosphorylierung* oder *Atmungskettenphosphorylierung*.

Bilanz. Bei der Kopplung von Atmungskette und oxidativer Phosphorylierung entstehen aus einem Glucosemolekül etwa 34 Moleküle ATP.

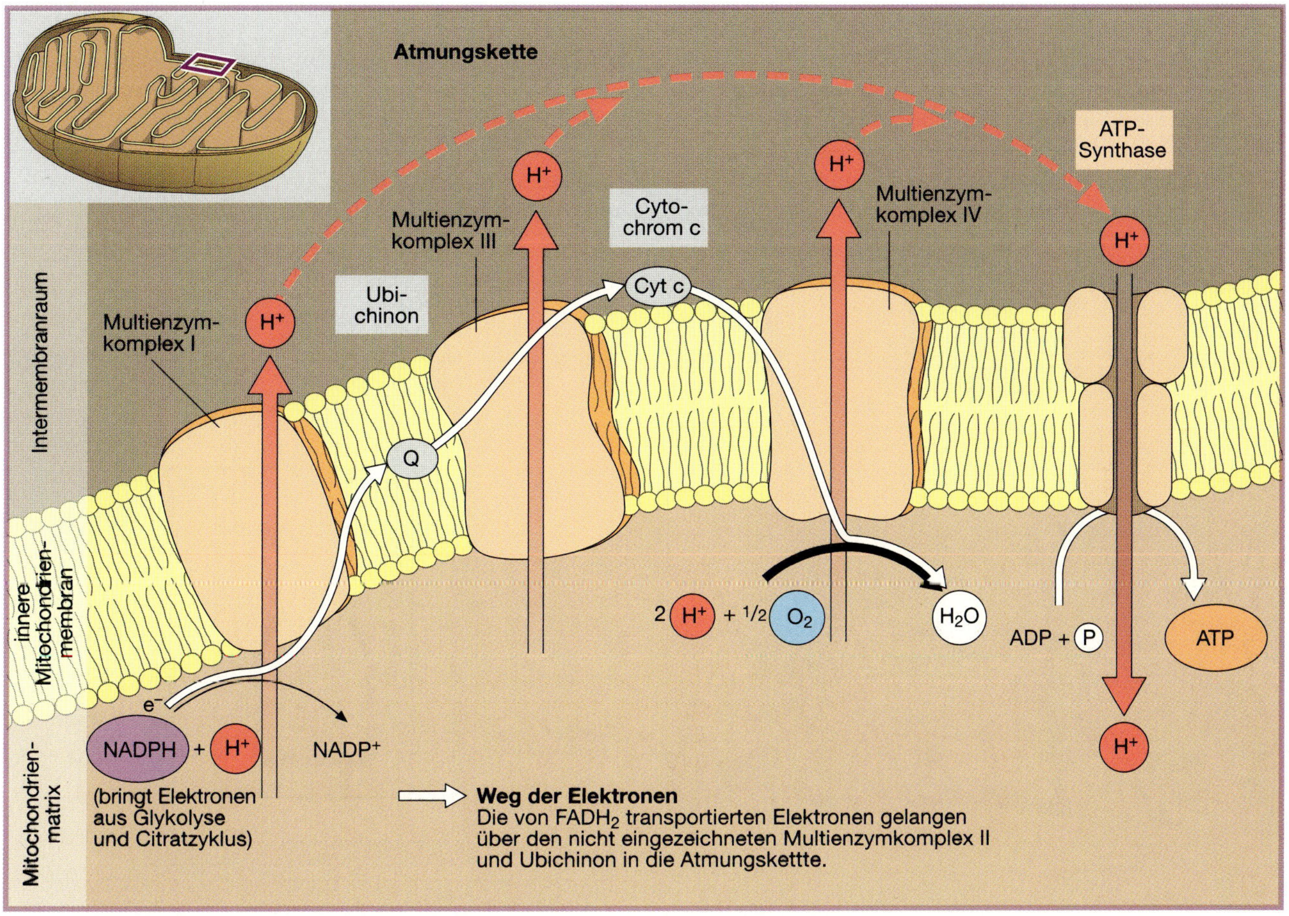

1 Endoxidation in der Atmungskette und ATP-Bildung durch die ATP-Synthase (oxidative Phosphorylierung)

Energieumsatz und seine Messung

Im Revolutionsjahr 1789 erkannte der berühmte französische Chemiker ANTOINE DE LAVOISIER (er starb später unter der Guillotine), dass zwischen körperlicher Tätigkeit, Atmung und Wärmebildung im Körper ein Zusammenhang besteht. Seine Vorstellung, der Körper gewinne Energie durch Verbrennung, erwies sich zwar im Nachhinein als falsch. Dennoch zeigten seine Experimente den Weg zur Messung des Energieumsatzes von Lebewesen.

Physikalischer Brennwert. Wird ein Nährstoff vollständig verbrannt, entspricht die entstehende Wärme seinem physikalischen Brennwert, das heißt seinem *Energiegehalt.* Dazu wird eine genau gewogene Menge des Stoffs in der Brennkammer oder „Bombe“ eines *Kalorimeters* in reinem Sauerstoff bei hohem Druck nach elektrischer Zündung verbrannt. Wasser, das die Brennkammer umgibt und das nach außen hin gut isoliert ist, nimmt die entstandene Wärme auf. Deren Menge lässt sich aus dem Temperaturanstieg berechnen.

Physiologischer Brennwert. Die bei einer chemischen Reaktion freigesetze Energiemenge ist grundsätzlich unabhängig vom Reaktionsweg. Daher entspricht der im Kalorimeter gemessene Wert auch genau dem *physiologischen Brennwert*, das heißt dem im Körper freigesetzten Energiebetrag, wenn Ausgangsstoffe und Endprodukte in beiden Fällen gleich sind. Dies gilt für Kohlenhydrate und Fette, da diese auch im Körper vollständig zu CO_2 und H_2O abgebaut werden. Dagegen ist der physiologische Brennwert der Proteine deutlich kleiner als der im Kalorimeter gemessene Wert, da Proteine im Körper nur bis zur Stufe des Harnstoffs abgebaut werden. Dieser wird in Wasser gelöst mit dem Urin ausgeschieden (→ S. 112).

Kalorimetrie. Da bei jeder Reaktion des Energiestoffwechsels auch Wärme entsteht, kann man die vom Körper abgegebene Wärmemenge als Maß für seinen Energieumsatz heranziehen. Diese *direkte Kalorimetrie*, erstmals von LAVOISIER im Tierversuch eingesetzt, ist jedoch aufwendig und ungenau. Für medizinische, arbeits- und sportphysiologische Zwecke wird heute praktisch ausschließlich die *indirekte Kalorimetrie* angewandt. Mit ihr bestimmt man den Energieumsatz aus dem Sauerstoffverbrauch der Atmung (→ Foto S. 105). Für Glucose als Ausgangsstoff etwa gilt die Summengleichung $C_6H_{12}O_6 + 6\,O_2 \rightarrow 6\,CO_2 + 6\,H_2O$ Energiedifferenz 2822 kJ. Das bedeutet, dass 6 mol O_2 nötig sind um 2822 kJ Energie aus Glucose freizusetzen. Da 1 mol Sauerstoff ein Volumen von 22,4 Litern einnimmt, lässt sich damit der Energiebetrag berechnen, der je Liter verbrauchten Sauerstoffs umgesetzt wird. Er beträgt für Glucose 2822 kJ : $(6 \times 22{,}4\,l\,O_2)$ = 21 kJ/l O_2 und wird als *kalorisches Äquivalent* bezeichnet.

Da zum Abbau der Fette und Proteine mehr O_2 nötig ist als für Glucose und andere Kohlenhydrate, ist das kalorische Äquivalent dieser Nährstoffe kleiner. Um aus dem Sauerstoffverbrauch den Energieumsatz berechnen zu können, muss man daher Art und Anteil der jeweils abgebauten Nährstoffe kennen. Einen Anhaltspunkt dafür liefert der respiratorische Quotient (RQ), also der Quotient aus abgegebener CO_2-Menge und aufgenommener O_2-Menge (mol CO_2/mol O_2). Auch er kann bei der indirekten Kalorimetrie gemessen werden.

Nährstoff	physiologischer Brennwert kJ/g	RQ	kalorisches Äquivalent kJ/l O_2
Kohlenhydrate	17,2	1,0	21,1
Fette	38,9	0,7	19,6
Proteine	17,2	0,8	18,8
zum Vergleich: mitteleurop. Kost		0,82	20,2

1 *LAVOISIER misst den Sauerstoffverbrauch bei körperlicher Tätigkeit; Zeichnung von Madame LAVOISIER.*

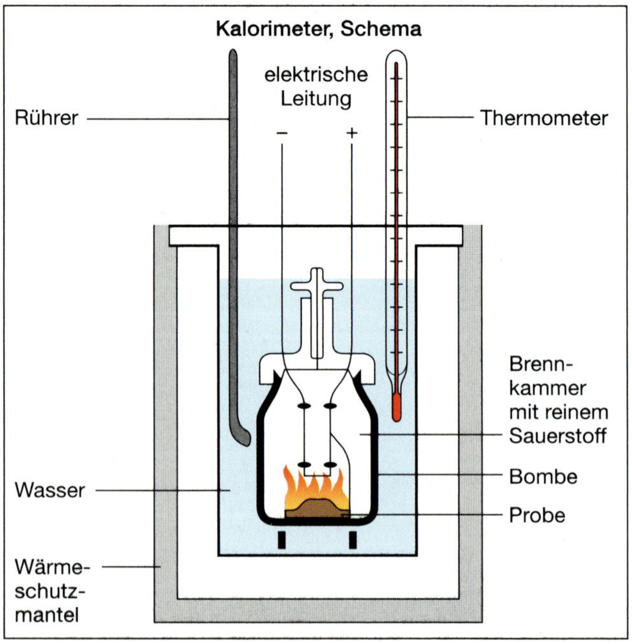

2 *Aufbau eines Kalorimeters. Nach der Verbrennung in der Bombe wird die Erwärmung des Wassers gemessen.*

Stoff- und Energiebilanz der Zellatmung

Bei allen Energie umsetzenden Vorgängen ist immer nur ein Teil der aufgewendeten Energie nutzbar. Das Verhältnis von nutzbarer zu aufgewendeter Energie bezeichnet man als *Wirkungsgrad* der Energieumsetzung. Mit den Methoden der direkten und indirekten Kalorimetrie lässt sich zwar der Energiebetrag messen, der von einem Organismus bei bestimmter Aktivität in einer abgegrenzten Zeit umgesetzt wird, der Wirkungsgrad bleibt dagegen unbekannt. Da das Ziel des Energiestoffwechsels aller Lebewesen darin besteht, die universell einsetzbare Energiewährung ATP bereitzustellen, also sie aus ADP und Phosphat zu regenerieren, kann der Wirkungsgrad des Energiestoffwechsels nur über eine *ATP-Bilanz* ermittelt werden.

ATP-Bilanz des Glucoseabbaus. Eine solche Bilanz bezieht sich auf 1 mol des umgesetzten Stoffs, kann aber auch je Molekül betrachtet werden. Sie stellt nur eine Abschätzung dar, da die Effektivität der biochemischen Reaktionen durch viele Faktoren beeinflusst wird. Die einzelnen Abschnitte des Glucoseabbaus tragen in unterschiedlichem Maß zur Bilanz bei, entweder direkt durch Bildung von ATP oder indirekt durch Bildung der Reduktionsäquivalente NADH, die in die Atmungskette eingehen und dort ebenfalls zur ATP-Synthese genutzt werden. Je mol NADH entstehen etwa 3 mol ATP.

Die Glykolyse liefert 2 ATP und 2 NADH, insgesamt also rund 8 ATP. Die oxidative Decarboxylierung bringt 2 NADH in die Atmungskette ein, entsprechend 6 ATP. Im Citratzyklus entstehen 2 ATP direkt, 6 NADH und 2 $FADH_2$, die etwas energieärmer sind als NADH. Insgesamt trägt der Citratzyklus 22 bis 24 ATP zur Bilanz bei. Der aerobe Abbau von 1 mol Glucose liefert demnach 36 bis 38 mol ATP. Dies entspricht 1100 kJ und damit einem Wirkungsgrad der Zellatmung von 38%.

Stoffbilanz. Formuliert man ihre Summengleichung nur mit Ausgangs- und Endstoffen, ergibt sich die stoffliche Bilanz zu:

$C_6H_{12}O_6 + 6\,O_2 \rightarrow 6\,CO_2 + 6\,H_2O.$

Berücksichtigt man wichtige Zwischenprodukte, lautet sie:

$C_6H_{12}O_6 + 6\,O_2 + 6\,H_2O + 38\,(ADP+Ⓟ) \rightarrow 6\,CO_2 + 12\,H_2O + 38\,ATP.$

„Marktplatz" des Stoffwechsels. Auch der Stoffwechsel der Fette und Proteine mündet in den Abbauweg der Kohlenhydrate als gemeinsame Endstrecke ein. Viele Zwischenprodukte von Glykolyse und Citratzyklus wie Glycerinaldehyd, Pyruvat oder Acetyl-CoA sind zugleich wichtige Ausgangsstoffe für den Baustoffwechsel. Da hier noch weitere Stoffwechselwege wie Pentosephosphatzyklus oder verschiedene Formen der Gärung (→ S. 104) aus- und einmünden, kann man diesen Abschnitt als „Drehscheibe" oder „Marktplatz" des ganzen Stoffwechsels in der Zelle betrachten.

1 Wie viel ATP setzt ein Mensch täglich um? (Energieumsatz 12 000 kJ/Tag, Wirkungsgrad 38 %, 1 mol ATP = 500 g)

2 Vergleichen Sie den Wirkungsgrad von Benzinmotor und Zellatmung.

3 Bei Überernährung mit Kohlenhydraten bildet unser Körper daraus Fettreserven. Wie müsste man Bild 1 ergänzen, wenn der zugehörige Stoffwechsel über Glykolyse und Citratzyklus verläuft?

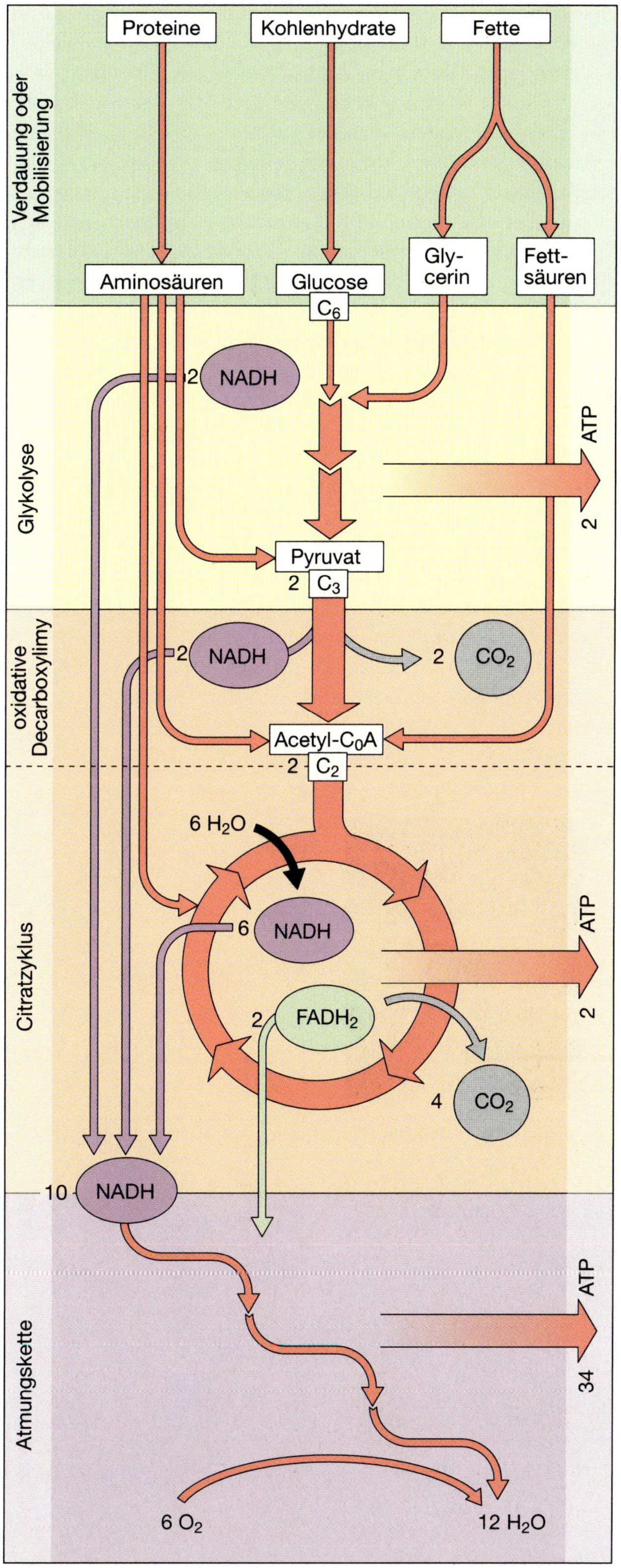

1 Vereinfachtes Schema der Stoffwechselwege der Zellatmung. Für Glucose ist eine Stoff- und Energiebilanz erstellt.

Energiegewinnung ohne Sauerstoff: Gärung

Viele Lebewesen kommen ganz oder zeitweise ohne Sauerstoff aus. Darmwürmer zum Beispiel leben in einem sauerstofffreien Milieu. Muscheln im Watt schließen bei Ebbe ihre Schalen, um nicht auszutrocknen, und sind von der Sauerstoffzufuhr abgeschnitten. Auch bei Arten, die ihre Energie durch Zellatmung gewinnen, kann sich zeitweise in manchen Geweben Sauerstoffmangel einstellen. Sie alle sind in der Lage sich Energie ohne Sauerstoff durch *anaeroben Stoffwechsel*, auch *Gärung* genannt, zu beschaffen. Vor allem Mikroorganismen nutzen diese Art der Energiegewinnung. Bei vielen Lebewesen entscheidet das Sauerstoffangebot, ob der aerobe oder der anaerobe Stoffwechselweg eingeschlagen wird.

Der erste Teil des anaeroben Stoffwechselwegs entspricht weitgehend der Glykolyse. Allerdings wird deren Produkt Brenztraubensäure bei den verschiedenen Formen der Gärung zu jeweils anderen Endprodukten verarbeitet.

- Bei der *alkoholischen Gärung* durch Hefepilze entsteht aus Brenztraubensäure nach Abspaltung von Kohlenstoffdioxid Ethanal (Acetaldehyd), das zu Ethanol reduziert wird. Das Aufgehen von Hefeteig sowie die Zubereitung von Most, Bier und Wein beruhen auf der alkoholischen Gärung.
- *Milchsäuregärung* ist vor allem für Milchsäurebakterien typisch. Die Milchsäure als Endprodukt dieser Gärung erniedrigt den pH-Wert stark und hemmt das Wachstum anderer Mikroorganismen. Sie wirkt daher konservierend. Dies nutzt man zur Erzeugung von Silage, Sauerkraut oder Sauermilchprodukten. Milchsäuregärung läuft auch in den Muskeln von Wirbeltieren ab, wenn das Gewebe nicht ausreichend mit Sauerstoff versorgt wird.
- Manche Bakterien beschreiten bei der Gärung einen Teil des Citratzyklus rückwärts: Bei der *gemischten Säuregärung* des Darmbakteriums Escherichia coli entsteht vor allem Bernsteinsäure. Die *Propionsäuregärung* von Bakterien im Pansen und Darm von Kühen und Schafen liefert Propionsäure. Auch die Reifung von Käse erfolgt so.

Durch Gärung wird viel weniger Energie gewonnen als durch Zellatmung: je abgebautem mol Glucose nur 2 bis 3 mol ATP. Entsprechend energiereich sind die Endprodukte der Gärungen. Ihre Anreicherung wirkt meist hemmend auf den Stoffwechselweg zurück.

1 Vergleichen Sie Zellatmung und Gärung hinsichtlich Bedingungen, Energiebilanz und Endprodukten.

2 Welche Konzentration an Ethanol entsteht theoretisch durch alkoholische Gärung in einer 1-molaren Glucoselösung? Warum ist dieser Wert in der Praxis nicht erreichbar?

3 Bäckerhefe und Bierhefe sind seit langem „Kulturpilze". Wo lebten wohl ihre „wilden" Vorfahren?

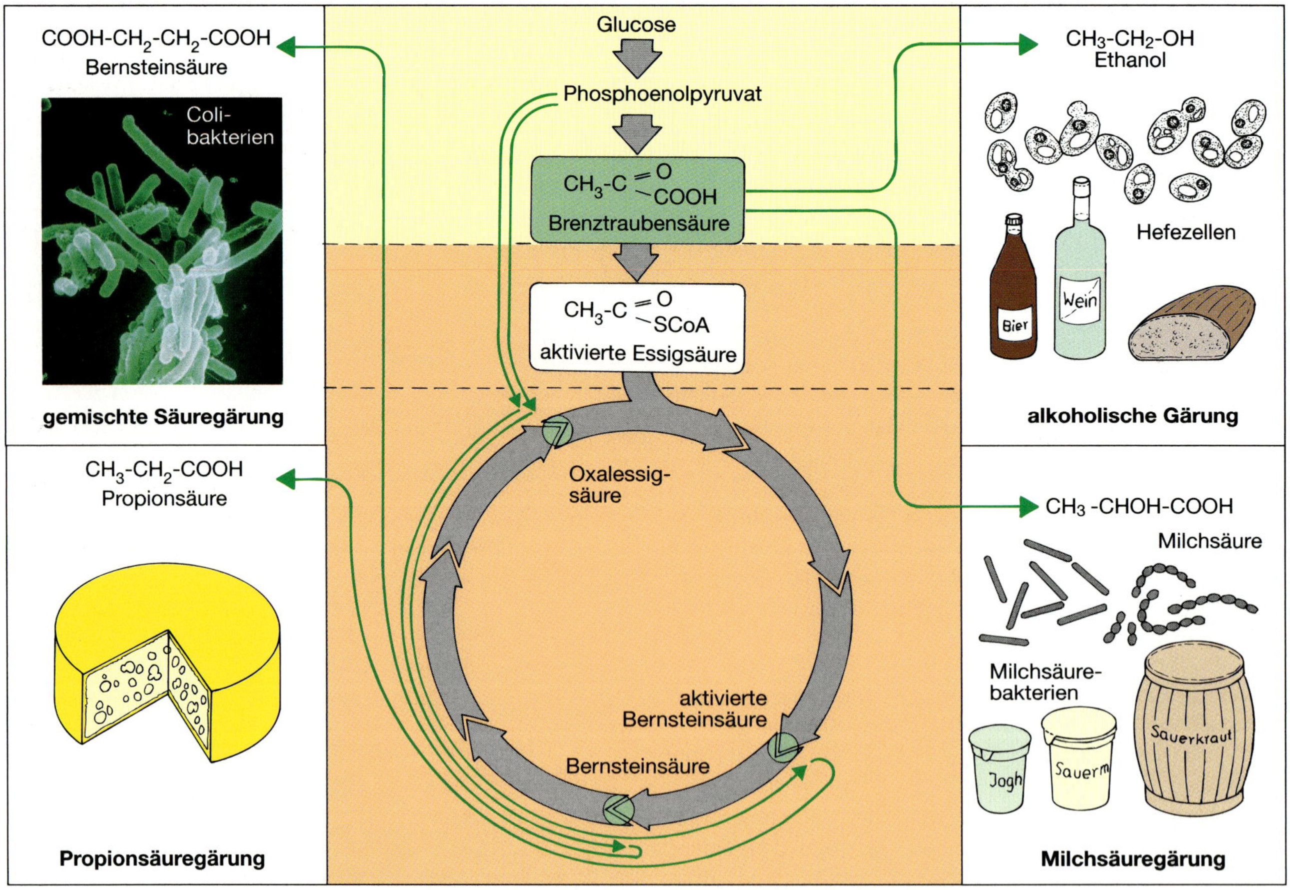

1 Verschiedene Formen der Gärung. Sie nehmen ihren Ausgang von Zwischenprodukten der Glykolyse und des Citratzyklus.

Material – Methode – Praxis: **Energiegewinnung**

Der Energiegewinnung durch Dissimilation liegen Stoffwechselvorgänge zugrunde, die sich im Zellplasma und den Mitochondrien abspielen. Sie sind direkt nur mit speziellen Methoden und Geräten zu analysieren. Da sich die verschiedenen Formen der Energiegewinnung jedoch zum Teil nach der Umsatzrate der Ausgangsstoffe oder nach Art und Menge der Endprodukte unterscheiden, kann man sie auch mit einfachen Mitteln untersuchen.

Solche Methoden sind zum Beispiel in der Lebensmitteltechnik von Bedeutung, besonders bei der Erzeugung und Qualitätskontrolle von Sauermilchprodukten, Bier und Backwaren. Auch in der *Arbeits-* und *Sportmedizin* spielt die Unterscheidung von aerober und anaerober Energiegewinnung eine wichtige Rolle, da beispielsweise Ermüdung und Schädigung unserer Muskeln ganz wesentlich davon abhängen, auf welche Weise sie ihre Energie gewinnen.

Glucoseverbrauch der Bäckerhefe bei Atmung und Gärung

Material: Sauerstoff und Stickstoff in Druckgasflaschen *(Vorsicht! Handhabung nur nach Einweisung durch Lehrer!)*, zwei Gaswaschflaschen, Wasserbad, Stativmaterial, Schlauchverbindungen, Messzylinder, Bäckerhefe, 2%ige Glucoselösung, Teststreifen zur Glucosebestimmung (halbquantitativ) oder Blutzuckermessgerät, Pipette

Durchführung: Verrühren Sie 20 g Bäckerhefe in 100 ml Wasser und verteilen Sie die sehr gut durchmischte Aufschwemmung zu gleichen Teilen auf die zwei Waschflaschen. Temperieren Sie die Waschflaschen mit der Hefe im Wasserbad bei 40 °C. Lassen Sie eine der Flaschen mit Sauerstoff, die andere mit Stickstoff durchströmen. Stellen Sie den Gasstrom so ein, dass die Frequenz der Gasblasen in beiden Ansätzen gleich ist.

Geben Sie zu jedem Ansatz 50 ml 2%ige Glucoselösung und starten Sie die Uhr. Entnehmen Sie eine Stunde lang alle fünf Minuten jedem Ansatz mit der Pipette einige Tropfen und messen sie jeweils die Glucosekonzentration nach der Gebrauchsanweisung der Teststreifen oder des Blutzuckermessgeräts.

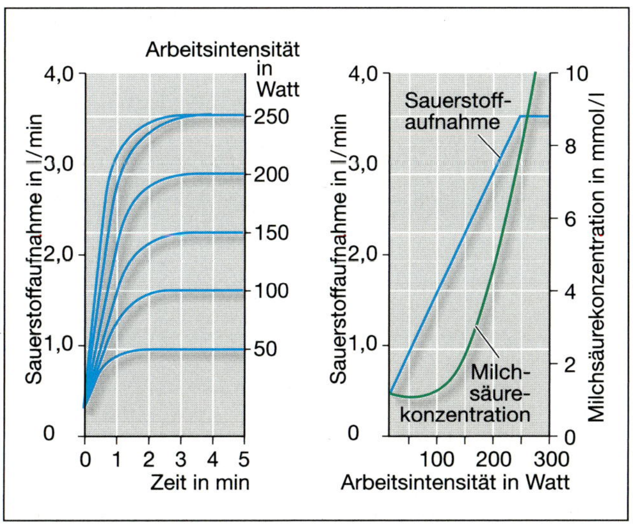

Milchsäurebildung bei verschiedener Temperatur

Material: unbehandelte Frischmilch vom Bauernhof, Erlenmeyerkolben (100 ml), Frischhaltefolie, Thermometer, Wärmeschrank oder Wasserbad, Glasstab, Objektträger, Holzklammer, Brenner, Methylenblaulösung, Mikroskop

Durchführung: Füllen Sie zwei Erlenmeyerkolben je zur Hälfte mit der Milch und verschließen Sie die Öffnung mit Folie. Stellen Sie einen der Kolben bei 50 °C in den Wärmeschrank und lassen Sie den anderen bei Zimmertemperatur stehen.

Entnehmen Sie nach einem Tag jeweils einen Tropfen der flüssigen Molke mit einem Glasstab und verstreichen Sie ihn auf einem Objektträger. Ziehen Sie dann die Objektträger zur Hitzefixierung durch die Flamme eines Brenners. Färben Sie die Präparate einige Minuten mit Methylenblaulösung. Nach dem Abspülen der Farblösung untersuchen Sie die trockenen Präparate mit dem Mikroskop bei starker Vergrößerung.

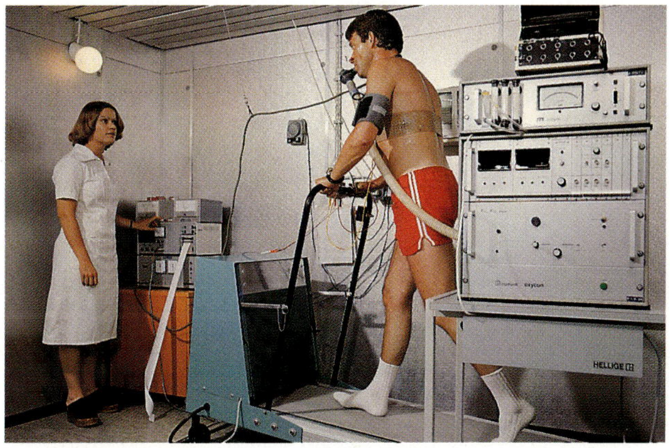

Gesundes Training, das zu mehr Ausdauer und Fitness führt, spielt sich immer im aeroben Bereich ab. Das heißt, dass der eingeatmete Sauerstoff ausreicht, um den Bedarf des Körpers zu decken. Alles darüber hinaus ist auf Dauer ungesund.

aus: Werbung für ein Herzfrequenz-Messgerät

1 Daten zum Sauerstoffverbrauch und zur Energiegewinnung beim Menschen, wie sie den Diagrammen links zugrunde liegen, werden meist auf dem Ergometer oder auf dem Laufband (→ Bild oben) gewonnen. Sie sind vor allem für die Sport- und Arbeitsmedizin von Bedeutung. Was lässt sich aus den Diagrammen über die Energiegewinnung ablesen? Setzen Sie dazu den Werbetext für ein Herzfrequenz-Messgerät in Beziehung. Bei welchem Bruchteil der maximalen körperlichen Leistung beginnt der kritische Bereich?

2 Stellen Sie das Ergebnis Ihres Versuchs zum Glucoseverbrauch der Hefe grafisch dar (Glucosekonzentration/Zeit) und erklären Sie es.

3 Welche Schlüsse ziehen Sie aus dem Ergebnis Ihrer mikroskopischen Untersuchung?

Stichworte zu weiteren Informationen

Pasteur-Effekt, Sauerstoffschuld, Muskelkater, Wirkungsgrad

Bau der Muskeln

Bewegung ist ein Kennzeichen des Lebendigen. Im Prinzip sind alle Zellen mit Organellen ausgestattet, die Bewegung ermöglichen (→ S. 49). Vielen Einzellern, aber auch den weißen Blutkörperchen verleihen sie erstaunliche Beweglichkeit. Im Körper tierischer Vielzeller sind *Muskelzellen* und *Muskelfasern* durch ihre Fähigkeit zu aktiver Kontraktion auf Bewegung spezialisiert. Aktiv entspannen können sie sich dagegen nicht: Die Muskulatur ist als Bewegungssystem aufgebaut, in dem Kräfte und Gegenkräfte wirken.

Struktur. Bei Wirbeltieren ist jeder Skelettmuskel von Muskelhaut umgeben, die am Ende in eine Sehne übergeht. Mit ihr ist der Muskel am Knochen festgewachsen. Schon mit bloßem Auge erkennt man am Muskel, etwa am Fleisch von Schlachttieren, *Muskelfaserbündel*. Diese setzen sich aus *Muskelfasern* zusammen, das sind aus vielen Einzelzellen verschmolzene, vielkernige „Superzellen", die 0,1 mm dick und über 100 mm lang werden können.

Jede Muskelfaser besteht aus einigen hundert *Myofibrillen* von 1 µm Durchmesser, die im Elektronenmikroskop einen Aufbau aus zwei unterschiedlich dicken *Myofilamenten* erkennen lassen. Die dickeren Filamente bestehen aus dem Protein *Myosin,* die dünneren aus den Proteinen *Aktin* und *Tropomyosin.*

Bereits im Lichtmikroskop zeigen Skelettmuskelfasern eine Querstreifung aus hellen und dunklen Zonen, die im elektronenmikroskopisch erkennbaren Aufbau der Myofibrillen ihre Erklärung findet: Jede Myofibrille ist durch so genannte *Z-Scheiben* in etwa 2 bis 3 µm lange Abschnitte, die *Sarkomere,* unterteilt (→ Bild 1). In der hellen *I-Bande* um die Z-Scheibe besteht das Sarkomer nur aus Aktinfilamenten. In der dunklen *A-Bande* überlappen Aktin- und Myosinfilamente, in der *H-Zone* liegen nur Myosinfilamente vor. Da alle Sarkomere in den Myofibrillen einer Muskelfaser parallel angeordnet sind, entsteht so die Querstreifung.

Muskeltypen. Als *quer gestreifte Muskulatur* fasst man *Skelettmuskeln* und den *Herzmuskel* zusammen, dessen Fasern ebenfalls quer gestreift sind. Allerdings weist der Herzmuskel Besonderheiten auf, die mit seiner Dauerleistung und seiner vom Nervensystem unabhängigen Erregungsbildung zusammenhängen. So sind die Fasern viel kürzer, netzartig angeordnet, besitzen meist nur einen zentral gelegenen Zellkern und noch mehr Mitochondrien als Skelettmuskelfasern. Auch lässt sich der Herzmuskel nicht willkürlich steuern.

Bei der *glatten Muskulatur* sind die Myofilamente in den *spindelförmigen Zellen* unregelmäßig angeordnet und ergeben keine Querstreifung. Glatte Muskulatur findet sich bei Wirbeltieren besonders in der Wand von Hohlorganen wie Darm, Bronchien, Harnblase, Uterus und Blutgefäßen oder im Ciliarmuskel der Augen. Sie arbeitet unwillkürlich und langsamer als Skelettmuskeln, ist jedoch ausdauernder.

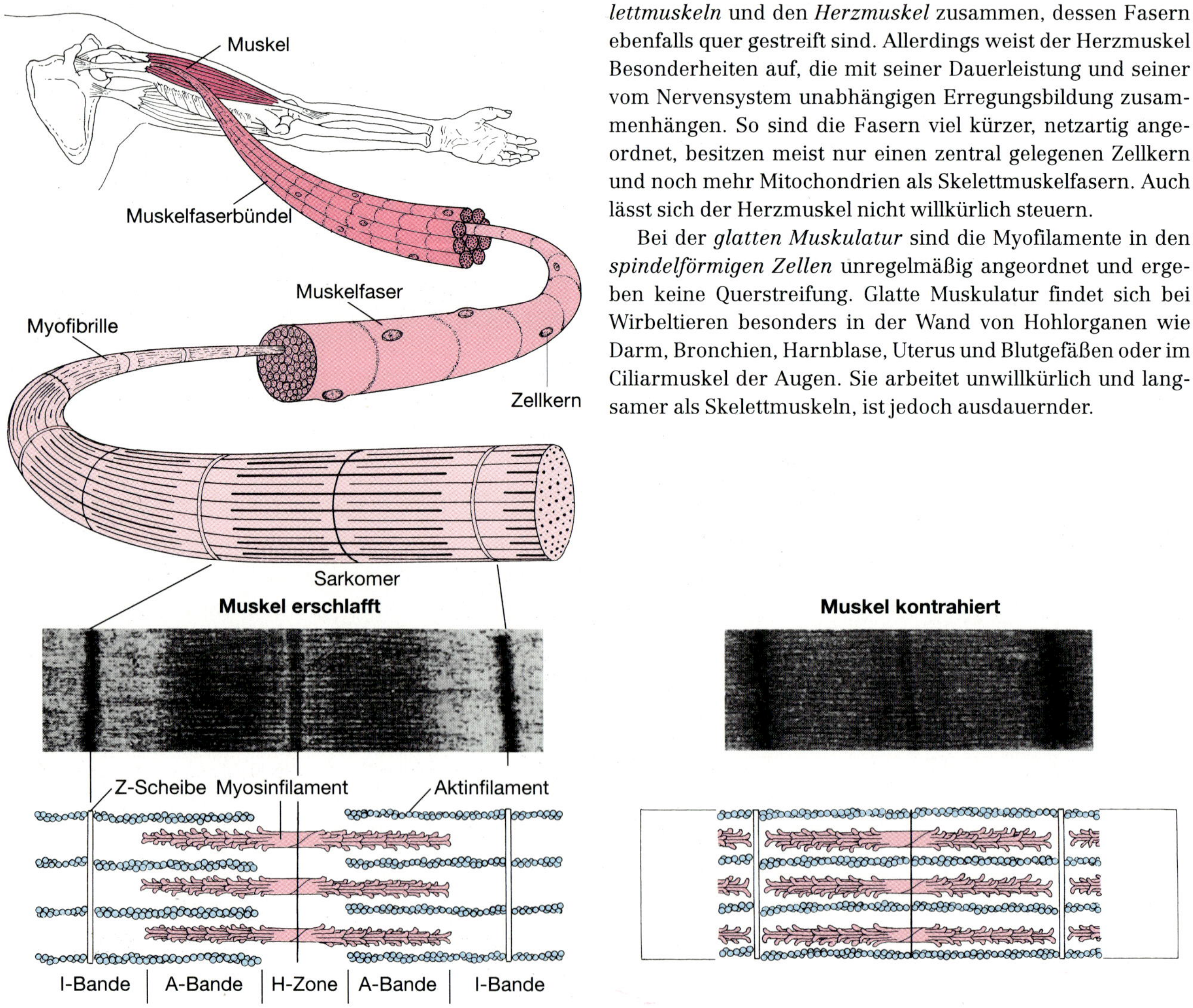

1 Aufbau eines Skelettmuskels vom sichtbaren Bereich zur Ultrastruktur, wie sie sich im Elektronenmikroskop zeigt

Muskelkontraktion und ATP

Die chemischen „Motoren“ der Muskulatur sind die Myofibrillen, ihre Arbeitseinheiten sind die Sarkomere. Hier wird die im ATP chemisch gebundene Energie – unter Wärmeverlust – direkt in die mechanische Arbeit der Muskelkontraktion umgewandelt. Aus elektronenmikroskopischen Aufnahmen lässt sich erschließen, dass die Myosin- und Aktinfilamente eines Sarkomers bei der Kontraktion teleskopartig ineinander gleiten, ohne dass sich ihre Dicke und Länge ändern. Dieses *Filamentgleiten* ist die Grundlage für die Muskelverkürzung, die sich aus der Verkürzung tausender hintereinander geschalteter Sarkomere ergibt.

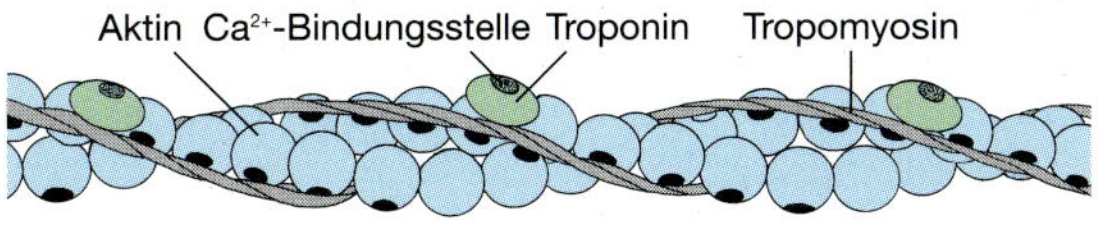

Solange Tropomyosinfäden die Myosin-Bindungsstellen des Aktins blockieren, kommt keine Wechselwirkung zwischen den Filamenten und damit keine Muskelkontraktion zustande. Auf einen Nervenimpuls hin wird dieser Ruhezustand aufgehoben: Aus dem endoplasmatischen Reticulum der Muskelfasern werden *Ca^{2+}-Ionen* freigesetzt, die an Troponin binden. Dadurch ändert dieses die Form und drängt die Tropomyosinfäden aus ihrer Lage. Tropomyosin blockiert jetzt die Myosin-Bindungsstellen nicht mehr, zwischen Myosinköpfen und Aktinfilament bilden sich *Querbrücken* (→ Bild 1 unten). Der Aktin-Myosin-Komplex setzt ADP und Phosphat frei. Dadurch

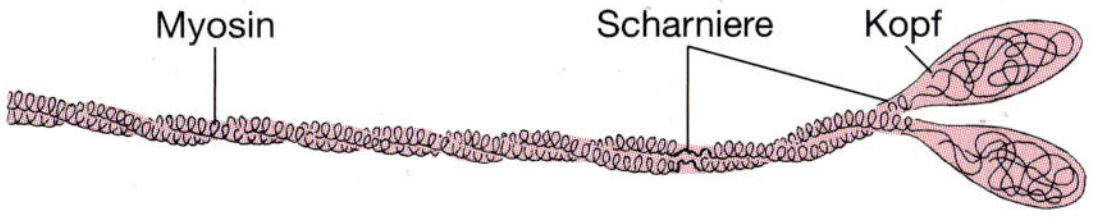

Aufbau der Filamente. Ein dünnes Filament besteht aus zwei umeinander gewundenen, perlschnurartigen Ketten kugelförmiger Moleküle des Proteins *Aktin* (→ Bild oben). Fadenförmig legen sich *Tropomyosinmoleküle* um die Aktinketten, wobei alle 40 nm ein *Troponinmolekül* angeheftet ist. Ein Myosinfilament wird von zahlreichen riesigen *Myosinmolekülen* gebildet, die jeweils aus einem zweigeteilten Kopf und einem langen Schwanzteil bestehen. Zwei Abschnitte im Schwanzteil können wie Scharniergelenke die Molekülgestalt verändern.

Wechselwirkung zwischen den Filamenten. Im erschlafften Zustand sind die mit ATP beladenen Molekülköpfe des Myosins nicht an Aktin gebunden, sodass die Sarkomere – und damit der ganze Muskel – durch Gegenspielermuskeln gedehnt werden können (→ Bild 1 oben). Wird ATP am Myosin durch dessen enzymartige Wirkung hydrolysiert – wobei ADP und Phosphat gebunden bleiben –, werden die Myosinköpfe in einen energiereichen Zustand überführt (→ Bild 1 rechts).

ändert sich an einem Scharnier des Myosinmoleküls dessen Gestalt: Mit der Kraft des *umklappenden Myosinkopfs* wird das Aktinfilament 10 nm weit zur Sarkomermitte gezogen. Ein Durchlauf im molekularen Prozess der Muskelkontraktion ist damit beendet (→ Bild 1 links).

Vor einem weiteren Zyklus müssen die Querbrücken gelöst werden, indem sich neues ATP an Myosin bindet und dessen Gestalt verändert (→ Bild 1 oben). Solange Ca^{2+}-Konzentration und ATP-Konzentration hoch sind, werden von jedem der rund 350 Myosinköpfe eines Filaments etwa 5 Querbrücken je Sekunde geknüpft und gelöst.

1 Einige Stunden nach dem Tod eines Wirbeltiers tritt die Totenstarre ein, durch die alle Muskeln starr und hart werden. Erklären Sie das Phänomen.

2 Wird einem frisch isolierten Muskel ATP zugesetzt, kontrahiert er nicht. Welche Ursache vermuten Sie dafür?

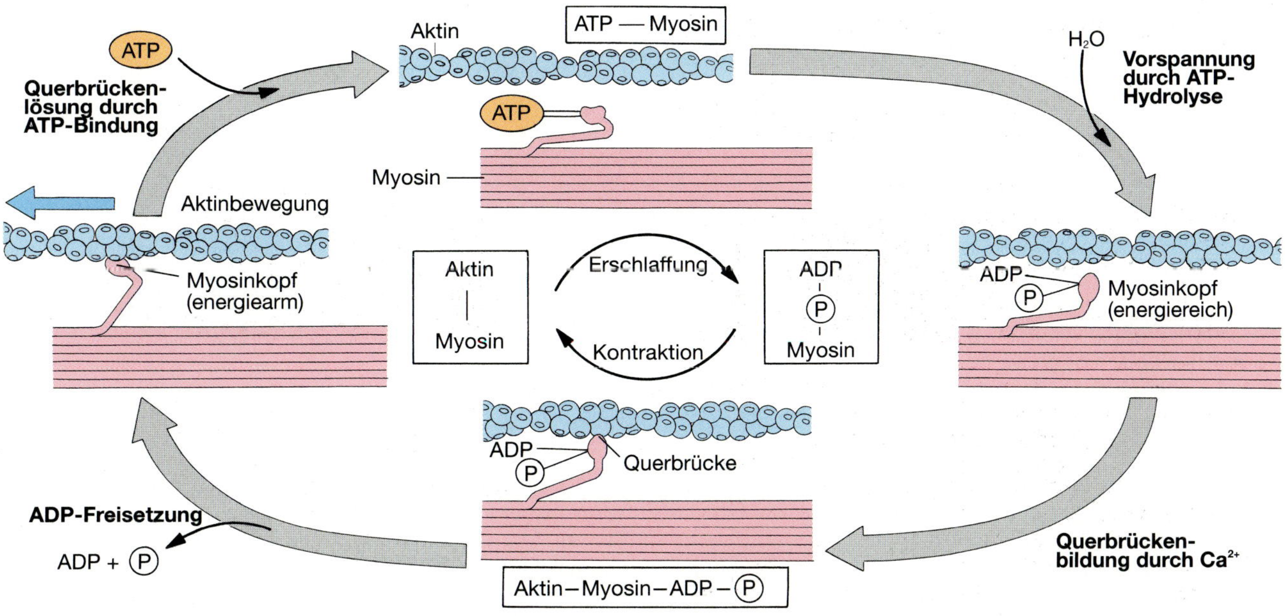

1 Arbeitstakte des chemischen Motors der Muskeln. Durch eine Folge solcher Takte gleiten die Filamente ineinander.

Muskelkater

Jeder kennt ihn, den *Muskelkater!* Typisch ist, dass er nach einer ungewohnten oder übermäßig starken Muskelbelastung mit einem Tag Verzögerung auftritt und mehrere Tage andauern kann. Die betroffenen Muskeln sind steif, hart und eigenartig kraftlos, bei Bewegungen und auf Druck schmerzen sie. Ein wirksames Mittel gegen den „Kater" gibt es nicht, entspannende Bäder oder leichte Bewegung können aber die Beschwerden lindern.

Ursache Übersäuerung? Nach intensiver sportlicher Betätigung stellt man ein *Absinken des pH-Werts* in der Muskulatur und im Blut fest. Dies kommt daher, dass die Sauerstoffversorgung zur aeroben Energiefreisetzung durch Zellatmung in der Muskulatur nicht mehr ausreicht, sich Milchsäure als Endprodukt des anaeroben Glucoseabbaus ansammelt und zum Teil vom Blut abtransportiert wird. Steigt die Milchsäurekonzentration im Blut auf Werte über 1,5 g/l, ist das Blut übersäuert und die Sauerstoffbindungsfähigkeit des Hämoglobins sinkt. Dann verspürt der Sportler Atemnot und kann seine Leistung nicht mehr durchhalten. Neben dieser unmittelbaren Wirkung kann die Ansammlung von Milchsäure im Muskel zu einer entzündlichen Reizung der Muskelfasern führen. Das wäre eine mögliche Erklärung für das Phänomen Muskelkater.

Ursache Mikroverletzungen? Eine andere Ansicht sieht als Ursache für die Entstehung von Muskelkater *kleinste Risse im Muskelgewebe*. Elektronenmikroskopische Untersuchungen

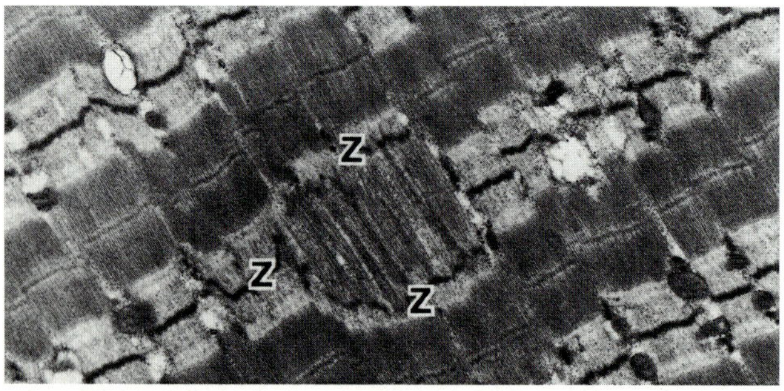

1 Verletzte Myofibrillen. Die Z-Scheibe in der Mitte ist in zwei Teile zerrissen.

übermäßig beanspruchter Muskeln zeigen, dass ein Teil der Z-Scheiben in den Myofibrillen geschädigt war. Bis zu 30 % aller Fasern können solche *Mikroverletzungen* aufweisen.

Da die schmerzempfindlichen Nervenfasern im Bindegewebe liegen, also außerhalb des Muskels, stellt sich Schmerz nach Mikroverletzungen nicht sofort ein. Die Schmerznerven werden erst dadurch gereizt, dass Wasser in die verletzten Fasern eindringt und ein Druck im Gewebe entsteht. Wenn sich als Folge davon Blutgefäße verengen und die Durchblutung herabsetzen, werden die Schmerzen verstärkt. Diese Schmerzen führen zu einer als *reflektorische Verspannung* bezeichneten Muskelverhärtung, die die Durchblutung weiter vermindert und so in einem Teufelskreis die Schmerzen steigert.

Fakten und Folgerungen. Analysiert man den Zusammenhang zwischen der Art einer Bewegung und dem Entstehen von Muskelkater, ergeben sich folgende Fakten:

- Milchsäure entsteht in besonders großen Mengen bei schnellen, viel Energie fordernden Bewegungen, zum Beispiel bei einem Sprint über 100 m, da hier der Sauerstoffbedarf des Muskels nicht gedeckt werden kann. Nach solchen Bewegungsformen ist jedoch Muskelkater ausgesprochen selten.
- Große Krafteinsätze, bei denen das Muskelgewebe übermäßig hohen Spannungen ausgesetzt ist, führen dagegen leicht zu Rissen im Muskel. Die Kontraktion dauert aber nicht lange genug um zu einer Milchsäureanhäufung zu führen.
- Die stärkste Belastung erfährt eine Muskelfaser nicht bei maximaler Verkürzung, sondern wenn sie einer starken Dehnung entgegenarbeitet. Das kommt besonders häufig bei abbremsenden Bewegungen vor, wie beim Bergabgehen oder beim Landen nach einem Sprung. Da bei einer solchen *exzentrischen Kontraktion* vom Nervensystem weniger Muskelfasern aktiviert werden als bei der Muskelverkürzung, entfällt auf die einzelne Faser eine größere Kraft und die Rissgefahr steigt. Gerade nach solchen Bewegungen stellt sich besonders häufig Muskelkater ein.

Die Fakten sprechen demnach für Mikroverletzungen als Ursache des Muskelkaters, doch lässt sich nicht völlig ausschließen, dass auch Milchsäurebildung an seinem Entstehen mitwirkt.

Muskelkater ist keine Krankheit!

... Wenn Sie sich einen Muskelkater geholt haben, sind Sie auf jeden Fall zu loben. Denn Sie haben von einem faul gewordenen Muskel endlich wieder einmal etwas verlangt. Jetzt muckt er auf, aber Sie kriegen ihn schon klein! ...

- Eine bessere Durchblutung beseitigt den Muskelkater am schnellsten. Daher soll man langsam und locker weitertrainieren. Wer glaubt, keine 100 m laufen zu können, wird sich wundern, wenn er nach einigen Kilometern nichts mehr spürt. Weitere durchblutungsanregende Maßnahmen sind warme Bäder, Sauna, Massagen.
- Ein systematischer Trainingsaufbau und eine langsame Steigerung der Ausdauerleistung halten den Muskelkater in erträglichen Grenzen.
- Der trainierte Muskel kennt keinen schweren Muskelkater mehr, weil die bessere Blutversorgung und das damit verbundene reichere Sauerstoffangebot die sauren Stoffe in den Muskeln schneller abbauen und abtransportieren.

nach: Deutscher Sportbund, 1979

1 Führen Sie folgenden Versuch durch: Eine Versuchsperson steigt bis zur Erschöpfung (Muskelzittern) mit einem Bein auf einen Stuhl hinauf und mit dem anderen hinab. Protokollieren Sie als Versuchsergebnisse auch noch die Beschwerden der Versuchsperson an den nächsten Tagen.

2 „Muskelkater ist gesund." Lässt sich diese häufig gehörte Meinung vertreten?

3 Beurteilen Sie die oben stehenden Empfehlungen des Deutschen Sportbunds aus dem Jahr 1979.

Material – Methode – Praxis: **Fitnesstest**

Unter Kondition oder körperlicher *Fitness* versteht man alle sportmotorischen Fähigkeiten wie Kraft, Ausdauer, Beweglichkeit, Schnelligkeit und Koordination. Besonders die Ausdauer ist von großem gesundheitlichem Nutzen. Die Vorteile liegen vor allem im präventiven Bereich, da ein regelmäßiges Ausdauertraining vielfältige positive Auswirkungen auf das Herz-Kreislaufsystem hat. Es ökonomisiert die Herzarbeit, verringert die Schlagfrequenz des Herzens, senkt den Blutdruck, verbessert die Leistungsfähigkeit und vermindert die Wahrscheinlichkeit für Erkrankungen an den Herzkranzgefäßen um 50%.

Da die Ausdauer in der Gesundheitsvorsorge einen zentralen Stellenwert einnimmt, werden hier zwei Verfahren vorgestellt um die eigene Ausdauerfähigkeit zu testen.

Coopertest

Material: Stoppuhr, eventuell Maßband; 400-m-Laufbahn

Durchführung: Eine Testperson hat innerhalb von 12 Minuten eine möglichst lange Strecke auf einer Laufbahn zurückzulegen. Die Ausdauerleistungsfähigkeit der Versuchsperson können Sie anhand der zurückgelegten Strecke aus der Tabelle rechts oben ablesen.

CONCONI-Test

Material: Herzfrequenzmessgerät, Pfeife, Stoppuhr, 8 Hütchen; 400-m-Laufbahn

Durchführung: Der Test wird vorrangig zur Feststellung der anaeroben Schwelle verwendet. Statten Sie eine Versuchsperson mit einem Herzfrequenzmessgerät aus, das den Puls während des Tests aufzeichnet. Markieren Sie alle 50 m die Strecke mit einem Hütchen. Die Versuchsperson beginnt auf einer 400-m-Laufbahn mit einer vorgeschriebenen Geschwindigkeit zu laufen. Alle 200 m kommt es zu einer Steigerung der Laufgeschwindigkeit um 2 bis 3 Sekunden. Der Testleiter gibt durch Pfiffe die Zeitintervalle (→ Tabelle rechts) für die einzelnen 50-m-Abschnitte an. Hat die Versuchsperson bei einem Pfiff die nächste Markierung noch nicht erreicht, so wird der Test abgebrochen. Mittels der gespeicherten Herzfrequenzen können Sie die Pulskurve der Versuchsperson zeichnen. Der obere Kurvenknick fällt mit der anaeroben Schwelle zusammen.

1 Begründen Sie, warum aus dem oberen Kurvenknick beim CONCONI-Test auf die anaerobe Schwelle geschlossen werden kann.

2 Vergleichen Sie die beiden Ausdauertests miteinander und beurteilen Sie sie auf ihre Aussagefähigkeit.

3 Stellen Sie Ihre eigene Ausdauerleistungsfähigkeit fest. Führen Sie dann den unten vorgeschlagenen Trainingsplan für ein Laufprogramm durch und überprüfen Sie Ihre Ausdauer in regelmäßigen Abständen. Vergleichen Sie die Ergebnisse auch innerhalb des Kurses.

☞ Stichworte zu weiteren Informationen

Übertraining, Vitalkapazität, Ausdauersportarten

Auswertung Coopertest (nach: Deutscher Sportbund)

Männer				
Kondition	bis 30 J.	30–39 J.	40–49 J.	50 Jahre
sehr gut	2800	2650	2500	2400
gut	2400	2250	2100	2000
befriedigend	2000	1850	1650	1600
mangelhaft	1600	1550	1350	1300
ungenügend	weniger Meter als bei „mangelhaft"			

Frauen				
Kondition	bis 30 J.	30–39 J.	40–49 J.	50 Jahre
sehr gut	2600	2500	2300	2150
gut	2150	2000	1850	1650
befriedigend	1850	1650	1500	1350
mangelhaft	1550	1350	1200	1050
ungenügend	weniger Meter als bei „mangelhaft"			

Jungen							
Kondition	11 J.	12 J.	13 J.	14 J.	15 J.	16 J.	17 J.
ausgezeichnet	2800	2850	2900	2950	3000	3050	3100
sehr gut	2600	2650	2700	2750	2800	2850	2900
gut	2200	2250	2300	2350	2400	2450	2500
befriedigend	1800	1850	1900	1950	2000	2050	2100
mangelhaft	1200	1250	1300	1350	1400	1450	1500

Mädchen
200 Meter weniger als Jungen in allen Klassen.

Meter	+50 m	+100 m	+150 m	+200 m
0	00:15,0	00:30,0	00:45,0	01:00,0
200	01:14,6	01:29,3	01:43,9	01:58,5
400	02:12,8	02:27,0	02:41,3	02:55,5
600	03:09,4	03:23,3	03:37,2	03:51,0
800	04:04,5	04:18,0	04:31,3	04:45,0
1000	04:58,2	05:11,2	05:24,4	05:37,5
1200	05:50,3	06:03,0	06:15,8	06:28,5
1400	06:40,9	06:53,3	07:05,7	07:18,0
1600	07:30,0	07:42,0	07:54,0	08:06,0
1800	08:17,7	08:29,3	08:40,9	08:52,5
2000	09:03,8	09:15,0	09:26,3	09:37,5
2200	09:48,4	09:59,3	10:10,2	10:21,0
2400	10:31,5	10:42,0	10:52,5	11:03,0
2600	11:13,2	11:23,3	11:33,4	11:43,5
2800	11:53,3	12:03,0	12:12,8	12:22,5
3000	12:31,9	12:41,3	12:50,7	13:00,0
3200	13:09,0	13:18,0	13:27,0	13:36,0
3400	13:44,7	13:53,3	14:01,9	14:10,5
3600	14:18,8	14:27,0	14:35,3	14:43,5
3800	14:51,4	14:59,3	15:07,2	15:15,0
4000	15:22,5	15:30,0	15:37,5	15:45,0
4200	15:52,2	15:59,3	16:06,4	16:13,5
4400	16:20,3	16:27,0	16:33,8	16:40,5
4600	16:46,9	16:53,3	16:59,7	17:06,0
4800	17:12,0	17:18,0	17:24,0	17:30,0

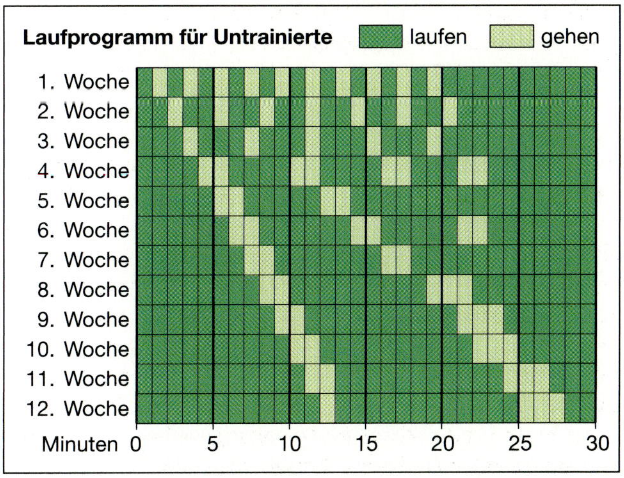

Stoffwechsel, Sport und Trainingslehre

Training. In vielen Sportarten sind in den letzten Jahren gewaltige Leistungsverbesserungen zu beobachten gewesen. Zum einen ist dies auf neue *Bewegungstechniken* zurückzuführen. Die Koordination von Bewegungen kann durch gezieltes Training verbessert werden, sodass die Ökonomie des Bewegungsablaufs gesteigert und daher die Leistung verbessert werden kann. Zum anderen konnten die Leistungen auch durch eine Optimierung der *Trainingssteuerung* verstärkt werden. Bei den Olympischen Spielen 1936 in Berlin zum Beispiel konnten in einigen Sportarten Goldmedaillen noch aufgrund von zwei bis drei *Trainingseinheiten* pro Woche gewonnen werden. Heute sind in manchen Disziplinen zwei bis drei Trainingseinheiten täglich die Regel.

Die körperliche Belastung beim Training führt zu einem Abbau der Energiereserven und damit zunächst zu einer Verminderung der Leistungsfähigkeit (→ Bild 1). Dieser Rückgang kann nur kompensiert werden, wenn der Körper Zeit für den Wiederaufbau hat. Sinnvolle Trainingsplanung muss daher neben der Belastung auch die *Erholung* berücksichtigen.

Eine Leistungssteigerung resultiert aus der Eigenschaft des Körpers sich stärkeren Belastungen anpassen zu können. Er ist in der Lage, die vorangegangene Belastung nicht nur auszugleichen, sondern auch überzukompensieren *(Superkompensation)*. Wird die nächste Trainingseinheit jeweils in der Phase der Superkompensation ausgeführt, ergibt sich ein kontinuierlicher Leistungsanstieg (→ Bild 2).

Energiebereitstellung. Für seine Arbeit braucht der Muskel Energie. Einzige direkte Energiequelle ist ATP. Seine im Muskel vorhandene Menge reicht aber nur für rund 10 Kontraktionen. Das „Auftanken" von ATP ist auf drei Wegen möglich, die nacheinander ablaufen (→ Bild 3).

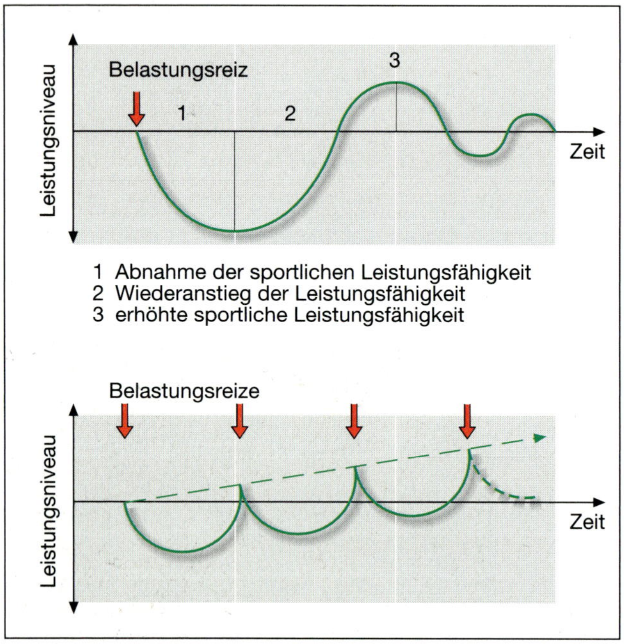

1 und 2 Schema der Superkompensation (oben) und Nutzen des Superkompensationseffekts für ein optimales Training

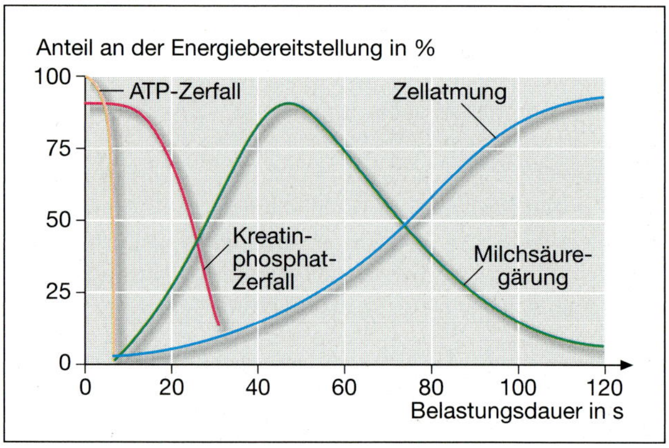

3 Energie bereitstellende Prozesse in der Muskelzelle

Die erste Energiereserve der Muskelzelle ist *Kreatinphosphat*. Es regeneriert ATP, indem es seine Phosphatgruppe auf ADP überträgt. Es steht sofort zur Verfügung, liefert aber nur für etwa 50 weitere Kontraktionen Energie.

Für längere Muskelarbeit benötigte Energie wird aus dem Abbau von Glucose gewonnen, das aus dem in Muskel und Leber gespeicherten Polysaccharid *Glykogen* mobilisiert und nachgeliefert wird. Zur ATP-Versorgung wird die Glucose – je nach Sauerstoffangebot – *aerob* oder *anaerob* abgebaut.

Zu Beginn einer sportlichen Leistung kann der Körper den Sauerstoffbedarf nicht decken, da die Sauerstoffaufnahme nur langsam steigt. Die Glucose wird daher anaerob über das Zwischenprodukt Pyruvat zur Milchsäure abgebaut: Milchsäuregärung (→ S. 104). Dabei wird viel weniger ATP als in der Atmungskette gebildet. Auch bei Belastungen wie Sprints, bei denen schnell hohe Energiemengen umgesetzt werden, wird ATP hauptsächlich anaerob gewonnen.

Bei Ausdauerleistungen wie dem Langstreckenlauf erreicht der Körper einen Gleichgewichtszustand zwischen Sauerstoffaufnahme und Sauerstoffbedarf. Hier wird die Energie fast ausschließlich auf aerobem Weg geliefert, also durch die *Atmungskette*.

In der Phase der Regeneration wird die Milchsäure in der Leber unter Sauerstoffverbrauch zu Glucose umgewandelt und steht dann dem Stoffwechsel als Energieträger wieder zur Verfügung. Auch das Kreatinphosphat in den Muskelzellen wird wieder aufgebaut.

Atmung und Kreislauf. Um dem erhöhten Sauerstoffbedarf des Körpers bei Anstrengung nachzukommen, atmen wir schneller und tiefer. Auch das Blut wird schneller durch den Körper gepumpt: Das Schlagvolumen des Herzens steigt etwa um das 1,2fache, die Schlagfrequenz nimmt ebenfalls zu. Für ein gesundes Training gilt als Faustformel für Untrainierte: 180 Pulsschläge minus Lebensalter (in Jahren) ergeben eine angemessene Belastungsintensität. Diese Faustformel ist jedoch nur bedingt anwendbar.

Trainingseffekt. Training führt zu Anpassungsvorgängen im Körper, die die Leistungsfähigkeit erhöhen. Die *Masse* der beanspruchten Muskeln nimmt zu. In den Muskelzellen werden

1 *Erfolg im Sport – genetisch bedingt?*

die *Mitochondrien* zahlreicher und größer. Die *Enzyme* des anaeroben und vor allem des aeroben Stoffwechsels werden aktiver. Es wird mehr *Myoglobin* gebildet, das Sauerstoff in der Muskelzelle transportiert und speichert.

Vor allem bei Ausdauersportlern wie Radrennfahrern und Ruderern wird der *Herzmuskel* bei regelmäßigem Training größer. Während das normale Herzvolumen bei etwa 780 ml liegt, erreichen Spitzensportler Werte bis zu 1600 ml. Ihr Herz kann mit einem Schlag mehr Blut in die Adern pumpen. Ein *Sportlerherz* schlägt daher auch in Ruhe langsamer als ein normales Herz: Statt 60 bis 70 Schlägen pro Minute kann der Puls auf 40 Schläge pro Minute absinken.

Muskelfasertypen. Die Skelettmuskulatur besteht aus quer gestreiften Muskelfasern. Sie haben zwar eine gemeinsame Grundstruktur, man unterscheidet jedoch einen schnellen und einen langsamen Fasertyp.

Die schnellen *FT-Fasern* (Fast-Twitch) sind reich an ATP, Kreatinphosphat und Glykogen, haben aber weniger Myoglobin und Mitochondrien. Außerdem enthalten sie viele Enzyme der Glykolyse, die sie für die anaerobe Energiebereitstellung benötigen. Diese Fasern sind besonders für explosive Bewegungen wie Sprünge oder Sprints geeignet. Sie haben eine hohe anaerobe Kapazität, ermüden aber schnell (→ Bild 2).

Die langsamen *ST-Fasern* (Slow-Twitch) enthalten weniger ATP und Kreatinphosphat, dafür aber mehr Mitochondrien und Myoglobin. Ein hoher Gehalt an Enzymen für den aeroben Stoffwechsel verleiht ihnen eine große aerobe Kapazität. Sie sind ausdauernd und somit geeignet für Dauerleistungen. Das Kapillarnetz ist an den ST-Fasern dichter als an FT-Fasern.

Jeder Skelettmuskel ist aus beiden Fasertypen aufgebaut (→ Bild 3). Ihr Mengenverhältnis zueinander kann durch Training kaum verändert werden, es ist genetisch festgelegt. Daher kann es bei gleich großen und gleich alten Sportlern selbst bei gleichem Trainingsaufwand zu unterschiedlichen Trainingserfolgen kommen.

Ernährung. Sportler brauchen keine besondere „Fitness-Kost". Wichtig ist eine ausreichende Zufuhr von Kohlenhydraten, zum Beispiel durch Nudeln, damit die Glykogenreserven in den Muskeln wieder aufgefüllt werden können.

Doping. Als Doping bezeichnet man den Versuch, die Leistungsfähigkeit des Körpers durch chemische Substanzen, die laut Dopingliste verboten sind, zu steigern. Mit diesen Stoffen sollen die letzten Leistungsreserven mobilisiert und Erschöpfungssymptome unterdrückt werden. Doping ist mit hohen Risiken für die Gesundheit verbunden, da körpereigene Warnsysteme ausgeschaltet werden. Im Extremfall kann Doping tödlich ausgehen.

Das Medikament *Erythropoetin* (EPO) zum Beispiel wurde entwickelt um Patienten mit Erythrocytenmangel einen besseren Alltag zu ermöglichen. Es besteht aus Aminosäuren und ist einem menschlichen Hormon sehr ähnlich, wodurch es bei Dopingkontrollen schwer nachzuweisen ist. EPO stimuliert die Ausreifung der Erythrocyten im Knochenmark. Durch die Zunahme der roten Blutkörperchen kann der Körper mehr Sauerstoff aufnehmen. Damit wird die aerobe Energiegewinnung verbessert. Im Radsport ist EPO daher beliebt, da besonders Gipfeltouren eine enorme Ausdauerleistung verlangen. Der Missbrauch von EPO ist gefährlich, denn das Blut wird dickflüssiger. Es kommt zu einer starken Erhöhung des Blutdrucks, der zum Herztod führen kann.

Anabolika sind Stoffe, die zu vermehrtem und beschleunigtem Muskelaufbau führen. Sie haben schädliche Nebenwirkungen auf den Hormonhaushalt und verursachen Überlastungsschäden an Bändern, Sehnen und Gelenken.

1 Formulieren Sie Aussagen über die beiden Muskelfasertypen und stellen Sie diese in einer Tabelle gegenüber. Ziehen Sie dazu Bild 2 heran.

2 Diskutieren Sie die Aussage, dass jemand zum Sprinter geboren sei.

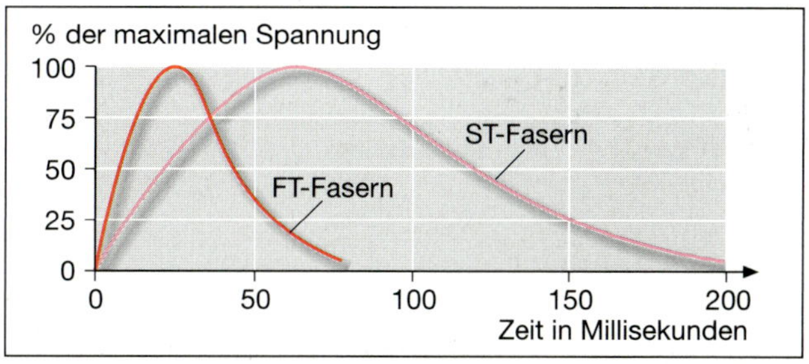

2 *ST- und FT-Fasern im Vergleich*

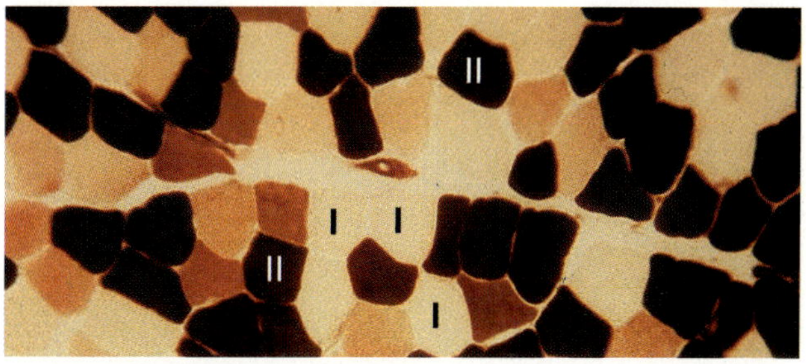

3 *ST- und FT-Faserverteilung in einem quer geschnittenen Skelettmuskel. Bei der gewählten Färbemethode erscheinen die FT-Fasern (II) dunkel, die ST-Fasern (I) hell.*

Ausscheidung

Schweiß, Kot, Urin, CO_2: Auch wenn die Ausscheidungsprodukte des Körpers als unappetitliche Kehrseite des Stoffwechsels erscheinen – die Ausscheidung oder *Exkretion* nicht verwertbarer, überflüssiger, schädlicher oder gar giftiger Stoffe ist eine ebenso wichtige Stoffwechselfunktion wie die Aufnahme und der Umbau von Stoffen. Ohne Ausscheidung wird das Stoffwechselgleichgewicht, die *Homöostase,* lebensbedrohlich gefährdet. Versagen beispielsweise bei einem Menschen die Nieren, sammelt sich überall im Körper Wasser an. Die Na^+-, K^+-, Phosphat- und Harnstoffkonzentrationen steigen dramatisch und das Blut wird übersäuert. Unbehandelt führt Nierenversagen in kurzer Zeit zum Tod.

Aufgabe der Exkretion. Mit Ausnahme von Kohlenstoffdioxid, das als Atemgas über die Lunge abgegeben wird, werden die meisten Exkrete in Wasser gelöst ausgeschieden. Daher ist die *Osmoregulation* (→ S. 42), also die Regelung des Wasser- und Ionenhaushalts, aber auch die Einstellung des *Säure-Base-Gleichgewichts* untrennbar mit der Ausscheidung verbunden. Daneben ist die *Exkretion der stickstoffhaltigen Endprodukte* des Proteinstoffwechsels, des giftigen Ammoniaks NH_3 bzw. seines Ammoniumions NH_4^+, besonders wichtig. Während sie bei Wassertieren direkt in das umgebende Medium ausgeschieden werden können, müssen sie bei allen Landtieren einschließlich des Menschen unter Aufwand von ATP zuerst in Harnstoff, Harnsäure oder andere N-haltige Exkrete umgewandelt und so entgiftet werden. Erst dann können sie ausgeschieden werden.

Außer Wasser, Ionen und den Endprodukten des Proteinstoffwechsels sind Abbauprodukte von Hämoglobin, Hormonen und anderen Stoffen im Urin enthalten. Sie stammen meist aus der Leber, aus der sie auch mit der Galle über den *Darm* ausgeschieden werden. Somit enthält auch der Kot – neben unbrauchbaren Nahrungsrückständen, Resten von Darmbakterien und Darmzellen – eine Reihe von Exkreten.

1 *Exkrete können sogar nützliche Zusatzfunktionen übernehmen: Reviermarkierung mit Urin.*

Exkretionsorgane. Bei den verschiedenen Tiergruppen kommen unterschiedliche Typen von Exkretionsorganen vor. Plattwürmer wie die Strudelwürmer unserer Gewässer besitzen *Protonephridien,* verzweigte, geschlossene Röhren mit so genannten *Wimpernflammenzellen* (→ Bild 1). Für Ringelwürmer wie den Regenwurm sind röhrenförmige *Nephridien* kennzeichnend, die mit einem *Wimperntrichter* in der Leibeshöhle beginnen. Insekten besitzen schlauchförmige, geschlossene Nierenorgane, die *MALPIGHI-Gefäße.* Das wichtigste Ausscheidungsorgan der Wirbeltiere ist die *Niere*. Ihre Arbeitseinheiten bilden die *Nephrone*, die aus jeweils einem *Nierenkörperchen* und einem *Nierenkanälchen* bestehen.

Prinzipien der Exkretion. Trotz des unterschiedlichen Baus arbeiten die Ausscheidungsorgane nach denselben Prinzipien: Eine erste Phase trennt Zellen und sehr große Moleküle durch *Filtration* ab. Der so entstandene Primärharn erhält durch *Sekretion* von weiteren Abfallstoffen und *Rückresorption* von brauchbaren Stoffen und Wasser schließlich die Zusammensetzung des Endharns. Ein Teil dieser Vorgänge beruht auf Osmose, ein anderer Teil auf aktivem Transport.

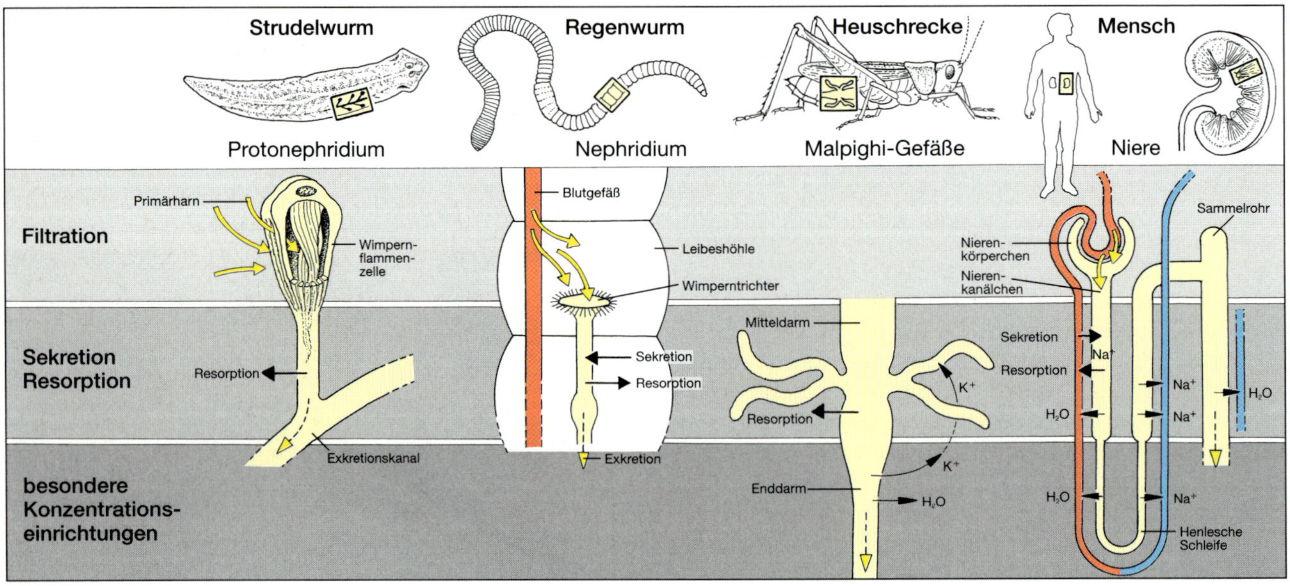

2 *Exkretionsorgane verschiedener Tiergruppen. Sie sind trotz unterschiedlichen Baus funktionell sehr ähnlich.*

Überblick

■ Von den im Körper ablaufenden chemischen Reaktionen, dem Stoffwechsel, nehmen wir nur an wenigen „Brennpunkten“ etwas wahr. Man unterscheidet Baustoffwechsel und Betriebsstoffwechsel. Im Betriebsstoffwechsel wird durch Abbau körpereigener Substanz die für alle Lebensprozesse notwendige Energie gewonnen. Viele dieser Stoffwechselwege stimmen bei fast allen Lebewesen weitgehend überein. → S. 82, 83

■ Der erste Schritt der Energiebereitstellung ist bei Mensch und Tieren die Verdauung der Nährstoffe und ihre Resorption im Dünndarm. → S. 84, 85

■ Für den Menschen und viele Tiere sind Kohlenhydrate die Hauptenergiequelle, vor allem Stärke, ein pflanzliches Polysaccharid aus vielen α-Glucosemolekülen. → S. 86, 87

■ Essstörungen wie Anorexie und Bulimie greifen massiv in den Stoffwechsel ein. → S. 88

■ Bei den meisten vielzelligen Tieren dient der – offene oder geschlossene – Blutkreislauf mit dem Herzen als Antrieb zum Transport sowohl der Nährstoffe als auch des Sauerstoffs zu den Zellen. → S. 90

■ Der Gasaustausch in der Säugerlunge findet an der dünnen Wand von Alveole und Kapillare durch Diffusion statt. Die Diffusionsrichtung wird vom Partialdruck jedes der beteiligten Gase bestimmt. → S. 91

■ Der Sauerstoff wird an das Hämoglobin der Erythrocyten locker gebunden transportiert. Er lagert sich an das Eisen(II)-Ion des Häms an (Oxigenierung). Im Gewebe – bei geringem Sauerstoffpartialdruck – wird er freigesetzt, im Muskel auf Myoglobin übertragen. Gehirn und Rezeptoren überwachen und regulieren den Sauerstoffgehalt im Blut. → S. 92, 93

■ Mit Sauerstoff (aerob) gewinnen die Zellen Energie durch Zellatmung. Sie verläuft in drei Schritten: Glykolyse (im Zellplasma), Citratzyklus und Atmungskette (in den Mitochondrien). Pro mol Glucose liefert sie etwa 38 mol des „Energiespeichers“ ATP. Das entspricht 1100 kJ. Die Hauptmenge entfällt auf die Atmungskette. Der Abbauweg der Fette und Proteine mündet ebenfalls in Citratzyklus und Atmungskette ein. → S. 96–103

■ Manche Zellen gewinnen auch anaerob Energie: Gärung. Sie liefert nur 3 mol ATP pro mol Glucose. → S. 104, 105

■ Im Muskel wird die in Form von ATP gespeicherte chemische Energie in Bewegungs- und Wärmeenergie umgewandelt. ATP muss für die Muskelarbeit (Filamentgleiten) dauernd zur Verfügung stehen. → S. 106, 107

■ Bei ausdauernder Muskelleistung, zum Beispiel im Sport, verläuft die ATP-Regeneration im Muskel zunächst über Kreatinphosphat, dann über Gärung, schließlich über Zellatmung. Training bewirkt eine vielfältige Anpassung des Körpers an die Belastung. → S. 110, 111

■ Mit Ausnahme von CO_2 werden die Abfallstoffe des Zellstoffwechsels – vor allem der beim Proteinabbau entstehende stickstoffhaltige Harnstoff – über die Niere ausgeschieden. Funktionell ähnliche Ausscheidungsorgane gibt es bei den verschiedensten Tiergruppen. → S. 112

Aufgaben und Anregungen

1 Ein 800-m-Läufer am Start: Die Beinmuskulatur ist angespannt, doch noch nicht in Bewegung, die Atmung liegt kaum über dem Normalwert. Nach dem Start erreicht der Läufer nach wenigen Metern die volle Geschwindigkeit, die er bis zum Endspurt aufrechterhält. Die Atmung steigert sich nur langsam und erreicht erst bei Laufende ihr Maximum. Stellen Sie die Reihenfolge der Energie bereitstellenden Prozesse dar. Beachten Sie die vorhandenen Vorräte in den Muskelzellen.

2 Die Stoffwechselwege von Zellatmung und Gärung trennen sich nach vielen gemeinsamen Reaktionsschritten. An welcher Stelle geschieht das? Nennen Sie das letzte gemeinsame Produkt. Vergeichen Sie beide Stoffwechselwege bezüglich der Energieausbeute und der Bedingungen, unter denen sie ablaufen.

3 Fertigen Sie eine Skizze oder Mindmap an, in der Sie die wichtigsten Schritte der Zellatmung festhalten.

4 Nennen Sie verschiedene Gärungstypen und geben Sie dazu Beispiele. Berücksichtigen Sie auch alltägliche Produkte.

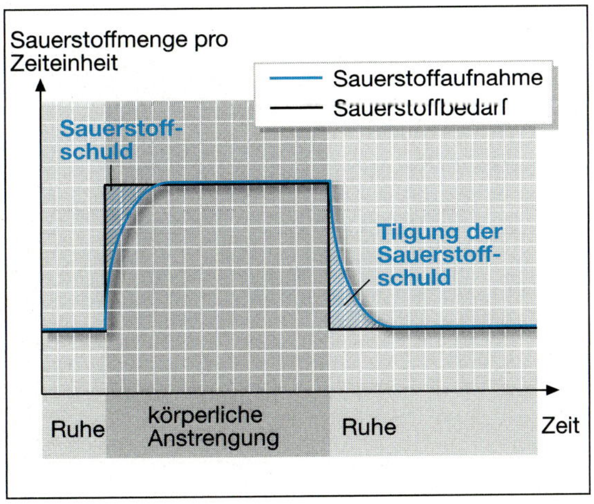

5 Jede der zahlreichen Reaktionen von Glykolyse, Citratzyklus und Atmungskette wird von einem speziellen Enzym katalysiert. Recherchieren Sie für einen selbst gewählten Abschnitt die beteiligten Enzyme. Erläutern Sie außerdem die Funktion des Enzyms Phosphofructokinase in der Glykolyse.

6 Regelmäßiger Sport – vor allem Ausdauersport – bewirkt im Körper eine Reihe erwünschter Anpassungen. Welche? Was könnte die Ursache dafür sein, wenn sich trotz häufigen Trainings keine Trainingserfolge einstellen?

7 Nach körperlicher Anstrengung wie einem schnellen Sprint geht unser Atem noch einige Zeit heftig. Erklären Sie den Sachverhalt anhand der Grafik.

8 Kohlenhydrate spielen allgemein in der Natur und besonders im Betriebsstoffwechsel eine bedeutende Rolle. Skizzieren Sie ihren Aufbau und geben Sie Beispiele für ihre Bedeutung.

9 Beschreiben und erklären Sie, welche Folgen das Extrembergsteigen auf dem Mount Everest für einen Bergsteiger und für einen Höhenbewohner hat.

Regelung des Wasserhaushalts – die Niere

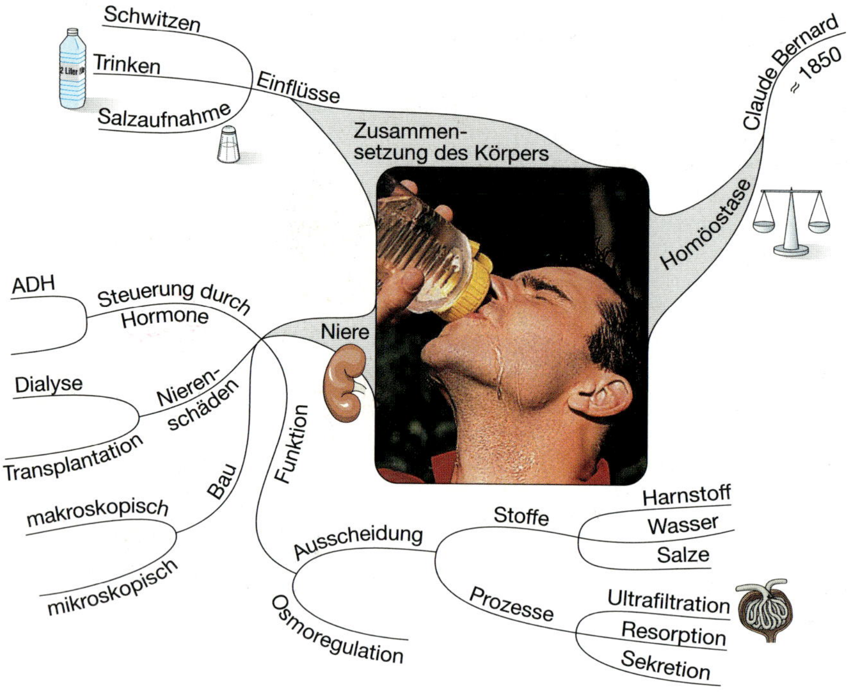

Während des 18. und 19. Jahrhunderts begannen sich Forscher mit den chemischen Vorgängen im Körper zu befassen. Eine der wichtigsten Entdeckungen machte der französische Arzt CLAUDE BERNARD (1813–1878). Aufgrund vieler Versuche an Tieren und im Reagenzglas behauptete er, dass der Körper über Mechanismen verfügt, die seine innere Beschaffenheit aufrechterhalten und stabilisieren – zum Beispiel Wasserhaushalt, Nährstoffvorrat und Temperatur. Dieser Gedanke führte ihn zum Konzept der „Homöostase" oder der „Aufrechterhaltung des inneren Milieus".

Dieses Bestreben des Körpers nach Aufrechterhaltung des inneren Milieus spüren wir zum Beispiel, wenn sich bei körperlicher Anstrengung oder Hitze ein quälendes Durstgefühl einstellt. Maßgeblich an der Regelung des Wasserhaushalts beteiligt ist die Niere.

Unser Körper besteht zu zwei Dritteln aus Wasser. Der größte Teil liegt *intrazellulär* vor (→ Bild 1) und dient als Lösemittel. Bei extremer körperlicher Belastung oder großer Hitze verliert der Körper bis zu 8 Liter Schweiß am Tag. Bei einem Wasserverlust von mehr als 10 % des Körpergewichts tritt bereits ein Abbau der körperlichen und geistigen Fähigkeiten ein. Ein Verlust von 15 bis 20 % führt zum Tod, da die Körperzellen so starke Schwankungen nicht verkraften. Durch das Trinken von reinem Wasser wird der Flüssigkeitsverlust zwar ausgeglichen, doch ohne entsprechende Salzaufnahme nimmt die Ionenkonzentration ab und führt zu einer Verringerung des *osmotischen Drucks*. Auch die Aufnahme von Salz mit der Nahrung führt zu einer Störung der Ionenkonzentration. Als Folge solcher Schwankungen der *Osmolarität* kommt es zu Volumenänderungen der Zellen. Mithilfe der *Nieren* sind wir in der Lage, durch regulierte Ausscheidung von Ionen die ständigen Änderungen in der Ionenzusammensetzung der Körperflüssigkeit auszugleichen und das Volumen der extrazellulären Flüssigkeit konstant zu halten: *Osmoregulation*. Die beim erwachsenen Menschen normalerweise produzierte Urinmenge von etwa 1,5 l pro Tag kann bei Wassermangel auf 0,7 l reduziert werden, bei Wasserüberschuss auf mehrere Liter am Tag ansteigen.

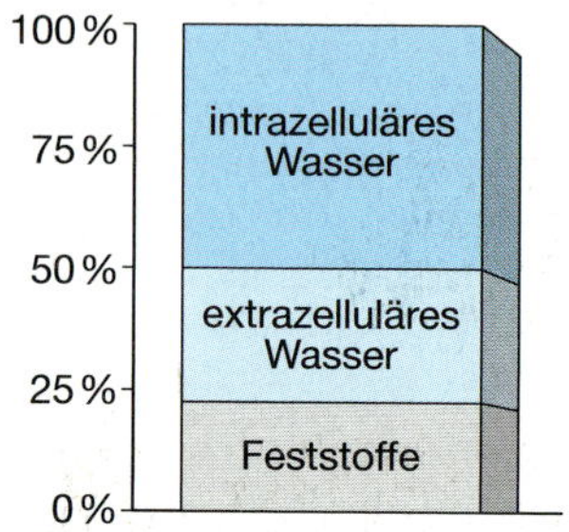

1 Zusammensetzung des menschlichen Körpers

Die Tätigkeit der Nieren wird durch *Hormone* gesteuert. Eines davon ist das *Adiuretin (ADH)*, das im Hypothalamus produziert wird. Bei starken Wasserverlusten durch Schwitzen wird ADH freigesetzt und führt in den Nieren zu verminderter Wasserausscheidung.

Zweite Hauptaufgabe der Niere neben der Osmoregulation ist die Ausscheidung nicht mehr verwertbarer *Stoffwechselendprodukte*, die bei Anreicherung den Organismus vergiften würden. Dazu gehört *Ammoniak* (NH_3). Er entsteht beim Eiweißabbau und wird in der Leber in den ungiftigen *Harnstoff* umgewandelt.

☞ Basisinformationen

Diffusion und Osmose (→ S. 42), Ausscheidung (→ S. 112)

1 Seewasser hat einen Salzgehalt von etwa 3 %. Die maximale Salzkonzentration im Harn beträgt 2 %. Erläutern Sie unter diesem Gesichtspunkt die Aussage von Bild 2.

2 Seewasser trinken bedeutet den sicheren Tod.

Bau der Niere – makroskopisch und mikroskopisch

Die zwei bohnenförmigen Nieren hängen beiderseits der Wirbelsäule etwa in Ellbogenhöhe an der hinteren Bauchwand. Obwohl ihr Gewicht weniger als 1 % des Körpergewichts ausmacht, werden sie erstaunlich gut durchblutet: Sie enthalten stets 20 % des arteriellen Blutes. Die Blutzufuhr erfolgt über eine Abzweigung der Aorta, die *Nierenarterie*, die Ableitung des Blutes über die *Nierenvene*. Aus dem *Nierenbecken* führt der *Harnleiter* heraus, der in die Harnblase mündet.

Außen ist jede Niere von einer derben *Nierenkapsel* umgeben. Nach innen folgen die körnige *Nierenrinde* und das streifige *Nierenmark* mit 8 bis 16 *Nierenpyramiden*, deren Spitzen in das Nierenbecken hineinragen.

Die den Harn produzierenden Systeme der Niere sind die *Nephrone*. Die Zahl dieser mikroskopisch kleinen Funktionseinheiten wird auf 1 bis 1,2 Millionen pro Niere geschätzt. Sie bestehen aus einem *Nierenkörperchen* und einem mehrere Zentimeter langen *Nierenkanälchen*. Die Nierenkörperchen werden von einer bläschenartigen Anschwellung des Nierenkanälchens gebildet, der *BOWMANschen Kapsel*, in deren Hohlraum sich die zuführende Arterie zu einem dichten Knäuel feiner Kapillaren verzweigt, dem *Glomerulus*. Die Kapillaren bilden keinen dichten Abschluss, sondern haben feinste Poren (50–100 nm). Die BOWMANsche Kapsel besteht aus einem einschichtigen *Plattenepithel* (→ S. 25), das außen die Wand der Kapsel bildet und innen als so genannte *Podocyten* die porösen Kapillaren des Glomerulus umhüllt. Die Cytoplasmafortsätze dieser Podocyten greifen ineinander und bilden dadurch Schlitze aus, deren Weite 5 bis 20 nm beträgt.

An die BOWMANsche Kapsel schließt sich das Nierenkanälchen an, das in einen absteigenden Ast *(proximaler Tubulus)* und einen aufsteigenden Ast *(distaler Tubulus)* gegliedert ist, dazwischen liegt ein dünner, haarnadelförmig gebogener Abschnitt, die so genannte *HENLEsche Schleife*. Der distale Tubulus geht in das *Sammelrohr* über, das nach Vereinigung mit weiteren Sammelrohren an der Spitze der Nierenpyramide letztlich in das Nierenbecken mündet.

Die vom Glomerulus fortführende Arteriole verzweigt sich erneut zu einem Kapillarnetz, das den Tubulusapparat umspinnt. Von dort aus gelangt das Blut in Venolen und dann in die Nierenvene.

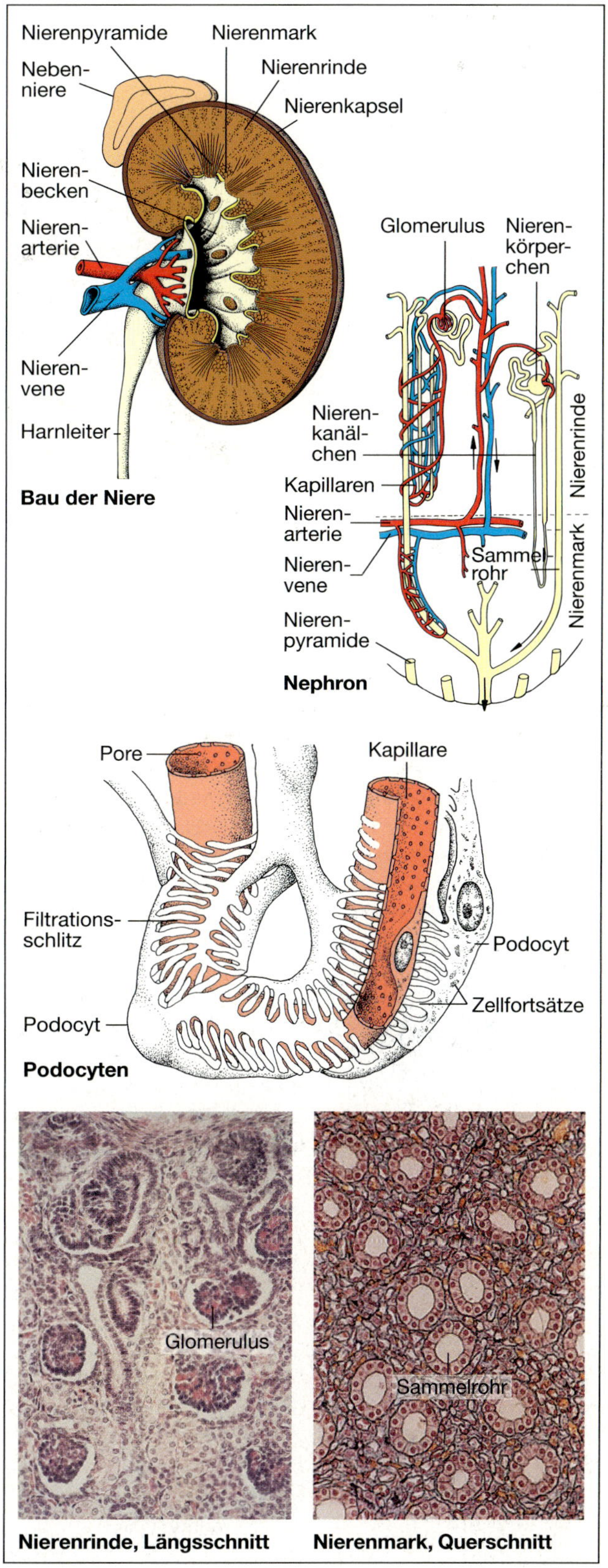

1–5 Bau der Niere

Basisinformationen

Zell- und Gewebetypen (→ S. 24/25), Blutkreislauf (→ S. 90), Ausscheidung (→ S. 112)

Untersuchung einer Schweineniere

Material: frische Schweineniere, scharfes Messer, Sonde, Lupe

Durchführung: Suchen Sie die drei Ausführgänge der Niere (Harnleiter, Arterie und Vene) und stellen Sie mithilfe einer Sonde die Unterschiede fest.

Schneiden Sie die Niere der Länge nach auf und vergleichen Sie mit Bild 1. Benennen Sie die verschiedenen Bereiche. Schauen Sie diese auch mit der Lupe an.

Betrachten Sie, wenn möglich, Präparate der Niere unter dem Mikroskop. Vergleichen Sie mit den Mikrofotos rechts.

Funktion der Niere im Detail

Täglich werden die Nieren von mehr als 1000 l Blut durchspült. Dabei haben sie zwei wesentliche Aufgaben zu erfüllen:
- das Blut zu reinigen, also die meisten Abfallstoffe, die im Stoffwechsel anfallen („harnpflichtige Stoffe"), auszuscheiden, und
- die Konzentration der Salze in der extrazellulären Flüssigkeit sowie die Flüssigkeitsmenge selbst konstant zu halten.

Diese Funktionen der Niere beruhen auf drei Prozessen: *Ultrafiltration*, *Resorption* und *Sekretion*.

Ultrafiltration findet in den Nierenkörperchen statt. Dort werden aufgrund der Differenz zwischen Blutdruck und Kapseldruck täglich etwa 180 l Flüssigkeit aus den Kapillaren in den Hohlraum der BOWMANschen Kapsel gepresst: *Primärharn*. Dabei wirken die Wände der Kapillaren und die Schlitze der Podocyten als Filter, durch die nur Wasser und gelöste Stoffe hindurchtreten. Die Ultrafiltration wirkt völlig unselektiv, da sie nur von der Größe der Stoffe abhängt; Blutzellen und große Proteinmoleküle gelangen nicht in die BOWMANsche Kapsel. Aufgrund dieses Filtrationsvorgangs ergibt sich die Notwendigkeit, den Harn zu konzentrieren und verwertbare Moleküle zurückzugewinnen. Durch *aktiven Transport* werden Glucose, Aminosäuren, NaCl und andere wichtige Stoffe mithilfe von *Carriern* (→ S. 43) der Tubulusflüssigkeit entzogen. Das führt zu einer zunehmenden Erhöhung des osmotischen Drucks im Nierenmark, durch das der absteigende Ast der HENLEschen Schleife führt. Da dieser Teil der Nierenkanälchen wasserdurchlässig ist, tritt hier Wasser passiv aus. Durch die Resorption wird eine Konzentrierung des Harns und eine Verringerung der Harnmenge um bis zu 70% erreicht. Weiterhin wird im Endabschnitt der Nierenkanälchen und im Sammelrohr Wasser in das angrenzende Gewebe abgegeben und durch die Kapillaren abtransportiert.

In diesen Abschnitten steht der Wassertransport unter der Kontrolle des Adiuretins (ADH). Bei Flüssigkeitsmangel veranlasst ADH, dass in den Wandzellen des Sammelrohrs membranumhüllte Vesikel zur Oberfläche ihrer Zelle wandern und

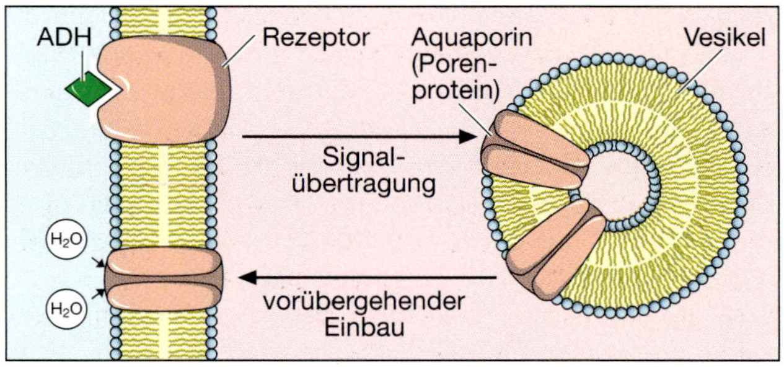

1 Modellvorstellung zur Wirkung von ADH

mit der Plasmamembran verschmelzen. Die Vesikelmembranen enthalten vorgeformte *Wasserschleusen (Aquaporin)*, durch die die Wasseraufnahme auf das 20fache und mehr gesteigert werden kann (→ Bild 1).

Manche Substanzen gelangen nicht durch Filtration, sondern durch Sekretion in die Nierenkanälchen. Durch diesen aktiven Transportprozess werden Medikamente wie Penicillin und Stoffwechselprodukte wie Harnsäure aus dem Körper entfernt.

☞ Basisinformationen

Feinbau der Membran (→ S. 40), Diffusion und Osmose (→ S. 42), Stofftransport (→ S. 43, 45)

Stoffmengen während eines Tages

Stoff	im Blut	im Primärharn	im Endharn
Wasser	1000 l	150 l	1,5 l
Natrium	7500 g	1500 g	5,0 g
Harnstoff	250 g	50 g	30,0 g
Glucose	900 g	180 g	Spuren

1 Vergleichen Sie die in der Tabelle angegebenen Stoffmengen, die während eines Tages durch die Nieren fließen. Geben Sie an, welche Mechanismen der Nierenfunktion hieran zu erkennen sind.

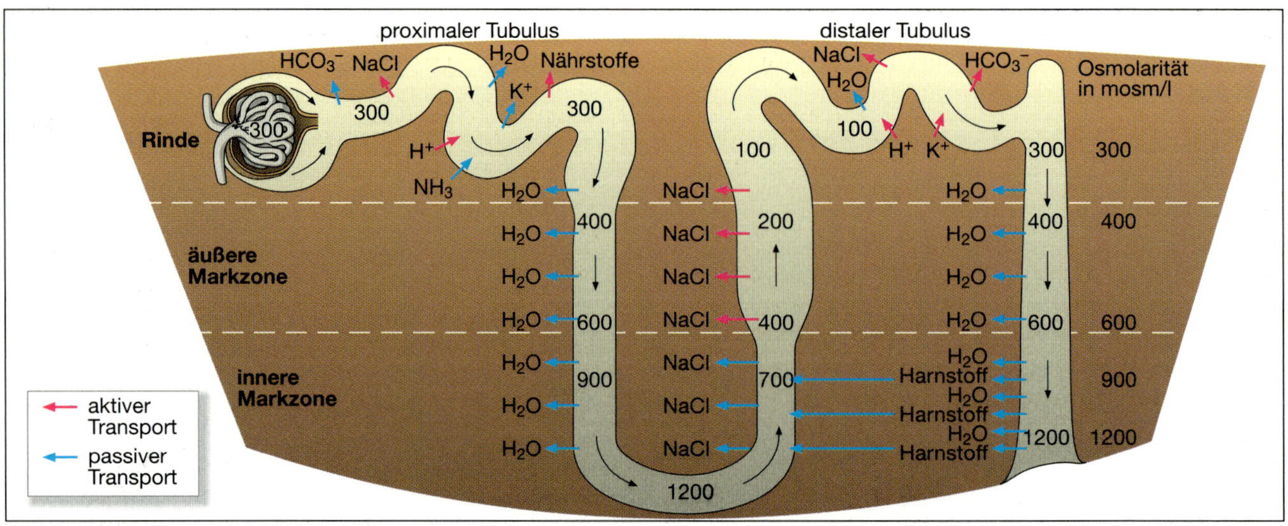

2 Funktion der Niere, Schema

Nieren zur Osmoregulation

Fehlende Osmoregulation – Auswirkungen von schwankenden Salzgehalten auf Erythrocyten

Material: Blut vom Schlachthof oder Metzger, dest. Wasser, physiologische Kochsalzlösung, 5%ige Kochsalzlösung
Durchführung: Geben Sie einen Tropfen Blut auf einen Objektträger und streichen Sie ihn mit einem zweiten Objektträger aus. Geben Sie dazu physiologische Kochsalzlösung und betrachten Sie das Präparat unter dem Mikroskop. In gleicher Weise mikroskopieren Sie einen Blutausstrich in destilliertem Wasser und in 5%iger Kochsalzlösung.

Vergleichen Sie das Aussehen der Erythrocyten in den unterschiedlichen Lösungen. Erklären Sie die Ursachen für diese Unterschiede mithilfe Ihrer Kenntnisse zur Osmose.

Stellen Sie einen Bezug her zur Resorption von Wasser im Tubulus.

Wirkung von ADH in der Niere

Eine schwere Nierenfunktionsstörung stellt der *Diabetes insipidus* dar. Betroffene Patienten scheiden ohne Behandlung 4 bis 10 l Urin pro Tag aus. Da der Organismus viel Wasser verliert, trocknet er aus, und es entsteht ein starkes Durstgefühl. Die meisten Formen des Diabetes insipidus sind durch das Fehlen oder einen Mangel an Adiuretin (ADH) bedingt.

Resorption und Sekretion von Stoffen in der Niere

Mithilfe sehr feiner Kanülen kann man kleine Flüssigkeitsmengen aus verschiedenen Abschnitten der Niere entnehmen und sie chemisch analysieren. So gewinnt man Informationen über die stoffliche Zusammensetzung und Veränderungen des Primärharns. Das gestattet auch Rückschlüsse auf die Transportvorgänge in der Niere. Die Leistungsfähigkeit der Resorption wird am Beispiel der Glucose, die Sekretion am Beispiel des Phenolrots gezeigt (→ Bild 1; T_m = Transportmaximum). Dabei erweist sich, dass die Gesamtausscheidung in einem Fall gleich der Differenz, im anderen Fall gleich der Summe aus der filtrierten und absorbierten bzw. sezernierten Stoffmenge ist.

Die künstliche Blutwäsche

Fallen die Nieren durch Erkrankung oder Schädigung aus, bleibt als einzige Behandlungsmöglichkeit – neben der Transplantation – die Blutwäsche mithilfe eines *Hämodialysators (künstliche Niere)*. Die ersten Versuche zur Blutreinigung außerhalb des Körpers wurden bereits 1924 durchgeführt, jedoch traten damals Probleme bei der Verhinderung der Blutgerinnung auf. 1943 wurde der erste Hämodialysator gebaut. Sein Funktionsprinzip besteht in einem diffusionsgetriebenen Substanztransport an einer semipermeablen Membran. Im *Gegenstromprinzip* wird das Blut entlang der Membran an der Dialyseflüssigkeit vorbeigeleitet, die so zusammengesetzt ist, dass Substanzen, die entfernt werden sollen, entlang eines Konzentrationsgefälles aus dem Blut in das Dialysat abdiffundieren. Proteine und zelluläre Blutbestandteile werden von der Dialysemembran zurückgehalten. Nach dem Durchfluss durch den Dialysator wird das gereinigte Blut dem Kreislauf wieder zugeführt. Die Dialyse ist lebenserhaltend, doch kann die Maschine die Nieren nicht voll ersetzen, da zum Beispiel Vitamine und Aminosäuren bei der Dialyse verloren gehen.

1 Erläutern Sie das Schema zur Wirkung von ADH (→ linke Seite, Bild 1). Überlegen Sie mögliche Ursachen des Diabetes insipidus.
2 Beschreiben Sie die Unterschiede, die bei der Ausscheidung von Glucose und Phenolrot auftreten, anhand von Bild 1.
3 Erklären Sie die Ursachen für die Begrenzung der Transportvorgänge durch Membranen, die in Bild 1 durch das Transportmaximum T_m demonstriert wird.
4 Informieren Sie sich über die Ursachen des Diabetes mellitus. Patienten mit unbehandeltem Diabetes mellitus haben einen erhöhten Blutzuckerspiegel und in ihrem Harn lässt sich Glucose nachweisen. Erklären Sie dies mithilfe der Grafik.
5 Informieren Sie sich über mögliche Ursachen und die Symptome von Nierenschäden.
6 Beschreiben Sie das Dialyseprinzip anhand von Bild 2.

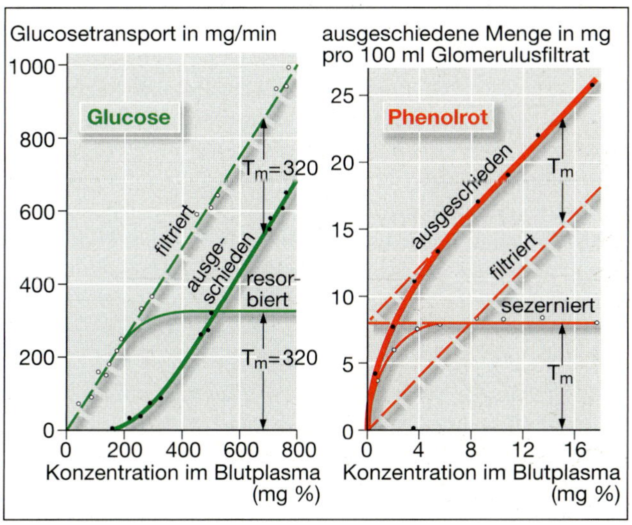

1 *Resorption und Sekretion in der Niere*

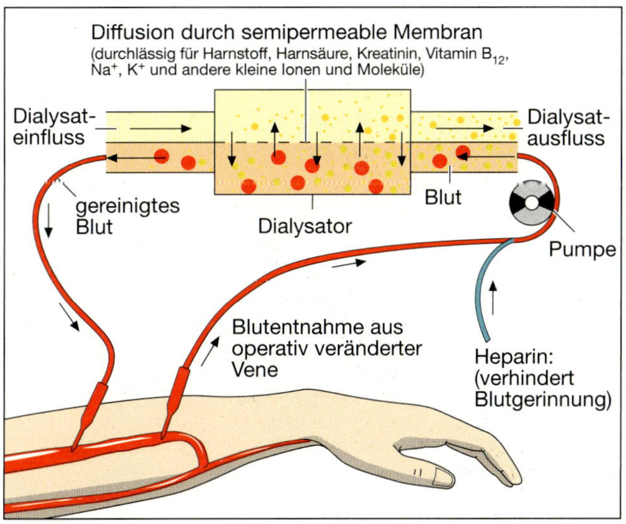

2 *So funktioniert die künstliche Blutwäsche.*

Fotosynthese

1 *Im Frühjahr bedecken die Keimpflanzen der Rotbuche den Boden im Buchenwald.*

Nur 0,2 g Nährstoffe im Samen bekommt eine Buche von der Elternpflanze als „Startkapital" für ihr Leben. Diese Nährstoffmenge muss reichen, bis der junge Baum auf eigenen Wurzeln steht ... Noch ist der fettreiche Vorrat, gespeichert in den nun entfalteten und ergrünten Keimblättern, nicht völlig aufgebraucht. Gleichwohl haben die jungen Buchen längst begonnen sich selbst zu ernähren: Wie alle grünen Pflanzen fangen sie die Energie des Sonnenlichts ein und bauen mit ihr aus Wasser und Kohlenstoffdioxid körpereigene Stoffe auf. Einige Dutzend Tonnen stellt eine Buche im Laufe ihres langen Lebens her, einen Teil davon wird sie vom 50. Lebensjahr an in ihre Nachkommen investieren.

Im Blickpunkt:

- Licht – die entscheidende Energiequelle des Lebens
- Kurzübersicht über die Fotosynthese, den wichtigsten Bioprozess der Erde
- Blätter, Zellen, Chloroplasten: Reaktionsorte der Fotosynthese
- vom Licht zur stofflichen Energiekonserve: die Prozesse in den Chloroplasten
- Umweltfaktoren und ihre Einflüsse auf die Fotosynthese an verschiedenen Standorten
- Pflanzen als Primär-Produzenten
- Alleskönner und Spezialisten: Varianten der Fotosynthese

Über eine Erde ohne grüne Pflanzen und deren Fähigkeit zur Fotosynthese können wir nur spekulieren. Fest steht dagegen: Die Fotosynthese ist der wichtigste biologische Prozess auf unserem Planeten.

- Durch sie gelingt es den Pflanzen und manchen Bakterien, Strahlungsenergie des Sonnenlichts in chemisch gebundene Energie zu überführen.
- Durch sie wurde der gesamte Sauerstoff der Erdatmosphäre gebildet und erhält ständig weiteren Nachschub.

Fotosynthese ist daher nicht nur der bedeutendste Energie liefernde Vorgang für das Leben, sondern auch Voraussetzung für alle Atmungsvorgänge der Organismen.

Energiequellen des Lebens. Zur Fotosynthese fähige Lebewesen nennt man *fototroph*. Daneben gibt es – beispielsweise im Höhlenlehm, im Boden und in der Tiefsee – Bakterienformen, die Energie aus der Umsetzung anorganischer Stoffe gewinnen. Diese Form der Energiegewinnung wird *Chemolithotrophie* oder *Chemosynthese* genannt. Die so erzeugte Biomasse ist jedoch unbedeutend. Fotosynthese und Chemosynthese haben gemeinsam, dass die Energie und die Stoffe, in denen die Energie schließlich gespeichert wird, *autotroph* gewonnen werden, das heißt unabhängig von anderen Organismen. Tiere, Pilze und die meisten Bakterien sind dagegen *heterotrophe* Lebewesen, die von anderen erzeugte organische Stoffe als Energiequelle benötigen.

Licht – Farbe – Absorption

Licht ist Energie. Licht ist der mithilfe unserer Augen wahrnehmbare Teil des Spektrums *elektromagnetischer Strahlung* mit Wellenlängen zwischen *400 und 760 nm*. Zum breiten Spektrum elektromagnetischer Strahlung zwischen 10^{-3} und 10^{13} nm gehören außerdem Gamma-, Röntgen-, Ultraviolett-(UV-), Infrarot-(IR-)strahlen, Mikrowellen-, Fernsehwellen- und Radiowellenstrahlen. Sie alle breiten sich mit *Lichtgeschwindigkeit* – der maximal erreichbaren Geschwindigkeit – aus (c = 300000 km/s) und setzen sich aus nicht weiter aufteilbaren kleinsten Energiebeträgen zusammen, die man als *Quanten* bezeichnet. Stellt man sich solche „Energiepakete" als Teilchen vor, spricht man von *Photonen*. Andererseits lassen sich Licht und andere elektromagnetische Strahlen auch als *Wellen* auffassen, deren Energie von der *Wellenlänge* λ beziehungsweise der *Frequenz* ν bestimmt wird:

$E \sim 1/\lambda$ beziehungsweise $E \sim \nu$ oder $E \sim c/\lambda$.

Bei gleicher Intensität ist daher kurzwellige Strahlung energiereicher als langwellige.

Farbe. Licht, das sich wie Sonnenlicht aus allen Wellenlängen zusammensetzt, empfinden wir als unbunt. Licht eines einzelnen Wellenlängenbereichs wirkt dagegen in unserem Auge als *Farbreiz*. Licht des Wellenlängenbereichs von 400 bis 500 nm erscheint uns blau, von 500 bis 550 nm grün, von 550 bis 600 nm gelb und über 600 nm rot. Die „Regenbogenfarben" des Spektrums, das entsteht, wenn ein Sonnenstrahl auf ein *Prisma* aus Glas trifft, gehen kontinuierlich ineinander über. Licht einer einzigen Wellenlänge nennt man *monochromatisch*.

Absorption. Ein Gegenstand erscheint uns farbig, wenn das Licht, das von ihm in unser Auge gelangt, nicht alle Wellenlängen in gleichen Anteilen umfasst. Dann enthält er Farbstoffe oder *Pigmente*, die einzelne Wellenlängenbereiche „verschlucken" oder *absorbieren*. Die Wellenlängenbereiche des nicht absorbierten Lichts entsprechen der Farbe, in der wir den Gegenstand wahrnehmen. Mit einem *Fotometer* kann man die von einem Stoff absorbierte Lichtmenge in Abhängigkeit von der Wellenlänge messen (→ S. 127). Man erhält so sein *Absorptionsspektrum*. Wenn die Moleküle eines Stoffs Strahlungsenergie absorbieren, wird diese in eine andere Energieform umgewandelt:

- Strahlung kann in Wärme überführt werden und dann Reaktionen beschleunigen.
- Strahlung kann die Struktur von Molekülen zerstören. Für Lebewesen sind die kurzwelligen UV-, Röntgen- und γ-Strahlen besonders gefährlich.
- Strahlung kann Elektronen von Molekülen „anregen", das heißt sie in einen höheren Energiezustand versetzen. Sie werden dadurch reaktionsfähig und können chemische Arbeit leisten. Das ist der zentrale Vorgang bei der *Fotosynthese*.

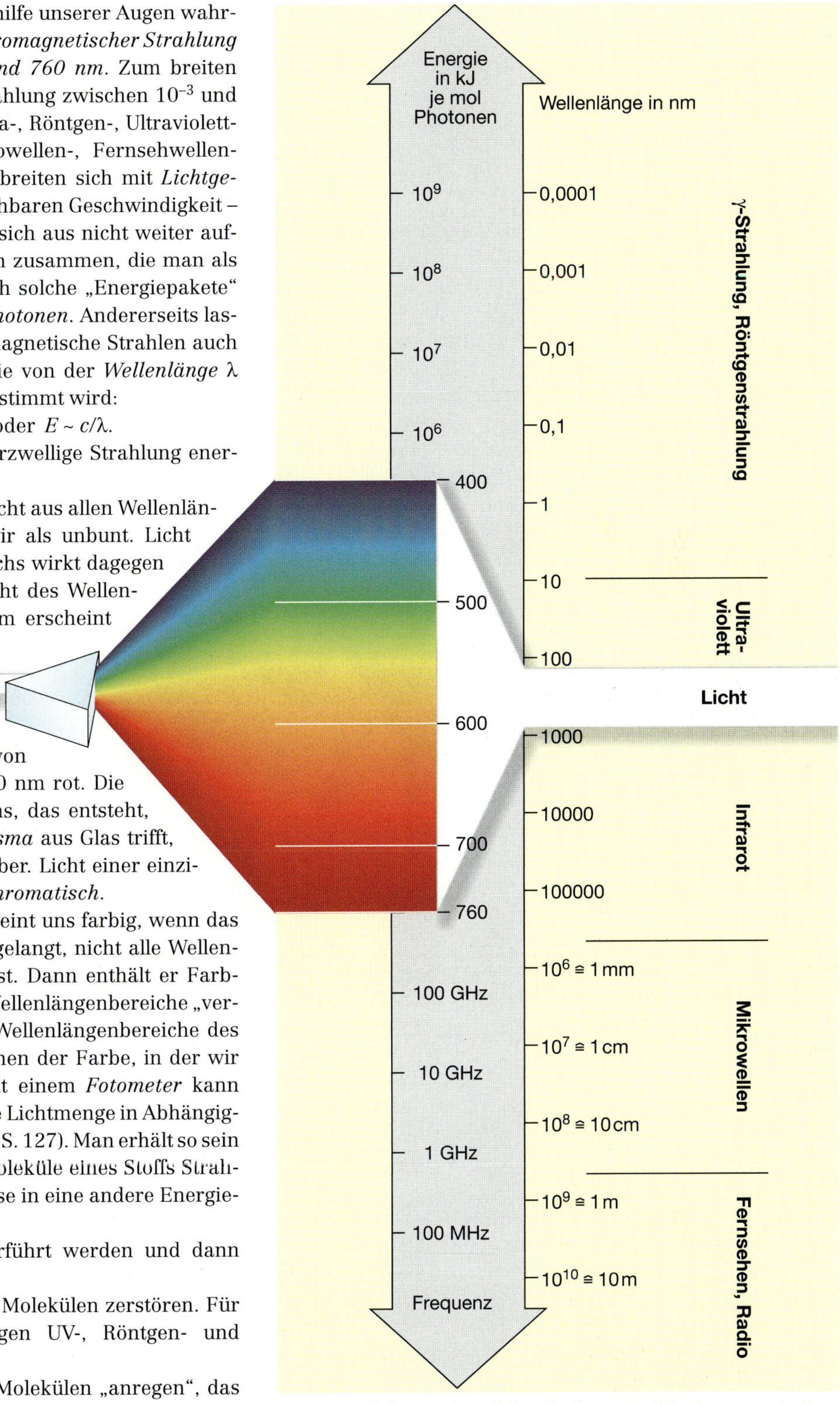

1 Den sichtbaren Anteil des Spektrums elektromagnetischer Strahlung nennen wir Licht. Sonnenlicht erscheint uns unbunt. Erst das Prisma zeigt, dass es aus Strahlung verschiedener Wellenlängen besteht, die wir als Farben empfinden.

Fotosynthese: Überblick

Die Fotosynthese ist ein vielstufiger Vorgang aus zahlreichen Teilprozessen. Dennoch sind die meisten ihrer Voraussetzungen leicht zu überprüfen und ihre Produkte können mit einfachen Mitteln nachgewiesen werden. Sie lassen sich in Form einer chemischen Summengleichung zusammenfassen (→ Bilder 1–7; → S. 125). Die Summengleichung darf jedoch nur als vereinfachte Bilanz, nicht als Reaktionsbeschreibung verstanden werden.

Kohlenstoffdioxid und Wasser als Ausgangsstoffe. Auch wenn Kohlenstoffdioxid mit 0,03 % nur als „Spurengas" in der Luft enthalten ist, beruht auf ihm die Fotosynthese. Es ist praktisch die einzige Kohlenstoffquelle der Lebewesen. Die Notwendigkeit von Kohlenstoffdioxid für die Fotosynthese lässt sich experimentell einfach beweisen. Für Wasser, den zweiten Ausgangsstoff, gelingt dies nur mit aufwendigen Methoden, zum Beispiel Isotopenmarkierung von Wassermolekülen.

Lichtabsorption durch Blattpigmente. Wie es sich im Begriff Fotosynthese ausdrückt, ist die Absorption von Licht und seine Umwandlung in chemische Energie der zentrale Teil des Vorgangs. *Energiewandler* sind dabei die *Blattpigmente*, neben verschiedenen *Carotinoiden* vor allem das *Chlorophyll*. Um 1 mol Kohlenhydrate zu synthetisieren, müssen sie 2880 kJ Strahlungsenergie in chemische Energie überführen.

Kohlenhydrate und Sauerstoff als Produkte. Das erste stabile organische Produkt der Fotosynthese ist *Traubenzucker (Glucose)*, das jedoch meist sofort in *Stärke* umgewandelt wird. Diese wird dann meist über Nacht wieder in Zucker verwandelt, über das *Phloem* der Leitbündel in Spross und Wurzel transportiert und dort als *Reservestärke* gespeichert.

Sauerstoff, das andere Endprodukt, ist eine Art Abfall der Fotosynthese. Der gesamte atmosphärische Sauerstoff ist so entstanden. Doch verbrauchen auch die grünen Pflanzen Sauerstoff, nämlich dann, wenn sie bei der *Zellatmung* die selbst gebildeten organischen Stoffe wieder abbauen um die darin gebundene Energie zu nutzen. Der Zellatmung entspricht die Umkehrung der Fotosynthese-Summengleichung.

Auf dem Nachweis der Sauerstoff- oder der Stärkebildung beruhen viele Experimente zur Fotosynthese.

1 Die Bilder 1–7 dokumentieren einfache Experimente zu den Faktoren der Fotosynthese. Beschreiben und begründen Sie jeweils die Versuchsansätze (Bildreihe oben), nennen und erklären Sie die Versuchsergebnisse (Bildreihe unten).

2 Formulieren Sie die Summengleichung der Fotosynthese (qualitativ und quantitativ) in Worten.

Kohlenstoffdioxid + Wasser —Licht / Chlorophyll→ Glucose + Sauerstoff

$$6\,CO_2 + 6\,H_2O \xrightarrow[\text{Chlorophyll}]{\text{Licht}} C_6H_{12}O_6 + 6\,O_2$$

Energiedifferenz 2880 kJ

1–7 Summengleichung der Fotosynthese und Möglichkeiten des experimentellen Nachweises. Oben Versuche, unten Ergebnisse.

Material – Methode – Praxis: **Chromatographie**

1903 entdeckte der russische Botaniker M. TSWETT ein von ihm als „chromatographische Methode“ bezeichnetes Verfahren, das „Blattgrün“ der Pflanzen in verschiedene Farbstoffe aufzutrennen. Wenngleich seine geniale Entdeckung bis 1930 in Vergessenheit geriet, begründete er damit eine Fülle von Trenn- und Anreicherungsmethoden, die bis heute unter dem von ihm gewählten Begriff *Chromatographie* zusammengefasst werden. Ihr gemeinsames Prinzip besteht darin, die Komponenten eines Stoffgemischs dadurch aufzutrennen, dass diese von einer sich bewegenden (mobilen) Phase – Gas oder Flüssigkeit – an einer ruhenden (stationären) Phase – einem Feststoff – vorbeitransportiert werden. Unterscheiden sich die verschiedenen Stoffe zum Beispiel nach Löslichkeit und Adsorptionseigenschaften, werden sie voneinander getrennt. Je besser ein Stoff beispielsweise an der stationären Phase adsorbiert wird, umso langsamer wird er von der mobilen Phase mitgeführt, je besser er in dieser löslich ist, umso schneller wandert er mit ihr. Dadurch gelangen die Stoffe im Chromatogramm an unterschiedliche Stellen. Farbstoffe lassen sich direkt erkennen, farblose Stoffe werden mit speziellen Reagenzien sichtbar gemacht.

Nach den als mobile und stationäre Phase verwendeten Materialien unterscheidet man Gas- und Flüssigkeitschromatographie, Papier-, Dünnschicht-, Säulen- und Gel-Chromatographie. Nach den hauptsächlich wirksamen Trennfaktoren unterteilt man in Adsorptions- und Verteilungschromatographie. Die Adsorptionschromatographie beruht auf den molekularen Wechselwirkungen an der Oberfläche eines Feststoffs, die Verteilungschromatographie auf der unterschiedlichen Löslichkeit der zu trennenden Stoffe in zwei nicht mischbaren Flüssigkeiten.

Chromatographie der Blattpigmente

Material: Blätter, Schere, Mörser, Quarzsand, Aceton, Filtertrichter, Filtrierpapier, kleiner Kolben, Glaskapillaren, Chromatographiegefäß mit Deckel, Karton als Dunkelsturz, Dünnschichtfolien mit Kieselgel als stationäre Phase, Fließmittelgemisch als mobile Phase (etwa Benzin, Isopropanol im Verhältnis 5 : 1 und 1–2 Tropfen Wasser). *Vorsicht beim Umgang mit Aceton, Benzin, Isopropanol: Leicht entzündlich!*
Durchführung: Zerreiben Sie die klein geschnittenen Blätter im Mörser mit wenig Aceton und Sand. Filtrieren Sie dann den möglichst konzentrierten Extrakt.

Ziehen Sie 2 cm parallel zur Unterkante der Dünnschichtfolie einen dünnen Bleistiftstrich als Startlinie und tragen Sie hier mehrmals punkt- oder strichförmig mit einer Kapillare etwas Blattextrakt auf. Damit der Startfleck möglichst klein bleibt, Kapillare immer nur kurz auf die Platte aufsetzen und Startfleck vor jedem weiteren Auftrag trocknen lassen.

Füllen Sie etwa 1 cm hoch Fließmittel in das Chromatographiegefäß und stellen Sie die Folie hinein. Während der Chromatographie sollte das Gefäß zum Schutz der Farbstoffe vor Ausbleichung im Dunkeln stehen. Das aufsteigende Fließmittel trennt die Blattpigmente. Beenden Sie den Versuch, bevor die Fließmittelfront die Oberkante der Folie erreicht.

Aus der Originalarbeit von M. TSWETT

Auf diesem Gesetz beruht die folgende wichtige Anwendung. Wird eine petrolätherische Chlorophylllösung durch eine Säule eines Adsorptionsmittels durchfiltriert (ich verwende hauptsächlich Calciumcarbonat, welches in engen Glasröhren dicht gestampft wird), so werden die Farbstoffe gemäss der Adsorptionsreihe von oben nach unten in verschieden gefärbten Zonen auseinandergelegt, indem die stärker adsorbierten Farbstoffe die schwächer zurückgehaltenen weiter nach unten verdrängen. Diese Trennung wird praktisch vollständig, wenn man nach dem Durchgange der Farbstofflösung durch die adsorbierende Säule einen Strom des reinen Lösungsmittels herstellt. Wie die Lichtstrahlen im Spektrum, so werden in der Calciumkarbonatsäule die verschiedenen Komponenten eines Farbstoffgemisches gesetzmässig auseinandergelegt, und lassen sich darin qualitativ und auch quantitativ bestimmen. Ein solches Präparat nenne ich ein Chromatogramm und die entsprechende Methode, die chromatographische Methode. Nähere Auskunft darüber werde ich in einer späteren

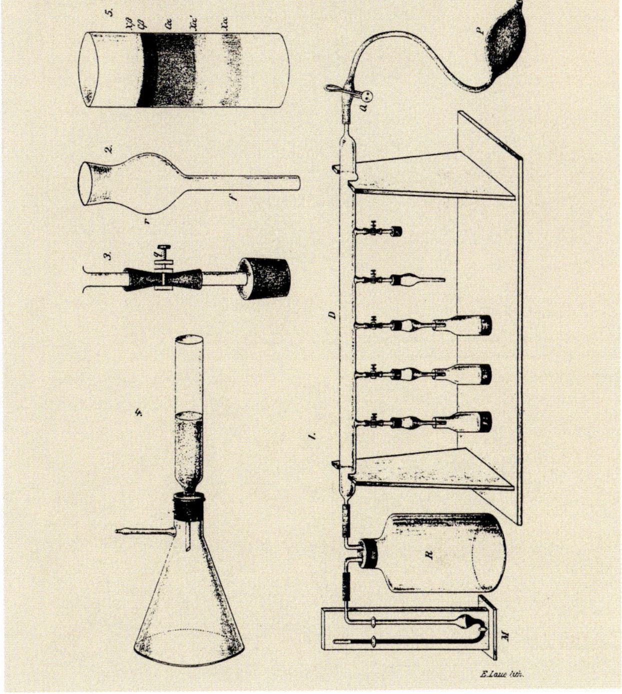

1 Welches Chromatographie-Verfahren wurde von TSWETT als Erstes verwendet?

2 Eine der modernsten Techniken der Chromatographie ist die mit hohem Druck arbeitende Hochdruck-Flüssigkeits-Chromatographie (abgekürzt HPLC, von high-pressure liquid chromatography). Betrachten Sie daraufhin TSWETTS Versuchsanordnung rechts im Bild!

3 Beschreiben Sie das Ergebnis einer von Ihnen durchgeführten Chromatographie und versuchen Sie die getrennten Stoffe zuzuordnen: Carotine (orange), Xanthophylle (leuchtend gelb), Chlorophyll a (blaugrün), Chlorophyll b (hellgrün) und Chlorophyll-Oxidationsprodukt Phäophytin (schwärzlich grün).

☞ Stichworte zu weiteren Informationen

Rf-Wert, zweidimensionale Chromatographie, Gaschromatographie, Gelfiltration, Autoradiographie

Fotosynthese: Strukturen

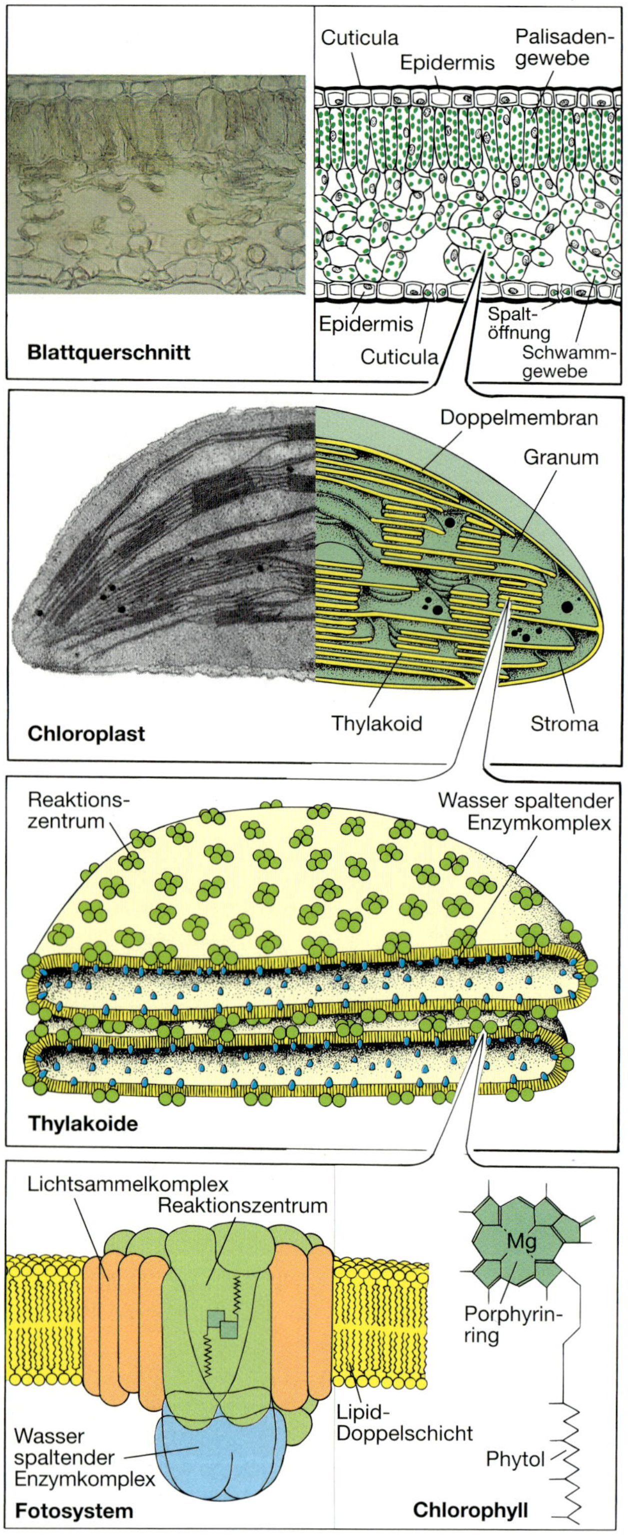

1–6 Die Strukturen der Fotosynthese. Von oben nach unten: Blattquerschnitt (lichtmikroskopisches Bild und Grafik), Chloroplast (elektronenmikroskopisches Bild und Grafik), Thylakoide, Fotosystem und Chlorophyllmolekül

Blatt. Fotosynthese findet *in allen grünen Pflanzenteilen* statt. Die *Laubblätter* der hoch entwickelten Samenpflanzen sind jedoch darauf besonders spezialisiert. Schon ihr dünner, flächiger, an Leitbündeln reicher Bau weist sie als *Organe der Fotosynthese* aus.

Cuticula und *Epidermis* der Ober- und Unterseite verhindern den Durchtritt von Stoffen, vor allem den von Wasserdampf. Die *Spaltöffnungen* übernehmen die kontrollierte Wasserdampfabgabe und den Austausch von Sauerstoff und Kohlenstoffdioxid. Sie werden durch je zwei *Schließzellen* gebildet und sind in ihrer Öffnungsweite regelbar. Meist sitzen sie in der Epidermis der Blattunterseite. Nach innen münden sie in das lockere *Schwammgewebe*, das zusammen mit dem chloroplastenreichen *Palisadengewebe* der Fotosynthese dient (→ Bilder 1 und 2).

Chloroplast. Im Zellplasma jeder Zelle von Schwamm- und Palisadengewebe finden sich etwa 30 bis 40 *Chloroplasten*. Das Elektronenmikroskop enthüllt den Feinbau dieser 5 bis 10 µm großen Fotosynthese-Organellen: Eine doppelte Membran umgibt das als *Stroma* bezeichnete Innere. Es wird von einem System in sich geschlossener, flacher Membransäcke durchzogen, die man *Thylakoide* nennt. Bereiche dicht übereinander gestapelter Thylakoide heißen *Grana* (→ Bilder 3 und 4).

Thylakoid. Die Thylakoidmembran besteht wie andere Biomembranen auch aus einer etwa 6 nm dicken *Lipid-Doppelschicht*, in die *Proteinmoleküle eingelagert* sind. In zwei wichtigen Punkten unterscheidet sie sich jedoch von anderen Biomembranen: Ihr Proteinanteil ist besonders hoch und sie enthält die *Blattpigmente*. Die Proteine bilden mit den Pigmenten Molekülkomplexe, an denen die lichtabhängigen Vorgänge der Fotosynthese ablaufen. Man bezeichnet diese Molekülkomplexe als *Fotosysteme* (→ Bild 5).

Fotosystem. In einem Fotosystem umgeben viele hundert Pigmentmoleküle – Carotinoide und Chlorophyll – als Lichtsammelkomplex ein *Reaktionszentrum* aus wenigen Chlorophyllmolekülen. Die äußeren Pigmentmoleküle wirken dabei als „Antennenpigmente“: Sie absorbieren die Lichtenergie und leiten sie wie in einer „Lichtfalle“ gezielt den Chlorophyllmolekülen im Reaktionszentrum zu um diese anzuregen, also in einen energiereicheren Zustand zu versetzen (→ Bild 6).

Chlorophyll. Das Chlorophyllmolekül hat einen Licht absorbierenden „Kopf“ aus einem so genannten Porphyrinring, in dessen Zentrum ein Magnesiumatom sitzt. Mit einem langen Kohlenwasserstoff-„Schwanz“, dem Phytol, ist es in der Thylakoidmembran verankert.

1 Stellen Sie Zusammenhänge zwischen Blattbau und Fotosynthesevorgängen her.

2 Thylakoide bilden eine große „innere Oberfläche“ des Chloroplasten. Erklären Sie deren Bedeutung.

3 Magnesiummangel bewirkt bei Pflanzen eine gelbliche Verfärbung der Blätter. Suchen Sie dafür eine Erklärung.

Thylakoidmembran – die „Werkbank“ der Fotosynthese

Wasser mithilfe von Licht in Wasserstoff und Sauerstoff zu zerlegen und diese dann in einer Brennstoffzelle unter Arbeitsleistung wieder zu Wasser zu verbinden, das ist ein Zukunftstraum der Techniker. Pflanzen verfügen über eine kombinierte Solar- und Wasserstofftechnik schon seit Milliarden Jahren: die Fotosynthese. Voraussetzung dafür sind *spezialisierte Molekülkomplexe* in der Thylakoidmembran der Chloroplasten. Einer Werkbank vergleichbar ist die Membran mit solchen Molekülkomplexen bestückt – gewissermaßen chemischen Maschinen und Werkzeugen. Diese sind teils in fester Anordnung in der Lipid-Doppelschicht der Membran verankert, teils bilden sie bewegliche Carrier innerhalb des Flüssigmosaiks. Sie sind entweder selbst *Enzyme* oder enthalten Enzyme und bewirken in enger Kopplung drei Teilprozesse der Fotosynthese: *Lichtenergieaufnahme*, *Elektronentransport* und *ATP-Produktion*.

Lichtenergieaufnahme durch Fotosysteme. Die Molekülkomplexe der Fotosysteme können Licht einer bestimmten Wellenlänge absorbieren. Seine Energie wird dabei auf Elektronen der Chlorophyllmoleküle im Reaktionszentrum übertragen. Anders als in den meisten Fällen von Strahlungsabsorption kehren diese angeregten Elektronen nicht sofort unter Aussenden von längerwelligem Licht (Fluoreszenzlicht) oder Abgabe von Wärme in den energiearmen Zustand zurück. Sie werden vielmehr von einem *Elektronenakzeptor* im Fotosystem übernommen. Durch Licht *angeregtes Chlorophyll wirkt* demnach als *Elektronendonator*, also *reduzierend*.

Elektronentransport durch Redoxsysteme. Auch bei den weiteren Teilprozessen der Fotosynthese sind *Abgabe und Aufnahme von Elektronen*, also *Oxidation* und *Reduktion*, die entscheidenden Vorgänge. Wie in der Atmungskette stehen der Transport von Elektronen und Wasserstoffionen (Protonen) durch Enzyme im Zentrum des Geschehens. Die prosthetischen Gruppen dieser Enzyme können reversibel zwischen einer oxidierten und reduzierten Form wechseln, indem sie Elektronen abgeben oder aufnehmen. Ob sie reduzierend oder oxidierend wirken, hängt vom Reaktionspartner ab. Je stärker sich zwei Stoffe unterscheiden in ihrem Bestreben, Elektronen aufzunehmen oder abzugeben, umso größer ist die *Reaktionsenergie* zwischen ihnen. Sie lässt sich in diesem Fall auch als *elektrische Spannung* messen und wird als *Redoxpotenzialdifferenz* oder kurz *Redoxpotenzial* bezeichnet. In der Thylakoidmembran sind – wie in der Mitochondrienmembran – mehrere Redoxsysteme nach steigender Tendenz zur Elektronenaufnahme zu *Elektronentransportketten* angeordnet.

ATP-Produktion durch ATP-Synthase. Ein Teil der Redoxsysteme nutzt die Reaktionsenergie der Elektronenweitergabe zum *aktiven Transport* (→ S. 43) von Protonen durch die Thylakoidmembran. Protonen häufen sich so im Innern der Thylakoide an. An der Membran entsteht ein *Ladungs-* und *Konzentrationsgradient* ähnlich wie in einer Batterie. Ihm entspricht ein Energiegefälle, das von der *ATP-Synthase* zur ATP-Produktion genutzt wird: Nur über dieses „Spezialwerkzeug“ können Protonen das Thylakoid verlassen. Dabei wird ADP mit Phosphat zu ATP phosphoryliert.

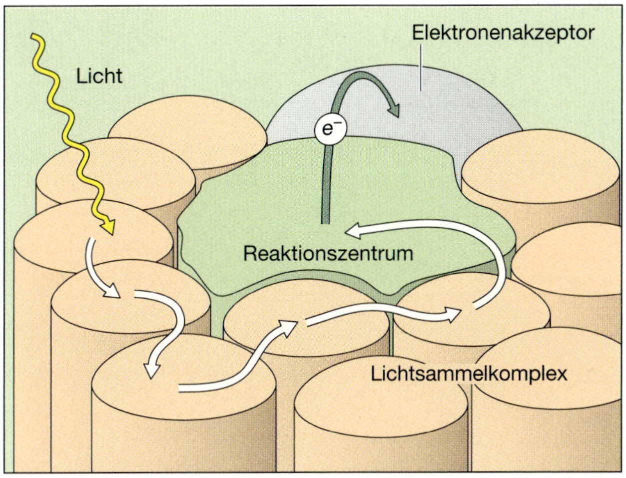

1 Übertragung eines energiereichen Elektrons auf einen Akzeptor nach Belichtung des Fotosystems

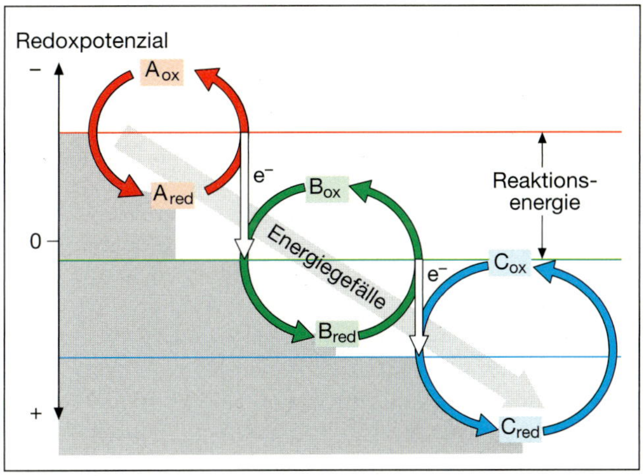

2 Elektronentransportkette (Schema) aus drei Redoxsystemen

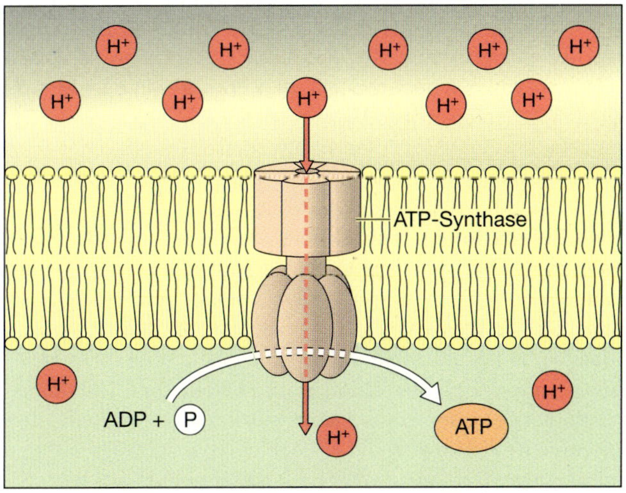

3 ATP-Synthase nutzt den Ladungs- und Konzentrationsgradienten an der Membran zur ATP-Bildung

Ablauf der Fotosynthese

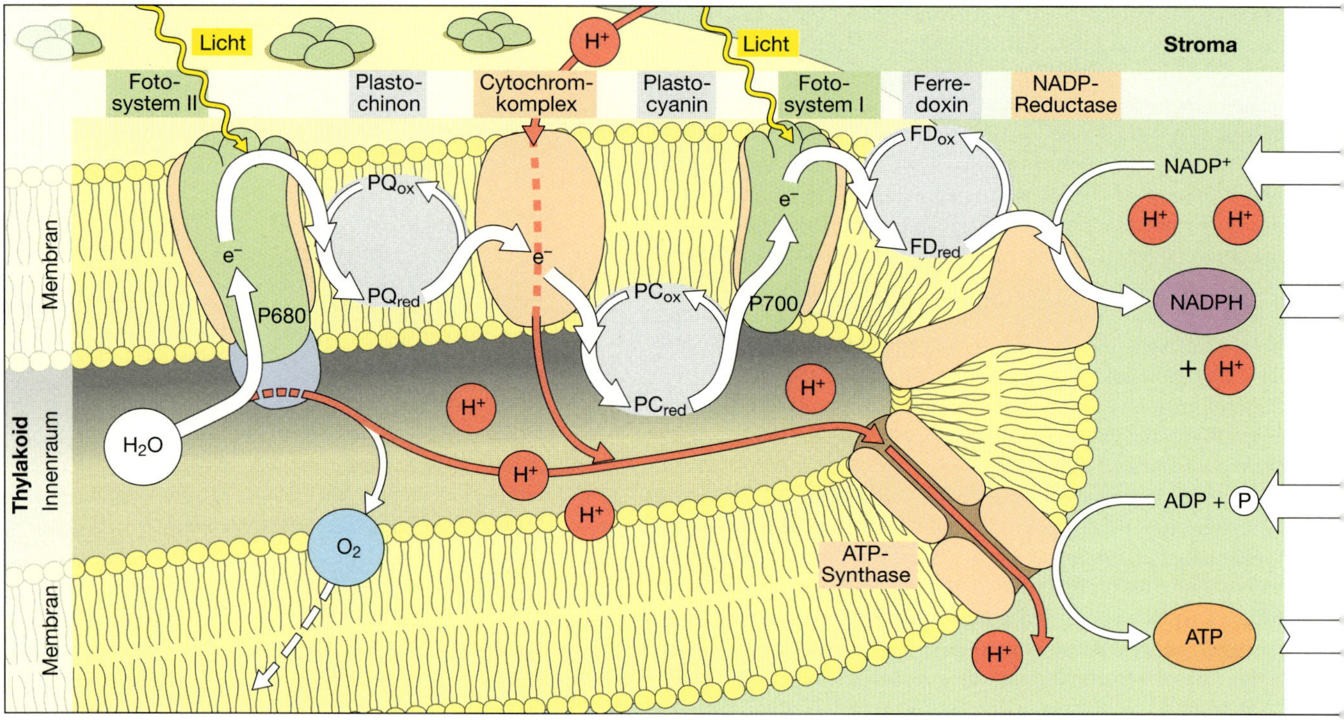

1 *Fotosynthese-Primärreaktionen, Schema. Elektronen- (⇨) und Protonenfluss (➡) sind die entscheidenden Vorgänge.*

Aufgrund ihrer täuschend einfachen Summengleichung nahm man für die Fotosynthese lange Zeit einen einfachen Reaktionsverlauf an. Noch in einem Botanik-Lehrbuch von 1905 hieß es: „Von den aufgenommenen Nährstoffen wird zunächst die Kohlensäure in Kohlenstoff und Sauerstoff zerlegt; der Kohlenstoff verbindet sich mit Wasser zu Zucker (oder Stärke) und Sauerstoff wird an die Luft abgegeben."

Heute kennt man so viele Teilprozesse, dass man darauf achten muss, das Ziel des Ganzen nicht aus den Augen zu verlieren: die *Erzeugung energiereicher Kohlenhydrate aus Kohlenstoffdioxid*. Sie ist formal betrachtet eine *Reduktion* und erfordert daher *chemische Energie* und *Reduktionsmittel*. Diese werden in Form von ATP und NADPH im ersten Abschnitt der Fotosynthese bereitgestellt, den *Primär-* oder *Lichtreaktionen*. Sie laufen in den *Thylakoiden der Chloroplasten* ab. Im zweiten Abschnitt der Fotosynthese, den *Sekundär-* oder *Dunkelreaktionen*, werden dann im *Stroma der Chloroplasten* aus Kohlenstoffdioxid Kohlenhydrate erzeugt.

Primärreaktionen. Bereits 1958 schloss der amerikanische Biologe R. EMERSON aus Versuchen mit Algen, dass bei der Aufnahme von Lichtenergie zwei Fotosysteme zusammenarbeiten. Die Versuchspflanzen erzeugten nur dann maximale Mengen Sauerstoff, wenn er sie gleichzeitig (und nicht nacheinander) mit Licht der Wellenlängen 680 nm und 700 nm bestrahlte. Die beiden Fotosysteme werden nach der Reihenfolge ihrer Entdeckung *I* und *II* oder nach der jeweils optimal wirksamen Strahlung *P 680* und *P 700* genannt.

Neben den Fotosystemen sind mehrere Redoxsysteme und die ATP-Synthase an den Primärreaktionen beteiligt (→ Bild 1):

- Wird Fotosystem II mit Licht bestrahlt, wird Chlorophyll in seinem Reaktionszentrum angeregt und gibt ein Elektron an einen Akzeptor ab.
- Dem oxidierten Chlorophyll$^+$ wird durch den Wasser spaltenden Enzymkomplex wieder ein Elektron zugeführt. Dieses Elektron stammt aus dem Wasser, das – auf noch nicht völlig geklärte Weise – in Elektronen, Protonen und Sauerstoff gespalten wird. Die durch Licht veranlasste Wasserspaltung wird *Fotolyse* genannt. Der gebildete Sauerstoff wird frei.
- Vom Fotosystem II gelangen die Elektronen über eine *Elektronentransportkette aus mehreren Redoxsystemen* (Plastochinon, Cytochrom, Plastocyanin) zum Fotosystem I.
- Parallel zum Elektronenfluss „pumpen" die Redoxsysteme Protonen in das Innere der Thylakoide. Zusammen mit den aus der Fotolyse stammenden Protonen bewirken sie das Ladungs- und Konzentrationsgefälle (→ S. 101), das die ATP-Synthase zur *ATP-Bildung* nutzt. Dieser Vorgang wird als *Fotophosphorylierung* bezeichnet.
- Fotosystem I übernimmt die über die Elektronentransportkette zugeführten Elektronen und leitet sie – nach Anregung durch Belichtung – an eine zweite Elektronentransportkette weiter. An deren Ende werden die Elektronen paarweise auf das Wasserstoff übertragende Coenzym NADP$^+$ übertragen, das dadurch zu *NADPH* reduziert wird.

Mit der Bereitstellung des Energieträgers ATP und des Reduktionsmittels NADPH sind die Primärreaktionen abgeschlossen und die Voraussetzungen für die Sekundärreaktionen geschaffen.

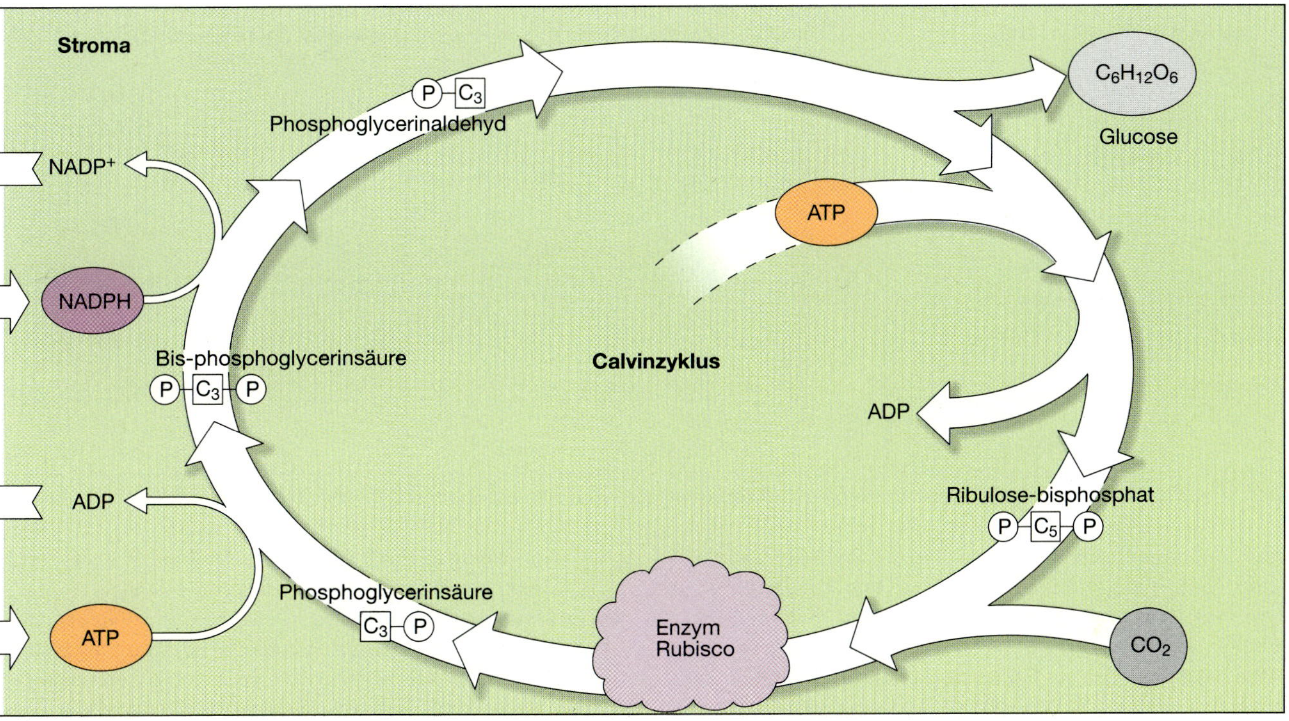

1 *Fotosynthese-Sekundärreaktionen (Calvinzyklus), stark vereinfachtes Schema*

Sekundärreaktionen. Im Stroma der Chloroplasten wird nun in einer komplizierten zyklischen Reaktionsfolge Glucose aus Kohlenstoffdioxid aufgebaut. Nach ihrem Entdecker, dem amerikanischen Chemiker M. CALVIN, wird die Reaktionsfolge als *Calvinzyklus* bezeichnet. Licht ist für die Reaktionen nicht unmittelbar notwendig. Man spricht deshalb auch von Dunkelreaktionen. Sie sind jedoch an die Lichtreaktionen eng gekoppelt, da sie deren Endprodukte ATP und NADPH benötigen. Die wichtigsten Schritte sind (→ Bild 1):

- *Einschleusung von Kohlenstoffdioxid.* Durch den Enzymkomplex *Rubisco* (*R*ibulose-*bis*phosphat-*c*arboxylase/*o*xidase) wird CO_2 auf den Zucker Ribulose-bisphosphat, eine Pentose (→ S. 86), als CO_2-Akzeptor übertragen.

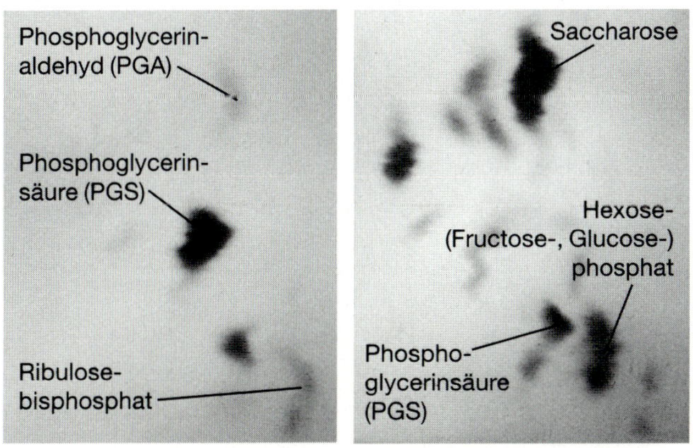

2 und 3 Autoradiogramme der Fotosyntheseprodukte 5 s (links) und 120 s nach Zugabe von radioaktivem $^{14}CO_2$

- *Energiezufuhr.* Das Reaktionsprodukt mit 6 C-Atomen zerfällt sofort in 2 Moleküle *Phosphoglycerinsäure (PGS)* mit 3 C-Atomen. Sie wird durch ATP der Lichtreaktionen zu *Bisphosphoglycerinsäure* aktiviert, also energiereich gemacht.
- *Reduktion.* Die Bis-phosphoglycerinsäure wird durch NADPH aus den Lichtreaktionen zu *Phosphoglycerinaldehyd (PGA)* reduziert.
- *Ausschleusung von Glucose.* Aus PGA entstehen verschiedene Kohlenhydrate, schließlich auch Glucose als energiereiches Endprodukt der Fotosynthese. Unter Einsatz von ATP wird Ribulose-bisphosphat regeneriert und der Zyklus damit geschlossen.

Bei der Erforschung des Calvinzyklus spielte *Autoradiographie* eine zentrale Rolle: Den Versuchspflanzen wurde radioaktiv markiertes CO_2 zugeführt und ihre Fotosynthese nach unterschiedlich langer Zeit (Sekunden!) unterbrochen. Mithilfe der Chromatographie wurden dann die radioaktiven Reaktionsprodukte der Dunkelreaktionen identifiziert (→ Bild 2 und 3).

Bilanz der Fotosynthese. Energetisch gesehen ist die Fotosynthese ein Vorgang, bei dem je Mol Glucose 2880 kJ Strahlungsenergie der Sonne in chemische Energie überführt werden. In gekürzter Form kann man die stoffliche Bilanz wie auf Seite 120 zusammenfassen. Will man jedoch deutlich machen, dass der Sauerstoff durch Fotolyse aus Wasser entsteht und in den Sekundärreaktionen Wasser „neu" gebildet wird, lautet die einfachste Formulierung der Summengleichung:

$$12\,H_2O + 6\,CO_2 \rightarrow C_6H_{12}O_6 + 6\,O_2 + 6\,H_2O$$

Die farbige Unterlegung gibt dabei die Herkunft der beteiligten Elemente an.

Abhängigkeit der Fotosynthese von Umweltfaktoren

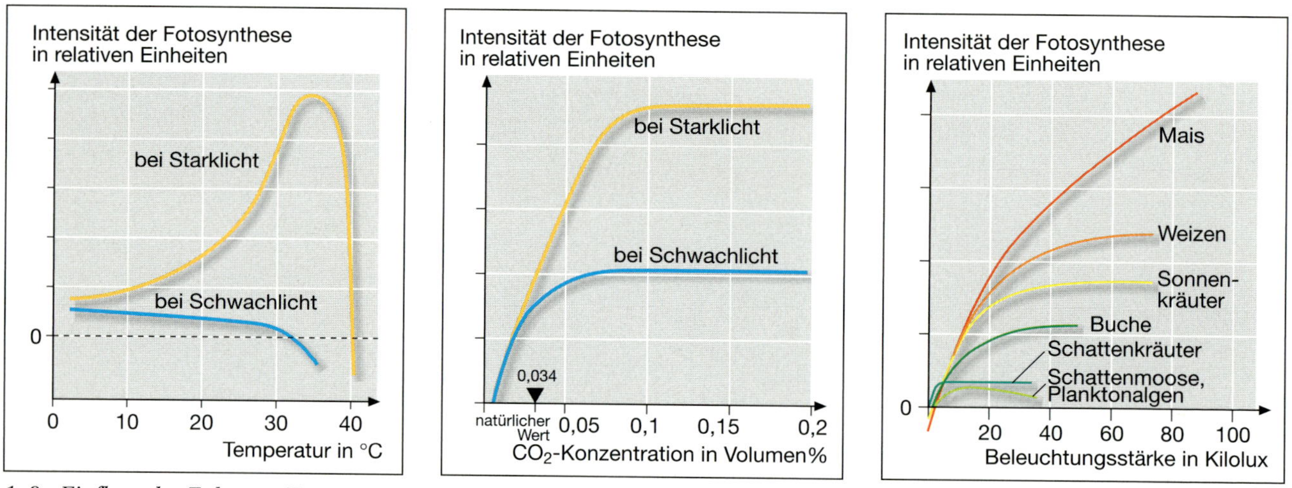

1–3 Einfluss der Faktoren Temperatur, Kohlenstoffdioxidangebot und Beleuchtungsstärke auf die Fotosynthese

Aus der Summengleichung kann man leicht ableiten, von welchen Umweltfaktoren die Fotosynthese unmittelbar abhängt. Daneben ist vor allem die Temperatur von Bedeutung. Der Einfluss der Faktoren ist jedoch schwer einzeln zu erfassen. Wird beispielsweise ein Faktor nur minimal angeboten, kann auch das gesteigerte Angebot der anderen nicht verwertet werden. Der Faktor im Minimum wird zum *begrenzenden Faktor*. Die Fotosyntheseintensität unter verschiedenen Bedingungen lässt sich am einfachsten bestimmen, wenn man das von einer Pflanze pro Zeiteinheit verbrauchte Kohlenstoffdioxid oder den gebildeten Sauerstoff misst.

Temperatur. *Bei geringem Lichtangebot* wirkt sich eine Änderung der *Temperatur kaum* auf die Fotosynthese aus. Das lässt darauf schließen, dass unter diesen Bedingungen vor allem die Aufnahme der Lichtenergie begrenzend wirkt. Sie ist als physikalischer Effekt weitgehend unabhängig von der Temperatur. *Im Starklicht* hat die Temperatur dagegen einen *ausgeprägten Einfluss* auf die Fotosynthese. Dann bestimmen die temperaturabhängigen chemischen Vorgänge die Geschwindigkeit, vor allem die der Sekundärreaktionen.

Kohlenstoffdioxid. Auch ein verändertes Angebot an *Kohlenstoffdioxid* wirkt sich *nur bei Starklicht* deutlich auf die Fotosynthese aus. Unter diesen Bedingungen ist der natürliche Kohlenstoffdioxidgehalt der Luft oft der begrenzende Faktor. Daher lassen sich durch künstliche „CO_2-Düngung" bei manchen Gewächshauskulturen, beispielsweise Gurken, höhere Erträge erzielen. Durch Atmung der Mikroorganismen im Boden kann sich ebenfalls eine optimale Kohlenstoffdioxidkonzentration in Bodennähe einstellen.

Beleuchtungsstärke. Es liegt nahe, dass die *Lichtintensität* das Ausmaß der Fotosynthese mit bestimmt. Im Experiment zeigt sich jedoch, dass verschiedene Pflanzenarten unterschiedlich auf eine Änderung der Beleuchtungsstärke reagieren. Pflanzen lichtarmer Standorte erreichen schon bei 5 bis 10 Kilolux – etwa einem Zehntel des vollen Sonnenlichts – ihre maximale Fotosyntheseleistung. Pflanzen sonniger Standorte benötigen deutlich mehr Licht für diese *Lichtsättigung*. Nur wenigen Spezialisten wie Mais oder Zuckerrohr (→ S. 134) kann die Sonne nicht hell genug scheinen.

Wellenlänge des Lichts. Dass Licht von den Blättern und Chloroplasten nicht über den ganzen sichtbaren Spektralbereich gleichmäßig absorbiert wird, lässt sich schon aus ihrer grünen Farbe schließen. Genaueren Aufschluss erhält man aus dem *Absorptionsspektrum* der Blattpigmente. Am stärksten absorbiert Chlorophyll das Licht im Blau- und Rotbereich, im Grün-Gelb-Bereich dagegen nur schwach. Dem entspricht das *Wirkungsspektrum* der Fotosynthese. Man erhält es, indem man den gebildeten Sauerstoff in Abhängigkeit von der Wellenlänge des eingestrahlten Lichts bestimmt.

1 Erklären Sie aus dem Absorptionsspektrum, warum uns Chlorophyll grün erscheint.

2 Welchen Schluss ziehen Sie aus dem Verlauf der verschiedenen Absorptionsspektren im Vergleich mit dem Fotosynthese-Wirkungsspektrum (→ Bild 4)?

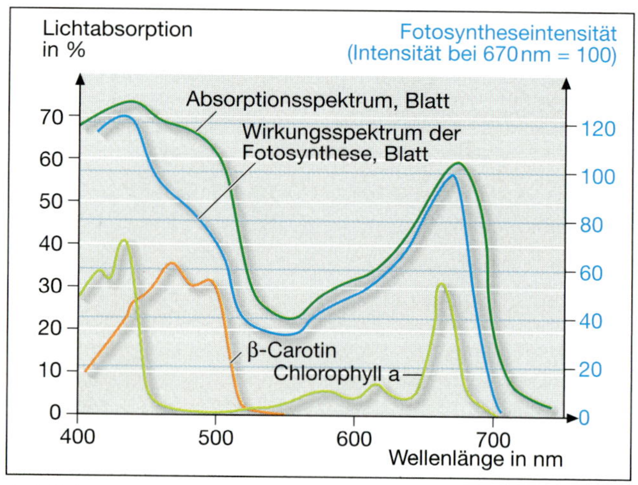

4 Wirkungsspektrum der Fotosynthese und Absorptionsspektrum von Blatt und Blattpigmenten

Material – Methode – Praxis: **Licht, Blattpigmente und Fotosynthese**

Die Aufnahme von Lichtenergie durch die Blattpigmente ist der grundlegende Vorgang der Fotosynthese. Um die Zusammenhänge zwischen Strahlung und Fotosynthesevorgängen zu analysieren, kann man ein Absorptionsspektrum der Blattpigmente oder ein Wirkungsspektrum der Fotosyntheseleistung erstellen:

- Das *Absorptionsspektrum* ist ein Diagramm, das die Absorption von Licht durch einen Stoff oder ein Stoffgemisch in Abhängigkeit von der Wellenlänge darstellt und das mithilfe eines *Fotometers* ermittelt wird.
- Als *Wirkungsspektrum* bezeichnet man ein Diagramm, das zeigt, wie die Intensität einer Stoffwechselleistung von der Wellenlänge des eingestrahlten Lichts abhängt.

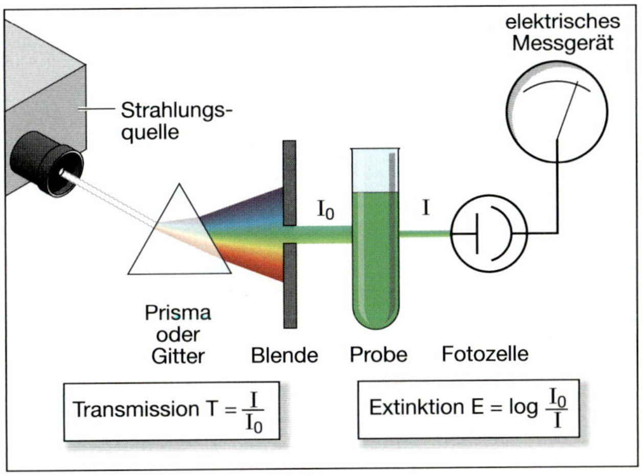

Fotometrie

Im Fotometer misst eine lichtempfindliche *Fotozelle*, wie stark ein in Lösung befindlicher Stoff die Intensität des Lichts beim Durchstrahlen schwächt. Das Verhältnis von ausgestrahlter zu eingestrahlter Intensität I/I_0 bezeichnet man als *Transmission T*, ihren negativen Logarithmus als *Extinktion E*. Sie dient als Maß für die Lichtabsorption. Im *Spektralfotometer* wird die Extinktion für einzelne Wellenlängen getrennt gemessen, indem eine Blende jeweils nur einen Strahl des Spektrums für die Messung herausblendet.

Da die Extinktion außer von der Schichtdicke der Probe auch von der Konzentration des gelösten Stoffs abhängt, verwendet man sie in der Praxis häufig zur Konzentrationsbestimmung gelöster Stoffe.

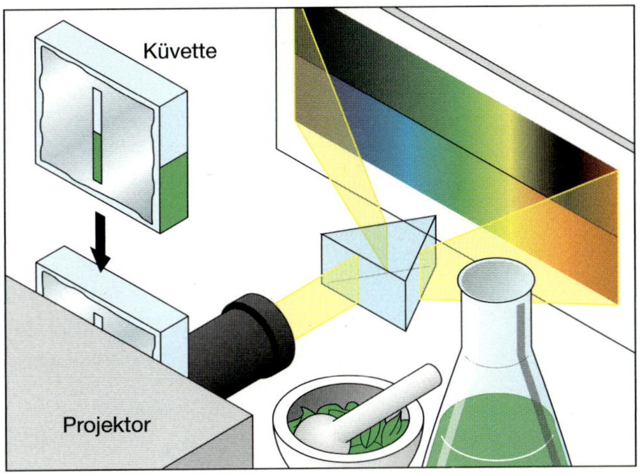

Absorptionsbereiche der Blattpigmente

Material: Blätter, Schere, Mörser, Quarzsand, Aceton, Filtertrichter, Filtrierpapier, Glasküvette mit Spalt, Diaprojektor, Prisma, verdunkelbarer Raum

Vorsicht beim Umgang mit Aceton: leicht entzündlich!

Durchführung: Füllen Sie die Küvette etwa zur Hälfte mit dem filtrierten Blattextrakt (Herstellung → S. 121) und bringen Sie die Küvette in die Bildbühne des Projektors. Stellen Sie ein Prisma unmittelbar vor das Objektiv des Projektors und projizieren Sie im weitgehend abgedunkelten Raum das Projektorlicht auf das Prisma. Drehen Sie dieses so, dass sein Spektrum auf eine Projektionswand trifft. Vergleichen Sie obere Hälfte (Blattextrakt) und untere Hälfte (Luft) des Spektrums.

Historisches Experiment: Wirkungsspektrum der Fotosynthese nach ENGELMANN

Bereits 1881 konnte der Physiologe ENGELMANN in einem berühmt gewordenen Experiment zeigen, dass Rot- und Blaulicht für die Fotosynthese am wirksamsten sind. Er benutzte Sauerstoff liebende Bakterien als „Indikatoren“ der Fotosyntheseintensität: Bestrahlte er eine Fadenalge mit Spektrallicht, so sammelten sich die Bakterien bevorzugt um diese Spektralbereiche an (→ Bild rechts).

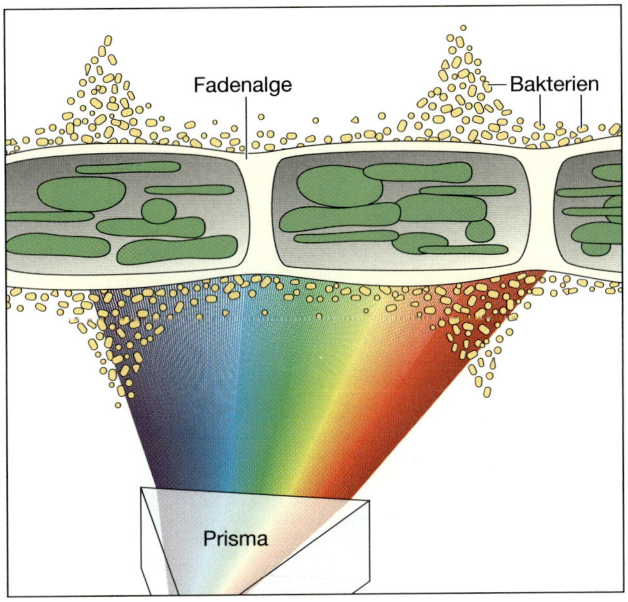

1 Entwerfen Sie einen Versuchsplan für ein Wirkungsspektrum der Fotosynthese. Worin liegen die Schwierigkeiten?

Stichworte zu weiteren Informationen

LAMBERT-BEERsches Gesetz, optischer Test

Material – Methode – Praxis: **Bedingungen und Leistungen der Fotosynthese**

Mit der Messung der pflanzlichen Produktivität unter verschiedenen Bedingungen ermittelt man wichtige biologische Basisdaten. Dabei dient der Gaswechsel zwischen aufgenommenem Kohlenstoffdioxid und fotosynthetisch gebildetem Sauerstoff als häufig verwendetes und gut quantifizierbares Maß für die Fotosyntheseintensität.

Als Versuchspflanzen eignen sich Wasserpflanzen mit einem speziellen Durchlüftungsgewebe besonders gut, weil sich bei ihnen der gebildete Sauerstoff aus einem angeschnittenen Spross direkt auffangen und messen lässt.

Jede Versuchsreihe muss so angelegt werden, dass immer nur einer der Faktoren wie Temperatur, Kohlenstoffdioxidgehalt, Helligkeit oder Farbe des Lichts verändert wird.

Aus den gewonnenen Messwerten lässt sich die Fotosyntheseleistung einer Pflanze unter den Bedingungen des Experiments berechnen. Grundlage der Bilanzierung sind die Summengleichungen von Fotosynthese und Atmung.

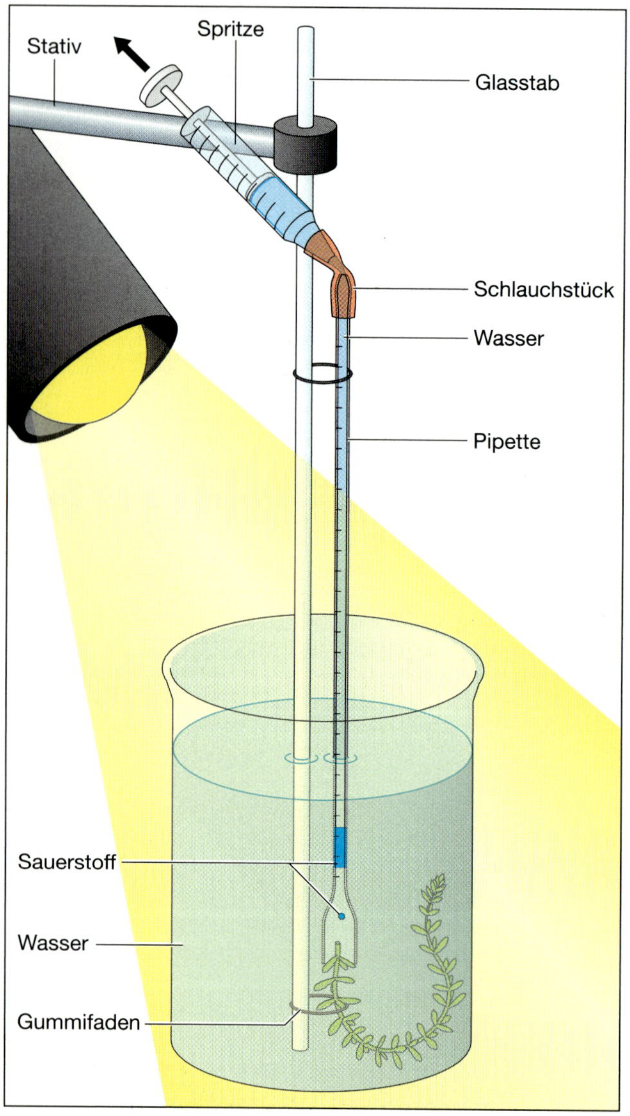

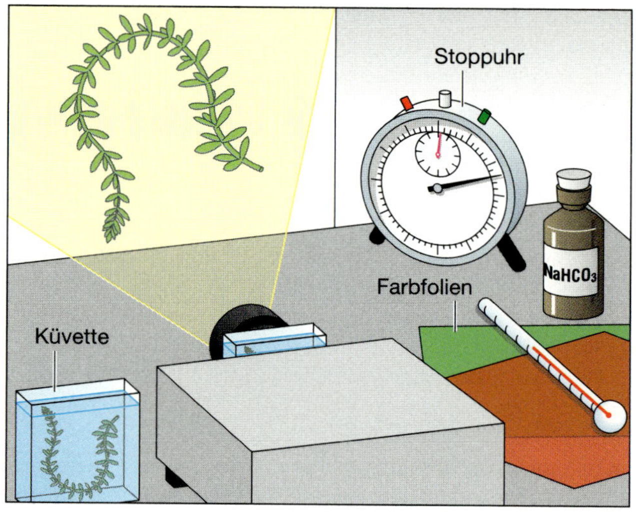

Fotosyntheseintensität einer Wasserpflanze in Abhängigkeit von verschiedenen Bedingungen

Material: Sprosse von Wasserpflanzen (zum Beispiel von der Wasserpest Elodea oder dem Wasserschild Cabomba), großes Becherglas mit Wasser, Lampe, Stoppuhr, eventuell Diaprojektor, Küvette; Injektionsspritze, 0,1-ml-Messpipette mit erweitertem Ende (Watte-Stopfenbett), Thermometer, Luxmeter, Farbfolien (blau, grün, rot), $NaHCO_3$-Lösung (1 mol/l).

Durchführung: Für eine orientierende Untersuchung können Sie nach der *Bläschenzählmethode* vorgehen. Dazu werden die von einem Sprossstück der Pflanze gebildeten, unter Wasser aus der Schnittstelle austretenden Sauerstoffbläschen je Minute gezählt. Besonders einfach geht das Auszählen, wenn Sie eine Küvette als Versuchsgefäß verwenden und in den Strahlengang des Diaprojektors stellen (→ Bild oben).

Genauere Messdaten erhalten Sie mit der *Volumenmethode* (→ Bild links). Dabei wird der gebildete Sauerstoff im erweiterten Ende einer Stopfenbett-Messpipette aufgefangen und zur Volumenmessung mit der Spritze in die Pipette gesaugt. Befestigen Sie den Spross ohne ihn zu knicken mit einem Gummifaden locker an einem Glasstab, sodass die Schnittstelle des Sprosses in das erweiterte Ende der Pipette reicht.

Variieren Sie die Versuchsbedingungen:

Temperatur: Verändern Sie die Wassertemperatur im Bereich zwischen 5 und 45 °C in 10-Grad-Schritten.

Kohlenstoffdioxidgehalt: Füllen Sie das Versuchsgefäß mit unterschiedlich konzentrierter $NaHCO_3$-Lösung im Bereich zwischen 0,01 mol/l und 1 mol/l.

Lichtintensität: Verändern Sie den Abstand zwischen Lampe und Versuchsgefäß und damit die Lichtintensität oder Beleuchtungsstärke. Messen Sie diese mit einem Luxmeter.

Lichtqualität: Messen Sie die Sauerstoffbildung bei Beleuchtung der Pflanze mit verschiedenfarbigem Licht (Farbfolien). Dabei ändert sich allerdings die Lichtintensität mit.

Zeichnen Sie zur Auswertung Diagramme (senkrechte Achse: Sauerstoff in Bläschen oder Mikroliter je Minute; waagrechte Achse: variierte Bedingung).

Abschätzung des Lichtkompensationspunkts

Material: verdunkelbarer Raum, Lichtquelle, Luxmeter, große Reagenzgläser mit Stopfen, Erlenmeyerkolben oder Stative als Halterung für die Reagenzgläser, Sprosse der Ampelpflanze Tradescantia oder Zebrina; Indikatorlösung aus 7,46 g KCl, 0,08 g $NaHCO_3$, 0,01 g Kresolrot und 1000 ml dest. Wasser

Durchführung: Am Lichtkompensationspunkt (→ S. 130) halten sich Fotosynthese und Atmung gerade die Waage. Um ihn zu ermitteln, misst man die Beleuchtungsstärke, bei der die Pflanze von CO_2-Verbrauch zu CO_2-Bildung wechselt.

Schneiden Sie etwa 5 gleich lange und gleich stark beblätterte Sprosse der Versuchspflanze ab. Füllen Sie in 5 Reagenzgläser etwa 3 cm hoch die durch Einblasen von Ausatmungsluft gelb gefärbte Indikatorlösung. Bringen Sie in den Luftraum über der Lösung je einen Pflanzenspross und verschließen Sie dann die Gläser mit Stopfen. Bei Beleuchtungsstärken über dem Lichtkompensationspunkt färbt sich die Indikatorlösung innerhalb von 6–8 Stunden durch CO_2-Entzug rot. Bei geringerer Helligkeit bleibt die Lösung durch überschüssiges CO_2 in Luftraum und Lösung gelb.

Ermitteln Sie den Lichtkompensationspunkt (→ Bild oben), indem Sie die Versuchsgläser im verdunkelten Raum in unterschiedlicher Entfernung von der Lichtquelle aufstellen und die Beleuchtungsstärke bei dem Glas messen, dessen Indikatorlösung nach längerer Zeit eine orangerote Mischfarbe zeigt.

Glucosegehalt von Efeublättern

Material: Waage, Schere, Mörser, Quarzsand, 10-ml-Pipette, Teststäbchen für Glucose im Blut (eventuell mit zugehörigem Blutzuckermessgerät), Efeublätter

Durchführung: Pflücken Sie an einem sonnigen Tag jeweils 10 mittelgroße junge Efeublätter von schattigen und besonnten Zweigen. Untersuchen Sie beide Blattproben getrennt: Zerschneiden Sie je 5 g der Blätter mit einer Schere, zerreiben Sie sie mit etwas Quarzsand und 10 ml Wasser zu einem Brei und messen Sie dann den Glucosegehalt mit den Teststäbchen nach der Gebrauchsanleitung.

1 Berechnen Sie aus Ihren Versuchsergebnissen zur Sauerstoffbildung von Wasserpflanzen deren Fotosyntheseleistung bezogen auf äußere Bedingungen, Zeit und Pflanzenmasse oder Blattfläche.

2 Zu welchem Pflanzentyp hinsichtlich der Lichtabhängigkeit gehört Ihre im Versuch zur Abschätzung des Lichtkompensationspunkts verwendete Versuchspflanze? Vergleichen Sie dazu die Angaben in der Tabelle auf Seite 130.

3 Für welche praktischen Anwendungen ist die Kenntnis des Lichtkompensationspunkts einer Pflanzenart von Bedeutung?

4 Der durchschnittliche Kartoffelertrag beträgt bei uns derzeit 350 dt/ha. Berechnen Sie, welchem Prozentsatz der maximal möglichen Produktion dieser Ertrag entspricht. Ziehen Sie dazu die Tabelle auf Seite 133 heran und berücksichtigen Sie, dass die Trockenmasse von Kartoffeln etwa 20 % ihres Frischgewichts ausmacht.

5 Rechnen Sie die Ergebnisse der Zuckerbestimmung in Efeublättern auf die Blattmasse und die Blattfläche um. Beachten Sie dabei, dass die Messwerte der Blutzucker-Teststäbchen in mg/dl (also mg/100 ml) angegeben sind, im Versuch aber nur 10 ml verwendet werden. Erklären Sie das Versuchsergebnis. Warum entspricht es nicht der Menge der fotosynthetisch erzeugten Kohlenhydrate im Blatt?

6 Vergleichen Sie die Ergebnisse Ihres Versuchs zur Fotosyntheseleistung einer Wasserpflanze bei verschiedener Lichtqualität mit dem Wirkungsspektrum der Fotosynthese nach ENGELMANN (→ S. 127).

7 CO_2 löst sich in Wasser unter Bildung von Kohlensäure. Überlegen Sie, wie man aufgrund dieser Tatsache die Fotosyntheseleistung von Wasserpflanzen mithilfe eines pH-Meters untersuchen kann.

☞ Stichworte zu weiteren Informationen

nachwachsende Rohstoffe, Kohlenstoffkreislauf, Klimakammer, C_4-Pflanzen, CO_2-Infrarotabsorptionsgasanalyse

Fotosynthese und Licht im Lebensraum

Selten sind die Umweltbedingungen so günstig, dass die Fotosynthese Höchstleistung erreicht. Fast immer wirkt ein Faktor begrenzend. Im Hochgebirge und den Kälte- und Hitzezonen der Erde ist dies häufig die Temperatur, in anderen Lebensräumen das Wasser, in unseren Breiten oft das Licht.

Zum Beispiel vermindert Lichtmangel durch Nebel, Bewölkung und frühe Dämmerung die optimale Fotosyntheseleistung frei stehender Rotbuchen um fast 40 %, Trockenheit und ungünstige Temperatur bewirken jeweils nur eine Verringerung von etwa 3 %. Für Pflanzen in einem Baumbestand wird der *relative Lichtgenuss,* also der Prozentsatz des vollen Tageslichts, der sie erreicht, durch die Nachbarpflanzen noch weiter eingeschränkt.

Damit eine Pflanze existieren kann, muss sie zumindest so viel Licht erhalten, dass die durch Fotosynthese erzeugte Menge organischer Stoffe den Verbrauch durch die Atmung ausgleicht. Die dafür erforderliche Beleuchtungsstärke bezeichnet man als *Lichtkompensationspunkt.* Die verschiedenen Pflanzenarten erreichen den Lichtkompensationspunkt und die *Lichtsättigung,* bei der die Fotosynthese ihre maximale Leistung erreicht, bei unterschiedlichen Beleuchtungsstärken. Besonders groß sind die Unterschiede zwischen Sonnen- und Schattenpflanzen.

Sonnenpflanzen und Schattenpflanzen. Sonnenpflanzen, wie Königskerze, Heidekraut, Thymian und Silberdistel, sind nach Bau und Stoffwechsel an Standorte mit starker Sonnenstrahlung angepasst. Sie kommen vor allem auf offener Feldflur, Felsen, Trockenrasen oder Heiden vor. Ihre meist kleinen und derben Blätter sind durch Haare, Wachsüberzug, Blattstellung oder Einrollen gegen übermäßige Strahlung und Wasserverlust gewappnet. Die Chloroplasten besitzen Lichtschutzeinrichtungen: Carotinoide fangen zu starke Strahlung ab und wandeln sie in Wärme um, Enzyme machen die bei der Fotosynthese entstehenden hochreaktiven Sauerstoffformen unschädlich, die die Zelle schädigen können. Eine große Zahl an Spaltöffnungen ermöglichen den Sonnenpflanzen bei gutem Wasserangebot hohe Gaswechsel- und Fotosyntheseraten.

Schattenpflanzen sind kennzeichnend für die lichtarme Kraut- und Moosschicht unserer Wälder: Waldmeister, Wurmfarn und Frauenhaarmoos. Sie besitzen meist zarte Blätter ohne besonderen Transpirationsschutz. Durch ihren niedrigen Kompensationspunkt können sie bei geringerer Beleuchtungsstärke als Sonnenpflanzen existieren. Allerdings erreichen ihre Fotosysteme schon bei geringer Beleuchtungsstärke die maximale Fotosyntheseleistung, sodass ihre Produktivität kleiner ist als die der Sonnenpflanzen. Bei intensiver Bestrahlung können Schattenpflanzen leicht Schaden nehmen, da sie kaum mit Schutzeinrichtungen gegen zu starke Strahlung ausgestattet sind.

Lichtabhängigkeit von Pflanzen
(Beleuchtungsstärke in Kilolux)

Pflanzentyp	Kompensationspunkt	Lichtsättigung
Sonnenkräuter	1,0–2,0	50–80
Schattenkräuter	0,2–0,5	5–10
Laubbaum		
Sonnenblätter	1,0–1,5	25–50
Schattenblätter	0,3–0,6	10–15
Nadelbaum		
Sonnenblätter	0,5–1,5	20–50
Schattenblätter	0,1–0,3	5–10
Moose und Flechten	0,4–2,0	10–20

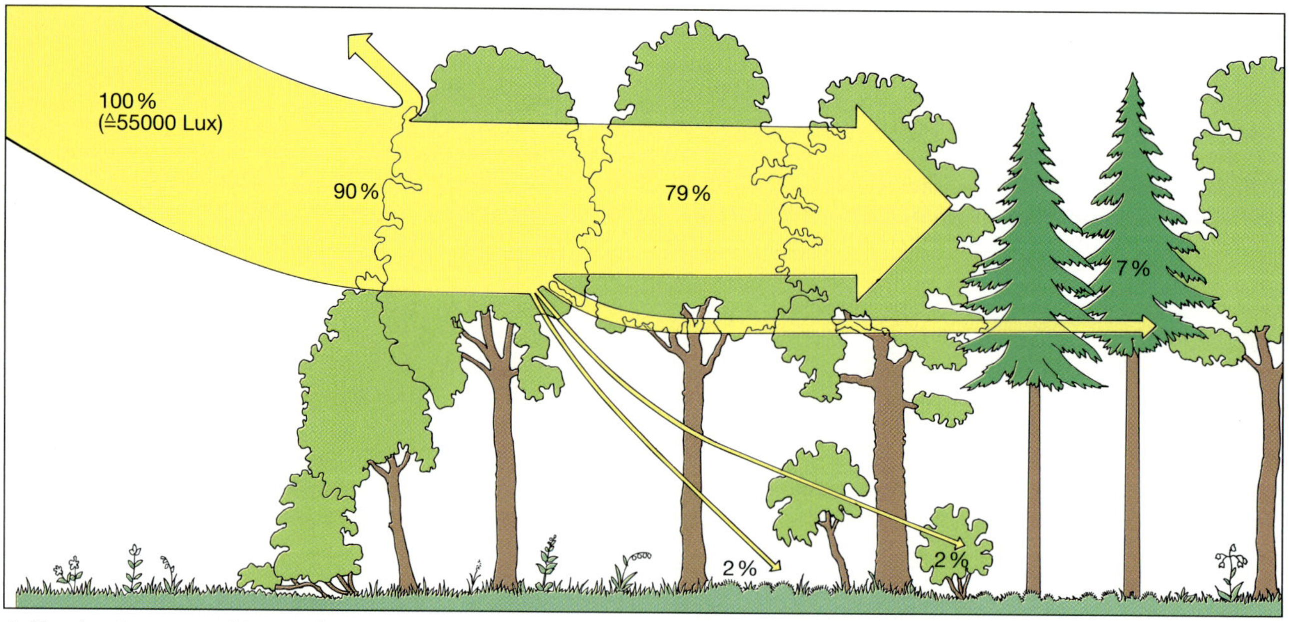

1 Von der Sonnenstrahlung gehen in einem Mischwald 10 % durch Reflexion verloren, 79 % werden durch Laubbäume absorbiert, 7 % durch Nadelbäume und 2 % durch Sträucher. Nur 2 % erreichen den Waldboden mit der Kraut- und Moosschicht.

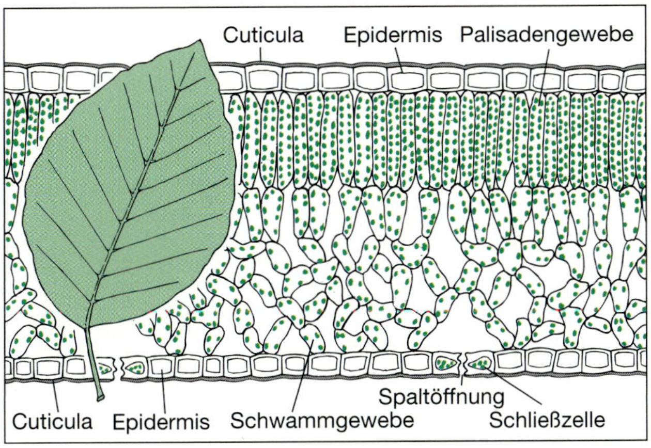

1 Sonnenblatt mit Blattquerschnitt

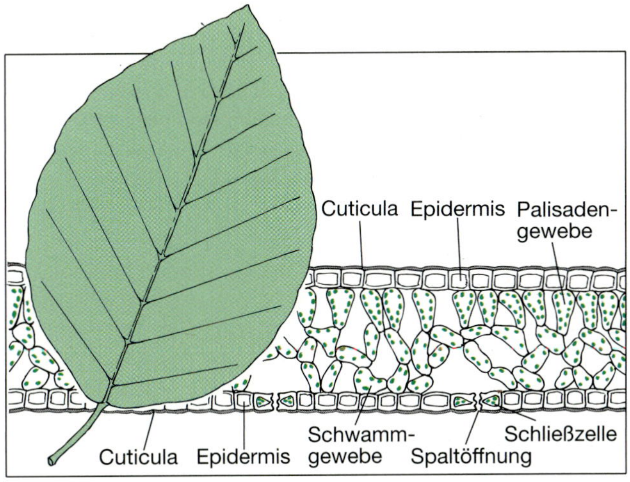

2 Schattenblatt mit Blattquerschnitt

Sonnenblätter und Schattenblätter. Bei manchen Pflanzen, besonders bei Laubbäumen, entscheidet sich erst während der Blattentwicklung unter dem modifizierenden Einfluss des Lichts, ob sich ein Blatt auf Starklicht oder Schwachlicht spezialisiert. Sonnenblätter mit kleiner Spreite, starkem Wasserleitungs- und Festigungsgewebe und hohem, oft zweischichtigem Palisadengewebe entwickeln sich aus den gut belichteten Knospen des äußeren Kronenbereichs. Große, dünne Schattenblätter entstehen vor allem im Innenraum und auf der geringer belichteten Nordseite der Baumkrone.

Die Fotosyntheseleistung der beiden Blatttypen hängt in derselben Weise vom Lichtangebot ab wie die der Sonnen- und Schattenpflanzen. Sonnen- und Schattenblätter erreichen den Lichtkompensationspunkt und die Lichtsättigung bei unterschiedlicher Beleuchtungsstärke. Wird die Stoffbilanz eines einzelnen Blatts negativ, verbraucht es also mehr Kohlenhydrate, als es erzeugt, so wird es abgeworfen.

Wie dicht die Krone eines Laubbaums beblättert ist, richtet sich vor allem nach dem minimalen Lichtbedarf seiner Schattenblätter. Während Lichthölzer wie Birke, Pappel oder Weide im Innern ihrer Krone zwischen 10 und 20% relativen Lichtgenuss brauchen, kommen die Schattenhölzer wie Rosskastanie oder Rotbuche mit einem Zehntel davon aus.

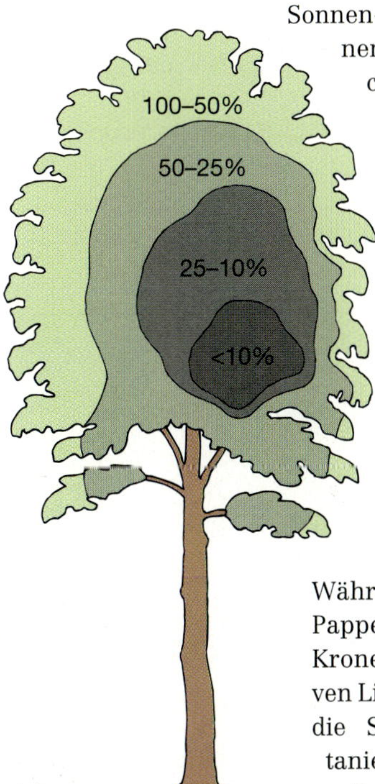

4 Im Innern einer Baumkrone nimmt die Lichtintensität rasch ab.

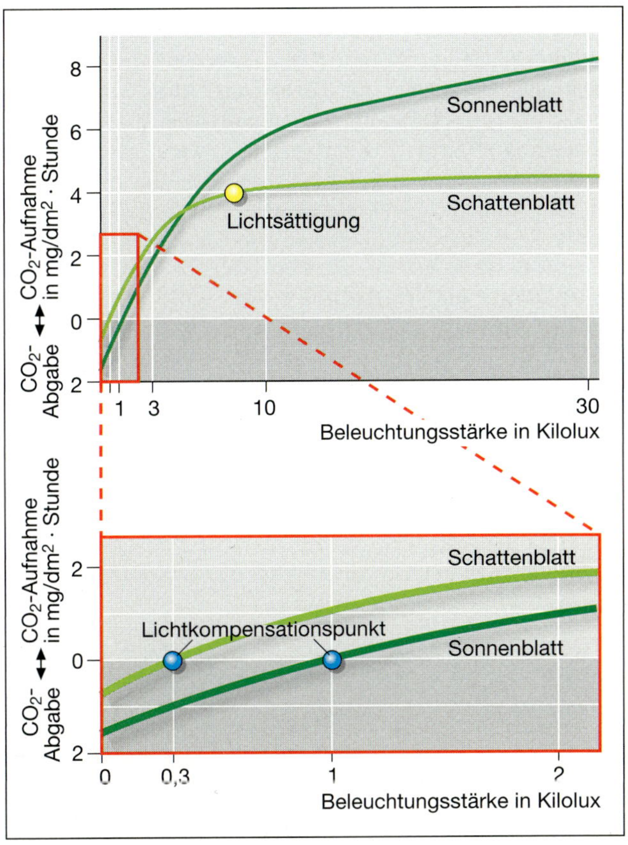

3 Abhängigkeit der Fotosynthese von der Beleuchtungsstärke bei Sonnenblatt und Schattenblatt

1 Erklären Sie die Diagramme oben (→ Bild 3). Wie verhält sich die Fotosynthese im Vergleich zur Beleuchtungsstärke? Welche Bedeutung hat die Nulllinie?

2 Stellen Sie in einer Tabelle die Merkmale von Sonnen- und Schattenpflanzen einander gegenüber.

Fotosynthese und Primärproduktion

Jedes Jahr entziehen die Pflanzen des Festlands und der Meere der Atmosphäre rund 250 Milliarden Tonnen Kohlenstoffdioxid und bilden daraus durch Fotosynthese schätzungsweise über eine halbe Billion Tonnen neue Biomasse. Von dieser sonnenenergiebetriebenen Bioproduktion leben praktisch alle Organismen der Erde. Sie wird deshalb als *Primärproduktion* bezeichnet und ist eine der wichtigsten Größen für den Stoffhaushalt der einzelnen Ökosysteme und der gesamten Biosphäre.

Bestimmung der Bioproduktion. Bei einer Einzelpflanze lässt sich die Produktion am besten über den Gaswechsel des Kohlenstoffdioxids verfolgen: Nimmt die Pflanze Kohlenstoffdioxid auf, überwiegt der Stoffaufbau durch Fotosynthese. Gibt sie Kohlenstoffdioxid ab, überwiegt der Stoffabbau durch Atmung. Der *Gaswechselbilanz* (→ Bild 1) entspricht somit eine *Stoffbilanz*. Mithilfe der Summengleichungen von Fotosynthese und Atmung lassen sie sich ineinander umrechnen.

Wie effektiv die biologische Produktivität eines Pflanzenbestands ist, zeigt sich in der Gewichtszunahme an organischer Substanz, bezogen auf Fläche und Zeit. Sie wird auch als *Nettoprimärproduktion* bezeichnet und meist in kg Trockensubstanz je m^2 und Jahr angegeben. Um die *Bruttoprimärproduktion* zu errechnen, muss man dazu die in Trockensubstanz umgerechneten Werte für die Atmung addieren, da die Pflanzen einen Teil ihrer Produktion für den eigenen Stoffwechsel aufwenden.

Einflüsse auf die Stoffbilanz. Der Nettoertrag der Produktion einer Pflanze hängt von der Intensität ihrer CO_2-Aufnahme, dem Massenverhältnis von grünen zu nicht grünen Teilen und der Dauer günstiger Klimabedingungen für die Fotosynthese ab. Diese Faktoren variieren erheblich, zum Beispiel

- nehmen – unter jeweils optimalen Bedingungen – tropische Gräser wie das Zuckerrohr 4- bis 5-mal mehr CO_2 auf als Getreidearten und sogar 10- bis 20-mal mehr als Moose;
- beträgt der Anteil fotosyntheseaktiver Grünmasse bei einjährigen Wüstenpflanzen 80–90%, bei Wiesengräsern um 50% und bei Laubbäumen nur 1–2%;

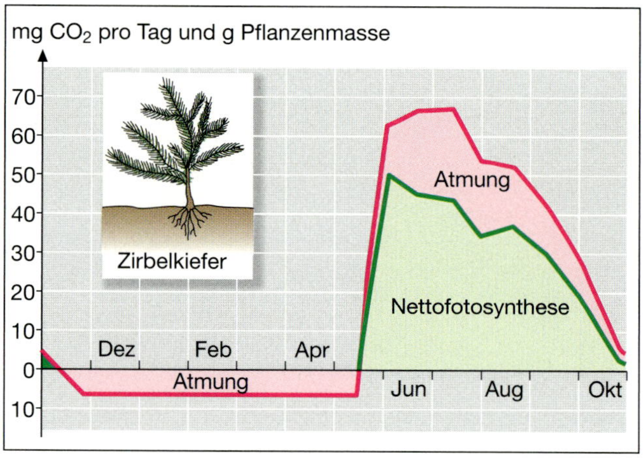

1 *Jahresgang der CO_2-Tagesbilanz junger Zirbelkiefern an der Waldgrenze in den Alpen*

- können immergrüne Pflanzen der Tropen ganzjährig produzieren, unsere Laubbäume etwa während der Hälfte des Jahres, Sprosspflanzen im Hochgebirge während zwei bis drei Sommermonaten und Flechten oft nur an wenigen Tagen mit hoher Luftfeuchtigkeit.

Daher ist auch die Produktivität verschiedener Pflanzenarten oder Pflanzenbestände über eine Vegetationsperiode hinweg sehr unterschiedlich.

Verwertung der erzeugten Stoffe. Den Überschuss an organischen Stoffen, den Pflanzen über ihren Betriebs- und Erhaltungsaufwand hinaus produzieren, können sie für Zuwachs und Vorrat nutzen. Das geschieht auf unterschiedliche Weise, sodass sich mehrere *Verwertungstypen* unterscheiden lassen:

- *Vermehrer* wie Planktonalgen setzen die Überschüsse rasch und vollständig zur Vermehrung ein, da sie als Einzeller oder Zellkolonien keine anderen Zellen versorgen müssen.
- *Investierer* wie einjährige Pflanzen sind daran angepasst, günstige Bedingungen mit hoher Fotosyntheseleistung zu

2 *Auf Äckern und Brachland nutzen einjährige Pflanzen günstige Bedingungen zu schneller Bioproduktion.*

3 *Bäume – hier ein Pfirsichbäumchen – reichern die Stoffüberschüsse mehrerer Jahre an, bevor sie fruchten.*

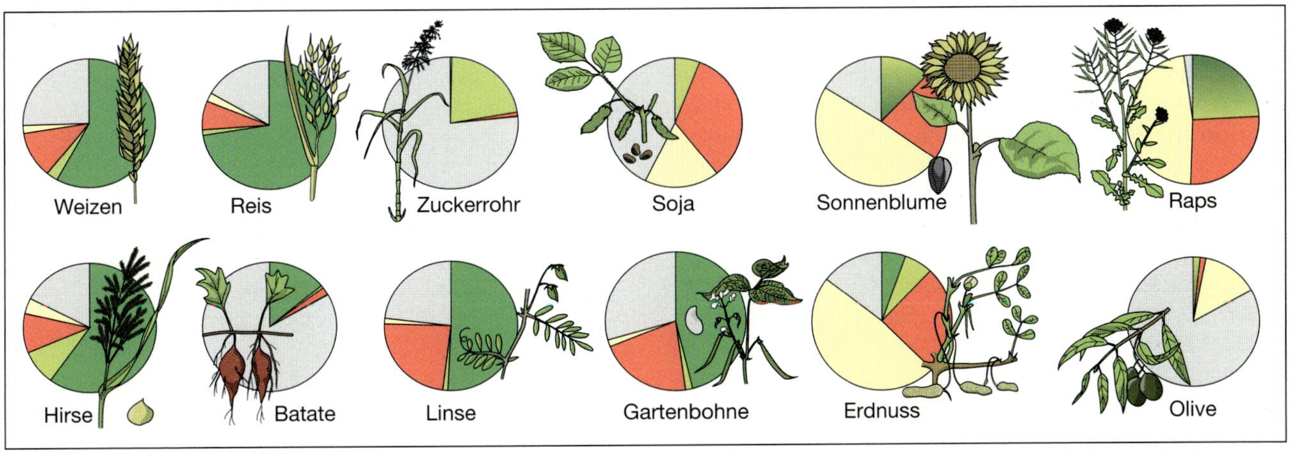

1 Wichtige Kulturpflanzen mit ihren nutzbaren Teilen und deren Nährstoffgehalt (dunkelgrün: Stärke, hellgrün: Zucker, rot: Proteine, gelb: Lipide)

sehr schneller Produktion zu nutzen. Die Stoffüberschüsse investieren sie anfangs fast nur in Blätter, zur Blütezeit fast nur in Blüten und Samen.

- *Sparer*, zum Beispiel ausdauernde Kräuter, produzieren langsamer, sind dafür aber meist genügsam und sammeln – häufig in besonderen Speicherorganen – reichlich Produktionsüberschüsse an, bevor sie Blüten bilden.
- *Akkumulierer*, vor allem Bäume und Sträucher, sind mit ihrer trägen Produktion auf ein langes Leben angelegt, in dessen Verlauf sich Stoffüberschüsse im Pflanzenkörper anreichern.

Nutzung der Primärproduktion durch den Menschen. Wie alle heterotrophen Lebewesen ist der Mensch auf die pflanzliche Produktion angewiesen. Von ihr gehen alle seine Nahrungsketten aus. Darüber hinaus liefert sie zahlreiche Rohstoffe, auf die sich heute zunehmend das Augenmerk richtet, da sie ja nachwachsen.

Seit von der Jungsteinzeit an Pflanzen planmäßig kultiviert werden, haben sich durch Anbautechnik und Züchtung die Nettoerträge der Kulturpflanzen vervielfacht. Ihr Ernteindex, das ist der wirtschaftlich nutzbare Anteil, wurde immer mehr gesteigert. Angesichts der Ernährungsprobleme einer schnell wachsenden Menschheit gilt aber auch der Fotosynthese selbst – als Basis der pflanzlichen Produktion – besonderes Interesse, vor allem seit man weiß, dass von ihr spezielle, an bestimmte Lebensräume angepasste Formen existieren (→ S. 134).

1 Unterscheiden Sie Brutto- und Nettoprimärproduktion.
2 Erklären Sie mit Bild 1 auf Seite 132, warum Hochgebirgspflanzen mit zunehmender Kürze der Vegetationszeit Existenzprobleme bekommen.
3 Informieren Sie sich über die Produktivität der Pflanzenbestände verschiedener Lebensräume.
4 Erklären Sie, was man unter dem Ernteindex versteht. Vergleichen Sie in der Tabelle rechts den Ernteindex für die Nutzung von Samen, Grünmasse und Holz.

Produktivität und Nutzbarkeit von Pflanzenbeständen

Pflanzenart	**Maximale Erträge** (kg Trockensubstanz je m^2 Anbaufläche und Jahr)	**Ernteindex** (nutzbarer Anteil der jährlich produzierten Trockensubstanz)
Zuckerrohr	6–8	0,85 (Grünmasse)
Mais (Tropen)	3–4	
Mais (Europa)	2–4	0,4 (Samen)
tropische Hirsen	4–5	0,4 (Samen) 0,88 (Grünmasse)
trop. Futtergräser	3–8	0,85 (Grünmasse)
Reis	2–5	0,4–0,55 (Samen)
Weizen	1–3	0,25–0,45 (Samen)
Wiesengräser	2–3	0,7–0,8 (Grünmasse)
Sojabohne	1–3	0,3–0,35 (Samen)
Maniok	3–4	0,7 (Knolle)
Zuckerrübe	2–3	0,45–0,67 (Rübe)
Kartoffel	2	0,82–0,86 (Knolle)
Fichten	2,2	0,61 (Holz)
Buchen	1,3	0,70 (Holz)
Weiden	5,0	0,6 (Holz)
trop. Wasserpflanze Eichhornia	15–20	
Kakteen	0,8–1,7	0,2–0,35 (Früchte)

Varianten der Fotosynthese

Lebewesen, die zur Fotosynthese fähig sind, gibt es seit mindestens 3 Milliarden Jahren. Die biochemischen Grundlagen dafür haben sich bis heute erhalten und finden sich von den einfachsten fotosynthesefähigen Bakterien bis zu den höchst entwickelten Pflanzen. Auf dieser gemeinsamen Grundlage haben sich *Varianten* entwickelt: *Anpassungen an verschiedene Lebensbedingungen*. Wasserpflanzen zum Beispiel nutzen zusätzlich zum CO_2 auch Hydrogencarbonat HCO_3^-. Bei Sonnen- und Schattenpflanzen ist die Fotosynthese auf unterschiedliche Strahlungsintensität optimiert. Eine besonders auffällige Variante zeigen die so genannten *C_4-Pflanzen* und die *CAM-Pflanzen*.

C_4-Pflanzen. Für weitaus die meisten Pflanzen stellt die Phosphoglycerinsäure im Calvinzyklus das erste stabile Produkt des CO_2-Einbaus dar. Da diese Säure 3 C-Atome im Molekül besitzt, nennt man Pflanzen mit dem Standardweg des CO_2-Einbaus *C_3-Pflanzen*. Inzwischen kennt man rund 2000 Pflanzenarten aus verschiedenen Familien, deren erstes stabiles Produkt des CO_2-Einbaus Oxalessigsäure ist, eine *Dicarbonsäure mit 4 C-Atomen* im Molekül. Danach bezeichnet man solche Pflanzen als C_4-Pflanzen. Ihre *dem Calvinzyklus vorgeschaltete CO_2-Fixierung* arbeitet schon bei geringsten CO_2-Mengen äußerst effektiv. Sie spielt sich ausschließlich in den so genannten *Mesophyllzellen* (→ Bild 1) ab. Von dort wird das CO_2 in so hoher Konzentration an die *Bündelscheidenzellen* weitergeleitet, dass hier das Enzym Rubisco im Calvinzyklus optimal arbeiten kann. Dadurch können C_4-Pflanzen selbst mit weitgehend geschlossenen Spaltöffnungen intensiv Fotosynthese betreiben – trotz eingeschränktem Gasaustausch und geringer Wasserabgabe! Da bei ihnen auch die Temperaturoptima der Sekundärreaktionen höher liegen, sind C_4-Pflanzen besonders für trockenheiße Standorte geeignet. Hier erzielen sie Rekordwerte der Fotosyntheseleistung. Für die Landwirtschaft der Tropen sind daher C_4-Pflanzen wie *Zuckerrohr*, *Mais* oder *Hirse* von besonderer Bedeutung.

CAM-Pflanzen. Viele *Sukkulenten* – das sind Pflanzen, die in Anpassung an extremen Wassermangel Wasserspeicherorgane besitzen – verwenden ebenfalls Dicarbonsäuren zur CO_2-Fixierung, vor allem Apfelsäure. Ihre Fotosynthesevariante wird als *C*rassulacean *A*cid *M*etabolism (Säurestoffwechsel der Dickblattgewächse) bezeichnet. Die „Ansäuerung" geschieht vorwiegend nachts, wenn sie die Spaltöffnungen zur CO_2-Aufnahme ohne Gefahr übermäßigen Wasserverlusts öffnen können. Während der „Absäuerung" am Tag bauen sie die Dicarbonsäuren wieder zu CO_2 ab, das in den Calvinzyklus eingeht. Die Fixierung von CO_2 und seine Überführung in Kohlenhydrate ist bei ihnen also nicht wie bei den C_4-Pflanzen räumlich, sondern zeitlich getrennt.

1 Vergleichen Sie die Daten in Bild 1. Welche Vor- und Nachteile zeichnen die verschiedenen Fotosynthesewege aus?

2 Suchen Sie in einem Pflanzenbestimmungsbuch einheimische Vertreter der Familie Dickblattgewächse (Crassulaceae). Welche Standorte werden für sie genannt?

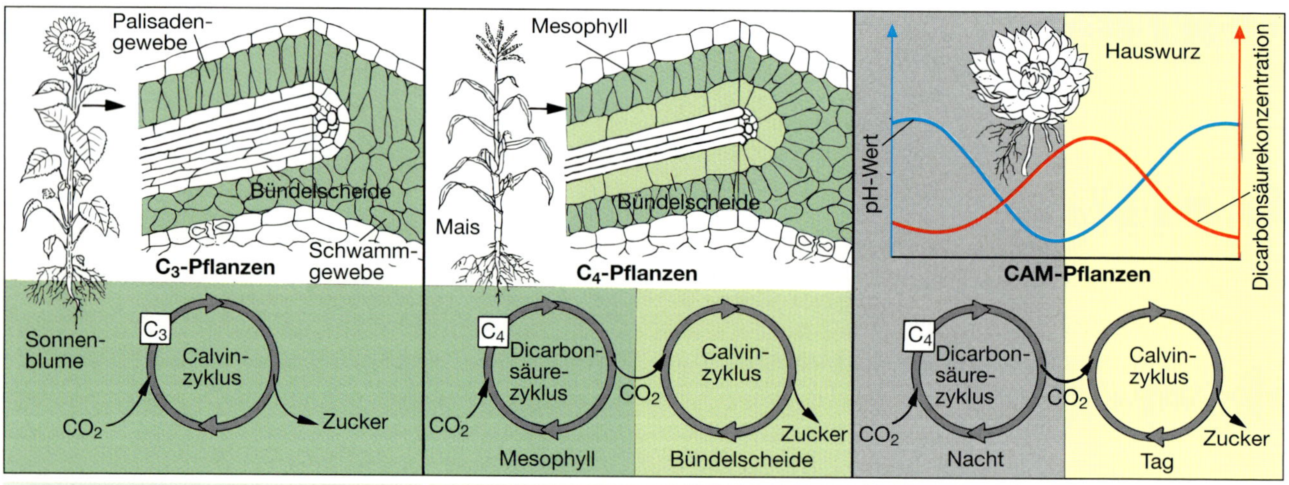

	C_3-Pflanzen	C_4-Pflanzen	CAM-Pflanzen
optimale Temperatur (°C)	15–25	30–45	um 35
Lichtsättigung (klux)	30–80	80	< 80
CO_2-Aufnahme (mg je dm^2 und Stunde)	15–35	40–80	0,5–0,7
Wasserbedarf (ml je g Trockensubstanz)	450–950	230–250	50–55
Wachstum (g Trockensubstz. je dm^2 und Tag)	0,5–2	3–5	0,01–0,02

1 Varianten der Fotosynthese: C_3-, C_4- und CAM-Pflanzen im Vergleich

Überblick

■ Licht ist die bei weitem wichtigste Energiequelle für das Leben auf der Erde. → S. 118

■ Licht ist eine Erscheinungsform von elektromagnetischer Strahlung, die man als Wellen oder Teilchen auffassen kann. → S. 119

■ Experimente zur Fotosynthese beruhen meist auf dem Nachweis von Kohlenstoffdioxid als Ausgangsstoff und Sauerstoff oder Kohlenhydraten als Produkt. → S. 120

■ Die Vorgänge bei der Fotosynthese lassen sich stark vereinfacht in einer chemischen Summengleichung zusammenfassen. → S. 120

■ Die Laubblätter der Samenpflanzen sind vom sichtbaren bis zum molekularen Bereich hoch spezialisierte Organe der Fotosynthese. → S. 122

■ Verschiedene Verfahren der Chromatographie haben zur Aufklärung des Fotosynthesegeschehens wesentlich beigetragen. → S. 121, 125

■ Die Thylakoidmembranen in den Chloroplasten enthalten die molekularen Werkzeuge für die Lichtaufnahme, den Elektronentransport und die ATP-Herstellung. → S. 123

■ Die molekularen Prozesse der Fotosynthese lassen sich in Primärreaktionen in der Thylakoidmembran und Sekundärreaktionen (Calvinzyklus) im Stroma des Chloroplasten trennen. → S. 124, 125

■ Das Prinzip der Fotosynthese besteht darin, Elektronen aus Wassermolekülen zu gewinnen, sie durch Licht energiereich zu machen und – zusammen mit ebenfalls gebildeten Protonen – zur Reduktion von Kohlenstoffdioxid zu Kohlenhydraten zu verwenden. → S. 124, 125

■ Die wichtigsten Umwelteinflüsse auf die Vorgänge der Fotosynthese sind Temperatur, Kohlenstoffdioxid und Licht. → S. 126

■ Licht beeinflusst die Fotosynthese durch seine Qualität und Intensität. → S. 126, 127 Pflanzen sind daher an die Lichtverhältnisse ihres Standorts angepasst. → S. 130, 131

■ Die durch Fotosynthese erzeugten energiereichen Stoffe sind die stoffliche und energetische Grundlage nahezu aller Lebensprozesse auf der Erde. Diese Primärproduktion nutzen nicht nur die Pflanzen selbst, sondern auch die übrigen Lebewesen einschließlich des Menschen. → S. 132, 133

■ Von der Fotosynthese kennt man verschiedene Varianten. Als Anpassung an Hitze und Wassermangel sind diejenigen besonders wichtig, bei denen der CO_2-Einbau über Dicarbonsäuren verläuft. → S. 134

Aufgaben und Anregungen

1 Wie müsste man sich die Erde vorstellen, wenn Lebewesen die Fotosynthese nicht „erfunden" hätten?

2 Die meisten Pflanzen speichern als Fotosyntheseprodukt unlösliche Stärke statt löslicher Zucker. Welche Vorteile hat das für die Pflanze? Nennen Sie weitere Beispiele für Speicherstoffe bei Pflanzen.

3 Grenzen Sie die folgenden Begriffe gegeneinander ab: autotroph, heterotroph, fototroph und chemolithotroph.

4 Der gesamte Energiestoffwechsel der Lebewesen beruht letztlich auf dem Energiegefälle zwischen Wasserstoff und Sauerstoff einerseits und Wasser andererseits. Erläutern Sie.

5 Warum sind viele CAM-Pflanzen wie Crassula, Sedum oder Kalanchoe als Zimmerpflanzen beliebt? Zerdrücken Sie ein fleischiges Blatt einer dieser Arten und bestimmen Sie den pH-Wert des Presssafts am frühen Morgen und am späten Nachmittag.

6 Welches Ergebnis hat ein Versuch wie in Bild 2 auf Seite 120, wenn statt der Metallfolie ein Laubblatt auf dem Blatt befestigt wird? Was lässt sich aus dem Versuchsergebnis schließen?

7 Wenn gerade alles $NADP^+$ zu NADPH reduziert ist, kann die Fotophosphorylierung „zyklisch" erfolgen: Angeregte Elektronen fließen dann vom Fotosystem I „zurück" zum Cytochromkomplex und über Plastocyanin im Grundzustand wieder zum Fotosystem I. Welcher Vorgang läuft dabei wie bei der „normalen" Fotosynthese mit nicht zyklischer Fotophosphorylierung, warum entstehen aber weder Sauerstoff noch Zucker?

8 Das „Z-Schema" im Bild links ist ein vereinfachtes Energiediagramm der Fotosynthese. Welche wesentlichen Sachverhalte sind in ihm dargestellt?

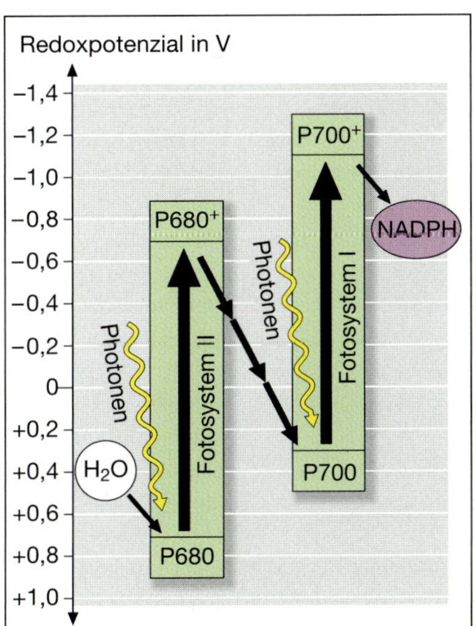

9 Stellt man eine Bohnenpflanze (C_3-Pflanze) zusammen mit einer Maispflanze (C_4-Pflanze) in ein luftdicht schließendes Glasgefäß, „verhungert" die Bohne in wenigen Tagen an CO_2-Mangel. Erklären Sie dieses Phänomen.

10 „Am Tag betreiben Pflanzen Fotosynthese, nachts atmen sie." Stellen Sie diese irrige Auffassung richtig.

11 Die beiden Reaktionsgleichungen a) und b) fassen Teilprozesse der Fotosynthese vereinfacht zusammen. Benennen und erklären Sie die Vorgänge:

a) $2\,H_2O \xrightarrow[\text{ADP} \rightarrow \text{ATP}]{} 4\,[H] + O_2$

b) $CO_2 + 4\,[H] \xrightarrow[\text{ATP} \rightarrow \text{ADP}]{} [CH_2O] + H_2O$

Glossar wichtiger Fachbegriffe

Absorption: Abschwächung von Strahlung und Umwandlung in eine andere Energieform beim Durchgang durch Materie.
Adenosintriphosphat: → ATP.
aerob: in Anwesenheit von Sauerstoff verlaufende Stoffwechselvorgänge. Ggs.: → anaerob.
aktiver Transport: Stofftransport gegen ein Konzentrationsgefälle unter Energieeinsatz (→ Resorption, → Sekretion). Ggs.: → passiver Transport.
Aktivierungsenergie: zur Überführung von Stoffen in einen reaktionsbereiten Zustand erforderliche → Energie.
Alveolen: Lungenbläschen; 0,2 mm große Endungen der Bronchiolen, Diffusionsräume zum Austausch der Atemgase.
anaerob: unter Mangel oder Ausschluss von Sauerstoff verlaufende Stoffwechselvorgänge. Ggs.: → aerob.
Antikörper: Proteine zur Abwehr von Fremdstoffen.
Archaeen (Archaebakterien): urtümliche, bakterienähnliche → Prokaryoten, in einigen Merkmalen von den → Bakterien abweichend; oft in extremen Lebensräumen.
Atmung: Austausch der Atemgase O_2 und CO_2 (äußere Atmung); Aufnahme und Verarbeitung von Sauerstoff in den Zellen zur → aeroben Energiegewinnung in → Mitochondrien (innere Atmung, → Zellatmung).
Atmungskette: Kette von → Redoxreaktionen zur Oxidation von Wasserstoff durch Sauerstoff bei der → Zellatmung und zur Gewinnung von ATP (Atmungsketten- → Phosphorylierung); Grundlage sind hintereinander geschaltete Redoxsysteme aus Multienzymkomplexen der inneren → Mitochondrien-Membran.
ATP (Adenosintriphosphat): wichtigster → Energieträger im Zellstoffwechsel aller Lebewesen; überträgt durch Abspaltung einer → Phosphatgruppe und Bildung von Adenosindiphosphat (ADP) 29 kJ/mol chemische Energie auf die verschiedensten Substrate → endergonischer Reaktionen.
Auflösungsvermögen: für die Leistung eines optischen Systems (Auge, Mikroskop) entscheidende Fähigkeit, Objekte geringen Abstands getrennt voneinander abzubilden.
Autoradiographie: fotografischer Nachweis radioaktiv markierter Stoffe aufgrund ihrer Strahlung, oft in Kombination mit biochemischen Trennverfahren, z. B. → Chromatographie.
autotroph: „sich selbst ernährend"; Stoffwechsel, der nur anorganische Ausgangsstoffe benötigt, z. B. → Fotosynthese und → Chemosynthese. Ggs.: → heterotroph.
Bakterien (Eubakterien): Gruppe der → Prokaryoten, den → Cyanobakterien gegenüber gestellt.
Base: Stoff, der bei Reaktion → Protonen aufnimmt. Ggs.: → Säure.
Baustoffwechsel: Aufbau körpereigener Substanz aus aufgenommenen Stoffen (Assimilation). Ggs.: → Betriebsstoffwechsel.
Betriebsstoffwechsel: abbauender Stoffwechsel zur Energiegewinnung (Dissimilation). Ggs.: → Baustoffwechsel.
Biokatalysator: → Enzym.
Biomasse: Substanz einzelner Organismen oder aller Lebewesen je Flächen- oder Volumeneinheit eines Lebensraums.
Biomembran: → Membran.
Bioproduktion: Erzeugung von → Biomasse, oft ungenau auf den Bereich der pflanzlichen → Primärproduktion begrenzt.
Biotechnologie: Verfahren zur industriellen Produktion von Gütern auf der Grundlage (mikro)biologischer Vorgänge.
Brennwert: Energiegehalt eines Stoffs bei Verbrennung im → Kalorimeter (physikalischer B.) oder beim Abbau im Körper (physiologischer B.).
C_3-Pflanzen: Pflanzen mit Fotosyntheseweg, dessen erstes Produkt Phosphoglycerinsäure (mit 3 C-Atomen) ist.
C_4-Pflanzen: Pflanzen mit speziellem Fotosyntheseweg; binden CO_2 in Form von Dicarbonsäuren (mit 4 C-Atomen). → C_3-Pflanzen.
Calvinzyklus: zyklische Reaktionsfolge der → Sekundärreaktionen der Fotosynthese, bei der aus CO_2 Glucose entsteht.
CAM-Pflanzen: → Sukkulenten mit nächtlicher Bindung von CO_2 an Dicarbonsäuren zur wassersparenden Fotosynthese.
Carrier: Transportproteine der → Membranen zum kontrollierten → passiven oder → aktiven Stofftransport in Zellen.
Centromer: Ansatzstelle der Spindelfasern am → Chromosom bei der → Mitose, Verbindungsstelle der → Chromatiden.
Chemosynthese (Chemolithotrophie): Stoffwechsel mancher Bakterien, die aus Oxidation anorganischer Stoffe chemische Energie in Form von → ATP gewinnen.
Chlorophyll: wichtigstes Blattpigment zur → Absorption von Licht bei der → Fotosynthese.
Chloroplasten: Organellen der Fotosynthese. → Plastiden.
Chromatiden: identische Spalthälften eines → Chromosoms vor dessen Teilung bei der → Mitose.
Chromatin: mit basischen Farbstoffen färbbares Material entspiralisierter → Chromosomen im Arbeitskern.
Chromatographie: Trennmethode für Stoffgemische aufgrund ihrer unterschiedlich starken Adsorption an eine stationäre und Löslichkeit in einer mobilen Phase.
Chromosom: während der → Mitose nach Anfärbung sichtbare, fadenförmige Struktur charakteristischer Gestalt; Träger der Erbinformation.
Cilien: kurze Zellfortsätze (Wimpern, Flimmerhärchen) der → Eucyte, gebildet aus → Mikrotubuli; zur Fortbewegung oder Erzeugung von Wasserströmungen. → Geißeln.
Citratzyklus (Citronensäure-, Tricarbonsäure-): zentraler, zyklisch verlaufender Abschnitt der → Zellatmung, vor allem zur Gewinnung von → NADH in den → Mitochondrien.
Coenzym: organischer, nicht proteinartiger Bestandteil eines → Enzyms; manche Coenzyme wie → NAD^+ werden parallel zum Substrat umgesetzt und Cosubstrate genannt.
Cofaktor: Metallion oder → Coenzym als Bestandteil eines → Enzyms; ein fest gebundener Cofaktor heißt auch prosthetische Gruppe.
Cuticula: Schutzüberzug auf der → Epidermis.
Cyanobakterien: zur Fotosynthese fähige Prokaryoten (Blaualgen) mit chlorophyllhaltigen → Thylakoiden.
Cytokinese: der Kernteilung (→ Mitose) folgende Verteilung des Cytoplasmas und der Organellen auf Tochterzellen.
Cytoplasma (Zellplasma): die → Organellen umgebender, von der Zellmembran umschlossener Zellinhalt.

Cytoskelett: Netzwerk aus → Mikrotubuli und → Mikrofilamenten im Cytoplasma für Festigung, Bewegung, Transport.
Decarboxylierung: Abspaltung von CO_2 aus Verbindungen.
Denaturierung: Veränderung der → Konformation von → Nucleinsäuren und → Proteinen, z. B. durch Hitze oder hohe Ionenkonzentration, unter Verlust ihrer biologischen Aktivität.
Destruenten: Lebewesen, die organische Stoffe zu anorganischen abbauen und so dem → Stoffkreislauf wieder zuführen.
Dictyosom: Stapel flacher Membranzisternen im → Cytoplasma, in denen Syntheseprodukte des → endoplasmatischen Reticulums verarbeitet und in → Vesikel verpackt werden. Die Gesamtheit der Dictyosomen einer Zelle wird als Golgi-Apparat bezeichnet.
Differenzierung: Vorgang, durch den Zellen eine für ihre Funktion spezifische Ausgestaltung erfahren.
Diffusion: selbstständige Durchmischung der Teilchen gasförmiger, flüssiger oder gelöster Stoffe bis zum Konzentrationsausgleich aufgrund ihrer ungerichteten Wärmebewegung.
DNA (Desoxyribonukleinsäure): „Erbsubstanz"; Makromolekül aus einem Doppelstrang von Nucleotid- → Monomeren, die ihrerseits aus je einem Molekül Desoxyribose, Phosphat und einer von vier verschiedenen organischen Basen bestehen. Die durch → Wasserstoffbrücken verbundenen Nucleotidstränge ermöglichen eine identische Verdopplung (Replikation) des Moleküls. Die Basenfolge enthält die Erbinformation.
Dunkelreaktionen: → Sekundärreaktionen.
Einzeller: → Eukaryoten; Organismen, die nur aus einer Zelle bestehen; die meisten Arten sind → heterotroph, unter den Geißelträgern auch → autotrophe Arten. Ggs.: → Vielzeller.
Elektron: elektrisch negativ geladenes Elementarteilchen.
endergonisch: energiebedürftig. Ggs.: → exergonisch.
Endocytose: Aufnahme von Stoffen in eine Zelle nach Einschluss in → Vesikel. Endocytose fester Teilchen heißt Phagocytose, die von Flüssigkeit Pinocytose. Ggs.: → Exocytose.
endoplasmatisches Reticulum (ER): inneres Membransystem der → Eucyte für Synthese, Verarbeitung und Transport von Stoffen.
Energie: Fähigkeit eines → Systems, Arbeit zu leisten.
Energiestoffwechsel: → Betriebsstoffwechsel.
Energieträger: Stoff, durch dessen Umsetzung Energie gewonnen, also nutzbar gemacht werden kann.
Energieumsatz: Umwandlung aufgenommener Energie in Arbeit und Wärme bei → Betriebs- und → Baustoffwechsel.
Enzyme: als → Biokatalysatoren wirksame → Proteine (selten RNA); beschleunigen biochemische Reaktionen spezifischer Stoffe (Substrate) nach deren vorübergehender Bindung (Enzym-Substrat-Komplex); Benennung mit Endung -ase.
Epidermis: äußerste Zellschicht bei Pflanzen, Deckgewebe (→ Epithel) von Tieren.
Epithel: Deck- und Abschlussgewebe.
Erythrocyten: rote Blutzellen; bestehen hauptsächlich aus → Hämoglobin; auf den Transport der Atemgase spezialisiert.
Eucyte: Zelle der → Eukaryoten mit Zellkern und weiteren, z. T. membranumhüllten → Organellen. Ggs.: → Protocyte.
Eukaryoten: ein- und vielzellige Lebewesen aus → Eucyten; Zellen meist differenziert. Ggs.: → Prokaryoten.
Evolution: Entwicklung und Abstammung der Lebewesen; → Anpassung von Arten im Lauf der Generationen aufgrund von → Mutation und → Selektion.
exergonisch: Energie freisetzend. Ggs.: → endergonisch.
Exocytose: Ausschleusung von Stoffen aus einer Zelle nach Einschluss in → Vesikel. Ggs.: → Endocytose.
Fixierung: konservierende Behandlung biologischer Objekte zur Herstellung haltbarer Präparate; Ziel ist v. a. die → Denaturierung der → Proteine unter Erhaltung der Struktur.
Fließgleichgewicht: Gleichgewichtszustand in offenen → Systemen mit ständigem Durchfluss von Stoffen und Energie.
Fluoreszenz: Abstrahlung von Licht gleicher oder größerer Wellenlänge nach Belichtung.
Fotosynthese: Summe aller Vorgänge, durch die fototroph genannte Lebewesen die Strahlungsenergie des Sonnenlichts in chemisch gebundene → Energie überführen.
Fotosysteme: Molekülkomplexe der → Chloroplasten zur Umwandlung von Lichtenergie in chemische → Energie.
fototroph: → Fotosynthese.
Gärung: → anaerobe Form der Energiegewinnung mit verschiedenen, relativ energiereichen Endprodukten.
Geißeln: wie → Cilien gebaute, lange Bewegungsorganellen.
Gentechnik: Verfahren zur Isolierung bestimmter Abschnitte der Erbsubstanz → DNA, deren Analyse, Rekombination und Einschleusung in Wirtszellen mit dem Ziel ihrer Replikation und Expression.
Gewebe: Verband gleichartig → differenzierter Zellen.
Glykolyse: Abbauweg der → Kohlenhydrate zur Gewinnung von → ATP; → anaerob als (Milchsäure- oder alkoholische) → Gärung abgeschlossen, → aerob in → Citratzyklus und → Atmungskette mündend.
Hämoglobin: roter Blutfarbstoff in → Erythrocyten aus Protein Globin und eisenhaltigem Farbstoff Häm; bindet Sauerstoff reversibel und transportiert ihn wie auch CO_2 im Blut.
heterotroph: auf organische Stoffe als Energie- und Kohlenstoffquelle angewiesener Stoffwechsel. Ggs.: → autotroph.
Homöostase: konstantes „inneres Milieu" biologischer → Systeme (Zellen, Organismen). → Fließgleichgewicht, → Regulation.
Hormon: im Organismus gebildeter Botenstoff, löst in Zellen mit spezifischen → Rezeptoren eine bestimmte Wirkung aus.
Hydrolyse: Spaltung einer chemischen Bindung unter Umsetzung von H_2O und Einbau von dessen H– und OH–Gruppe.
hydrophil: „Wasser liebend". Ggs.: hydrophob. → polar.
Ion: Materie-Teilchen mit ein bis drei positiven (Kation) oder negativen (Anion) Elementar-Ladungen.
Kalorimeter: Messgerät zur Bestimmung des Energiegehalts (→ Brennwerts) von Stoffen durch Verbrennung.
Kapillare: feinstes, dünnwandiges Blutgefäß von 3 bis 8 µm Durchmesser.
Karyogramm: Chromosomensatz in geordneter Darstellung.
Katalysator: Stoff, der Geschwindigkeit chemischer Reaktionen erhöht, indem er die → Aktivierungsenergie erniedrigt.

Glossar wichtiger Fachbegriffe

Kiemen: Atmungsorgane von Wassertieren aus dünnwandigen, stark durchbluteten Hautlappen mit großer Oberfläche.
Kohlenhydrate: wichtige biologische Bau-, Gerüst- und Reservestoffe; Grundstoffe des Energiestoffwechsels, meist nach der Summenformel $C_n(H_2O)_n$ zusammengesetzt.
Kompartiment: durch eine Membran umschlossener, als Reaktionsraum abgegrenzter Teil von Zellen oder → Organellen.
Konformation: räumliche Gestalt eines Moleküls.
Konsumenten: Organismen, die direkt (Primärk.) oder indirekt die organischen Stoffe der Produzenten verbrauchen.
Konzentration: Gehalt einer Lösung an einem gelösten Stoff; Anteil eines Gases an einem Gasgemisch. Konzentrationsunterschiede werden auch als Konzentrationsgefälle bezeichnet.
Kulturpflanze: aus Wildform hervorgegangene, durch Zucht und planmäßige Kultur gezielt veränderte Nutzpflanze.
Lichtkompensationspunkt: Beleuchtungsstärke, bei der die O_2-Produktion durch Fotosynthese dem O_2-Verbrauch durch Atmung entspricht.
Lichtreaktionen: → Primärreaktionen.
Lipide: heterogene Stoffgruppe mit schlechter Wasserlöslichkeit; dazu zählen u. a. Fette, Phospholipide und Wachse.
lipophil: in unpolaren organischen Stoffen, v. a. Kohlenwasserstoffen oder → Lipiden löslich. Ggs.: hydrophil, → polar.
Lysosomen: vesikelartige Organellen (→ Eucyte) mit Enzymen zum Abbau zelleigener und fremder Stoffe.
Membran (Biomembran): grundlegendes Bauelement aller Zellen zur Abgrenzung von der Umgebung und von Reaktionsräumen, als Träger von Enzymen und Rezeptormolekülen, für kontrollierten Stoffaustausch; Baugerüst aller Membranen ist eine Lipiddoppelschicht mit integrierten, funktionsabhängig verschiedenen Proteinen und Kohlenhydraten.
Meristem: Bildungsgewebe aus teilungsfähigen Pflanzenzellen.
Mikrofilamente: fadenförmige, z.T. kontraktile Proteine, v. a. Aktin und Myosin; Grundlage vieler Bewegungsvorgänge.
Mikrotom: Gerät zur Herstellung mikroskopischer Schnitte.
Mikrotubuli: röhrenförmige Protein-Strukturen, an der Bildung von → Cytoskelett, → Cilien und Mitosespindel beteiligt.
Mikrovilli: feinste, bürstensaumartige Zellausläufer zur Oberflächenvergrößerung tierischer Zellen.
Mitochondrien: von Doppelmembran umhüllte Organellen der → Zellatmung, mit Enzymen von → Citratzyklus und → Atmungskette ausgestattet, in allen → Eucyten vorhanden.
Mitose: Kernteilung, bei der die beiden → Chromatiden jedes → Chromosoms auf die entstehenden Zellen verteilt werden; geht der Teilung des Cytoplasmas (→ Cytokinese) voraus.
Modell: stark vereinfachende, abstrahierende Darstellung von Strukturen oder Vorgängen, oft in anderer Dimension.
Mol: Einheit der Stoffmenge; ein Mol entspricht $6x10^{23}$ Teilchen und der relativen Atom- bzw. Molekülmasse in g.
Monomere: → Polymer.
Muskel: zur Kontraktion fähiges Gewebe tierischer Vielzeller.
Mutation: sprunghafte Änderung der Erbinformation.
Myoglobin: Sauerstoff speicherndes Protein des → Muskels.
NAD^+, $NADP^+$ (Nicotinamidadenindinucleotid, -phosphat): wichtiges Wasserstoff (→ Protonen) und → Elektronen übertragendes → Coenzym (Cosubstrat) bei Redoxreaktionen (→ Reduktionsäquivalent, → Redoxsystem); reduzierte Form: NADH, NADPH.
NADH, NADPH: → NAD^+, $NADP^+$
Nukleinsäuren: Makromoleküle (→ DNA, → RNA), vorwiegend zur Speicherung und Übertragung von Erbinformation.
Organ: nach Bau und Funktion abgrenzbarer Teil vielzelliger Lebewesen aus mehreren → Geweben.
Organellen: nach Bau und Funktion abgrenzbare Bestandteile eukaryotischer Zellen (→ Eucyte).
Organismus: Lebewesen; Gesamtheit der Zellen bzw. Organe des lebenden Körpers.
Osmoregulation: → Regulation des Wasser- und Ionengehalts.
Osmose: → Diffusion durch Membranen. Durch ungleiche Diffusion von Wasser und gelösten Stoffen an selektiv permeablen Membranen entsteht ein osmotischer Druck.
Oxidation: Abgabe von Elektronen. Ggs. → Reduktion.
Parenchym: Grundgewebe aus wenig spezialisierten Zellen.
Partialdruck: von einem Gas ausgeübter Druck in einem Gasgemisch; entspricht seiner Konzentration oder Teilchenzahl.
passiver Transport: Transport von Stoffen in Richtung eines Konzentrationsgefälles. Ggs.: → aktiver Transport.
Peroxisomen: vesikelartige Organellen (→ Eucyte), enthalten → Enzyme; Ort verschiedenster Stoffwechselprozesse.
pH-Wert: Maßzahl für die → Protonen-Konzentration in Lösungen; bei pH < 7 ist eine Lösung sauer, bei pH > 7 basisch.
Phagocytose: → Endocytose.
Phosphat (Phosphatgruppe): Säurerest bzw. Anion der Phosphorsäure; an organische Moleküle (z. B. Adenosin, Guanosin, Kreatin) gebunden, wichtigste Energieträger (energiereiche Phosphate: → ATP) im Stoffwechsel.
Phosphorylierung: Übertragung von Phosphatgruppen unter Energieaufwand; Bildung von → ATP in der → Atmungskette (Atmungsketten-Ph.) oder → Fotosynthese (Foto-Ph.).
Pinocytose: → Endocytose.
Plasmodesmen: Zellwände von Pflanzenzellen durchziehende Cytoplasmastränge, die die Zellen miteinander verbinden.
Plastiden: pflanzliche Organellen zur Fotosynthese (Chloro-), Farbstoff- (Chromo-) oder Stärkespeicherung (Amyloplasten).
polar: Stoffe, deren Moleküle (Teil-)Ladungen tragen, daher mit Wassermolekülen → Wasserstoffbrücken bilden und somit hydrophil, d. h. in Wasser gut löslich sind. Im Unterschied dazu sind unpolare (apolare) Stoffe hydrophob, d. h. Wasser abweisend und lipophil, d. h. in Fetten löslich oder sie bindend.
Polymer: Makromolekül, aus vielen gleichen oder ähnlichen Grundbausteinen, den Monomeren, aufgebaut.
Population: Gruppe artgleicher Individuen mit ungehindertem Genaustausch untereinander.
Primärproduktion: natürliche Produktion organischer Stoffe, meist durch → Fotosynthese, selten → Chemosynthese.
Primärreaktionen: erster Fotosynthese-Abschnitt, in dem sich → ATP und → NADPH bilden. → Sekundärreaktionen.
Prokaryoten: einzellige, → protocytische Lebewesen (Bakterien, Cyanobakterien und Archaeen). Ggs.: → Eukaryoten.

Proteine (Eiweiße): an fast allen Strukturen und Prozessen des Lebens beteiligte Makromoleküle (Polypeptide) aus Aminosäure- → Monomeren, die durch Peptidbindung (C–N-Bindung) verbunden sind; die genetisch festgelegte, spezifische Aminosäuresequenz jedes Proteins bestimmt seine v. a. durch → Wasserstoffbrücken stabilisierte → Konformation und damit seine biologischen Eigenschaften.
Protocyte: Zelle der → Prokaryoten; ohne Zellkern, andere membranumhüllte Organellen und Cytoskelett. Ggs.: → Eucyte.
Proton: Wasserstoffion H^+, liegt in Wasser stets als H_3O^+ (Oxonium-Ion) vor.
Protonengradient (elektrochemischer P.): Konzentrations- und Potenzialdifferenz von Protonen an einer Membran; Grundlage der Energiegewinnung durch → Phosphorylierung.
Redoxpotenzial: Fähigkeit eines Stoffs, bei → Redoxreaktionen Elektronen abzugeben oder aufzunehmen; oft als Maß für die bei der Reaktion frei werdende Energie verwendet.
Redoxreaktion: Reaktion, bei der ein Reaktionspartner reduziert, der andere gleichzeitig oxidiert wird.
Redoxsystem: Stoff (oft → Enzym), der reversibel vom oxidierten in den reduzierten Zustand übergehen kann; bewirkt → Redoxreaktionen im Stoffwechsel.
Reduktion: Aufnahme von Elektronen. Ggs. → Oxidation.
Reduktionsäquivalent: 1 mol Elektronen, die bei → Redoxreaktionen übertragen werden, entweder direkt oder in Form von Wasserstoff, z. B. von → NADH.
Regulation: Prozesse, die der Aufrechterhaltung eines bestehenden Zustands (→ Fließgleichgewicht) dienen; wirken Änderungen z. B. durch negative Rückkopplung entgegen.
Resorption: Stoffaufnahme in Zellen oder den Körper durch → aktiven Transport.
respiratorischer Quotient (RQ): Verhältnis von abgegebenem CO_2 zu aufgenommenem O_2 (in → mol) bei der Atmung.
Rezeptor: Molekül, Organell oder Zelle zur Aufnahme spezifischer Signale aus der Umwelt oder Innenwelt des Organismus.
RGT- (Reaktionsgeschwindigkeit-Temperatur) -Regel: eine um 10 °C höhere Temperatur steigert die Geschwindigkeit einer chemischen Reaktion um das 2- bis 3fache.
Ribosomen: nur elektronenmikroskopisch erkennbare Organellen der Proteinsynthese, aufgebaut aus RNA und Proteinen.
RNA (Ribonukleinsäure): dient vor allem zur Informationsübertragung bei der Proteinsynthese; Bau ähnlich wie → DNA.
Säure: Stoff, der in einer Reaktion → Protonen abgibt. Ggs.: → Base.
Schattenpflanzen: → Sonnenpflanzen.
Sekretion: Abscheidung ausgewählter oder in Drüsenzellen produzierter Stoffe (Sekrete) durch → aktiven Transport.
Sekundärreaktionen: abschließende, Glucose erzeugende Reaktionsfolge (→ Calvinzyklus) der Fotosynthese; Ausgangsstoffe sind die Produkte der → Primärreaktionen.
Selektion: natürliche Auslese; Wirkfaktor der → Evolution, Fortpflanzungserfolg von Organismen in einer → Population.
Sonnenpflanzen: Pflanzen mit Anpassungen an starke Sonneneinstrahlung, ausgezeichnet durch einen hohen → Lichtkompensationspunkt. Ggs.: Schattenpflanzen.
Spaltöffnungen: von Schließzellen gebildete Blattporen zur Regulierung von Gasaustausch und Wasserdampfabgabe.
Stoffkreislauf: wiederkehrendes Auftreten und erneute Verwendung von Elementen und deren Verbindungen im Stoffhaushalt von Ökosystemen.
Stoffwechsel: Gesamtheit der chemischen Reaktionen in einer Zelle oder einem Organismus.
Sukkulenten: pflanzliche Lebensform wasserarmer Lebensräume mit besonderem Wasserspeichergewebe.
Sukzession: regelhafte zeitliche Ökosystem-Entwicklung.
Symbiose: gesetzmäßige Vergesellschaftung artverschiedener Lebewesen (Symbionten) mit wechselseitigem Nutzen.
System: geordnetes Ganzes voneinander abhängiger Teile.
Thylakoide: Chlorophyll tragendes Membransystem.
Tracheen: röhrenförmiges Atmungssystem der Insekten und Tausendfüßer; wasserleitende Gefäße von Samenpflanzen.
Transpiration: geregelte Wasserdampfabgabe von Pflanzen.
Tricarbonsäurezyklus: → Citratzyklus.
Ultrastruktur: biologische Struktur unterhalb der Auflösungsgrenze (→ Auflösungsvermögen) des Lichtmikroskops.
Umwelt: Gesamtheit der für ein Lebewesen direkt und indirekt bedeutsamen Faktoren.
unpolar: Ggs.: → polar.
Vakuolen: flüssigkeitsgefüllte Räume in Zellen (Zellsaft-, Nahrungs-, pulsierende Vakuole), oft aus fusionierten → Vesikeln.
Verdauung: Abbau großer Nährstoffmoleküle mithilfe von → Enzymen in resorbierbare (→ Resorption) Bruchstücke.
Vesikel: membranumhüllte Bläschen im Cytoplasma für Aufnahme (→ Endocytose), Abgabe und Transport von Stoffen.
Vielzeller: Tiere und Pflanzen mit vielzelligem Organismus aus differenzierten Zellen oder Geweben. Ggs.: → Einzeller.
Viren: Gebilde aus Nukleinsäure und Proteinhülle ohne Stoffwechsel, von Wirtszellen nach deren Infizierung vermehrt.
Wasserstoffbrücken(-bindung): schwache elektrostatische Bindungskräfte zwischen gebundenen Wasserstoffatomen und freien Elektronenpaaren benachbarter O- und N-Atome.
Wechselzahl: Anzahl von Substratmolekülen, die von einem → Enzymmolekül je Zeiteinheit in das Produkt umgesetzt werden.
Wirkungsgrad: Verhältnis von nutzbarer zu aufgewendeter → Energie bei Energieumwandlungen.
Zellatmung: → aerobe Energiegewinnung in den Zellen (innere Atmung).
Zelle: kleinste selbstständig lebens- und vermehrungsfähige biologische Bau- und Funktionseinheit.
Zellkern: Organell, das die Erbinformation enthält; steuert die Funktion der → Eucyte.
Zellkolonie: Verband gleichartiger, undifferenzierter Zellen, die weitgehend eigenständig und vermehrungsfähig sind.
Zellplasma: → Cytoplasma.
Zellzyklus: regelmäßige Folge von Wachstum und Teilung einer Zelle.
Zygote: durch Vereinigung von Keimzellen entstandene Zelle; befruchtete Eizelle.

Register

Register

Bildverzeichnis

Fotos:

Angermayer T., Holzkirchen: 6.1 (Pfletschinger); Archiv für Kunst und Geschichte, Berlin: 102.1, 114.2; Bartscherer, München: 58.1; Bavaria, Hamburg: 6.2 (VCL), 6.3 (VCL), 64.1 Einklinker (Sauer), 112.1 (Nevron); Bayer AG, Leverkusen: 72.2; Bellmann H., Lonsee: 60.1; Bildarchiv Preußischer Kulturbesitz, Berlin: 70 links , 74.1 (J. Liepe); Bischoff P.: 89; Bongarts, Hamburg: 111.1; Buff W., Biberach: 8.3, 15.1+2, 16.1, 120.3+7, 122.1; Eck H., Ammerbuch: 72.1; Focus, Hamburg: 8.2 (Dr. Jeremy Burgess/Science Photo Library, London), 52.1 (JBG Jürgen Berger/Max-Planck-Inst./Science Photo Library, London), 53.1 (Dr. Kari Lounatmaa/Science Photo Library, London), 53.3 links (Biozentrum, University of Basel/Science Photo Library, London), 66 rechts (G. Braasch/Wheeler Pictures), 79.1 (Quest/Science Photo Library, London), 82.1 (Peter Tenzer/Wheeler Pictures), 84.3 (P. Motta/Univ. La Sapienza, Rom/Science Library, London); Gräbe G., Sprockhövel: 80 oben; Hauck A., Pfalzgrafenweiler: 23.1, 23.1 Einklinker; Hausmann K., Berlin: 31, 33.1, 35.2, 48.1, 49.1, 51 unten links), 96.1 Einklinker; Hollatz J., Heidelberg: 69.3; IFA, Taufkirchen: 9.4, 88.1 (J. Alexandre); Institut für Humangenetik u. Anthropologie, Erlangen: 23.3; Institut für Plastination, Heidelberg: 78 Einklinker oben links; Institut für wissenschaftliche Fotografie M. Kage, Lauterstein: 16.2, 17.3, 34 oben rechts, 57 unten, 83.1–2+4, 104.1 Einklinker; Karly F., München: 52.2 (Wanner G.), 66 links (Wanner G.), 125.2+3 (Wanner G.); Kleinig H., Freiburg: 35.3 (Speth V.), 46.1 (Speth V.), 46.2+3 (Falk H.), 47.3+4 (Falk H.), 48.2 (Falk H.), 48.3 (Schliwa M.), 51 oben + unten rechts (Falk H.), 122.3 (Falk H.); Kollmann R., Kiel: 47.1; U. Kropp: 11 Hintergrundfoto; Leica Microsysteme GmbH, Wien/Austria: 14, 34 links; LEO Elektronenmikroskopie GmbH, Oberkochen: 33.2+3; Lieder J., Ludwigsburg: 15.3, 18.1, 21.1, 24.2–4, 25.1–3, 29 Mitte; Mauritius, Berlin: 7.1 (Sun Star), 56 Einklinker oben (Kuchlbauer); Navalon, Waldshut-Tiengen: 94.3; Okapia KG, Berlin: 7.3 (K. Wanecek), 20.1 (De Meyr Pr. J./CNRI), 26.1 (Birke R.), 28 Mitte (P.Parks/OSF), 32.1 (Biophoto Ass./Science Source), 49.2 (Biophoto Associates), 74 Einklinker links (Kage), 81.2 (Paolo Koch/Science Source), 83.3 (E. Reschke/P. Arnold Inc.), 84.5 (Biophoto Ass./Science Source), 86.1, 94.2 (F. Denhez/Bios), 114 Einklinker oben links (Dan McCoy/Rainbow), 115.4 (M. P. Kage), 115.5 (E. Reschke/P. Arnold Inc.); Pette D., Konstanz: 111.3; Project Photo, Augsburg: 9.5, 77 oben links; Reinbacher L., Kempten: 105 rechts; Reinhard-Tierfoto, Heiligkreuzsteinach: 9.6, 70 rechts, 98.1, 118.1, 132.2+3; Robinson D. G., Heidelberg: 45.2; Roche, Mannheim: 71; Sauer F., Karlsfeld: 27.1; Science Museum/Science & Society Picture Library, London: 11.1+2; Senkenberg Museum, Frankfurt: 7.2; Silvestris, Kastl: 44 oben; Springer Verlag, Heidelberg: 108.1 (Jan Fridén) aus „Cell and Tissue Research“ (1984) 236, Seite 370; Storopack GmbH + Co., Metzingen: 59.3; Universitäts-Bibliothek, Heidelberg: 11 oben links; Weber U., Süßen: 76 unten rechts, 120.1+2+5+6, 129 oben rechts; Zeiss Jena GmbH, Jena: 10.1, 11.3, 13.1–6; aus: Berichte der Deutschen Botanischen Gesellschaft, Band 24 (1906): 121. In einigen Fällen war es uns nicht möglich, die Rechteinhaber zu ermitteln. Selbstverständlich werden wir berechtigte Ansprüche im üblichen Rahmen vergüten.

Grafiken:

Birker St., Viernheim: 79.3; Krischke K., Marbach/N.: 17.1+2, 22, 24.1, 26.2, 27.2+3, 28 oben rechts + unten links, 30.1, 57.1, 75 oben rechts, 76 oben rechts, 79.2, 80 Mitte, 84.1–2+4+6, 90.1, 106.1, 107, 112.2, 115.1–3, 122.2+4–6, 130.1, 131.1–2+4, 134.1; Mair J., Herrsching: 12.1–3, 16.3, 18.2, 19.1, 20.2, 21.1, 23.2, 28 unten rechts, 29 oben rechts + unten links, 34 unten rechts, 35.1, 36.1–3, 37.1–3, 38.1+2, 39.1+2, 40.1, 41.1, 42.1, 43.1+2, 44 unten, 45.1, 46.4, 47.2, 48 rechts, 49 links, 50 rechts, 53.2, 53.4, 54.1, 55, 56 oben, 56.1, 57.2, 59.1+2, 61.1+2, 62.3, 63.1+2, 64.1+2, 65.1–3, 67 unten, 68.1+2, 69.2, 71, 73, 74 links, 75.1+2, 78 oben links, 78.1, 79.4, 80 unten, 81.1, 86.2, 87.1, 90.2, 91.1+2, 92.1–3, 93.1, 94.1, 95, 96.1, 97.1+2, 98.2+3, 99.1, 100.1, 101.1, 103.1, 104.1, 105 links, 109, 110.1–3, 111.2, 113, 114 oben links, 114.1, 116.1+2, 117.1+2, 119.1, 123.1–3, 124.1, 125.1, 126.1–4, 127, 128, 129 oben links, 131.3, 132.1, 133.1, 135; Mall K., Berlin: 50 links, 58 unten, 81.3, 102.2; Schnellbächer L. H., Schlüchtern: 77.1.